高等职业教育“十四五”规划教材

中兽医学

第 2 版

李学钊　刘根新　主编

中国农业大学出版社
·北京·

内 容 简 介

本教材以技术技能型人才培养为目标，以动物医学专业疾病防治方面的岗位能力需求为导向，坚持以适度、够用、实用及同质化为原则，遵循学生认知规律，以过程性知识为主、陈述性知识为辅；以实际应用知识和实践操作为主，依据教学内容的同质性和技术技能的相似性，将中兽医基础理论、中药与方剂、针灸技术、辨证论治、疾病防治等知识和技能进行归类和教学设计，并有机融入"课程思政"育人元素。其内容体系分为项目和任务二级结构，每一项目又设"学习目标""学习内容""知识拓展""案例分析""思政关联・名医轶事""考核评价""执业兽医资格考试真题精选"等教学组织单元，并以任务的形式展开，明确学生通过学习应达到的识记、理解和应用等方面的基本要求；有些项目的相关理论知识或实践技能，可通过扫描二维码、技能训练、知识拓展或知识链接等形式学习，为实现课程的教学目标和提高学生学习的效果奠定良好的基础。

本教材文字精练，图文并茂，通俗易懂，运用新媒体，现代职教特色鲜明，既可作为教师和学生开展"校企合作、工学结合"人才培养模式的特色教材，又可作为企业技术人员的培训教材，还可作为广大畜牧兽医工作者短期培训、技术服务和继续学习的参考用书。

图书在版编目(CIP)数据

中兽医学 / 李学钊，刘根新主编. -- 2 版. -- 北京：中国农业大学出版社，2024.3(2025.1 重印)

ISBN 978-7-5655-3179-8

Ⅰ.①中… Ⅱ.①李…②刘… Ⅲ.①中兽医学一教材 Ⅳ. ①S853

中国国家版本馆 CIP 数据核字(2024)第 036601 号

书　　名　中兽医学　第 2 版

作　　者　李学钊　刘根新　主编

策划编辑　康昊婷　　**责任编辑**　康昊婷

封面设计　郑　川　李尘工作室

出版发行　中国农业大学出版社

社　　址　北京市海淀区圆明园西路 2 号　　**邮政编码**　100193

电　　话　发行部 010-62733489，1190　　读者服务部 010-62732336

编辑部 010-62732617，2618　　出　版　部 010-62733440

网　　址　http://www.caupress.cn　　**E-mail** cbsszs@cau.edu.cn

经　　销　新华书店

印　　刷　涿州市星河印刷有限公司

版　　次　2024 年 3 月第 2 版　　2025 年 1 月第 2 次印刷

规　　格　185 mm×260 mm　　16 开本　　21.25 印张　　531 千字

定　　价　59.00 元

编审人员

主　编　李学钊（甘肃畜牧工程职业技术学院）

　　　　刘根新（甘肃畜牧工程职业技术学院）

副主编　车清明（甘肃畜牧工程职业技术学院）

　　　　王雯熙（湖北生物科技职业学院）

　　　　吕颜枝（徐州生物工程职业技术学院）

　　　　侯显涛（山东畜牧兽医职业技术学院）

　　　　跃斯图（扎兰屯职业学院）

参　编　高蓉彬（甘肃畜牧工程职业技术学院）

　　　　曾作财（江西农业工程职业学院）

　　　　孙甲川（甘肃农业职业技术学院）

　　　　白鹏霞（青海农牧科技职业学院）

　　　　邢耀谭（内江职业技术学院）

　　　　吴文桃（江西农业工程职业学院）

审　稿　王治仓（甘肃畜牧工程职业技术学院）

　　　　李海前（甘肃畜牧工程职业技术学院）

前　言

为认真贯彻落实习近平总书记在党的二十大报告中提出的“加快建设教育强国、科技强国、人才强国，坚持为党育人、为国育才，全面提高人才自主培养质量”“落实立德树人根本任务，培养德智体美劳全面发展的社会主义建设者和接班人”的指示精神，根据《国家职业教育改革实施方案》(国发〔2019〕4 号)、《“十四五”职业教育规划教材建设实施方案》(教职成厅〔2021〕3 号)等文件要求，切实做到专业设置与产业需求对接、课程内容与职业标准对接、教学过程与生产过程对接、毕业证书与职业(执业)资格证书对接、职业教育与终身学习对接，突出教学过程的实践性和职业性，我们组织了教学经验、生产实践经历丰富的校企结合的团队，依据教育部《高等职业学校专业教学标准》，在充分调研基础上，修订了这本实用性和适合性兼顾的《中兽医学》教材。

本教材以培养高素质复合型技术技能人才为目标，以畜牧兽医类专业群的岗位能力需求为导向，坚持以适度、够用、实用及同质化为原则，遵循学生认知规律，以项目—任务为主线，设置“学习目标”“学习内容”“知识拓展”“案例分析”“思政关联·名医轶事”“考核评价”“执业兽医资格考试真题精选”等教学组织单元，并以任务的形式展开叙述，明确学生通过学习应达成的识记、理解和应用等方面的基本要求。有些项目的相关理论知识或实践技能，以技能训练、知识链接等形式呈现，供同学们自主选择学习，也可以通过扫描相关二维码的方式自主选择学习。

本教材内容包括基础理论、中药方剂、针灸技术、辨证论治和疾病防治等 5 个项目，修订增加了中华优秀中(兽)医传统文化、“课程思政”育人元素、执业兽医资格考试真题等相关内容。内容渗透了畜牧兽医类专业方面的有关行业标准、技术规范，并有机融入执业兽医资格考试相关高频知识点和核心技能点作为学习指引，多维度用力，促使学生达成本课程所涉及的知识、能力、思政方面的学习目标。全书文字精练，图文并茂，通俗易懂，并以二维码的形式提供了丰富的教学信息资源。本书编写体例新颖、职教特色鲜明，既可作为教师和学生开展“校企合作、工学结合”人才培养模式的特色教材，又可作为企业技术人员的培训教材，还可作为广大畜牧兽医工作者短期培训、技术服务和继续教育的参考用书。

本教材的编写分工为：绪论、任务一至任务十九由李学钊编写，任务二十由车清明编写，任务二十一由王雯熙、吕颜枝、侯显涛和跃斯图编写，任务二十二由曾作财和吴文桃编写，任务二十三至任务三十一由刘根新编写，任务三十二至任务三十八由高蓉彬编写，任务三十九由孙甲川编写，任务四十由白鹏霞编写，任务四十一由邢耀谭编写。全书由李学钊和刘根新修改定稿。甘肃畜牧工程职业技术学院王治仓、李海前对本教材进行了认真审定，并提出了宝贵的意见；编写过程中得到编写人员所在单位的大力支持，也参考了部分文献，在此一并表示诚挚的谢意。

由于编者水平所限，书中疏漏和错误在所难免，恳请广大读者批评指正。

编　者

2024 年 1 月

目 录

绪　论

一、课程简介

"中兽医学"是畜牧兽医类专业一门传统的核心基础课程，是动物医学专业的必修课程，是畜牧兽医、防疫检疫、兽药生产与营销等专业的选修课程。课程以研究中国传统兽医理、法、方、药及针灸技术，以防治动物疾病和施行动物保健为主要内容。中兽医学具有悠久的历史，它起源于中国古代，是我国历代劳动人民同动物疾病作斗争的经验总结。经过数千年的临床实践和继承发展，中兽医学逐渐形成以阴阳五行学说为指导思想，以整体观念和辨证论治为特点的理论体系，以四诊、辨证、方药及针灸为主要手段的诊疗体系。中兽医学课程主要包括基础理论、诊法、中药、方剂、针灸和病证防治等内容。

二、课程性质

"中兽医学"是动物医学专业中兽医方向、兽药专业、畜牧兽医专业的核心课程，具有较强的理论性和实践性。通过讲授使学生系统理解中兽医学基础理论的基本知识，用辩证唯物主义和历史唯物主义的观点，继承和发扬祖国传统兽医技术，推陈出新，走中西兽医结合的道路。做到理论联系实际，不断掌握以整体观念、辨证论治为特点的中兽医学理、法、方、药及针灸治疗技术。为学生在今后的兽医临床、兽药生产、中药种植、新药开发以及临床疾病的防治奠定坚实的专业基础。

三、课程内容

本课程内容编写是以技术技能型人才培养为目标，以畜牧兽医专业类中兽医学应用方面的岗位能力需求为导向，坚持以适度、够用、实用及同质化为原则，遵循学生认知规律，以过程性知识为主、陈述性知识为辅。

本课程内容排序尽量按照学习过程中学生认知心理顺序，与专业所对应的典型职业工作顺序，对中药的功效来序化知识，将陈述性知识与过程性知识整合、理论知识与实践知识整合，意味着适度、够用、实用的陈述性知识总量没有变化，但是这类知识在课程中的排序方式发生了变化，课程内容不再是静态的学科体系的显性理论知识的复制与再现，而是着眼于动态的行动体系的隐性知识生成与构建，更符合职业教育课程开发的全新理念。

本课程内容以实际应用知识和实践操作为主，删去了临床中不常用的中药，将中兽医学的相关知识和技能列出，依据教学内容的同质性和技术技能的相似性，进行归类和教学设计，划分为五大项目、四十一个任务，即：

项目一　基础理论

任务一　中兽医学发展概况及特点

任务二　阴阳五行学说

任务三　脏腑学说

任务四　气血津液

任务五　经络学说

任务六　病因与病机

项目二　中药方剂

任务七　中药的采集与贮藏

任务八　中药的炮制

任务九　中药的性能

任务十　方剂的组成与中药的配伍

任务十一　中药的剂型、剂量及用法

任务十二　解表方药与汗法

任务十三　清热方药与清法

任务十四　泻下方药与下法

任务十五　消导方药与消法

任务十六　和解方药与和法

任务十七　止咳化痰平喘方药

任务十八　温里方药与温法

任务十九　祛湿方药

任务二十　理气方药

任务二十一　理血方药

任务二十二　补益方药与补法

任务二十三　固涩方药

任务二十四　平肝方药

任务二十五　安神开窍方药

任务二十六　涌吐方药

任务二十七　驱虫方药

任务二十八　外用方药

任务二十九　饲料添加方药

项目三　针灸技术

任务三十　针灸基本知识

任务三十一　常用针灸穴位及针治

任务三十二　针灸技术

项目四　辨证论治

任务三十三　四诊技术

任务三十四　辨证论治

任务三十五　防治法则

项目五　疾病防治

任务三十六　常见猪病防治

任务三十七　常见禽病防治

任务三十八　常见牛病防治

任务三十九　常见羊病防治

任务四十　常见犬病防治

任务四十一　其他动物常见病防治

每一项目又设“学习目标”“学习内容”“知识拓展”“案例分析”“思政关联·名医轶事”“考核评价”“执业兽医资格考试真题精选”等教学组织单元，并以任务的形式展开叙述，明确学生通过学习应达到的识记、理解和应用等方面的基本要求；有些项目的相关理论知识或实践技能，可通过扫描二维码、技能训练、知识链接等形式学习。

四、课程目标

学习完本课程后，学生能够正确认识动物机体，应用中兽医的理论解释说明动物体的生理、病理现象，准确运用中兽医诊断和治疗的方法判定和防治动物的常见疾病，主要内容包括：

(1)通过介绍中兽医的发展历史、发展优势以及名医的事迹，激发学生的学习兴趣和探索中兽医知识的欲望，教育学生热爱和传承祖国的传统文化。

(2)通过学习中兽医学的基本理论，认识动物机体、熟悉动物机体的基本生理功能及相互联系，为诊断和防治疾病打好基础。

(3)通过学习中兽医的辨证技术，掌握动物常见病的辨证。

(4)通过学习常用中草药和方剂，了解常用药物和方剂的主要功用及临床应用。

(5)通过临床实习与病例分析讨论，掌握动物常见病的诊疗技术。

项目一
基础理论

学习目标

知识目标

了解中兽医学的概念及发展概况；掌握中兽医学的基本特点；明确学习中兽医学目的、任务及方法；明确阴阳五行学说的基本概念；掌握阴阳五行学说的基本规律及在中兽医诊疗中的应用；理解中兽医学的“脏腑”与现代兽医学“脏器”的区别；重点掌握脏腑的生理功能及其与躯体官窍的关系；理解气、血、津液的概念；初步掌握气、血、津液生成、功能及相互之间的关系；理解经络的基本概念；初步掌握经络在生理、病理、诊断、治疗方面的应用；了解病因的基本概念；初步掌握外感、内伤及其他致病因素的致病特点。

能力目标

具备将阴阳五行学说的基本规律在中兽医诊疗中应用的能力；具备经络在生理、病理、诊断、治疗方面应用的能力。

思政目标

树立坚定的中(兽)医信念，发扬中华优秀中(兽)医文化传统，培养民族自豪感；培养求真务实、精研医学、勤学先贤、为民服务的工匠精神和奉献精神。

学习内容

项目一基础理论 PPT

任务一　中兽医学发展概况及特点

一、中兽医学的概念

中兽医学是我国传统的兽医技术，产生于中国古代，经过数千年的发展和经验积累而形成的兽医学，是我国宝贵民族文化遗产的一个重要组成部分。在长期的医疗实践中，逐步形成了以阴阳五行学说为指导思想，以整体观念和辨证论治为特点，以中药和针灸为主要治疗手段，理法方药具备的独特的医疗体系，主要包括基础理论、诊法、中药、方剂和病证防治等内容。几千年来，中兽医学理论一直有效地指导着兽医临诊实践，并在实践中不断得到补充和发展，不但为我国畜牧业的发展作出了巨大贡献，而且影响着东亚地区兽医技术的发展，甚至对世界兽医学的发展也产生较大影响。

中兽医学有悠久的历史，突出整体观念和辨证论治，特别强调“治未病”，以及治病必求本；采用种类繁多的天然中药组合为层出不穷的方剂，以适应疾病的千变万化；创立针灸技术，通过刺激穴位调动机体潜能而防治疾病。

二、中兽医学的发展历程

中兽医学内容丰富，在动物疾病的防治方面，有着不少的创造发明。在远古时代，就有不少有关医药起源的传说和从事畜牧业生产实践活动。

商周时期，产生了带有自发的朴素性质的阴阳和五行学说，以后成为我国医学和兽医学的推理工具。西周到春秋战国时期（公元前 11 世纪至公元前 476 年），中兽医学知识又有了进一步的发展。西周时期已设有专职兽医诊治“兽病”和“兽疡”，并采用了灌药、手术及护养等综合兽医医疗措施。闻名于世的家畜去势术已广泛应用于猪、马及牛等多种动物。当时记载有不少对动物危害较大的疾病，如猪囊虫病、狂犬病、疥癣、传染性疾（疫）病、运动障碍（瘔）以及外寄生虫病等。

秦汉时期（公元前 221—公元 220 年），中兽医学又有了新的发展，如在秦代制定的“厩苑律”（见《云梦秦简》）是我国最早的畜牧兽医法规。我国最早的一部人、畜通用的药学专著《神农本草经》，收载药物 365 种，其中特别提到“牛扁（草药名）疗牛病”“桐叶治猪疮”以及“雄黄治疥癣”等。在汉代用针药治疗兽病和用革制的马鞋（鞮）进行护蹄。汉简中还记载有兽医方剂，并已开始把药做成丸剂给马灌服。汉代名医张仲景，著有《伤寒杂病论》等书，充实和发展了前人辨证施治的原则，一直为兽医临证所借鉴。汉末名医华佗，在外科上首创全身麻醉剂“麻沸散”，冲服后进行剖腹手术而“既醉无所觉”。这是世界上应用麻醉方法进行手术的最早记载。

魏晋南北朝时期（公元 220—581 年），晋人葛洪（公元 281—341 年）所著《肘后备急方》，其中有治六畜的“诸病方”，并记有应用灸熨和“谷道入手”等诊疗技术，该书还记载有类似狂犬病疫苗，以防治狂犬病的方法。此外，还指出疥癣里有虫等。北魏（公元 386—534 年）贾思勰所著《齐民要术》有畜牧兽医专卷，记有治疗动物疾病的方剂 40 多种，其中掏结术，用削蹄法治漏蹄，猪、羊的去势术，以及动物群发病的隔离措施等，直至现在仍然在应用。

隋代（公元 581—618 年），设置“太仆寺”，统管马政和牧政，兽医学的分科已渐完善，对于病证的诊治、方药及针灸的应用等均有了专著。如当时已出现有《治马牛驼骡等经》《伯乐治马杂病经》《疗马方》以及《马经孔穴图》等。

唐代（公元 618—907 年），我国已有了兽医教育。这是我国官办兽医教育的开端。9 世纪初，日本派留学生平仲国等到我国学习兽医。唐人李石（约 9 世纪）编著的《司牧安骥集》为现存较完整的一部中兽医古籍，该书不仅在理论及技术方面均做了较全面的论述，而且也是我国最早的一部畜牧兽医教科书。公元 659 年由朝廷颁布的《新修本草》，是世界上最早的一部药典。此外，我国少数民族的兽医技术也有较大发展，如《医牛方》和《医马方》等。

宋代（公元 960—1279 年），从 11 世纪初开始，先后设有专门疗养马病的机构“病马监”和尸体解剖机构“皮剥所”，同时设立相当于兽医药房的“药蜜库”。当时还编著了不少兽医学专著，如《医马经》《蕃牧纂验方》《安骥方》等。

元代(公元1279—1368年)，著名兽医卞宝(卞管勾)著有《痊骥通玄论》，其中有“三十九论”“四十六说”等，并对马的起卧症(包括掏结术)进行了总结性的论述。

明代(公元1368—1644年)，名兽医喻本元、喻本亨编撰了著名的《元亨疗马集》(附牛驼经)一书，内容丰富，刊行于1608年，是国内外流传最广、影响最大的一部中兽医代表著作。在16世纪期间还陆续出版了《马书》和《牛书》，内容也较丰富。特别是著名医药学家李时珍(1518—1593年)编著的《本草纲目》，该书系统地总结了16世纪以前我国医药学的丰富经验，收入药物1 892种，方剂11 096个，对中外医药学的发展作出了巨大贡献。

鸦片战争以前的清代(公元1644—1840年)，我国兽医学已陷入停滞不前的状态。李玉书在1736年对《元亨疗马集》一书进行了改编，删除和增加了一部分内容。1949年后从民间收集到湮没于这一时期的民间著作有《抱犊集》《串雅兽医方》《疗马集》《养耕集》《牛经备要医方》《牛医金鉴》等。

从鸦片战争到西兽医学有系统地传入为止的60多年中(1840—1904年)，存在着歧视中兽医为“医方小道”“故无人学兽医者久矣”(见《猪经大全》序)的情况。在这一时间出现的中兽医著作有《活兽慈舟》(约1873年)、《牛经切要》(1886年)以及《猪经大全》(1891年)等。

1904年开办了北洋马医学堂，此后派往日、美等国家的留学生逐渐增多，从此西兽医学便开始系统地在我国传播。与此同时，中医和中兽医遭到了摧残及扼杀，如在1929年通过的“废止旧医案”，遭到了全国人民的反对。这一时期仅有《驹儿编全卷》(1909年)、《治骡马良方》(1933年)以及《兽医实验国药新手册》(1940年)等出现。

1949年以后中兽医得到了重视和提倡。新中国成立初期人民政府及时发出了“保护畜牧业，防止兽疫”的政策，并重视发挥民间兽医的作用。1956年1月，国务院颁布了“加强民间兽医工作”的指示，对中兽医提出了“团结、使用、教育和提高”的政策。1956年9月在北京召开了第一届“全国民间兽医座谈会”，提出“使中、西兽医密切配合，把我国兽医学术推向一个新阶段”。1958年毛泽东指出:“中国医药学是一个伟大的宝库，应当努力发掘，加以提高”，为中兽医药的发展指明了方向。在此情况下，先后有中兽医研究、教育和学术组织的建立，使中兽医学如“枯木逢春”，获得了前所未有的发展。1986年12月，农牧渔业部在北京召开了“国务院关于加强民间兽医工作指示30周年纪念暨座谈会”，提出了加强中兽医工作的若干措施，使从事中兽医诊疗、科研、教学的工作者倍受鼓舞。几十年来，广大兽医工作者在应用现代科学技术总结提高中兽医学术方面，取得了不少新成就。例如，动物针刺麻醉的试验成功，引起了国内外的重视;激光针灸、微波针灸、磁疗、应用电子计算机进行辨证和选针取穴、中草药饲料添加剂的筛选、电子捻针机的应用、应用电镜对针灸穴位组织学的观察以及利用各种自动分析手段对中草药的研究等，均出现了良好的开端，许多方面取得了很大成就。

中兽医学在漫长的发展过程中，通过不同历史时期传播到世界各地，特别是近些年来，引起了许多国家的高度重视，对中兽医(药)开展广泛地研究与应用。日、美等国家的一些学校在兽医教育中增加了中兽医学内容或开设有关讲座;许多国家对中兽医针灸技术的研究应用以及中草药饲料添加剂在动物饲养中的应用，日益增多。现在用中草药做饲料添加剂的药物有200余种，应用对象有猪、鸡、鸭、鹅、牛、羊、犬、猫、鹿、鱼及虾等动物27种之多。中兽医学在向国外传播的同时，也不断吸收世界各国先进的科学技术，加以充实与提高。中兽医学应用先进的科学知识和技术在宏观和微观上进行多层次的研究，并从西兽医学中汲取营养，最终将会使中、西兽医学融会贯通而形成世界上最先进的兽医学学术体系。

三、中兽医学的基本特点

中兽医把动物体作为一个以脏腑经络为核心的有机整体，将机体和自然界一切事物都看成是阴阳对立统一的两个方面，认为疾病的发生是阴阳失调、正邪斗争的过程，强调机体的内因作用，故有“正气内存，邪不可干，邪之所凑，其气必虚”（见《素问·刺法论与评热论》）之精辟论述。因此，治病就是调整阴阳，扶正祛邪。《黄帝内经》在诊断上，重视预防，主张“未病而治”。在治疗上，强调“辨证求因”“审因论治”“治病求本”，并提出“标本缓急”“虚实补泻”等一系列治则。概括起来，主要有两个最基本的特点，即整体观念和辨证论治。

（一）整体观念

中兽医非常重视动物本身的统一性、完整性及其与自然界的相互关系。认为动物是一个有机的整体，同时认为动物与外界环境之间也是紧密相关的，而且存在着一种矛盾统一的关系。如一年四季气候变化是春温、夏热、秋凉、冬寒，动物通过调节而适应，即春夏阳气发泄，气血易趋于表，则皮肤松弛，疏泄多汗；秋冬阳气收藏，气血易趋于里，则皮肤致密，少汗多尿；但当气候异常或动物调节功能失常时，机体与外界环境失去平衡，就会发生疾病。这种内外环境的统一性和机体自身整体性思想，称为整体观念。因此，动物各个组成部分之间，在结构上是不可分割的，在生理上是相互联系、相互制约的，在病理上是相互影响的。自然界既是动物正常的生存条件，同时也可成为疾病发生的外部因素。所以，在临诊实践中只要抓住主证，因时、因地、因动物体的不同而制宜，才能对病证做出正确的诊断，确定有效的防治措施。

（二）辨证论治

所谓辨证，就是将四诊所获取的病情资料进行综合分析，以判断为某种性质的证候。所谓论治，又称施治，就是根据辨证的结果，确定相应的治疗方法。辨证是决定治疗的前提和依据，论治是治疗疾病的手段和方法。

病是在致病因素作用下，动物机体所发生的正邪斗争的整个反应过程。证则是疾病过程中患病动物当前阶段多方面病理特性的综合概括后的特质表述，例如，感冒中的风热表证或风寒表证，肠黄中的湿热泄泻等。一个病可以表现多种证，一个证又可以出现在多种疾病过程中，例如脱肛、虚寒泄泻、子宫脱垂等是不同的病，可均以中气下陷为主证。而症则是指症状，即患病动物所表现的病理性异常现象，如外感风热见发热重、恶寒轻、口干渴、尿短赤，并有口鼻咽干、咳嗽等症状。故“证”的概念与“病”“症”有所不同，它不单纯是对疾病的一种或一群症状的识别或描述，而主要是对病因、病理、临诊症状和诊断的综合概括，比症状更全面、更深刻、更准确地反映疾病本质。如“脾虚泄泻”证，既指出了病位在脾，正邪力量的对比属虚，症状是泄泻，致病原因推断为湿（脾恶湿、湿困脾阳则泄泻），从而也就提出了治疗方向应“健脾燥湿”。

辨证论治之所以成为中兽医的特点之一，是因为它在中兽医理论指导下，从整体出发，根据对证的判断来决定治疗措施，虽然在病源和患病部位上不够精确，但却比较全面而综合，因此便有“同病异治”和“异病同治”的情况。前者如同为外感疾病，有风寒风热的不同，治法各异；后者如脱肛、虚寒泄泻、子宫脱垂等是不同的病，若均以中气下陷为主证时，都可以用升提中气的方法治疗。由此可见，中兽医治病主要的不是着眼于“病”的异同，而是着眼于“证”的区别。相同的证，用基本相同的治法；不同的证，用基本不同的治法，即所谓“证同治亦同，证异治亦异”。这种针对疾病性质按证治疗的方法正是辨证论治的精髓。

四、学习中兽医学的方法及注意的问题

学习中兽医诊疗技术要用辩证唯物主义和历史唯物主义的观点，批判地汲取其精华，扬弃其糟粕，做到古为今用，推陈致新。要理论联系实际，以“整体观念”和“辨证论治”为核心，对理、法、方、药及针灸逐步融会贯通，灵活应用。

重视实践，勇于创新，反复学习，认真体会，掌握其运用规律及实际操作技能。要深刻理解“中西兽医结合”的意义，把中兽医医药知识和西兽医医药知识结合起来，取长补短，以创立我国统一的新兽医(药)学。

课堂教学应多采用教具、挂图、模型、标本和现代教学手段，以增强学生的感性认识，启迪学生的科学思维，注重理论联系实际。注意中兽医的发展动态，适时增加新的教学内容。根据不同的教学内容，采用讨论法、辩论法、演示法、案例分析、组织学生自学等灵活多样的方法进行教学，切实将培养学生实践能力放在突出位置。

注意改进考试、考核手段与方法，通过课堂提问、学生作业、技能单、作业单的完成及操作技能训练等情况综合评价学生成绩。

任务二 阴阳五行学说

阴阳五行学说属古代哲学范畴，是古人的唯物论和辩证法思想，对古代哲学和各门类自然科学的影响极为深远。它被应用于中兽医科学中，用以说明和解释动物体的生理功能和病理变化，并指导临诊辨证和病证防治，是中兽医学的基础理论，在医疗实践中具有重要的指导意义。

一、阴阳学说

(一)阴阳的基本概念

1. 阴阳的含义

(1)阴阳是事物属性的概括。阴阳代表自然界相互关联的事物和现象，它既代表两个相互对立的事物，又代表同一事物内部相互对立的两个方面，是抽象的概念而不是具体的事物，是归纳一切事物的纲领。

(2)阴阳的基本特性。中兽医学以水、火作为阴阳的象征。水为阴，火为阳，反映了阴阳的基本特征。如水性寒而趋下，火性热而炎上，其运动状态，水比火相对静，火比水相对动。因此，寒与热、上与下、动与静、有形与无形，就成为识别阴阳的一般准则。概括起来：凡是向上的、向外的、运动的、无形的、温热的、明亮的、亢进的、强壮的属阳；相反，凡是向下的、向内的、静止的、有形的、寒凉的、晦暗的、减退的、虚弱的属阴。

(3)阴阳所代表的事物要有关联性。只有相互关联的事物,或某一个事物相互关联的两个方面,才能对立统一构成矛盾,才能用阴阳来说明。如寒与热、天与地、昼与夜等。如果不具有这种关联性,不是统一的双方,用阴阳说明就失去了它的意义。

2. 阴阳的普遍性和特殊性

(1)阴阳的普遍性。阴阳是对一切事物矛盾运动的概括,既代表相互对立的事物,又代表事物内部相互对立的两个方面,这就是阴阳的普遍性。

(2)阴阳的特殊性。事物的属性不是绝对的而是相对的,随着时间的推移和应用范围的变化而变化。一方面,在一定条件下,阴阳之间可以相互转化,属于阴的可转化为阳,属于阳的也可转化为阴。另一方面,事物有无限可分性,阴阳也就有无限可分性,即阴中有阳,阳中有阴,阴阳之中复有阴阳,不断地一分为二,以至无穷。

(二)阴阳变化的基本规律

1. 阴阳对立

阴阳对立是指阴阳之间存在着斗争、制约的关系。如动物机能亢奋为阳,抑制为阴,二者互相制约,生理功能才能正常。阴阳的斗争始终伴随着动物的生长过程。又如,夏属阳,夏至以后阴气渐生,制约阳之热;冬属阴,冬至以后阳气日长,制约阴之寒。正是阴阳的对立斗争,推动事物的发展变化。

2. 阴阳互根

阴阳互根是指阴阳双方互为存在的条件和根据。如寒为阴,热为阳,没有寒就无所谓热。在动物生理活动中,机体的阴精通过阳气的活动产生,而阳气又由阴精化生而来,即阴为体(物质),阳为用(功能)。故《素问》说:“阴在内,阳之守也;阳在外,阴之使也。”

3. 阴阳消长

阴阳消长是指阴阳双方始终处于此消彼长的运动变化之中。如机体各项机能活动(阳)的产生,必然要消耗一定的营养物质(阴),是“阴消阳长”的过程;而营养物质(阴)的化生,又要消耗一定的能量(阳),是“阳消阴长”的过程。阴阳的这种动态、相对平衡的状态,是动物机体维持正常生命活动的基础。阴阳平衡失调,就意味着动物进入病理状态(图 1-1)。

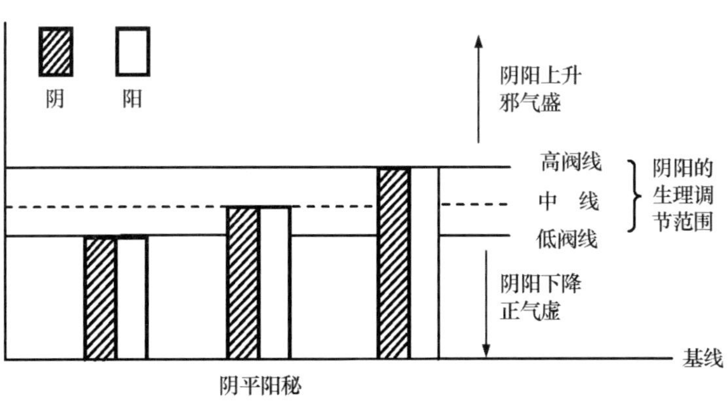

图 1-1　阴阳平衡示意图

4. 阴阳转化

阴阳在一定条件下可以互相转化，如动物机体的“寒极生热，热极生寒”。动物外感风寒，耳鼻发凉，恶寒战抖等，若治疗不及时，寒邪入里化热，会出现口色干红，气促喘粗等热象，即阴证转化为阳证；患热病者，壮热伤津，气血两亏，又可见体虚无力，四肢发凉等虚寒之象，阳证转化为阴证。

（三）阴阳学说在中兽医诊疗中的应用

阴阳学说贯穿于中兽医学理论的各个方面，可以分析动物体的组织结构，说明生理功能，解释病理变化，指导疾病诊断，确定治疗原则，归纳药物性能，预防疾病发生。

1. 分析动物体的组织结构

机体可以用阴阳概括和区分。如体表为阳，体内为阴；前（上）部为阳，后（下）部为阴；腑为阳，脏为阴。每一脏腑又分阴阳，如属阴的心有心阴心阳；属阳的胃有胃阴胃阳。

2. 说明动物体的生理功能

动物正常的生命活动，是阴阳两个方面保持对立统一的结果。物质为阴，功能为阳，阴精是产生阳气的源泉，而阳气的活动，既消耗一定的物质，又补充了新的阴精，体现了阴阳对立、互根、消长、转化的关系。

3. 解释动物疾病的病理变化

用阴阳学说解释动物发病原因，就是阴阳失去了平衡，阴阳偏盛或偏衰。在阴阳偏盛方面，“阴盛则寒”“阳盛则热”（图 1-2）；在阴阳偏衰方面，“阴虚则内热”“阳虚则外寒”。由于阴和阳存在着互根的关系，所以当一方虚衰到一定程度，必然会引起另一方的亏损，从而导致阴阳俱损（图 1-3）。

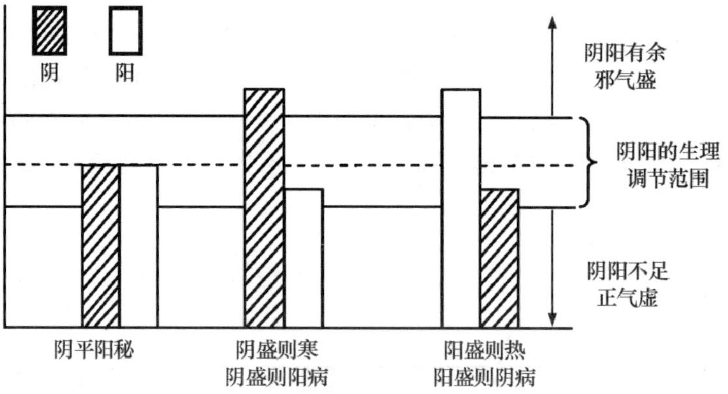

图 1-2 阴阳偏盛示意图

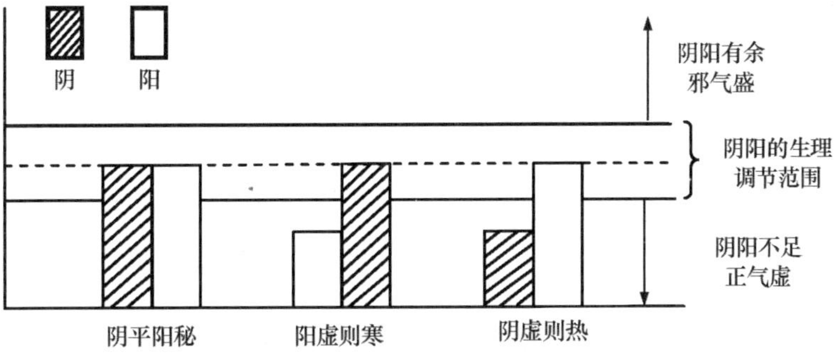

图 1-3 阴阳偏衰示意图

4. 指导疾病诊断

尽管疾病的表现错综复杂，但都可以用阴阳来诊断（即辨证）。如八纲辨证中，表证、实证、热证属阳，里证、虚证、寒证属阴；看口色中，色泽鲜明者属阳，色泽晦暗者属阴；闻诊中，叫声洪亮者为阳，叫声低微者为阴。

5. 确定治疗原则

用阴阳来解释疾病就是阴阳失衡，治疗原则为损其有余，补其不足，使阴阳达到相对平衡。总的原则就是"寒者热之，热者寒之，虚者补之，实者泻之"。

6. 归纳药物性能

中药的性能主要是四气五味和升降浮沉，这些都可以用阴阳来归纳。药性寒凉，药味酸、苦、咸，趋向沉降者属阴；药性温热，药味辛、甘，趋向升浮者属阳。

7. 预防疾病发生

古有"天畜合一"的辩证思想，即动物体与外界环境密切相关，其阴阳要适应四时阴阳的变化，否则就会发生疾病。因此，加强饲养管理，增强动物体的适应能力，就可以预防疾病的发生。例如，古人在春季给动物放血、灌四时调理药等方法来调和气血，调整阴阳，预防疾病。

二、五行学说

（一）五行的基本概念

五行指木、火、土、金、水五类物质及其运动变化。五行学说认为，世界上一切事物都是由木、火、土、金、水五种基本物质的运动变化而生成的，并通过它们之间的相互滋生和克制达到平衡。

（二）五行的基本内容

1. 五行的特性

五行的特性是：木性曲直，舒畅条达，态势向上、向外，具有生长、升发的性质；火性炎上，即炎热、向上；土性稼穑，指土能化生万物，为万物之母；金性从革，指金可以变革，如金可铸成器物，金同时具有肃杀、收敛的性质；水性润下，指水有滋润万物、向下、闭藏的性质。

五行的属性虽然源于木、火、土、金、水，但实际上已经超越了这五种具体物质，而是从它们抽象特性来推演、解释各种事物的五行属性。

2. 五行的归类

五行学说根据五行特性，运用归类和推演的方法，阐述了事物的五行属性。

(1)归类法。五行学说运用归类方法，对事物进行“取象类比”，以得知事物的五行属性。如方位之东，旭日东升，与木之升发特性类似，故东方归属于木；南方炎热，与火之炎上特性类似，故南方归属于火。五脏配五行，如脾主运化而类似于土之化物，故脾归属于土；肺主肃降而类似于金之肃杀，故肺属金等。

(2)推演法。即根据已知事物的属性，推演至其他相关事物，从而得知这些事物的五行属性。如已知肝属木，而肝合胆，主筋，开窍于目，故胆、筋、目属于木；已知肾属于水，合膀胱，主骨，开窍于耳及二阴，故膀胱、骨、耳、二阴皆属于水等。见表 1-1。

表 1-1 五行归类简表

自然界						五行	动物体				
五方	五季	五气	五化	五色	五味		五脏	五腑	五体	五窍	五脉
东	春	风	生	青	酸	木	肝	胆	筋	目	弦
南	夏	暑	长	赤	苦	火	心	小肠	脉	舌	洪
中	长夏	湿	化	黄	甘	土	脾	胃	肉	口	缓
西	秋	燥	收	白	辛	金	肺	大肠	毛	鼻	浮
北	冬	寒	藏	黑	咸	水	肾	膀胱	骨	耳	沉

3. 五行的调节机制

(1)五行的正常调节机制。五行的生克制化规律是五行在正常情况下的自动调节机制。

①相生规律。五行相生，即相互滋生，其规律如下：

$$木\xrightarrow{生}火\xrightarrow{生}土\xrightarrow{生}金\xrightarrow{生}水\xrightarrow{生}木$$

在五行的相生关系中，任何一行都有“生我”和“我生”两个方面，“生我”者为母，“我生”者为子。以木为例，水生木，水为木之母；木生火，火为木之子。其余类推。

②相克规律。五行相克，即相互克制，其规律如下：

$$木\xrightarrow{克}土\xrightarrow{克}水\xrightarrow{克}火\xrightarrow{克}金\xrightarrow{克}木$$

在相克关系中，任何一行都有“克我”和“我克”两个方面，“我克”者为我“所胜”，“克我”者为我“所不胜”。以土为例，土克水，则水为土之“所胜”；木克土，则木为土之“所不胜”。

五行的生克关系也可以用图 1-4 表示。

(2)五行的异常变化和相互影响。五行在异常情况下表现为相乘、相侮和母子相及。

①相乘。即相克太过，超出了正常范围。如木气偏亢，就会对土妄加克制，即木乘土，出现肝木亢盛及脾土虚弱之证。五行之间相乘规律与相克是一致的：

$$木\xrightarrow{乘}土\xrightarrow{乘}水\xrightarrow{乘}火\xrightarrow{乘}金\xrightarrow{乘}木$$

②相侮。即反克，是事物间关系失去相对平衡的另一种表现。例如，正常情况下是火克金，金克木，若火气不足，或金气偏亢，金就会反过来克火，就是金侮火，出现心火虚损，肺气亢

盛之证。五行相侮的规律是：

木 —侮→ 金 —侮→ 火 —侮→ 水 —侮→ 土 —侮→ 木

五行的乘侮关系可用图 1-5 表示。

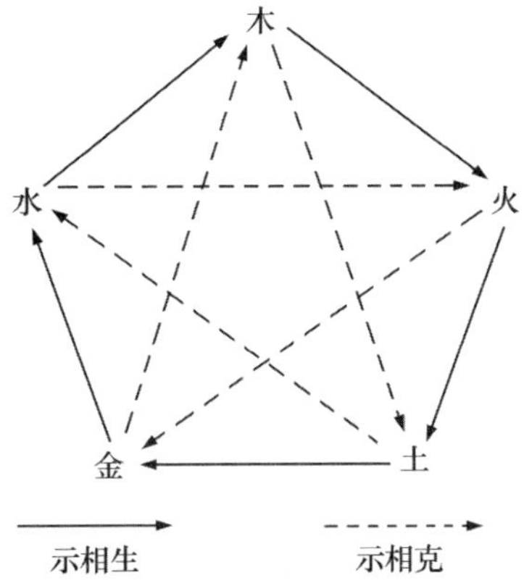

图 1-4　五行的相生相克示意图

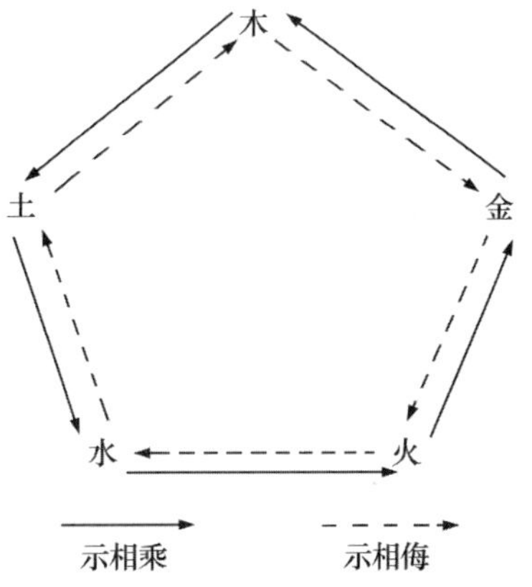

图 1-5　五行的相乘相侮示意图

(3)母子相及。“及”即影响所及。母子相及包括母病及子和子病犯母两个方面，是母子相互影响和波及的异常现象。例如，肾水生肝木，若肾水不足，无力生肝木，则肝木不足，以致水竭木枯，此即母病及子；肝木生心火，若心火太旺，耗肝木过多，导致肝木不足，生火无力，火势亦衰，母子皆亏，此即子病犯母。母病及子的顺序与相生的顺序一致，而子病犯母的顺序与相生的顺序相反。

(三)五行学说在中兽医诊疗中的应用

五行学说主要是根据事物五行的属性和相互关系，来说明动物机体的生理、病理现象，指导诊断和治疗。

1. 用五行的特性来说明脏腑的生理功能

五行学说将动物体五脏六腑等归类于五行，以五行的特性来解释五脏的生理活动特点。如肝属木性，木有升发、舒畅条达的特性，所以说“肝喜条达”；心属火性，火有阳热的特性，所以心有温煦的作用，其他类推。古代兽医学中的五行，基本上成为五脏功能的代名词。

2. 用五行生克乘侮来说明脏腑间的关系和疾病的传变

根据五行的生克关系，每一“行”都有“生我”“我生”“克我”“我克”四个方面，并以此与其他“四行”联系。五行配五脏后，也从这四个方面来固定一个脏与其他四个脏的关系。如以肝为例，“生我”者为肾，“我生”者为心，“克我”者为肺，“我克”者为脾；肝病传脾为“木旺乘土”，肝火犯肺为“木火刑金”(木侮金)；脾病传肝，称为“土侮木”；肝病传心为“母病及子”；肝病传肾为“子病犯母”等。

3. 五行学说用于临诊治疗的几个基本法则

(1)补母。用于虚证之相生不及。例如，肾虚导致肝虚，称为“水不涵木”，治以滋肾为主；肝虚影响肾亦虚，称为“子盗母气”，应在补肝的同时补肾。又如肺病及脾，亦为子盗母气，见食欲不振，日渐消瘦，泄泻等脾胃虚弱之证，可用调理脾胃的方法治疗慢性虚损性肺病，即所谓“虚则补其母”。类似的有“培土生金”“滋水涵木”“益火补土”等治疗法则。

(2)泻子。用于母子关系的实证。例如，动物在暑月炎天，使役过重，奔走太急，以致热积于心传于肝，肝热传眼，见头低眼闭，眼泡肿胀，眵盛难睁，睛生翳膜等肝火证，治宜泻心火为主，清肝火为辅，即所谓“实则泻其子”。

(3)抑强。用于相克太过。例如，动物在热天长途负重，心火上炎，由于心肺同居上焦，心火灼肺，致肺津伤，称为“火乘金”，治疗原则以降心火为主，清肺火为辅。

(4)扶弱。用于相克不及。例如，土本克水，但当脾虚而水气亢盛时，土非但不能克水，反为水所侮，治宜培土制水，即温运脾阳，渗湿利水，同时温补肾阳。

任务三 脏腑学说

脏腑，即内脏及其功能的总称。古人称脏腑为“藏象”。藏，即脏，指藏于体内的内脏；象，即形象或征象，指脏腑的生理活动和病理变化反映于外的征象。脏腑学说，就是通过研究机体外部的征象，来了解内脏活动的规律及相互关系。脏腑分五脏、六腑和奇恒之腑。

五脏，指心、肺、肝、脾、肾，加上心包，则称六脏。由于心包的生理、病理基本同于心，所以，习惯上仍称为五脏。

六腑，指小肠、大肠、胆、胃、膀胱、三焦。

奇恒之腑，是指这一类腑的形态和功能都不同于六腑。包括脑、髓、骨、脉、胆和胞宫。

中兽医学中的脏腑与现代兽医学中的脏器虽名称相同，但含义却大不相同。脏腑不完全是解剖学的概念，更重要的是一个生理、病理的概念。某一脏或腑的功能可能包括了现代兽医学中几个脏器的功能；而现代兽医学中某个脏器的功能，又可能在几个脏腑功能之中。因此，不能把它完全与现代兽医学中脏器的概念等同看待。

一、脏腑功能

(一)心与小肠

1. 心

心位于上焦之胸中，有心包护于外。心在脏腑中居于首要地位，被称为“君主之宫”，在脏腑的功能活动中起主导和协调作用，是机体生命活动的中心。心与小肠相表里。

(1)主血脉。心是血液运行的动力，脉是血液运行的通道。心主血脉，指心推动血液运行，营养全身。由于心、脉、血密切相关，所以，心的功能正常与否，可以从脉象、口色上反映出来。

(2)藏神。藏神指心主宰精神活动。心藏神的功能和主血脉的功能密切相关。血是精神活动的物质基础，心血充盈，心神得养，则动物“皮毛光彩精神倍”；否则，心血不足，神不能安藏，会出现活动异常或惊恐不安等。

(3)主汗，开窍于舌，与小肠相表里。汗由津液化生，津液与血相互化生，所以，古人认为“血汗同源”。血为心所主，故“汗为心之液”。汗出异常，往往与心有关。如心阳虚，可引起腠理不固而自汗；若心血虚和心阴虚，因阳不摄阴而盗汗；出汗过多，会伤津耗血，耗散心气。心有别络上行于舌，心的生理功能和病理变化能在舌上表现出来。心血充足，则舌体柔软红润，活动自如；心经有热，则舌质红绛，口舌生疮。心的经脉络于小肠，与小肠相表里，心之热邪可下移小肠。

2. 小肠

小肠上接胃，下接大肠。小肠的主要生理功能是受盛化物和分别清浊，即小肠接受由胃传来的水谷，消化吸收，分别清浊。清者为水谷精微，由脾传输到身体各部，供机体活动之需；浊者为糟粕和多余水液，下注于大肠或肾，通过二便排出体外。因此，小肠有病，除影响消化吸收功能外，也见粪尿异常。

（二）肺与大肠

1. 肺

肺位于胸中上连气道，上焦胸中，易受邪气侵犯，故为娇脏。肺与大肠相表里。

（1）主气，司呼吸。肺主气，指肺主一身之气和呼吸之气，特别是和宗气的生成有关。宗气由水谷精微之气与肺吸入的清新之气结合而成，推动肺的呼吸和心血的运行，同时宣发到全身，维持脏腑组织的机能活动。肺主气的功能正常，则呼吸均匀；若病邪犯肺，则可出现咳嗽、气喘、流涕等症状；若肺气虚，可出现倦怠无力、气短、自汗等症状。

（2）主宣降。宣即宣通、发散；降即清肃、下降。宣发，一是将浊气呼出体外；二是将脾传输到肺的水谷精微之气布散全身，外达皮毛；三是宣发卫气，以发挥其温养脏腑、肌肉、皮毛，开合腠理的作用。肃降，一是吸入清新之气；二是将水谷精微向下布散全身，将废液下输于肾和膀胱；三是保持气道的清洁。

（3）通调水道。通即疏通，调即调节，水道即水液运行和排泄的通道。肺主通调水道，指肺对水液的输布、运行和排泄有疏通和调节作用。古有“肺为水之上源”的说法。

（4）主一身之表，外合皮毛，开窍于鼻，与大肠相表里。肺主一身之表，指肺与皮毛在生理和病理上都密切相关。一身之表，由于得到肺宣发来的卫气和津液的温养、润泽，成为抵御外邪的屏障。肺气充盛，则被毛光润，抗邪有力；若肺气虚弱，则卫气不固，抗邪力弱，可见自汗，皮毛焦枯等。鼻为肺之窍，有呼吸和主嗅觉的功能。肺气正常，则鼻窍通利，嗅觉灵敏；邪气犯肺，多由鼻入，肺气不宣，常见鼻塞流涕、嗅觉不灵等症状。肺和大肠有经络相连，在生理和病理上都密切相关。

2. 大肠

大肠上连小肠，下通肛门。大肠的主要功能是传化糟粕，即接受小肠下传的水谷残渣或浊物，经过吸收其中的多余水液，燥化成粪，由肛门排出体外。大肠有病，可见传导失常的各种病变，如便秘、泄泻等。

（三）脾与胃

1. 脾

脾位于中焦。脾与胃相表里，为后天之本。

（1）主运化。脾有消化、吸收、运输营养物质和水液的功能。机体的脏腑经络、四肢百骸、筋肉、皮毛，都必须靠脾获取营养，故称脾为“后天之本”“五脏之母”。脾主运化的功能包括两个方面：一是运化水谷精微，水谷经胃的腐熟，由脾将精微物质传输到心、肺，通过经脉运送到周身，以供机体生命活动之需。脾的运化功能健旺，称“健运”。脾气健运，全身各脏腑组织才能得到充分的营养，生命活动才能正常；脾失健运，会出现精神倦怠、腹泻、消瘦等。二是运化水液，若脾不健运，会导致水湿停留而泄泻，溢于肌表为水肿，停于肺内成痰饮。因脾要将水谷精微和水液上输于肺，所以“脾气主升”。若脾气不升反而下陷，除可导致泄泻外，也可引起内脏垂脱诸症，如脱肛、子宫脱垂等。

(2)统血。统血指脾统摄血液在脉中正常运行而不溢出脉外。若脾气虚，气不摄血，就会引起各种出血，如便血，尿血，子宫出血等。

(3)主肌肉、四肢。肌肉的生长发育，有赖脾所运化的水谷精微的濡养，四肢的功能活动也有赖脾运化的水谷精微。脾气健运，则四肢强健，活动有力；脾胃虚弱，则四肢痿软无力，倦怠嗜卧。

(4)开窍于口，其华在唇，与胃相表里。脾的运化功能可以从食欲上得到反映。脾气健运，食欲旺盛，口唇红润光泽；脾失健运，食欲不振或废绝，唇淡无华；脾有湿热，则口唇红肿；脾经热毒上攻，则口唇糜烂生疮。脾与胃的经络相互络属，关系极为密切，也常将脾胃合称“后天之本”。

2. 胃

胃位居中焦，上接食道，下连小肠。其主要功能是受纳和腐熟水谷。水谷经口和食道进入胃，经过腐熟和初步消化，一部分变为气血，由脾上输于肺，通过肺的宣发布散到全身，剩下的部分下传于小肠，进一步消化吸收。胃受纳和腐熟水谷的功能，称为“胃气”。由于胃需要把腐熟后的水谷下传到小肠，所以胃气的特点是以和降为顺。若胃气不降，就会出现食欲不振，水谷停滞，肚腹胀满；若胃气不降反而上逆，则出现嗳气、呕吐等现象。胃气的强弱，对于动物体的强健与否以及疾病的预后判断都至关重要，故有“有胃气则生，无胃气则死”之说。临诊常把“保胃气”作为重要的治疗原则。

(四)肝与胆

1. 肝

肝位居下焦。与胆相表里。

(1)藏血。肝有贮藏血液和调节血量的功能。动物休息时，机体对血液的需要量减少，部分血液贮藏于肝；在使役或运动时，机体对血的需要量增加，肝排出所藏之血以供机体之需。因此，肝血供给充足与否，与机体耐受疲劳密切相关。肝血不足，会出现眼干、目盲、肝风、肝火等症状。

(2)主疏泄。肝有保持全身气机疏通调达的功能。主要包括以下几个方面。

协助脾胃运化：肝的疏泄功能，使全身气机疏通畅达。肝既能协调脾胃之气的升降，又能输注胆汁以助消化。若肝气郁结，疏泄失常，影响脾胃，可引起黄疸、食欲减退、肚胀、嗳气等现象。

调节精神活动：神虽由心所主，也需气血充养。气血运行畅达，有赖气机调畅。肝疏泄正常，气血就平和，精神活动才能正常。若肝气郁结，则精神沉郁，胸胁胀痛；肝气亢盛，则急躁凶暴。

通调水液代谢;若肝疏泄失常,会引起水肿、腹水等水液代谢障碍的病变。

(3)主筋,开窍于目,与胆相表里。“筋为肝之余”,肝为筋提供营养,维持其正常功能。肝血充盈,筋才能活动正常;若肝血不足,血不养筋,会出现四肢拘急、屈伸不灵、痿软无力等症。若邪热劫津,耗伤肝血,可引起四肢抽搐、角弓反张、牙关紧闭等肝风内动的症状。“爪为筋之余”,爪、甲、蹄的荣枯,与肝血的盛衰密切相关。肝的经脉上连于目,目的视物功能有赖肝血的滋养。肝的病证也能从目上反映出来。如肝阴血不足,则两眼干涩,视力障碍或夜盲;肝经有火,则目赤肿痛,睛生翳膜。胆附于肝,肝胆之间经脉相互络属,二者密切相关。胆汁源于肝,肝疏泄失常则影响胆汁的分泌和排泄;而胆汁排泄失常,又影响肝的疏泄,出现黄疸、消化不良等症状。

2. 胆

胆附于肝,内藏胆汁。其主要功能是贮藏和排泄胆汁,协助脾胃运化。胆汁的产生、贮藏和排泄,均受肝疏泄功能的控制和调节。胆与肝在生理上关系密切,在病理上相互影响,常常肝胆同病,在治疗上也肝胆同治。

(五)肾与膀胱

1. 肾

肾位居下焦,在腰脊两侧,左右各一。前人有“左为肾,右为命门”之说。也常把雄性动物的肾称“内肾”。

(1)藏精。肾所藏之精,包括先天之精和后天之精。先天之精即生殖之精,指雄性的精液和雌性的卵子;后天之精即水谷之精,由五脏六腑所化生。先天之精有赖后天之精的不断供养,才能正常发挥作用;后天之精也赖先天之精的资助,才能不断摄纳和化生。先天之精和后天之精在肾中密切结合而组成肾中精气,以维持动物的生命活动和生殖能力。动物的产生、生长发育、衰老、死亡,都与肾中精气的盛衰密切相关。

(2)主水。主水是指肾在机体水液代谢过程中的升清降浊功能。动物体内水液的运转,由肾、脾、肺、肝共同完成,其中肾的作用最为重要。肾主水的功能,主要靠肾阳对水液的蒸化来完成。水进入胃肠,由脾上输于肺,肺将清中之清的部分输布全身,而清中之浊的部分则通过肺的肃降作用下行于肾,肾再分清泌浊,将浊中之清再吸收上输于肺,浊中之浊者下注膀胱,排出体外。肾阳对水液的这种蒸化作用,称为“气化”。若肾阳不足,命门火衰,气化失常,会出现水肿、腹水、胸水等症状(图 1-6)。

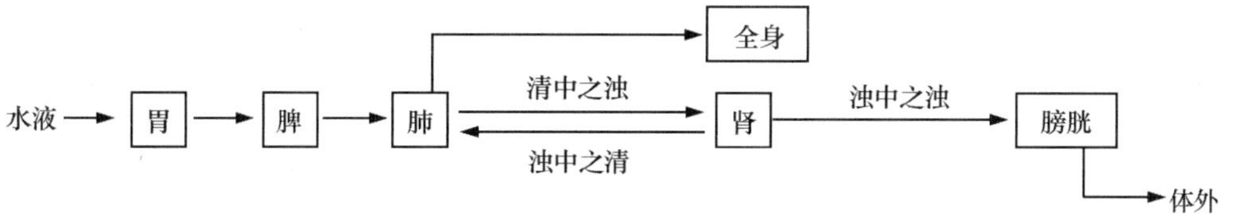

图 1-6　肾主水示意图

(3)纳气。肺主呼吸,肾主纳气。呼吸虽由肺所主,但吸入之气必须下纳于肾,才能呼吸均匀调和。因此,只有肾气充足,元气固守于下,呼吸才能正常。若肾气虚,纳气失常,就会出现呼多吸少、吸气困难等。

(4)主骨生髓。肾精有促进骨髓资生和骨骼生长发育的作用。若肾精充足,则髓生化有源,骨得髓的滋养而强健有力;若肾精亏虚,则髓的生化之源不足,不能充养骨骼,会导致骨骼发育不良。"齿为骨之余",肾精充足,则牙齿坚固;肾精不足,则牙齿松动、脱落。"发为血之余",动物被毛的生长,其营养源于血,而生机则根源于肾气,肾精充足,则被毛光亮;肾气虚衰,则被毛枯槁,甚至脱落。

(5)司二阴,开窍于耳,与膀胱相表里。肾的下窍是二阴,即前阴和后阴。前阴有排尿和生殖功能,后阴有排粪功能,这些功能都与肾有联系。肾阳不足,可引起尿频、阳痿、便溏等症状。耳为肾之上窍,耳的听觉功能有赖肾精的充养。肾精充足,则听觉灵敏;肾精不足,可引起听力减弱等症状。肾和膀胱的经脉相互络属,肾气能助膀胱气化,司膀胱开合,约束尿液。若肾气充足,固摄有权,则膀胱开合有度,尿液的贮存和排泄正常;若肾气不足,则可出现多尿及尿失禁等症状;若肾虚气化不及,可导致排尿不畅甚至尿闭。

2. 膀胱

膀胱位于腹部。主要功能是贮存和排泄尿液。水液经小肠吸收后,下输于肾的部分,经肾阳的气化而成尿液,注于膀胱,经膀胱排出体外。膀胱有病,常见尿少、尿痛、尿血等。

【附】三焦,胞宫,奇恒之腑

三焦:指上、中、下三焦。膈以上为上焦,主要包括心和肺;膈至脐相当于中焦,主要包括脾和胃;脐以下为下焦,主要是肝、肾,也包括膀胱、大肠等。三焦总的功能是总司机体的气化,疏通水道。上焦的功能主要是主血脉,司呼吸,将水谷精气布散全身;中焦的功能主要是腐熟水谷,化生营血;下焦的功能主要是分别清浊,排泄糟粕和代谢后的水液。古有"上焦如雾,中焦如沤,下焦如渎"之说。在病理情况下,上焦主要指心肺的病变,中焦主要指脾胃的病变,下焦主要指肝肾的病变。三焦有经脉络于心包,与心包相表里。

胞宫:胞宫是子宫、输卵管和卵巢的总称,属奇恒之腑,主发情和孕育胎儿。胞宫的这一功能同肾和冲、任二脉密切相关。因为肾藏精,主生殖,冲、任二脉与胞宫相连。肾气充盛,冲、任二脉气血充足,动物才会正常发情和孕育胎儿。若肾气虚弱,冲、任二脉气血不足,动物不能正常发情或发生不孕或流产。另外,胞宫与心、肝、脾的关系也很密切,因为动物发情和孕育胎儿都需要血液的滋养,需要以心主血、肝藏血、脾生血和统血的功能正常作为必要条件。

奇恒之腑:它们形态似腑,功能似脏,不同于一般的腑。包括脑、髓、骨、脉、胆和胞宫。其中,胆既为六腑之一,又是奇恒之腑。

二、脏腑之间的关系

(一)脏与脏之间的关系

(1)心与肺。主要是血与气的关系。心主血,肺主气,二脏相互配合,保证了气血的正常运行。血的运行要靠气的推动，而气只有灌注于血脉中，靠血的运载才能到达周身，即“气为血之帅，血为气之母，气行则血行，气滞则血瘀”。

(2)心与脾。心主血，藏神；脾主运化，生血，统血，二者关系密切。脾为心血的生化之源，若脾气充足，血液生化有源，则心血充盈；血行于脉中，虽靠心气的推动，但还需要脾的统摄才不致溢出脉外。脾的运化功能也有赖于心血的滋养和心神的调控。

(3)心与肝。心主血，肝藏血，二者配合，推动血液运行，调节血量。心肝之阴血不足，可互相影响，出现相应的病证。

(4)心与肾。心位居上焦，属火，肾位居下焦，属水，二者相互滋养，相互制约。心火不断下降以资肾阳，使肾水不寒；肾水不断上济于心，以资心阴，使心阳不亢，心肾相交，水火相济。

(5)肺与脾。主要是气的生成和水液代谢两个方面的关系。在气的生成方面，肺主气，脾主运化，均为气血生化之源，是主气和益气的关系。脾所传输的水谷精气，上输于肺，与肺吸入的清气结合，形成宗气，此即脾助肺益气的作用。因此，肺气的盛衰在很大程度上取决于脾气的强弱。肺气充盛，脾气健旺，则气的生化有源，否则，就会形成脾肺气虚证。在水液代谢方面，肺主宣降，通调水道，为水之上源；脾运化水液，是水的转输中心，二者共同完成水液的代谢。

(6)肺与肝。主要是气机升降的关系。肺气肃降，肝气升发，二者协调，机体气机升降运行畅通无阻。

(7)肺与肾。主要是呼吸和水液代谢两方面的关系。肺主气，司呼吸；肾纳气，为气之根，二者配合完成呼吸和气体交换。肾精气充足，肺吸入之气才能下纳于肾，呼吸才能和顺；肾气不足，肾不纳气，则出现呼多吸少、动则气喘的病症。肺气不足，可以导致肾虚。肺主宣降，肾主膀胱气化，司膀胱开合，共同参与水液代谢。水液需经肺的肃降才能下达于肾。肾能气化和升降水液，脾运化的水液，要在肺和肾的合作下，才能完成正常的代谢过程。

(8)肝与脾。主要是疏泄和运化的关系。肝藏血主疏泄，脾生血司运化，肝气的疏泄与脾胃之气的升降有密切关系。肝的疏泄正常，脾胃升降适度，则血液生化有源。

(9)肝与肾。主要是肾精和肝血相互滋生的关系。肾藏精，肝藏血，肾精需要肝血的不断补充，肝血又需要肾精的滋养和化生，即精能生血，血能化精，二者相互依存，相互补充。肝、肾常盛则同盛，衰则同衰，故有“肝肾同源”之说。

(10)脾与肾。主要是先天和后天的关系。肾为先天之本，脾为后天之本。肾主藏精，脾主运化，二者相互滋生。肾所藏之精，需脾运化的水谷之精的滋养才能充盈；脾的运化，又需肾阳的温煦，才能正常发挥作用。

(二)腑与腑之间的关系

腑与腑之间主要是传化物的关系。水谷入胃，经过腐熟，下传小肠，进一步消化和分别清浊，精微物质经脾转输于周身，糟粕下注大肠，经大肠内的变化，形成粪便排出体外。在此过程中，胆排泄胆汁助小肠消化，代谢废物和多余的水液下注膀胱，形成尿液排出体外。六腑必须虚实更替，以通为顺。古有“腑病以通为补”之说。六腑之一腑不通，会导致它腑功能失常。

(三)脏腑与肢体官窍之间的关系

脏腑与五体之间是归属关系;脏腑与五窍之间是开窍关系。

【附】脏腑功能简表

- 脏与腑
  - 脏
    - 共同功能:贮藏精气而不泻
    - 各自功能
      - 心:主血脉,藏神;主汗,开窍于舌
      - 肺:主气,主宣降;主皮毛,开窍于鼻
      - 脾:主运化,统血;主肌肉四肢,外应于唇
      - 肝:主疏泄,藏血;主筋,开窍于目
      - 肾:主藏精;主命门之火,主水,主纳气,主骨、生髓、通于脑,开窍于耳,司二阴
      - 心包:为心之外围
  - 腑
    - 共同功能:传化水谷而不藏
    - 各自功能
      - 胃:主受纳和腐熟水谷
      - 小肠:主化物、分别清浊
      - 大肠:主燥化和传送糟粕
      - 膀胱:主贮藏津液,排尿
      - 三焦:统领元气,疏通水道
  - 奇恒之腑
    - 共同功能:兼藏精气,藏而不泻
    - 各自功能
      - 胆:贮藏及排泄胆汁
      - 脑:为髓海,元神之府
      - 髓:充养脑、骨
      - 骨:髓之府,为身体支架
      - 脉:血之府,行气血
      - 胞宫:主母畜发情及孕育胎儿

任务四 气血津液

气、血、津液是构成和维持动物机体生命活动的基本物质。它们通过动物脏腑的功能活动生成,而脏腑功能活动又必须靠气、血、津液作为物质基础。

一、气

中国古代哲学认为,气是构成世界的最基本物质,而中兽医学所说的气概括起来有两种含义:一是构成机体并维持其生命活动的精微物质,如水谷之精气、营气、卫气等;二是指脏腑组

织的生理功能,如脏腑之气、经络之气等。二者是相互联系的,前者是后者的物质基础,后者是前者的功能表现。

(一)气的生成

动物体内气的生成,主要源于两个方面:一是禀受于父母的先天之精气,藏于肾;二是肺吸入的清气和脾胃运化的水谷精微之气,即后天之气。其形成如图 1-7 所示。

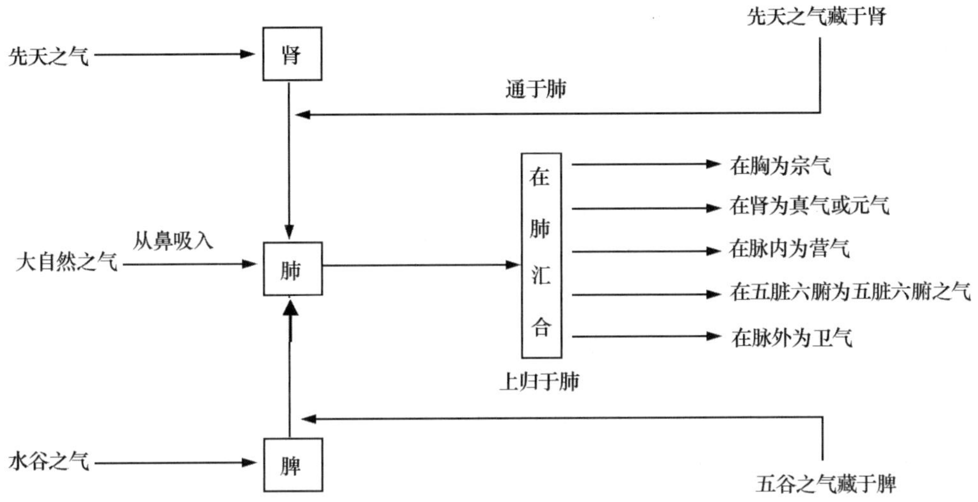

图 1-7　气的生成示意图

(二)气的运动和运动形式

气是不断运动的,气的运动称"气机"。气运动的基本形式有升、降、出、入四种。如脾将水谷精微上输于肺为升;胃将腐熟后的水谷下传小肠为降;肺呼出浊气为出;吸入清气为入。气在体内依附于血、津液等载体。所以,气的运动一方面体现于血、津液的运行,另一方面体现于脏腑的生理活动。就五脏而言,心肺在上,在上者宜降;肝肾在下,在下者宜升;脾胃居中,为升降枢纽,可上可下。

(三)气的分类与功能

就气的生成和作用而言,主要有元气、宗气、营气和卫气四种。

(1)元气。元气又称原气,真气,由先天之精所化生,藏于肾。元气是机体生命活动的原始物质及其生化的原动力。五脏六腑之气的产生,都要根源于元气的资助,而元气也需后天水谷精微的滋养和补充。元气充,则脏腑盛,身体强健少病;若先天禀赋不足或久病损伤元气,则脏腑气衰,必体弱多病。

(2)宗气。由脾胃运化来的水谷精微之气和肺所吸入的清新之气结合而成,聚于胸中。宗气推动肺的呼吸和心血的运行。呼吸的强弱、气血的运行、肢体的活动能力等都与宗气的盛衰有关。宗气充盛,则机体生理活动正常;若宗气不足,则呼吸无力,甚至血脉凝滞。

(3)营气。营气是水谷所化生的精气之一,是宗气贯入血脉中的营养之气。营气进入脉中,成为血液的组成部分,随血液运行,营养全身。由于营气行于脉中,化生为血,其营养全身的功能与血液基本相同，所以，营气和血可分而不可离，常合称“营血”。

(4)卫气。由水谷之气所化生，是机体阳气的一部分，因此，也常称“卫阳”。卫气行于脉外，在内温养脏腑，在外温养肌肉，润泽皮毛，滋养腠理，启闭汗孔，抗御外邪。

(四)常见的气病

常见的气病主要有气虚、气滞、气逆、气陷。气虚治宜补气，气滞治宜行气，气逆治宜降气，气陷治宜升举中气。

二、血

血是运行于脉中的红色液体，依靠气的推动流注全身，是构成动物体和维持生命活动的重要物质。

(1)血的生成。血的生成主要有三个方面：一是来源于水谷精微，因此，脾胃是血液的生化之源；二是营气贯注于心脉，参与血的构成；三是由肾精转化而来。

(2)血的功能。血的功能是营养和滋润全身，内至五脏六腑，外达筋骨皮肉、五官九窍。血又是精神意识活动的物质基础。血液充盈，则脏腑坚韧强健，肌肉丰满，筋骨强劲，皮毛光亮，口色红润；血液不足，则肌肉消瘦，筋骨痿软，皮毛枯槁，口色淡白。

(3)常见的血病。主要有血虚、血热、血瘀、出血等。血虚治宜补血，血热治宜清热凉血，血瘀治宜活血化瘀，出血治宜止血。

三、津液

津液是动物体内一切正常水液的总称。其中，清而稀者为津，浊而稠者为液，常统称津液。

(1)津液的生成。津液由水谷所化生。水谷经脾胃的运化，再经三焦的气化作用，变成津液，其中一部分随卫气的运行而敷布于体表、皮肤、肌肉等组织，这就是津；另一部分注入经脉，随血液灌注脏腑、骨髓、脑髓、关节、五官等处，称为液。

(2)津液的输布排泄。津液随气血输布全身，发挥滋养作用，剩余部分通过汗、尿等排出体外。津液的输布和排泄是依靠脾、肺、肾、膀胱等脏腑的协调作用而完成的。三焦是津液在体内流注、输布的通道。若以上脏腑功能失调，可导致津液生成不足或水液停滞等疾病。

(3)津液的功能。津液有滋润、濡养作用，如滋养皮毛、肌肉、五脏六腑，滑利关节，润泽孔窍，也能进入脉中补充血液。概括起来，津液能调节机体的阴阳平衡，排泄废物。

(4)常见的津液疾病。主要有津液不足和水湿内停两类。

四、气血津液之间的关系

气血津液均为构成和维持动物机体生命活动的基本物质。三者之间存在着相互依存、相互转化和相互为用的关系。

(1)气能生血。一方面指水谷精微是化生气血的原料，另一方面指气化作用是化生血液的动力。气旺则血充，气虚则血亏。治疗血虚证时常在补血药中配补气药，就是取“补气以生血”之意。

(2)气能行血。血的运行必须靠气的推动，“气为血之帅”“气行则血行，气滞则血瘀”。治疗血瘀证时，常在活血化瘀药中配伍行气药，疗效更佳。

(3)气能摄血。血行于脉中而不外溢,全赖气的统摄。临诊治疗出血证时,常在止血药中配以补气药,以补气摄血。

(4)血以载气。气无形,须附于有形之血,故有"血为气之母"之说。若血虚,气无所依附,必因气的流散而气虚,导致气血两亏之证。

(5)气能生津(液)。气能生津(液)指气是津液生成的物质基础和动力。其关系类似于"气能生血"。

(6)气能行津(液)。气能行津(液)指津液的输布和排泄均依赖于气的升、降、出、入和有关脏腑的气化功能。

(7)气能摄津(液)。气能摄津(液)指气有固摄津液以控制其排泄的作用。若气虚,可引起多尿、多汗等症,治疗时应考虑补气以固津。

(8)津(液)以载气。津液也是气的载体。因此,津液的损失,必将引起气的耗损而导致气虚。如汗出过多或吐泻过度,均可导致"气随液脱"之证。

(9)津(液)血互化。津液和血来源相同,能相互转化。比如出血过多,可引起耗血伤津的病症;而严重的伤津脱液,可引起津枯血燥。

任务五　经络学说

经络学说,是研究动物体经络系统的生理功能、病理变化及其与脏腑相互关系的学说。对于辨证、用药、针灸治疗,都具有重要的指导意义,不懂经络,"开口动手便错"。因此经络学说,是中兽医学基础理论的重要组成部分。

一、经络的基本概念

(一)经络的含义

经络是动物体内经脉和络脉的总称,是机体联络脏腑、沟通内外、运行气血、调节功能的通路,是动物体组织结构的重要组成部分。经脉,是经络系统的主干;络脉,是经脉的分支。经络在体内纵横交错,内外连接,遍布全身,把动物体脏腑、器官、组织紧密联系起来,形成一个有机的统一整体。

(二)经络系统的组成

经络系统主要由四部分组成,即经脉、络脉、内属脏腑部分和外连体表部分。

(1)经脉。经脉包括十二经脉:内属脏腑,外连肢节;十二经别:从经脉分出,复合于经脉;奇经八脉:别道奇行的经脉分支。

(2)络脉。络脉有别络、浮络、孙络之分。别络是络脉的较大分支,共十五条。其中十二经脉和任、督二脉各有一支别络再加上脾的大络,合为"十五别络"。其功能是加强互为表里的两经之间在体表的联系。浮络是浮行于浅表部位的络脉。孙络是络脉中最细小的分支,其功能是蓄积卫气以抗御外邪。

(3)内属脏腑部分。连接脏腑,同经脉和部分络脉相连属。

(4)外连体表部分。包括十二经筋:分布于筋肉、体表;十二皮部:皮肤部分。

(三)十二经脉

(1)十二经脉的命名。十二经脉的名称是根据循行部位、阴阳属性和联系的脏腑来命名的。每一经脉的名称包括前肢或后肢,阴或阳,脏或腑三个部分。行于四肢内侧者为阴经,属脏;行于四肢外侧者为阳经,属腑。每一肢有内和外两个侧面,每一侧面有三条经脉分布,每一前肢和每一后肢各有三条阴经和三条阳经。十二经脉命名见表 1-2。

表 1-2 十二经脉命名

部位	阴经(属脏)	阳经(属腑)
前肢	太阴肺经	阳明大肠经
	厥阴心包经	少阳三焦经
	少阴心经	太阳小肠经
后肢	太阴脾经	阳明胃经
	厥阴肝经	少阳胆经
	少阴肾经	太阳膀胱经

(2)十二经脉的循行。前肢三阴经从胸腔开始,经前肢内侧走向前肢末端,交会于前肢三阳经;前肢三阳经从前肢末端开始,经前肢外侧走向头部交会于后肢三阳经;后肢三阳经从头部开始,经后肢外侧走向后肢末端,交会于后肢三阴经;后肢三阴经从后肢末端开始,经后肢内侧经腹达胸,交会于前肢三阴经。十二经脉是一个阴阳相贯、往复无端的闭合系统。因为前后肢的三阳经均起止交会于头部,所以称"头为诸阳"之会;前后肢的三阴经都起止于胸部,所以称"胸为诸阴"之会。前后肢的三阴经、三阳经,通过经别和别络互相沟通,构成表里关系。前肢少阴心经与太阳小肠经、太阴肺经与阳明大肠经、厥阴心包经与少阳三焦经各互为表里;后肢太阴脾经与阳明胃经、少阴肾经与太阳膀胱经、厥阴肝经与少阳胆经各互为表里。它们又分别络属于互为表里的脏腑。

(3)十二经脉的流注次序。前肢太阴肺→前肢阳明大肠→后肢阳明胃→后肢太阴脾→前肢少阴心→前肢太阳小肠→后肢太阳膀胱→后肢少阴肾→前肢厥阴心包→前肢少阳三焦→后肢少阳胆→后肢厥阴肝→前肢太阴肺(图 1-8)。

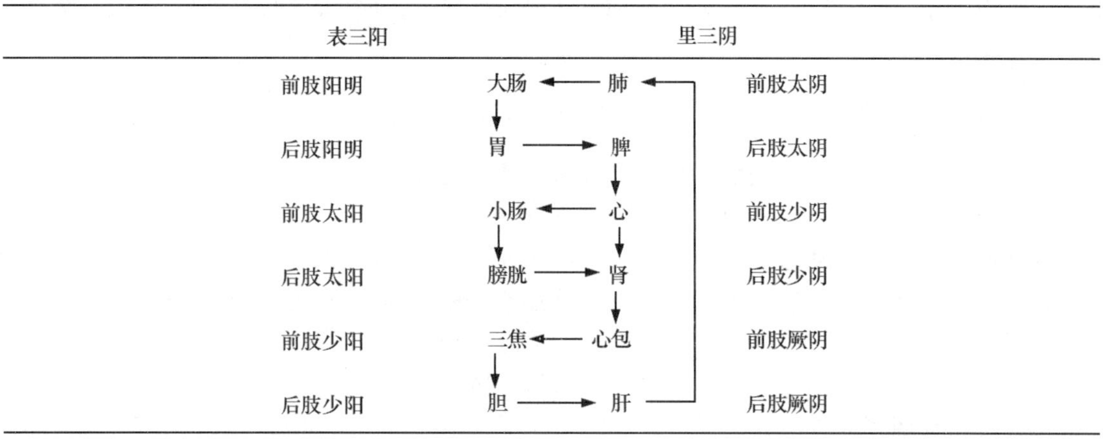

图 1-8 十二经络运行示意图

在经脉流注中，还有一条分支由前肢太阴肺经传注于任脉，上行贯通于督脉，循脊柱，绕阴部，回归任脉，经腹达胸，与前肢太阴肺经衔接，构成了包含任、督二脉的十四经脉循环通路。

(四)奇经八脉

奇经八脉是任脉、督脉、冲脉、带脉、阴维脉、阳维脉、阴跷脉、阳跷脉。它们的分布不像十二经脉那样规则，与脏腑没有直接的络属关系，相互之间也不存在表里关系。其作用如下。

(1)进一步密切十二经脉间的联系。如阴维脉能组合所有的阴经，阳维脉能组合所有的阳经；带脉环腰腹，能沟通腰腹部的经脉；冲脉通行上下，渗灌三阴三阳；任脉为诸阴之海，督脉总督诸阳经。

(2)调节十二经脉气血。十二经脉气血有余时，流注于奇经八脉；气血不足时，补充十二正经。

(3)奇经八脉与肝、肾等脏及胞宫、脑、髓等奇恒之腑关系密切。奇经八脉与上述脏腑在生理和病理方面有一定联系。

二、经络的主要作用

(一)在生理方面

(1)运行气血。动物体脏腑组织都需要气血的温煦滋养，而气血通达全身，必须靠经络的传注。

(2)协调脏腑功能。经络既有运行气血的作用，又有联系机体各组织器官的作用，使机体内外上下保持协调统一，经络内连脏腑，外络肢节，上下贯通，左右交叉，将动物机体各组织器官相互紧密联系起来，从而起到了协调脏腑功能的作用。

(3)调节防卫机能。经络在运行气血的同时，卫气伴行于脉外，温煦脏腑、腠理、皮毛，开合汗孔，从而具有保护体表、抗御外邪的作用。

(二)在病理方面

(1)传导病邪。病邪可沿经络由表入里，经皮毛腠理传至五脏六腑。脏腑之间是通过经脉相互沟通联系的，病邪或病变可以在脏腑之间互相传变，互为表里的脏腑在病理上常相互影响。如心火可移于小肠；肝火常上炎至目。

(2)反映病变。脏腑与体表的一定部位或相应的孔窍，通过经络相联系，脏腑有病，会通过经络反映于这些相关部位和孔窍。如胃火可以引起牙龈肿痛；心火可以引起舌体生疮。

(三)在治疗方面

(1)传递药物的治疗作用。药物需要经络的传递才能进入体内，到达病所，不同的药物对不同的经络具有一定的选择性。如同为清热泻火药，黄连入心经而清心火，黄芩入肺经而清肺火，白芍入脾经而泻脾火，龙胆入肝经而泻肝火，知母入肾经而泻肾火，石膏泻胃火，木通泻小肠火等。

(2)感受和传导针灸的刺激作用。针刺体表的穴位之所以能够治疗脏腑的病，就是因为经络的感受和传导。“循经取穴”的原则就是根据这一原理而提出的。

任务六 病因与病机

病因，是指引起动物疾病发生的原因。中兽医把动物机体各脏腑组织器官的机能活动，及其对外界环境的适应能力和对致病因素的抵抗力称为“正气”；所有致病因素称为“邪气”。疾病的发生发展是“正邪相争”的结果。正气旺盛，邪气不容易侵入，动物就不会发病，即所谓“正气存内，邪不可干”；只有当动物体正气虚弱，不足以抗御外邪时，邪气才能乘虚而入，使动物发病，即所谓“邪之所凑，其气必虚”。

动物体正气的强弱，主要取决于体质因素和所处的环境及饲养管理等条件。体质与先天禀赋有关，即动物的身体素质可以遗传给后代。如先天充盛，则抗病力强；先天不足，则抗病力弱。科学的饲养，适度的劳役，动物机体就会正气旺盛，抗病力强而不易患病；若饲养失宜，劳役不节，就会损伤正气使抗御外邪的能力降低，容易发生疾病。

任何证候都是在某种致病因素的作用下，机体产生的一种病态反应。对病因的认识，主要是以各种病证的临诊表现为依据，通过分析症状，找出发病原因，为治疗提供依据。分析证候，寻找、认定病因的过程，称为“辨证求因”，依据病因确定治疗原则，称为“审因论治”。

中兽医一般将病因分为外感、内伤和其他因素三类。

一、外感致病因素

（一）六淫

1. 六淫的含义

六淫指风、寒、暑、湿、燥、火六种反常气候。正常情况下，它们是四季气候变化的六种表现，称为“六气”。六气的变化有一定规律，动物体对六气有一定的适应能力，一般不会使动物发病。只有自然界阴阳失调，六气出现了太过或不及的异常变化，或动物机体抵抗力降低时，才会成为致病因素而使动物发病，这时的六气又称为“六淫”。

2. 六淫致病的共同特点

(1)外感性。六淫之邪多从肌表、口鼻侵犯动物及机体而发病，故六淫所致之病称为外感病。

(2)季节性。六淫致病有明显的季节性。如春季多风、温病，夏季多暑病，长夏多湿病，秋季多燥病，冬季多寒病。四季之中，六气的变化是复杂的，六淫致病的季节性也不是绝对的，如夏季多暑病，但也可出现寒病、湿病等。

(3)兼挟性。六淫邪气既可以单独侵袭机体而发病，又可以两种或两种以上同时侵犯机体而发病。如外感风寒、风湿、湿热等。

(4)转化性。一年之中，六气是可以相互转化的，如久雨生寒，久晴生热，热极生风，风盛生燥，燥极化火。六淫致病，其证候在一定条件下，也可以相互转化，如感受风寒之邪，可以从表寒证转为里热证。

此外，由于脏腑功能失调，也可以产生类似风、寒、湿、燥、火的证候，称内风、内寒、内湿、内燥、内火，常称“内生五邪”。

3. 六淫致病的性质及不同的致病特点

(1)风邪。风为春天主气,但四季均有。风证以春季为多,也可见于其他季节。风邪多从皮毛肌腠侵入机体而发病,其他邪气也常依附于外风入侵机体,外风成为外邪致病的先导,是六淫中的首要致病因素,故有“风为百病之长”“风为六淫之首”之说。风从内生者称“内风”,主要与肝有关,因此常称“肝风”。

①风为阳邪,轻扬开泄。风具有向上、向外、善动的特性,故为阳邪。风性轻扬,所以风邪所伤,最易侵犯动物机体的上(前)部和肌表。如破伤风,常从头部开始。正如古人所说,“伤于风者,上先受之”。风性开泄,指风易使皮毛腠理疏泄开张,出现汗出、恶风的症状。

②风性善行数变。善行,指风有善动的特性。所以,风邪致病有游走不定,变化无常的特点,如遍身黄(荨麻疹),发无定处,此起彼伏。数变,指风邪所致疾病有发病急、变化快的特点,如中风,起病急,变化快。

③风性主动。风性主动指风有使动物机体摇动的特性。如风证常见四肢抽搐,不由自主地划动,肌肉震颤、颈部强直、角弓反张等。

(2)寒邪。寒为冬季主气,但四季皆有。外寒即外邪入侵,如气温突降、雨淋、涉水、采食冰冻草料、过饮冷水等。内寒是机体阳气不足,寒从内生。

①寒为阴邪,易伤阳气。寒性属阴。感受寒邪,最易伤机体的阳气,出现阴寒偏盛的寒象。如寒邪外束,卫阳受损,可见恶寒怕冷、皮紧毛乍等症状;寒邪中里,脾胃阳气受损,可见肢体寒冷、下痢清谷、尿清长、口吐清涎等。

②寒性凝滞主痛。若寒邪侵袭机体,阳气受损,经脉受阻,可导致气滞血瘀而痛,即所谓“不通则痛”。如寒邪伤表,营卫凝滞,则肢体疼痛;寒邪直中肠胃,气血凝滞不通,则肚腹冷痛。

③寒性收引。收引,即收缩牵引。寒邪入侵,可使机体气机收敛,腠理、经络、筋脉、肌肉等收缩,可出现恶寒、无汗、脉紧等症状。

(3)暑邪。暑为夏天主气,属阳邪、外邪。

①暑性炎热,易致发热。伤于暑者,常见高热、口渴、汗多、脉洪等热象。

②暑性升散,易耗气伤津。暑邪侵入机体,多直入气分,使腠理开泄而汗出。汗出过多,必耗伤津液。伤津则伤气,导致气津两伤,出现倦怠无力等。严重者可扰及心神。

③暑多挟湿。炎热季节常多雨潮湿,动物体感受暑邪的同时,常兼感湿邪,出现湿邪困脾的症状,如身体倦怠、便溏泄泻等。

(4)湿邪。湿为长夏主气,属阴邪。外湿多由环境潮湿、湿邪侵入机体所致;内湿多由脾失健运、水湿停聚而成。

①湿郁气机,易伤脾胃。脾喜燥恶湿,而湿邪最易伤及脾阳。脾不运湿,会出现水肿、泄泻、肚腹胀痛、里急后重等症状。

②湿性重浊,其性趋下。湿邪致病,常见肢体沉重、倦怠无力;分泌物、排泄物秽浊不清,如泻痢脓垢、淋浊等。湿邪致病,其侵害部位多先起于下部。

③湿性黏滞。湿邪致病常缠绵不退,迁延难愈。如粪便黏滞不爽、尿淋漓不畅、风湿久治不愈等。

(5)燥邪。燥为秋天主气。其性质和致病特点如下。

①燥易伤津。燥邪容易耗伤津液。见口鼻干燥、粪干尿少等。

②燥易伤肺。肺为娇脏,既不耐湿,又不耐燥,湿则饮停,燥则津伤。燥邪伤肺,常见干咳、

鼻液黏稠、鼻衄等。

(6)火邪。火多内生,火属阳邪。

①火性炎上。火邪为病,常见高热口渴、躁动不安、粪干尿短、脉象洪数等症。如心火上炎,口舌生疮;肝火上炎,目赤肿痛;胃火上炎,牙龈肿痛。

②火易伤津动血。火热邪气,最易耗伤津液,也容易灼伤脉络,迫血妄行。因此,火邪致病,常见口渴喜饮、粪干尿短、发斑、衄血、尿血、便血等症状。

总之,风、暑、燥、火均为阳邪,损伤机体阴液,而寒、湿为阴邪,必伤机体阳气,进而导致机体阴阳失衡,发生疾病。

(二)疫疠之气

疫,指瘟疫;疠,指天地间不正之气。疫疠,指有强烈传染性的邪气。疫疠的发生和流行,取决于动物正气的强弱及疫疠之气的毒力、季节、气候和环境。

对疫疠的防治,要以预防为主。一要加强饲养管理,搞好动物个体和环境的卫生,增强动物体质;二要定期预防接种;三要及时发现染疫动物,及早隔离妥善处理病死动物的尸体,及时控制疫疠的传播。

二、内伤致病因素

内伤,是饲养管理不当所致。内伤因素既可以直接引起动物机体发病,也可以使动物机体正气不足,抗御外邪的能力降低,容易感受外邪而发病。内伤因素包括四个方面。

(1)饥伤。饥伤指由于饥渴而引起的疾病。水草是动物气血生化之源,若饥而不得食,渴而不得饮,久而久之,气血生化乏源,就会出现气血亏虚,表现体瘦无力、毛焦肷吊、倦怠好卧、生长迟缓、发育不良、生产性能下降等症状。

(2)饱伤。饱伤指饮喂太过引起的病证。胃肠的受纳和传送能力是有一定限度的,若饮喂失调,水草太过,或乘饥渴而暴饮暴食,超过了胃肠的受纳和传送的程度,就会损伤胃肠,出现肚腹臌胀、嗳气酸臭、气促喘粗等症状。

(3)劳伤和逸伤。劳伤指劳役过度或使役不当所引起的病证。一般可将动物突然做重剧劳动所致的病证称劳伤;将长时间劳动而缺乏适当的休息所致的病证称役伤。古有“劳伤心,役伤肝”之说。劳役之伤常见精神短少、体瘦毛焦、四肢倦怠、力衰筋乏等症状。逸伤指动物久不使役或缺乏运动所引起的病证。合理的使役和运动是保证动物健康的必要条件。若动物长期不使役或不运动,会使机体气血流通不畅,脏腑功能减弱,出现食欲不振、体力下降、腰肢软弱、抗御病邪的能力降低等逸伤之证。久逸不劳,会使种畜繁殖能力下降。对于逸伤者,要加强运动,合理使役。

三、其他致病因素

(1)外伤性致病因素。常见的外伤性致病因素有创伤、挫伤、烫火伤及虫兽伤等。创伤往往由锋利的刀刃、尖锐的物体、弹片等所伤,造成肌肤不同程度的破损,引起出血、肿胀、疼痛等。挫伤由钝力所致,没有外露的伤口,常见于跌扑、撞击、角斗、蹴踢等,可造成肿胀、筋断骨折、脱臼等。若伤及内脏、头部或大血管,可导致大失血、昏迷甚至死亡。若损伤后外邪入侵,可引起更为复杂的病理变化,如发热、化脓、溃烂等。烫火伤包括烫伤和烧伤,可直接造成皮肤和肌肉等组织的损伤，严重者可引起昏迷或死亡。虫兽伤如狂犬、毒蛇咬伤，蜂、虻、蝎子等蜇伤。虫兽伤可引起肌肤损伤，局部严重肿胀，严重者可导致中毒或死亡，也常引发传染病。

(2)寄生虫侵袭。寄生虫有内寄生虫和外寄生虫。内寄生虫常有吸虫、绦虫、线虫等。它们寄生在动物体脏腑组织中，对动物造成一定的伤害。如气血亏虚、体瘦毛焦、腹痛、腹泻、水肿等，有时可引起肠梗阻、胆道阻塞等。外寄生虫常见虱、蜱、螨等，寄生于动物体表，常引起动物皮肤瘙痒、骚动不安，还可因摩擦导致皮肤破溃而引起感染化脓；也有的动物被外寄生虫吸食营养而引起消瘦、衰弱等症状。

(3)中毒。有毒物质进入动物体内，引起脏腑功能失调及组织损伤，称为中毒。引起中毒的物质称为毒物。常见的毒物有有毒植物，腐败、霉烂的草料，加工不当的饲料，农药，化肥，使用不当的治疗药物、饲料添加剂等。毒物中毒后，发病急剧，一般出现呕吐、腹泻、流涎、出汗等症状，严重者出现抽搐、呼吸困难、四肢麻木、瞳孔散大或缩小、脉搏紊乱等症状，中毒深重或抢救不及时者可引起死亡。

四、病机

病机，即疾病发生、发展和变化的机理。疾病的发生、发展和变化的根本原因，不在机体的外部，而在机体内部。各种致病因素都是通过机体内部因素起作用的。疾病虽然错综复杂，千变万化，但就病机来讲，就是正气与邪气的斗争，是正邪消长、升降失常和阴阳失调的结果。

(一)正邪消长

正邪消长，指在疾病发生、发展过程中，正气和邪气之间相互斗争所发生的盛衰变化。邪气入侵动物机体后，正气即与邪气抗争，正邪双方在斗争中的消长变化，关系着疾病的发生、发展和转归。如果机体正气强盛，抗邪有力，则机体免于发病；若正气虽盛，但邪气也强，正邪相搏剧烈，所发之病为实证；若机体素虚，正气衰弱，抗邪无力，所发之病为虚证。若正气渐强，而战胜邪气，则为正胜邪退，疾病痊愈；若正气日衰，邪气日盛，则为邪盛正虚，疾病向恶化的方向发展；若正邪双方势均力敌则为正邪相持，疾病处于迁延状态；若正气虽然战胜了邪气，邪气被祛除，而正气大伤，则为邪去正伤，多见于重病恢复期。另外，疾病发生过程中正邪力量对比的变化，还会引起虚实转化和虚实错杂。如邪去正伤，属由实转虚；病邪久留，损伤元气，或正气本虚，无力祛邪，导致痰、食、水、血郁结，属虚实错杂。

(二)升降失常

正常情况下，动物体各脏腑的机能活动都有一定的形式。如脾主升，胃主降。脾位居中焦，通达上下，是全身气机升降的枢纽，升则上入心肺，降则下入肝肾。肝气升发，肺气肃降；心火下降，肾水上升；肺气宣发，肾阳蒸腾；肺主呼吸，肾主纳气。如果这些脏腑的升降功能失常，即出现各种病理现象。如脾气不升，反而下降，就会出现泄泻甚至脱垂之证；若胃之浊阴不降，反而上逆，就会出现呕吐；若肺失肃降，则咳嗽、气喘；若肾不纳气，则喘息、气短、呼多吸少；若心火上炎，则口舌生疮；肝火上炎，则目赤肿痛。病证虽多，但究其病机，均与脏腑气机升降失常有关。

(三)阴阳失调

动物机体阴阳只有保持相对平衡，才能维持正常的生命活动。如果阴阳的相对平衡遭到破坏，就会发生疾病。在阴阳偏盛方面，阴盛必伤阳，阴盛则寒；阳盛必伤阴，阳盛则热。在阴阳偏衰方面，阴虚则阳相对偏胜，表现为虚热证；阳虚则阴相对偏胜，表现为虚寒证。由于阴阳互根，常见阴损及阳，阳损及阴，最终导致阴阳俱损。在疾病的发展方面，疾病发生过程中，阴阳总是处于不断的变化之中，在一定条件下，可出现阴转阳或阳转阴的变化。若阳气极度虚弱，阳不制阴，偏盛之阴盘踞于内，逼迫衰极之阳浮越于外，可出现阴盛格阳之证，即真寒假热证；若邪热极盛，阳气被郁，也可发生阳盛格阴之证，即真热假寒证。在疾病转归方面，若经过治疗，阴阳恢复了相对平衡，则疾病好转；否则，阴阳不但没有趋向平衡，反而遭到更为严重的破坏，疾病就会恶化，直至动物死亡。

知识拓展

一、“肾主纳气”的现代实质与肾脏生化功能的关系

中医认为：“肺主吸气，肾主纳气。”这里的“肾主纳气”其含义就是“肾”摄纳“肺”所吸入的清气，防止呼吸浅表作用，正是有了中医所谓的“肾纳气”和“肺吸气”，一进一出的相互协调，才能保证体内外气体的正常交换。故“肺为气之主，肾为气之根”之说，贯穿了中医学对机体气体交换的深刻认识。如果从现代生理机制上去理解解剖学意义上肾脏的“纳气”功能，实在很难将肾脏功能与气体运输联系起来，毕竟中医之“肾”与当代解剖学意义上的“肾脏”从内涵上来说，有着较大的区别。但是，如果从生物化学机理进行探析，我们又看到：中医之“肾”与当代解剖学意义上的肾脏在“纳气”这一功能上，从细胞水平、分子水平这个深层次上达到了某种程度上的契合和统一。由是观之，中医“肾主纳气”的理论，充分反映了中医理论对人体认识的整体观和动态观，证明了中医理论的深刻见解和独到视角。

“肾主纳气”最为直接的证明，就是肾脏所分泌的促红细胞生成素对体内运氧、供氧的调节。高海拔生活的居民和缺 O_2 动物血中可生成一种体液性因子，能刺激骨髓生成红细胞，称为促红细胞生成素，简称“促红素”，其化学本质是由一条肽链组成的糖蛋白。作为激素的促红素已经确定是由肾脏分泌的(具体分泌部位是肾皮质)，切除肾脏的动物缺 O_2 后不再发生红细胞增多的现象，而肾脏癌瘤患者的红细胞则明显增加，切除癌瘤后其红细胞也恢复正常，可见促红素产生确与肾脏有关。用不含血清的组织培养液灌注缺 O_2 动物的肾脏时，流出液中含有促红素，可见缺 O_2 可使肾脏直接产生促红素，进一步用荧光抗体证明，肾皮质(可能是肾小球旁器)就是产生促红素的具体部位。

促红细胞生成素的功能就是对血红细胞具有选择性促进作用，因多次输血而造成体内促红素分泌几乎停止的小鼠，注射促红素后，可见其造血组织脾脏中的原红细胞和幼红细胞以及周围血液中的网织红细胞的百分比相继上升。其脾脏中的血红蛋白(Hb)合成也相应增速，证明肾脏所分泌的促红素具有多重功能：①促进干细胞分化成原红细胞。②加速幼红细胞的分裂增殖。③促进网织红细胞的成熟和释放。④促进血红蛋白(Hb)的生物合成。由肾脏分泌促红素的以上作用，最终对氧在血中运输起到决定性调节作用，从而对整个细胞的内呼吸(生物氧化过程)起到较为深刻的影响作用。

刺激肾脏产生促红素的条件实质是血液供 O_2 和组织耗 O_2 之间的平衡关系，O_2 分压增高，O_2 供过于求，促红素分泌下降；而 O_2 分压降低，O_2 相对供不应求，促红素分泌增加，此增加可使红细胞生成加强，以增加氧的供给，以上事实证明，肾脏确实在通过这种生成促红素的

内分泌功能，对机体氧的摄纳施加了根本影响，从而通过对血液供 O_2 给组织速率的调控与“肺吸气”(外呼吸)相配合，起到“纳气”作用。

其次，肾脏还可通过肾素——血管紧张素系统，调节小动脉的口径和血液分布，进而影响心输出量，从而对体内 O_2 的供求关系进行一系列调节。

另外，肾上腺皮质所分泌的糖皮质激素，肾上腺髓质所分泌的儿茶酚胺类激素和肾上腺素、去甲肾上腺素，通过作用于物质代谢和心血管功能，也对机体 O_2 的供需产生极大影响和调节，这从另一方面为“肾主纳气”提供了有力证据。

肾小管上皮细胞具有“三泌三保”的作用，就是通过“泌 H^+ 保 Na^+、泌 K^+ 保 Na^+ 以及泌 NH_3 保 Na^+”三大作用，从肾小管管腔回收 HCO_3^- 进入血液中，显然，肾脏通过这一机制对血浆中 HCO_3^- 的浓度进行着至关重要的调控作用。而血浆中的 HCO_3^- 的多少，则又与 CO_2 的运输和组织对 O_2 的摄纳有着紧密的关联。从组织进入血液中的 CO_2 进入红细胞中，在红细胞碳酸酐酶(CA)的催化下，与 O_2 化学结合，生成 H_2CO_3，而 H_2CO_3 又立即解离为 HCO_3^- 和 H^+，后者则与 HbO_2 结合，降低 HbO_2 对 O_2 的亲和力，产生所谓的“波尔效应”，促进 HbO_2 释放出更多的 O_2 给组织，而前者则通过与 Cl^- 的交换，透过红细胞膜，进入血浆中，所以，血浆中的 HCO_3^- 是 CO_2 在血中运输的主要形式。显然，肾脏对血中 HCO_3^- 的浓度调节，直接关系到 HCO_3^- 的存在多少，而它又是 CO_2 在血中化学结合的主要形式。因此，血液中 HCO_3^- 可使 CO_2 从组织“纳”入血浆中。更重要的是，肾脏的“三泌三保”作用还可直接对血浆中的 p_{CO_2} 和 pH 产生影响，而血浆中 p_{CO_2} 及 pH 的高低，又可通过外周化学感受器，对延髓呼吸中枢发生作用，使其对肺部呼吸的频率和深度进行调控。

综上所述，肺“吸入”的“清气”(O_2)进入体内后，须通过血液中红细胞的运输，摄入细胞中进行生物氧化(内呼吸)，而肾脏不仅可通过分泌促红素影响 O_2 的运输，还可通过肾上腺皮质和髓质所分泌的激素对细胞物质代谢施加影响，从而起到“纳气”作用。而肾小管上皮细胞对 HCO_3^- 的重吸收，对 CO_2 的运输产生作用，依靠肺与肾的一“吸”一“纳”的不断配合，才构成整个呼吸运动的完整性、对称性，形成了整个生命运动的有序律动，从而进一步为“肾为气之根”提供了现代生物化学佐证。

二、经络的现代研究概况

经络学说的创立，已有两千多年的历史。近年来，许多医务人员和兽医科技人员运用现代科学知识和方法，对经络和穴位进行了大量的研究，并取得了一定的成果，现简要介绍如下。

(一)经络穴位的形态学观察

经络穴位的解剖形态观察，旨在说明经络穴位与已知的机体某些形态结构的关系，并借此来探讨经络的实质。

(1)经络穴位与神经的关系。在所有组织中，以神经与经络穴位的关系最为密切。有资料表明，十四经脉的穴位，大约有半数分布在神经上，其余少数穴位在其周围 0.5 cm 内有神经通过。另外，经络在四肢的走向，与四肢神经的分布非常接近。

(2)经络穴位与血管、淋巴管的关系。据有关研究资料，除血针穴位外，白针或火针穴位分布在血管干者占少数，但穴旁有血管干者却占 2/3 以上。有人观察到有的穴位有一至数条淋巴管通过，而有的穴位则未发现有淋巴管通过。

(二)穴位特异性的研究

穴位特异性是指穴位与非穴位，这一穴位与其他穴位在功能作用上所具有的不同特点。研究穴位特异性，对阐明经络的规律和指导临诊实践有重要意义。大多数研究资料证明，穴位的作用明显，非穴位大多无作用或作用较差。

据实验证明，刺激穴位对不同的机能状态起不同作用，即有双向调节作用。此外，从穴位表面电阻值的测定也可看出穴位的相对特异性。对马、骡常用穴位并在距穴位点 3～5 cm 处或上下各测一点，发现穴位点的电阻平均值都较“非穴位点”低，并且差异显著。

(三)经络实质的研究现状

(1)经络与周围神经系统相关。从形态与功能方面观察，认为经络穴位与周围神经的关系最为密切。其作用也与周围神经的分布及其与自主神经的相接有关。用现代解剖学的知识来看动、静脉等组织，也无非是被神经纤维所包绕的神经领域。因此认为，这些组织，特别是周围神经就是经络在外周的物质基础。实验证明，针刺作用原理是神经反射活动。针刺穴位有的刺在神经干上，有的刺激皮肤感受器，有的刺到肌肉和肌腱的感受器或血管感受器，这是反射活动的感受器部分；传入神经有躯干神经和自主神经；中枢神经部分有皮层的兴奋抑制过程，也有皮层下各级中枢的躯体内脏反射活动。穴位与内脏的反射性联系也是在自主神经参与下实现的。

(2)经络与神经节段相关。从经络与神经系统的分布来看，经络所表示的主要是纵行分布，而神经是横行分布，特别是躯干部分，这种差异更为明显。不少研究者从经络所属的穴位进行分析，认为穴位主治性能的分区情况符合神经节段的划分，并由此说明经络与神经节段的一致性。这种分节的重要性说明，针刺的某一部位虽然与要治的脏器可以距离很远，但却同属一个体节。

(3)经络与中枢神经功能相关。有人认为，经络就是中枢神经系统内特殊功能排列在机体局部的投射。机体上任何一点受到刺激都可以在中枢发生一个兴奋点，在中枢内可能存在一些功能上相互关联的细胞，只要其中一点兴奋，就会波及其他神经细胞，由此来解释针刺一个穴位能够引起一条感应线路的原因。

(4)经络与神经、体液调节机能相关。较多的研究认为，经络的实质是神经-体液的综合调节功能。实验证明，针灸能促进垂体前叶分泌卵泡刺激素和黄体生成素，影响排卵等。同时有人用实验动物采取交叉循环的方法证明，针刺供血者，可使受血动物的痛阈提高。以上均说明经络与神经-体液调节功能有着密切联系。

(5)经络与生物电相关。实验发现，当器官活动增强时，相应经络原穴电位增高，器官摘除或经络经过地方的组织破坏，则相应经络原穴电位降低，甚至为零。从组织器官发出的电源，依其强度和量等特性，沿着特殊导电通路行走，纵横交叉，遍布全身，形成了独立的经络系统，它与神经系统有紧密联系但并不等于神经系统。

以上关于经络实质问题的几种主要观点，虽然来源于临诊实践和实验室的研究，都有一定的根据和参考价值，但是目前还不能全面、深刻、准确地揭示经络的本质问题。我们应当继续运用现代科学知识和方法，探讨经络的实质，为中兽医学现代化做出应有的贡献。

三、为什么说脾为生痰之源、肺为贮痰之器？

《素问·经脉别论篇》曰："饮入于胃，游溢精气，上输于脾，脾气散精，上归于肺，通调水道，下输膀胱，水津四布，五经并行。"以上是对中医水液代谢全过程理论的精辟总结。"脾为生痰之源"，是指痰饮的生成主要因于脾气的运化功能失常。脾气具有运化水液的作用，脾气健运，则津液四布，以濡养全身脏腑组织，若脾气失于运化转输之能，则津液不得输布，聚而成痰。"肺为贮痰之器"，主要是指肺是痰饮易停滞之所。停聚于肺中的痰饮，究其成因，一是因肺气宣发肃降失常，津液不得布散，停聚于肺而成痰；二是因脾失健运，津液不得正常输布，停聚于肺中为痰。故有"脾为生痰之源，肺为贮痰之器"之说。这一理论说明了痰与肺脾两脏之间的关系，临床上治疗痰饮伏肺证，除治肺外，还要调脾，令生痰无源。一般规律是病急治肺为主，病缓调脾为要。

在生理上，脾主运化，为气血生化之源，肺主气，肺气要靠脾运化水谷精微来供养。因此，脾与肺相互配合，参与人体对营养的运输和水液代谢的过程。在病理上，脾与肺也相互影响，如果脾气虚损，运化力弱，常可导致肺气不足，而见体倦无力，少气懒言等症；脾失健运，水液不行，凝聚而成痰饮，可影响肺气的宣降，出现喘咳痰等症。因而有"脾为生痰之源，肺为贮痰之器之说"。

前人"肺为贮痰之器，脾为生痰之源"学说就是对现代呼吸道疾病病理本质的深刻认识，"肺为贮痰之器，脾为生痰之源"就是水液代谢失调病理的总纲，精辟地揭示了痰饮症病理的本质，给我们后人认识和治疗痰饮证起到了重要的指导作用。这一理论充分证实了中兽医学辨证不只局限于宏观的洞察，还从微观上对病位、病理过程进行了翔实的论证。

案例分析

五行学说在兽医临床应用分析（举隅）

（何志生，张丁华）

一、案例简介

五行学说是我国古代哲学思想，它以朴素的唯物主义观点和自然辩证法思想，说明了宇宙间各种事物和现象相互滋生和相互制约的内在联系，这种观点被引用到兽医临床后，使之成为说明动物体疾病的发生、发展以及诊断治疗的依据。五行的生克制化保证了家畜正常的生命活动，当五行的生克制化关系失调，则动物就会发生疾病。它的失调主要表现为母病及子、子病犯母、相乘为病、相侮为病等几种情况。

1. 母病及子

一头6岁母牛，于2012年9月7日就诊。主诉：该牛已患咳嗽2月余，食少便溏，倦怠喜卧，脘腹胀满，舌淡苔腻，脉濡而滑。证属脾气虚弱，肺失所养，肃降失常。治宜用补养脾肺法，五行学说中称为培土生金法。方用：党参45 g、白术45 g、茯苓 45 g、甘草35 g、陈皮40 g、半夏40 g、厚朴30 g、杏仁30 g、黄芪60 g、川贝30 g。水煎服，1日1剂，连服2 d病情大减，继服2剂而愈。

2. 子病犯母

一头4岁种公牛，于2013年8月6日就诊。主诉：前几天该牛连续耕地，加上气温较高。出现精神不振，头低眼闭，眼泡肿胀，继而睛生翳膜、眵盛难睁。临床所见：精神沉郁，便干，尿短赤，舌红苔薄黄，脉弦数，证属肝火偏旺的证候，即五行学说中称为子病犯母证。治宜泻心火为主，清肝火为辅。方用：黄连20 g、黄芩45 g、大黄45 g、龙胆草45 g、车前子20 g、柴胡30 g、甘草15 g、生地30 g、菊花30 g、石决明30 g。水煎服，1日1剂，连服2剂，精神状态有所好转，食欲大增。继服2剂而愈。

3. 相乘为病

一头2岁公牛，于2014年7月16日就诊。主诉：该牛因脱缰与邻居家一头公牛搏斗，头、胸多处受伤，随后出现腹泻，完谷不化，泻前轻度不安，泻后如常，轻微腹胀，食欲大减，乏力，舌淡苔红，脉弦。证属肝旺脾虚，五行学说中称为肝木乘脾土所致。治宜抑肝扶脾，方用：陈皮50 g、白芍60 g、防风50 g、炒白术50 g、土山药60 g、白扁豆60 g、木瓜40 g。水煎服，1日1剂，连服2剂痊愈。

4. 相侮为病

一头6岁母牛，已怀孕7个月，于2013年7月8日就诊。主诉：该牛前胸、腹下出现水肿15 d余。2 d前又发现四肢下部及眼睑肿胀。检查：皮肤松软，触压肿胀部久而不复，小便短少，大便如溏。舌质胖嫩，边有齿印，畏寒肢冷，苔白滑，脉沉细。证属脾肾阳虚，水湿内停所致。治宜健脾益肾，温阳利水，五行学说中称为培土制水法。方用：附子40 g、桂枝40 g、白术50 g、茯苓50 g、草果40 g、槟榔30 g、泽泻50 g、猪苓50 g、黄芪60 g、牛膝40 g。水煎服，1日1剂，连服5剂而愈。

二、案例分析

五行学说应用于兽医内科杂证，其基础原则是"补母和泻子""抑强与扶弱"。但在临床应用中，要从正邪矛盾双方力量对比来考虑，以免顾此失彼。故临床中只要辨证施治得当，方能提高疗效。以上四个病例分别分析如下。

(1)本病为脾虚失运，痰湿内生，上积于肺，阻碍气机，故咳嗽痰多而色白。"脾为生痰之源，肺为贮痰之器"，肺气亏损，肃降失常，则咳嗽气喘。腹胀便溏，四肢无力。一为脾虚胃弱，二为湿困脾胃所致。苔白腻、脉濡滑，为痰湿内聚，气失宣发之证。治宜健脾化湿，补肺化痰。补土生金，母子自安。

(2)由于数月炎天，使役过重，以致热积于心传入肝，肝受其邪，外传于眼则表现为眼泡肿胀，眵盛难睁。易惊易怒，咽干贪饮，均为肝火炽盛之象。脉弦数，舌红苔薄黄，为肝郁肺热津亏之证。治用清心火，泻肝热之法，子泻母安，此病痊愈。

(3)本病为肝失条达，横逆犯脾，脾失健运，清气不升，故泻时出现轻微的腹痛。由于搏斗，怒伤肝，肝气易动。出现轻微腹胀，精神倦怠，均属脾虚。舌质红，脉弦，乃是肝旺脾虚之象，给以抑木健脾之方进行治疗，此病痊愈。

(4)本例患畜水肿，乃由脾胃气虚所致。多因水湿运化迟缓引起。脾虚不能消磨水谷，输布精微营养全身，故患畜表现倦怠乏力。脾肾阳虚，水湿内停，故出现小便短少。胃腹胀满，四肢不温，食少便溏，舌淡苔白，脉沉细，均为阳气虚弱，阴邪内盛所致。治用健脾益气，温阳利水之法，使脾阳之气健旺，气化利水，水肿得治。

思政关联·名医轶事

扁鹊舍身扬医药

扁鹊在医学研究道路上完全抛弃巫医那条死胡同，曾明确宣告："信巫不信医是六不治"之一。为了捍卫祖国医药学，他不惜豁出自己的生命。当时，秦武王有病，召请名闻天下的扁鹊来治。太医令李醯和一班文武大臣赶忙出来劝阻，说大王的病处于耳朵之前，眼睛之下，扁鹊未必能除；万一出了差错，将使耳不聪、目不明。扁鹊听后非常气愤，将治病用的砭石摔在地上，对秦武王说："君王同懂医术的人商量治病，又同无知的人一道讨论，破坏治疗。仅凭这件事我便可以了解秦国的内政，如此下去，秦国随时都有亡国的危险。"秦武王听了只好让扁鹊治病。

结果太医令李醯治不好的病，到了扁鹊手里，却化险为夷。在这场技术高低的较量上，扁鹊彻底战胜了李醯。李醯自知不如扁鹊，就产生嫉妒之心，使人暗下毒手，刺杀了扁鹊。

医人和治国虽然不同，但在听取专家意见，又不胡乱采纳纷扰的意见上是一致的。扁鹊不迷信神权，不畏惧强权，不受干扰，潜心钻研，以正确笃定的态度发展中医、捍卫中医，实在值得后世之人尊敬和学习。

（摘自《战国策精解》，刘建生. 北京：海潮出版社，2012.）

考核评价

一、考核题目

试述阴阳学说在中兽医中的应用。

二、评价标准

阴阳学说贯穿于中兽医学理论的各个方面，可以分析动物体的组织结构，说明生理功能，解释病理变化，指导疾病诊断，确定治疗原则，归纳药物性能，预防疾病发生。

(1)分析动物体的组织结构。机体可以用阴阳概括和区分。如体表为阳，体内为阴；前(上)部为阳，后(下)部为阴；腑为阳，脏为阴。每一脏腑又分阴阳，如属阴的心有心阴心阳；属阳的胃有胃阴胃阳。(10分)

(2)说明动物体的生理功能。动物正常的生命活动，是阴阳两个方面保持对立统一的结果。物质为阴，功能为阳，阴精是产生阳气的源泉，而阳气的活动，既消耗一定的物质，又补充了新的阴精，体现了阴阳对立、互根、消长、转化的关系。(10分)

(3)解释动物疾病的病理变化。用阴阳学说解释动物发病，就是阴阳失去了平衡，阴阳偏盛或偏衰。在阴阳偏盛方面，"阴盛则寒""阳盛则热"；在阴阳偏衰方面，"阴虚则内热""阳虚则外寒"。由于阴和阳存在着互根的关系，所以，当一方虚衰到一定程度，必然会引起另一方的亏损，从而导致阴阳俱损。(20分)

(4)指导疾病诊断。尽管疾病的表现错综复杂，但都可以用阴阳来诊断(即辨证)。如八纲辨证中，表证、实证、热证属阳，里证、虚证、寒证属阴；看口色中，色泽鲜明者属阳，色泽晦暗者

属阴；闻诊中，叫声洪亮者为阳，叫声低微者为阴。（20 分）

（5）确定治疗原则。用阴阳来解释疾病就是阴阳失衡，所以，治疗原则就是去其有余，补其不足，使阴阳达到相对平衡。总的原则就是“寒者热之，热者寒之，虚者补之，实者泻之”。（10 分）

（6）归纳药物性能。中药的性能主要是四气五味和升降浮沉，都可以用阴阳来归纳。药性寒凉，药味酸、苦、咸，趋向沉降者属阴；药性温热，药味辛、甘，趋向升浮者属阳。（10 分）

（7）预防疾病发生。古有“天畜合一”的辩证思想，即动物体与外界环境密切相关，要适应四时阴阳的变化，否则就会发生疾病。因此，加强饲养管理，增强动物体的适应能力，就可以预防疾病的发生。例如，古人利用给动物春季放血，灌四时调理药等方法来调和气血，调整阴阳，预防疾病。（20 分）

执业兽医资格考试真题精选

1. 阴阳双方存在着相互排斥、相互斗争、相互制约的关系为（　　）（2010 年真题 50）

A. 阴阳互根　B. 阴阳消长　C. 阴阳对立
D. 阴阳转化　E. 阴阳关联

2. 六淫之中，湿邪的主要性质是（　　）（2010 年真题 51）

A. 阴冷、凝滞　B. 炎热、升散　C. 重浊、黏滞
D. 善行、主动　E. 热极、炎上

3. 五脏之中开窍于耳的是（　　）（2011 年真题 50）

A. 心　B. 肝　C. 肺　D. 脾　E. 肾

4. 五脏之中，主藏血的是（　　）（2012 年真题 50）

A. 肝　B. 肾　C. 脾　D. 心　E. 肺

5. 起于胸部、行于前肢内侧前缘、止于前肢末端的经脉是（　　）（2012 年真题 51）

A. 太阴肺经　B. 太阴脾经　C. 阳明大肠经
D. 厥阴肝经　E. 少阴肾经

6. 五脏之中主藏神的是（　　）（2013 年真题 50）

A. 心　B. 肝　C. 脾　D. 肺　E. 肾

7. 六淫之中，具有善行数变特性的邪气是（　　）（2013 年真题 51）

A. 风　B. 寒　C. 暑　D. 湿　E. 燥

8. 五脏之中，开窍于口的脏是（　　）（2014 年真题 50）

A. 心　B. 肝　C. 脾　D. 肺　E. 肾

9. 六淫之中，具有重浊、黏滞特性的邪气是（　　）（2014 年真题 51）

A. 风　B. 寒　C. 暑　D. 湿　E. 火

10. 五脏之中，开窍于目的脏是（　　）（2015 年真题 49）

A. 心　B. 肝　C. 脾　D. 肺　E. 肾

11. 六腑之中，主受盛化物和分别清浊的腑是（　　）（2015 年真题 50）

A. 胆　B. 胃　C. 小肠　D. 大肠　E. 膀胱

12. 心的主要功能是(　　)(2016 年真题 47)

A. 主血脉　B. 主运化　C. 主疏泄　D. 主气　E. 主水

13. 最易伤肺的外感病邪是(　　)(2016 年真题 48)

A. 风　B. 暑　C. 燥　D. 寒　E. 火

14. 六腑中"传送之腑"是(　　)(2017 年真题 43)

A. 胃　B. 小肠　C. 大肠　D. 膀胱　E. 三焦

15. 具有重浊趋下、阻遏气机、缠绵难退等特征的是(　　)(2017 年真题 44)

A. 风邪　B. 寒邪　C. 暑邪　D. 湿邪　E. 燥邪

16. 依据阴阳盛衰确定的治疗原则,"壮水之主,以制阳光"属于(　　)(2018 年真题 44)

A. 滋阴抑阳　B. 扶阳制阴　C. 实者泻之

D. 寒者热之　E. 攻补兼施

17. 马,3 岁,采食冰冻饲料后发病。证见阵发性腹痛起卧,肠鸣如雷,食欲废绝,口色青白,脉象沉迟。该证最可能的病邪是(　　)(2018 年真题 78)

A. 风邪　B. 寒邪　C. 湿邪　D. 暑邪　E. 燥邪

项目一真题参考答案

知识链接

1.《黄帝内经》.

2. 张仲景.《伤寒论》.

3. 喻本元,喻本亨.《元亨疗马集》.

4. 于船,陈子斌.《现代中兽医大全》. 广西科学技术出版社,2000.

5. 中国农业科学院兰州畜牧与兽药研究所.《中兽医医药杂志》.

6. 江西省中兽医研究所.《中兽医学杂志》.

项目二

中药方剂

学习目标

知识目标

熟悉中药的采集、贮藏、加工、炮制等方法；掌握中药的四气、五味、升降浮沉、归经等基本性能；掌握方剂的组成、配伍、剂型、剂量及用法；了解中草药栽培技术要点；理解各类中药的概念、共性及使用注意事项；掌握常用中药的性味、功效、主治及在畜牧兽医实践中的应用；重点掌握200种常用中药的功效与应用；明确各类常用方剂的组成、功效、主治及加减应用；重点掌握50首代表方剂的组方、主证及临诊应用。

能力目标

熟练掌握方剂的组成、配伍、剂型、剂量及用法；学会常用中药的性味、功效、主治，在畜牧兽医生产中熟练应用；能结合50余首代表方剂的组方、功效主治，在畜牧兽医生产中灵活应用。

思政目标

激发学生对传统中(兽)医文化的认同感和使命感，巩固专业思想，树立学好中兽医的职业信心；培养“医者仁心，患者至上”的崇高理念；懂得感恩回报、敬畏生命。

学习内容

项目二中药方剂 PPT

中药，是指在中(兽)医理论指导下，用于预防和治疗动物疾病或调节动物生理机能的物质。中药主要来源于天然的植物、动物、矿物及部分加工品。因植物药占绝大多数，使用也最普遍，所以我国古代把中药著作称为“本草经”或“本草”。

中药防治疾病的基本作用是祛除病邪，清除病因，扶正固本，调节脏腑经络的功能活动，纠正阴阳偏盛偏衰的病理现象，使机体恢复到阴平阳秘的正常状态。

方剂，是在辨证立法的基础上，根据病情需要，选择适宜的药物，按照组方原则并酌定用量和用法，配合组成的药方。药物组成方剂后，能相互协调，加强疗效，更好地适应复杂病情，并能减少或缓和某些药物的毒性和烈性，消除其不利作用。

任务七 中药的采集与贮藏

中药的采集是指对植物、动物和矿物的药用部分进行采摘、挖掘和收集。中药的采集、加工和贮藏是否合理，直接影响药材的质量和疗效。不合理的采收，会降低药材质量，甚至破坏药材资源。因此，合理采集和科学贮藏药材，是保证药材质量、保护药源和提高疗效的重要途径。

1. 药材生长环境

天然中药材的生长多有一定的地域性，中药的有效成分与其生长环境有着密切的关系，历代药学家经过长期观察总结，逐渐形成了“道地药材”的概念，即指产地适宜、品种优良、产量丰富、炮制考究、疗效突出，带有明显地域特点的药材。如四川的川芎、黄连，东北的人参，广东的砂仁、金钱草，广西的肉桂、桂圆等。道地药材是在长期的生产和用药实践中形成的，与自然环境条件有关，但随着现代栽培技术的发展，道地药材也在变迁。

药用植物的生长、分布与纬度、海拔高度、地势、土壤、水分、气候等地理环境密切相关。采集中草药就必须掌握这些特点，了解其生长环境和分布规律。例如，金钱草、芦根等生长在沼泽和沟边；桔梗、百合、栀子等生长在山坡、丘陵地区；车前草、益母草等生长在路边、旷野；半夏、天南星等生长在阴凉潮湿的地方；杜仲、鸡血藤等生长在高海拔森林；升麻、吴茱萸等生长在低海拔森林；淫羊藿、柴胡、党参等生长在林缘区；黄芪生长在灌木丛；肉苁蓉、锁阳等生长在沙漠戈壁。

2. 采收时机

中草药所含有效成分是药物具有防病治病的物质基础。药用动植物在其生长发育的不同阶段，药用部分所含有效成分的量和质各不相同，药性和药效有很大差异，因此中药采集的季节、时间和方法非常重要。中药的采收，应该在有效成分含量最高时进行。

(1)全草类。多在植物充分生长、枝叶茂盛的花前期或初花期时采收。因药用部分的不同，有的要整株拔起，如车前草、蒲公英等；有的只需割取植物的地上部分，如益母草、穿心莲、荆芥等；有的在花未开前采收，如薄荷、青蒿等；茵陈应于初春采收其嫩苗入药。

(2)叶类。通常在花将开放或正在盛开的时候采摘。但霜桑叶，在深秋或初冬经霜冻后采收较佳。

(3)花类。一般是在花含苞欲放时或刚开时分批采摘。过迟则香气失散、花瓣散落和变色，影响药物质量。花粉类药材则于花朵盛开时采收。

(4)果实和种子类。果实类药材，在成熟后或即将成熟时采收，有些应采收未成熟的幼嫩果实，如枳实、青皮、乌梅等。种子类药材，多在种子完全成熟时采收，如车前子、决明子、王不留行等；有些干果成熟后易脱落，或果壳开裂，应在果实成熟未开裂时采收，如茴香、牵牛子等。

(5)根和根茎类。一般在秋末春初采收。此时药材的有效成分含量高，质量好。初春宜在开冻到刚发芽或露苗时采挖较好。秋末宜在植物地上部分未枯萎到土地封冻之前采挖为好。

(6)树皮和根皮类。树皮多在春夏之交时采收，易于剥离，有效成分含量较高，如厚朴、黄柏等，但肉桂多于秋季剥取。根皮多在秋季采收，如桑白皮、牡丹皮、地骨皮等。

(7)菌、藻、孢粉类。根据不同药物的生长情况采收。如茯苓多于 7—9 月份采收，海金砂在秋季孢子未脱落时采收。

(8)树脂类。树脂类药材的种类不同，采收的时间和部位也不一样，一般应选择干燥季节采集，如乳香、没药等。

(9)动物及矿物类。动物类药物的采收，以保证药效及容易获得为原则，因品种不同，采收各异，如鹿茸须在清明后及时采收，桑螵蛸应在 3 月采收，蚯蚓、蜈蚣等宜在夏、秋季活动期捕捉。矿物类药材大多可随时采收，一般无季节性限制，但应注意保护资源，结合开矿进行。

3. 保护药源

随着医疗事业和养殖业的发展，对中药材需求量日益增加，而天然药源毕竟有限，有些药用动植物的分布和产量也很少。如无计划地滥采，不但会造成药材资源的损坏、浪费、灭种，还会破坏生态平衡。合理采集药材是保护药源的重要措施，要保护好药源，必须统一规划，计划采药，合理采收，加强人工种植药材。

4. 药材的加工与贮藏

中草药采收后，除鲜用外，大多需在产地进行初步加工，以保证药材的品质，而且便于包装、贮藏和运输。加工方法如下。

(1)挑选，除去非药用部分、杂质、泥沙等，纯净药材。如根和根茎类药材要除去残留茎基和叶鞘等，全草类药材要除去其他杂草和非入药的根与根茎；花类药材要除去霉烂或不合要求的花等。

(2)洗切，较粗大的全草类、根茎类药材采收后经挑选、刷洗后切成段、片或块。一般新鲜切片后不但便于干燥，还可避免炮制时有效成分丧失。

(3)蒸烫，对一些富有浆汁、淀粉或糖分的药材需经蒸、烫，便于干燥。对一些花类的药材，蒸后可散瓣，对一些含有虫卵的药材如桑螵蛸、五倍子，经蒸、煮后可杀死虫卵。有些药材因其花蕾含水量大，需用硫黄熏后再干燥，以防变质变色。

中药采收后应及时干燥，以除去新鲜药材中所含的大量水分，避免发霉、虫蛀、变质、有效成分的分解和破坏以及外观颜色的改变，保证药材质量，便于贮藏。中药的贮藏，要做到干燥、阴凉、通风、避光、防虫防鼠等。避免霉烂、变色、虫蛀、泛油、变味等腐败现象。对于剧毒药材应贴上“剧毒药”标签，按规定妥善保管。

任务八 中药的炮制

炮制，又称炮炙，是指将中药通过净制、切割、炮炙处理，制成一定规格的饮片，适应医疗要求及调配、制剂的需要，保证用药安全和有效。多数中药必须经过炮制之后才能入药，这是中兽医用药的一个特点，经炮制后的药物成品习惯上称为饮片。中药炮制方法得当，有助于提高药物质量、保证药效和确保用药安全。

一、炮制的目的

(1)降低或消除药物的毒性、烈性和副作用。对含有毒性成分的药物，必须经过适当的炮制才能降低或消除毒性、烈性和副作用，以确保用药安全。如半夏生用有毒，用甘草或生姜与白矾共煮后可显著降低或清除其毒性；巴豆泻下作用剧烈，宜去油，以缓和泻下作用。

（2）增强药物的疗效和改变药物的性能。如醋制延胡索，能增强止痛作用；酒炒川芎，能增强活血作用；土炒白术，可增强补脾止泻的作用。有些药物经炮制后可改变其作用，如地黄性寒清热凉血，酒拌蒸制成熟后则性微温滋阴补血；何首乌生用润肠通便，制熟后则失去泻下作用而专补肝肾、益精血等。

（3）便于制剂、服用和贮藏。药物在制成各种剂型前，应先进行浸润、干燥、炒、煅等，便于加工和贮藏。如植物类药物用水浸润后，便于切片；有些矿物类药物质地坚硬，经煅、淬后，易于粉碎。药物经过切片、粉碎等炮制后，既便于制剂和贮藏，又易于煎出有效成分以及便于服用。

（4）除去异味，便于服用。某些药物有异味，经过漂洗、酒制、醋制、麸炒等方法处理后起到矫味和矫臭，除去异味的作用。如醋制没药、乳香，用水漂去昆布的咸、腥味等。

（5）清除杂质及非药用部分。保证药物的纯净清洁和用量准确。

二、炮制的方法

（一）修制法

（1）净制。净制即净选加工，分别选用挑选、风选、水选、筛选、剪、切、刮削、剔除、刷、擦、碾串、火燎及泡洗等方法去掉杂质及非药用部位，使药物清洁纯净达到质量标准。

（2）粉碎。采用捣、碾、磨、锉等方法，将药物粉碎，达到符合制剂和其他炮制法要求的程度。

（3）切制。用刀具将药材切制成段、片、块、丝等一定规格的“饮片”，使药物有效成分易于溶出，并便于调剂、制剂及其他炮制，也有利于干燥、贮藏和调剂时称量。

（二）水制法

（1）洗法。洗法又称抢水法。将药材放入清水中，快速洗涤后取出。对质地松软、水分易渗入的药材，如桑白皮、羌活、五加皮等采用本法。有些药材需水洗数遍，以清洁为度。

（2）泡法。将质地坚硬的药材，用清水浸泡一段时间，使其吸收适宜水分，达到软化药材便于切制的目的。如麦冬浸泡以便抽去木心等。药材泡的时间不宜过长，以免药材有效成分的损失。

（3）润法。根据药材质地的软硬，加工时的气温、工具，用淋润、浸润、晾润、露润、闷润等方法，使清水或其他液体辅料徐徐入内，在不损失或少损失药效的前提下，使药材软化，便于切制饮片。

（4）漂法。将药物置于水池或长流水中浸渍一段时间，并反复换水、漂洗，以溶解清洗去药材的毒性成分、盐分及腥味的方法。如漂去天南星、半夏毒性，漂去昆布的咸味。

（5）水飞法。将不溶于水的矿物、贝壳类药物研成粉末，利用粗细粉末在水中悬浮性的差异而获取细粉的方法。本法能使药物更加细腻和纯净，便于内服和外用；还可防止药物在研磨时粉尘飞扬，污染环境，并可除去药物中可溶于水的毒性物质。

（三）火制法

将药材直接或间接用火加热处理的方法，其目的是使药物达到干燥、松软、焦黄、炭化等，便于应用和贮藏。常用炒、炙、炮、煨、煅、烘焙等法。

1. 炒法

炒制分清炒和加辅料炒。炒时火力应均匀，不断翻动，应掌握加热温度、炒制时间及程度要求。

(1)清炒法(直接炒)。取净药材置于热锅中，用文火炒至规定程度时，取出，放凉。根据炒的时间和火力的大小，可分为炒黄、炒焦、炒炭。

炒黄：炒黄是用文火将药物炒至表面呈微黄色为度。种子类药材多炒黄，如杏仁等；有些药物则炒至有爆裂声为度，称为炒响，如王不留行需炒至爆花，葶苈子需炒响等。炒后药材脆裂，便于煎透和有效成分的析出。

炒焦：炒焦是用中火将药材炒至表面焦黄色或焦褐色，断面色加深，并有香气或可嗅到焦煳气味为度，炒焦后易燃的药材，可喷淋清水少许，再炒干或晒干。炒焦可增强健脾助消化作用，如山楂、神曲等。

炒炭：炒炭是用武火将药材炒至表面焦黑色，部分炭化，内部焦黄色，但仍保留药材固有气味(即存性)。炒炭能缓和药物的烈性、副作用，或增强收敛止血作用。

(2)加辅料炒法。加辅料炒法是将某种固体辅料放入锅内加热至规定程度，投入药物共同拌炒的方法，又称拌炒法，可使药物受热均匀，炒后质变酥脆，降低毒性，缓和药性，增强疗效。如麸炒枳壳、苍术；土炒白术、山药；米炒斑蝥等。

2. 炙法

炙法是将药材与液体辅料拌炒，使辅料逐渐渗入药材内部的炮制方法，以改变药性，增强疗效或减少毒副作用。通常使用的液体辅料有蜜、酒、醋、姜汁、盐水等。

蜜炙：将炼蜜加适量沸水稀释后，加入净药材中拌匀，闷透，置锅内，用文火炒至规定程度。如蜜炙甘草、黄芪、款冬花等。

酒炙：取净药材，加酒拌匀，闷透，置锅内，用文火炒至规定的程度。如酒炙川芎、黄连等。

醋炙：取净药材，加醋拌匀，闷透，置锅内，炒至规定的程度。如醋炙香附、柴胡等。

姜汁炙：取净药材，加姜汁拌匀，置锅内，用文火炒至姜汁被吸尽，或至规定的程度时。如姜炙半夏、厚朴等。

盐炙：取净药材，加盐水拌匀，闷透，置锅内，以文火加热，炒至规定的程度。个别的先将药材放锅内，边拌炒边加盐水。如盐炙杜仲、茴香等。

3. 炮法

先将砂置锅内炒热，然后加入药物炒至色黄鼓起，筛去砂即成，如炮穿山甲、干姜等。

4. 煨法

煨法是将净药材用湿面或湿纸包裹，或用吸油纸均匀地隔层分放，埋于加热的滑石粉或热火灰中，或直接埋入加热的麸皮中煨熟的方法。煨后可除去药物中部分挥发性、刺激性和油脂成分，以降低副作用，缓和药性，增强疗效。如煨诃子、煨木香等。

5. 煅法

将净药材放于无烟的炉火上直接煅烧或置适宜的耐火容器内间接煅烧的方法。煅至酥脆或红透为度。其目的是使药材质地松脆，易于粉碎和煎出有效成分，如煅石膏、煅明矾等。

（四）水火合制法

它是将药物通过水、火共同加热炮制的方法。目的是使药物由生变熟，改变原药材性质，降低毒性和刺激性。一般分为蒸、煮、淬等方法。

（1）蒸法。取净药材加辅料（酒、醋等）或不加辅料（清蒸）装入蒸制容器内以水蒸气或隔水加热蒸熟的方法。如蒸地黄、蒸何首乌等。

（2）煮法。取净药材加水或液体辅料共煮的方法。煮至溶液完全被吸尽，或切开药物中心无白色为度。如水煮天南星、半夏，醋煮芫花等。

（3）淬法。将净药材煅烧至红透时，立即迅速投入冷水、醋或其他液体辅料中，骤然冷却，使其松脆的方法。多用于质地坚硬经过高温仍不能酥脆的金石类、贝壳类药物，如自然铜、炉甘石、石决明等。

（五）其他制法（非水火制法）

除上述炮制方法外，还有法制、发酵、发芽、制霜等方法。

【附】中药炮制歌诀

芫花本利水，非醋不能通。绿豆本解毒，带壳不见功。草果消膨效，连壳反胀满。黑丑生利水，远志苗毒逢。蒲黄生通血，熟补血运通。地榆医血药，连梢不住红。陈皮专理气，留白补胃中。附子救阴证，生用走皮风。草乌解风痹，生用使人蒙。人言烧煅用，赭石火煅红，入醋堪研末，制度必须工。川芎炒去油，生用痹痛攻。止血须炒黑，榆槐贯柏叶，茜茅荷杜栀，棕艾芥穗蒲。炒黄健脾胃，止泻薯二术，白芍和扁豆，薏苡脾虚适。四仙内金菔，胃寒炒焦欢。盐炒走肾经，知柏茴附楝。醋炒止痛好，香附延胡索，芫花与大戟，醋炒减毒力。姜汁炒朴夏，止呕调胃皆。酒炒降阴火，知黄三黄栀。二术米泔炒，调养胃气好。乳没炒去油，肠寒炒二丑。肾寒故芦炒，杜仲并山药。水蛭炒尽烟，马钱炙更要。枣仁生滑肠，脾虚炒后欢。阿胶滑粉炒，腻降脾胃好。姜附山甲炮，蛎龙火煅烧，石决膏贝壳，松脆吸湿高。润肺用蜜炙，款菀桑枇部。补养也应用，黄芪与甘草。肉蔻诃子遂，煨熟去油要。然铜代赭淬，朱滑水飞妙。星夏有大毒，姜煮毒力消。凉血用生地，九蒸补血药。首乌和苁蓉，蒸后温补饶。桑蛸系虫卵，蒸熟更重要。千巴制成霜，生用易中毒。蛤蚧酥油制，桃杏去皮尖。海昆水来漂，除腥减盐味。当归用油炒，润肠效更高。

知母桑皮天麦门，首乌生熟地黄分，偏宜竹片铜刀切，铁器临之便不驯。乌药门冬巴戟天，莲心远志五般全，并宜去心方为妙，不去令人添烦躁。厚朴猪苓与茯苓，桑皮更有外表生，四药最忌连皮用，去净方能不耗神。益智麻仁柏子仁，更加草果四般论，并宜去壳方为妙，不去令人心痞增。何还须汤浸泡之，苍术半夏与陈皮。更须酒洗亦三味，苁蓉地黄与当归。

任务九 中药的性能

中药的性能是指药物与疗效有关的性味和效能，简称药性。将中药治病的不同性质和作用加以概括，主要有四气、五味、升降浮沉、归经等。熟悉和掌握中药的性能，对指导临诊用药具有重要意义。

一、四气

四气又称四性，是指药物具有寒、热、温、凉四种不同的药性。它是根据药物作用于机体所发生的反应和对于疾病所产生的治疗效果而做出的概括性归纳，是与所治疗疾病的寒、热性质相对而言的。寒与凉、热与温没有本质上的区别，仅是程度上的差异，温次于热，凉次于寒。为了说明药性的峻缓，还常标以大寒、大热、微温、微凉之别。有些药物既非寒凉，又非温热，是所谓的平性药。而实际上平性药仍有偏凉、偏温之异，故习惯上仍称“四气”。

凡是能治疗热性证候的药物，便认为是寒性或凉性；能够治疗寒性证候的药物，便认为是温性或热性。寒性和凉性的药物属阴，具有清热、泻火、凉血、解毒、攻下等作用，常用于治热证、阳证；温性和热性的药物属阳，具有温里、散寒、助阳、通络等作用，常用于治寒证、阴证。四气的阴阳属性和作用见表 2-1。

表 2-1 四气的阴阳属性和作用

属性	四气	作用	药物举例
阴	寒性药	清热、泻火、凉血、解毒	黄连、金银花等
	凉性药		柴胡、桑叶等
中性	平性药	缓和寒、热、温、凉	甘草、大枣等
阳	温热药	温里、散寒、助阳、通络	防风、麻黄等
	热性药		肉桂、干姜等

二、五味

五味是指中药所具有的酸（含涩味）、苦、甘（甜）、辛（麻、辣）、咸五种不同的药味。前人在长期的用药实践中，发现药物的味和它的功用之间有一定的联系，即不同味道的药物对疾病有不同的治疗作用，从而总结出五味的用药理论，现分述如下。

（1）酸味。有收敛、固涩的作用。多用于治疗虚汗、泻痢、脱肛、子宫垂脱、遗精遗尿等证。

（2）苦味。有清热、降泄、燥湿、坚阴的作用。多用于治疗热性病、水湿病、二便不通等证。

（3）甘味。有补益和中、调和药性、缓急止痛的作用。多用于治疗虚证，或调和药性。

（4）辛味。有发散、行气、活血的作用。多用于外感表证及气血瘀滞等病证。

（5）咸味。有软坚、散结和泻下等作用。多用于大便秘结、瘰疬痰核等病证。

五味的阴阳属性和作用见表 2-2。

表 2-2 五味的阴阳属性和作用

属性	五味	作用	药物举例
阴	酸味	收敛、固涩	乌梅、诃子等
	苦味	清热、燥湿、泄降、坚阴	黄连、黄柏等
	咸味	泻下、软坚、散结	芒硝、牡蛎等
阳	甘味	和中、滋补	甘草、党参等
	辛味	发散、行气、活血	木香、桂枝等
	淡味	渗湿利水	茯苓、猪苓等

三、升降浮沉

升降浮沉是指药物进入机体后发生作用的趋向，是与疾病表现的趋向相对而言的。升是上升，降是下降，浮是上行发散，沉是下行泄利。凡升浮的药物，都主上行而向外，具有升阳、解表、祛风、散寒、催吐、开窍等作用，归属为阳，常用于治疗表证和阳气下陷之证。凡沉降的药物，都主下行而向内，具有清热利水、泻下、潜阳、息风、降逆、收敛等作用，归属为阴，常用于治疗里证和气逆之证。此外，个别药物存在双向性，如麻黄既能发汗，又可平喘利水。

升降浮沉的性能与药物本身的气味和质地轻重、用药部位有一定的关系。一般来说，凡性温热，味辛甘淡的药物多主升浮；凡性寒凉，味酸苦咸的药物多主沉降；凡质地轻而疏松的药物，大多能升浮，凡质地重而坚实的药物，大多能沉降。药物的升降浮沉性能还与药物的炮制和配伍有关。如酒炒则升，姜汁炒则散，醋炒则收敛，盐水炒则下行。从配伍来讲，升浮药在一组沉降药中能随之下降，沉降药在一组升浮药中也能随之上升。升降浮沉作用归纳见表 2-3。

表 2-3 升降浮沉作用归纳表

类别	属性	四气	五味	炮制	病位	质地轻重	作用趋向	药物举例
升浮	阳	温 热	辛 甘 淡	酒炒 姜制	病在上、在表，宜升浮	轻而疏松，如植物的叶、花、空心的根茎，如薄荷、菊花、升麻等	上行 升提 发散 散寒 祛风等	桔梗 升麻 麻黄 附子 防风
沉降	阴	寒 凉	酸 苦 咸	盐炒 醋制	病在下、在里，宜沉降	重而坚实，如植物的籽实、根茎及金石、贝壳，如苏子、大黄、磁石、牡蛎等	下行 泻下 降逆 清热 渗利 潜阳等	牛膝 大黄 代赭石 黄连 木通 龟板等

四、归经

归经是指中药对机体某部位的选择作用，即药物作用部位。中药归经是以脏腑、经络理论为基础，所治具体病证的病位为药物归经主要的依据。如桔梗、杏仁能治咳嗽、气喘，则归肺经；决明子能治疗肝经风热、目赤肿痛，则归肝经；诃子能治疗泻痢、便血、肺虚咳嗽，则归肺、大肠经。中药的归经理论具体指出了药效之所在，它是从客观疗效中总结出的规律。药物的气味、颜色的归经规律是：味酸、色青入肝；味苦、色赤入心；味甘、色黄入脾；味辛、色白入肺；味咸、色黑入肾。

归经具体指出了药效所在，针对疾病寒热虚实的不同，治疗时还相应地施以温清补消。用药既要考虑归经，又要考虑四气五味与升降浮沉等性能。如同是入肺经的黄芩、干姜、百合、葶苈子，都能治疗肺病咳嗽，但作用却有温清补消的不同，黄芩清肺热，干姜温肺寒，百合补肺虚，葶苈子泻肺实。药物气味相同而归经不同，其治疗作用就不同。如同为苦寒的龙胆、黄芩、黄连、黄柏，因其分别归于肝、肺、心、肾经，故用龙胆泻肝火、黄芩泻肺火、黄连泻心火、黄柏泻肾火。总之，既要知道中药的性能，又要熟悉脏腑、经络之间的相互关系，才能更好地指导临诊用药。

任务十 方剂的组成与中药的配伍

一、方剂的组成

（一）方剂的概念

方指处方，剂指剂型。方剂是在辨证立法的基础上，依据治则，按组方和配伍的原则，选择单味或若干味药物配合组成的药方。方剂是中兽医理、法、方、药的重要组成部分。方剂中各药通过相互配合加强疗效，并通过减少或缓和某些药物的毒性和烈性、消除不利作用，更好地适应复杂病情的需要。

（二）方剂组成的意义

药物通过合理的配伍组成方剂，其目的在于以下几点。

（1）增强药物的作用，提高治疗效果。所谓“药有个性之特长，方有合群之妙用”，就是这个意思。如黄柏与知母配伍，能提高滋阴降火的效果。

（2）依据病情需要，随证合药，以扩大治疗范围，适应复杂病情。如四君子汤是治疗脾胃气虚的基础方剂，如兼有气滞，加陈皮以理气，名“异功散”；如果兼有气滞痰湿，再加半夏以燥湿化痰，名“六君子汤”，从而扩大了治疗范围。

（3）控制某些药物的毒性或烈性。如生姜或白矾与半夏同用，可以清除半夏的毒性；槟榔与常山配合，可减轻常山的致呕作用。

（4）控制药物发挥作用的方向。如柴胡有疏肝理气、升举阳气、发表退热的作用，但调肝多配芍药，升阳多配升麻，和解少阳则须配黄芩等。

（三）方剂组成的原则

除单方应用单味药外，方剂一般是由若干味药物组成的。方剂的组成是根据病情需要，在辨证立法的基础上，以治法为依据，选择适当的药物，按照主、辅、佐、使（前人称为君、臣、佐、使）的原则配伍，使其达到相辅相成的作用。

（1）主药。主药是针对主病或主证起主治疗作用的药物。

（2）辅药。一是协助主药加强治疗作用的药物，二是针对重要兼病或兼证起主要治疗作用的药物。

(3)佐药。一是佐助药,配合主药、辅药加强治疗作用,或直接治疗兼证或次要证候的药物;二是佐制药,用以消除或减弱主、辅药的毒性或能制约主、辅药峻烈之性的药物。

(4)使药。一是引经药,即能引领方中诸药至特定病所以发挥治疗效果的药物;二是调和药,即能调和方中诸药作用的药物。

一般来说,主药用量多、药力大,其他药的用量和药力则相对较小。每个方剂,主药是必不可少的,至于每个方剂中主、辅、佐、使药的多少,并无刻板的规定,而应根据病证的复杂程度和辨证立法的需要而定。总之,一个疗效确实的方剂,必须是针对性强、组成严谨、方义明确、重点突出,达到多而不杂或少而精的要求,才能提高疗效。

(四)方剂的加减变化

方剂的组成有一定的原则,在临诊应用时,还应根据病情的变化、体质的强弱、年龄的老幼、性别的不同,以及饲养、管理、使役、气候的差异、地域的变更等,灵活加减化裁,才能收到预期的防治效果。方剂的加减变化,有以下几种形式。

(1)药味的增减变化。药味的增减变化即在方剂主药、主证不变的情况下,随着兼证的不同,加入某些与病情相适应的药物,或减去某些与病情不相适应的药物,又称随证加减。

(2)药量的增减变化。药量的增减变化即方中的药味不变,只增减药量,就可改变其功效和主治,甚至方名也因此而改变。如由大黄、枳实、厚朴三味药组成的小承气汤和厚朴三物汤,因各自的用量不同,作用和主治就不一样;小承气汤重用大黄,功效是泄热通便,主治阳明腑实证;而厚朴三物汤则重用厚朴,功效行气除满,主治气滞肚腹胀满。

(3)数方相合的变化。数方相合的变化就是将两个或两个以上的方剂合并成一个方剂使用,使方剂的治疗更全面,是治疗较复杂病的方法。如四君子汤补气虚,四物汤补血虚,两方相合则为治气血两虚的八珍汤,再加黄芪、肉桂,便成为治气血两虚而兼阳虚的“十全大补汤”。

二、中药的配伍

配伍是指根据动物病情需要和药物的性能,有目的地将两种以上的药物配合在一起应用。前人把单味药的应用和药物与药物之间的配伍关系总结为七个方面,称为药物的“七情”。将用药处方时,配伍关系应当慎用或禁止使用的称为配伍禁忌,在动物妊娠期间应当禁用或慎用的药物称为妊娠禁忌。

(一)配伍七情

(1)单行。单行是指用单味药治病。对于病情较为单纯的病证,选用一种针对性强的药物即能收效。如单用青蒿驱除球虫,用蒲公英治疗疮黄肿毒等。

(2)相须。相须是指性能功效相似的同类药物配合应用,通过协同作用增强疗效。如金银花配连翘能明显增强清热解毒的治疗效果;党参配黄芪能明显增强补气的效果。

(3)相使。相使是指性能功效有某种共性的不同类药物配合应用,一种药能提高另一种药的功效。如补气利水的黄芪与利水健脾的茯苓配合应用时,茯苓能增强黄芪补气利水的作用;黄连与木香配合应用,木香能增强黄连的清热燥湿作用,提高治疗湿热泻痢的效果。

(4)相畏。相畏是指一种药物的毒性或副作用,能被另一种药物减轻或消除。如生姜能抑制生半夏、生南星的毒性，所以说生半夏、生南星畏生姜。

(5)相杀。相杀是指一种药物能消除另一药物的毒性或副作用。如绿豆能减轻巴豆的毒性，防风能解砒霜之毒。相畏、相杀实际上是同一配伍关系的两种不同提法。

(6)相恶。相恶是指两种药配合应用，一种药物能使另一种药物的疗效降低或丧失药效。如黄芩能降低生姜温性，所以说生姜恶黄芩；莱菔子能削弱人参的补气功能，所以说人参恶莱菔子。

(7)相反。两种药物合用能产生和增强毒性反应或副作用。如配伍禁忌中的“十八反”。

药物的“七情”除了单行外，其余六个方面都是药物的配伍关系，用药时需要注意，其中相须、相使可以提高疗效，处方用药时要充分利用；相畏和相杀在应用有毒药物或烈性药物时，常用以减轻或消除副作用，但属于“十九畏”的药物则不能配伍；相恶的药物应避免配伍；属于相反的药物，原则上禁止配伍。

(二)配伍禁忌

大多数中草药的配伍禁忌不甚严格，但对某些性能较特殊的药物也应注意。在长期的医疗实践中，前人所总结配伍禁忌有“十八反”“十九畏”。

1. 十八反。配伍应用可能产生毒害作用的药物有18种，故名“十八反”。即，甘草反甘遂、芫花、大戟、海藻；乌头反贝母、瓜蒌、半夏、白蔹、白及；藜芦反人参、沙参、苦参、丹参、元参、细辛、芍药。

2. 十九畏。即硫黄畏朴硝，水银畏砒霜，狼毒畏密陀僧，巴豆畏牵牛子，丁香畏郁金，川乌、草乌畏犀角，牙硝畏荆三棱，官桂畏赤石脂，人参畏五灵脂。

【附】

1. 十八反简歌

本草明言十八反，半蒌贝蔹及攻乌，
藻戟遂芫俱战草，诸参辛芍叛藜芦。

2. 十九畏歌

硫黄原是火中精，朴硝一见便相争，
水银莫与砒霜见，狼毒最怕密陀僧，
巴豆性烈最为上，偏与牵牛不顺情，
丁香莫与郁金见，牙硝难合荆三棱，
川乌草乌不顺犀，人参又忌五灵脂，
官桂善能调冷气，若逢石脂便相欺。

“十八反”“十九畏”是前人在长期的用药实践中总结出来的经验，也是中兽医临诊配伍用药时遵循的一个原则，凡“相反”“相畏”的药物原则上不宜配伍。现代药理研究表明，“十八反”“十九畏”有些确有道理，但是临诊也不乏违禁应用而成功的实例。如猪膏散中大戟、甘遂，与甘草同用治牛百叶干；“马价丸”中巴豆与牵牛子同用治马结症。所以说“十八反”“十九畏”不是绝对的，在特定条件下并非配伍禁忌。尽管如此，对于“十八反”“十九畏”中的一些药物，若无充分实验根据和应用经验，应避免轻易配合应用，以确保疗效，保证用药安全。

三、妊娠禁忌

在动物妊娠期间，为了保护胎儿的正常发育和用药安全，应当禁用或慎用具有堕胎作用或对胎儿有损害作用的药物。妊娠禁忌药分为禁用与慎用两大类，动物妊娠期间“禁用”和“慎用”的药物，应尽量避免，以防引起不良后果。

禁用的药物，大多是毒性较强或药性峻烈的药物，如巴豆、水蛭、虻虫、大戟、芫花、斑蝥、三棱、莪术、麝香、牵牛、蜈蚣等。

慎用的药物，大多是破血、破气、辛热、滑利沉降之品，如桃仁、红花、大黄、芒硝、附子、肉桂、干姜、瞿麦等。

【附】妊娠禁忌歌诀

蚖①斑②水蛭及虻虫，乌头附子及天雄，
野葛③水银并巴豆，牛膝薏苡与蜈蚣，
三棱代赭芫花麝，大戟蛇蜕黄雌雄④，
牙硝芒硝牡丹桂，槐花牵牛皂角同，
半夏南星与通草，瞿麦干姜桃仁通，
硇砂干漆蟹甲爪，地胆⑤茅根都不中。

注：①蚖-蚖青（青娘子）。②斑-斑蝥。③野葛-钩吻。④黄雌雄-雌黄、雄黄。⑤地胆-斑蝥之一种，生于石隙之中。

任务十一 中药的剂型、剂量及用法

一、剂型

根据临诊使用中药治病的需要和药物的不同性质，把药物制成一定形态的制剂，称为剂型。中药的传统剂型比较丰富，随着现代制药技术的发展，新的剂型还在不断出现。下面介绍几种常用剂型。

（1）汤剂。汤剂是将药物饮片或粉末加水煎煮，然后去渣取汁制成的液体剂型。汤剂是中药最常用的剂型，其优点是吸收快，疗效迅速，药量、药味加减灵活，所以能更全面的发挥药效，尤其适应急、重病证。缺点是不易携带和保存，某些药物的有效成分不易煎出或易挥发散失。近年来，汤剂改制成合剂、冲剂等剂型，既保持了汤剂的特色，又便于工厂化生产和贮藏。

（2）散剂。散剂是将药物及药材提取物经粉碎、混合制成的粉末状制剂。散剂是中兽医临诊最常用的一种剂型，其优点是较易吸收，药效较快，配制简便，便于携带等，急、慢性病证都可使用。

（3）酒剂。酒剂是将药物浸泡在白酒或黄酒中，经过一定时间后取汁应用的一种剂型，也称药酒。酒剂也是一种常用传统剂型。酒剂是以酒做溶剂，浸出药物中的有效成分，而酒辛热善行，具有通血脉，驱除风寒湿痹的作用。酒剂是一种混合型液体药剂。其药效迅速，但不能持久，需要常服。适用于各种风湿痹痛、跌打损伤等病证。

(4)软膏剂。软膏剂是指药材提取物、药材细粉与适宜基质均匀混合制成的半固体外用制剂。常用基质分为油脂性、水溶性和乳剂型基质，其中用乳剂型基质制成的软膏又称乳膏剂。

(5)灌注剂。灌注剂是指药材提取物、药物以适宜的溶剂制成的供子宫、乳房等灌注的灭菌液体制剂。分为溶液型、混悬型和乳浊型。如促孕灌注液等。

除了上述剂型之外，还有注射剂、片剂、颗粒剂、搽剂、丸剂、超微粉等。由于中药制剂很少在食用动物产品中产生有害残留，中药制剂日益受到重视。

二、剂量

剂量是指防治疾病时每一味药物所用的数量，又称治疗量。剂量的大小，直接关系到治疗效果和药物对动物机体的毒性反应和副作用。一般中药的用量安全度比较大，但个别有毒或烈性药物应特别注意。确定剂量的一般原则如下。

(1)根据中药的性能。凡有毒的药物用量宜小，并从小剂量开始使用，逐渐增加，中病即止，谨防中毒或耗伤正气。对质地较轻或容易煎出的药物，如花叶类等质轻之品可用较小的量，对质地较重或不容易煎出的药物，如块根、金石、贝壳等质重之品可用较大的量。

(2)根据病情及其轻重。一般来说，病情轻浅的或慢性病用量宜轻，病情较重的或急性病用量可适当增加。

(3)根据配伍与剂型。同一中药在大复方中的用量要小于小复方甚至单味方。在方剂中做主药时用量宜大，而做辅药则用量宜小。

(4)根据动物及环境。动物种类和体形大小不同，剂量大小差异较大。此外，还要根据动物的年龄、性别以及地区、季节等不同来确定用量。如幼龄动物和老年动物的用量应轻于壮年动物；雄性动物的用量稍大于雌性动物；体质强的用量应大于体质弱的。北方寒冷地区或冬季，温热药物用量适当增加；南方地区或夏季，寒凉药用量宜适当增加。

为方便临诊用药，避免药物中毒事故的发生，记住少数毒性、烈性较强或较昂贵药物的用量是十分必要的。对于常用中草药的用量，马、牛等大动物可控制在 15～45 g，猪、羊等小动物控制在 5～15 g，并根据处方药味的多少和动物病情等不同情况酌情增多或减少剂量。一般可按马(中等蒙古马为标准)每剂总药量控制在 400 g，牛(中等普通黄牛为标准)控制在 500 g，猪、羊控制在 100 g 的原则应用。

中药的计量单位从 1979 年 1 月 1 日起采用公制计量单位的克(g)为主单位，毫克(mg)为辅助单位，取消过去的“两、钱、分”计量单位及一切旧制，并规定旧制单位(16 进位制)的一两，按 30 g 的近似值进行换算(实际值 31.25 g)。

本书所载中药和方剂的剂量的参考依据为：马以中等蒙古马为标准；牛以中等普通黄牛为标准，水牛或犊牛应适当增减；猪以 20～40 kg 的地方猪品种为标准；羊以 15～25 kg 的山羊为标准；犬以 10～20 kg 的中型犬为标准。现将不同种类动物用药剂量比例列于表 2-4，部分药物用量选择列于表 2-5。

表 2-4　不同动物用药比例

动物种类	用药比例	动物种类	用药比例
马(体重 300 kg)	1	猪(体重 60 kg)	1/8～1/5
黄牛(体重 300 kg)	1～1.25	犬(体重 15 kg)	1/16～1/10
水牛(体重 500 kg)	1～1.5	猫(体重 4 kg)	1/32～1/20
驴(体重 150 kg)	1/3～1/2	鸡(体重 1.5 kg)	1/40～1/20
羊(体重 40 kg)	1/6～1/5		

表 2-5　中药用量选择表

用量(马、牛)	包括药物
15～30 g	甘遂、芫花、大戟、胡椒、商陆、木香、附子、白花蛇、天南星、通草、五倍子、沉香、三七、粟壳、硼砂、硫黄、白蔹、青黛、全蝎、水蛭、芦荟、儿茶
6～15 g	羚羊角、犀角(牛角)、细辛、乌头、大枫子、蛇蜕、樟脑、雄黄、木鳖子
3～10 g	朱砂、阿魏(牛可用 30 g)、冰片、巴豆霜、瓜蒂(猪)
1.5～3 g	制马钱子、麝香、牛黄、斑蝥、轻粉、胆矾
0.3～0.9 g	珍珠、人言
10～15 粒	鸦胆子
15～45 g	上述以外的一般常用中药

三、用法

中药给药时，需将药物加工制成适宜的剂型。给药时间、给药次数应根据病情而定。中药的给药途径应根据治疗要求和药物剂型而定。给药途径不同，会影响药物吸收的速度、分布以及作用效果。给药途径分为经口给药和非经口给药两种。

经口给药是最常用的方式，散剂、汤剂、丸剂、颗粒剂、酒剂多采用经口给药。传统的经口给药方式是“灌药”，即将药物汤剂或用水冲调的散剂、丸剂、颗粒剂等用牛角勺或胃管投服。随着现代集约化养殖的发展，多采用将中药混入饮水或添加于饲料中给药。

非经口给药的方法很多，药物外用法有敷贴法、涂布法、撒药法、冲洗法、吹药法、口噙法、点眼法等。皮肤给药、黏膜给药多用于外部疾患，还有腔道给药等多种途径。20 世纪 30 年代后，中药的给药途径又增添了皮下注射、肌内注射、穴位注射和静脉注射等。

煎法与灌服是目前中兽医临诊最为常用的用药方法。

(1)煎法。汤剂的煎法与药效密切相关。煎药的用具以砂锅、瓷器为好，不宜使用铁、铝等金属器具。煎药时先用水将药物浸泡约 15 min，再加入适量水后密闭其盖，然后煎煮。对于补养药宜用文火久煎；对于解表药、攻下药、涌吐药，宜用武火急煎。煎药时一般应先用武火后用文火。煎药时间一般为 20～30 min，待煎至煎液为原加入水量的一半即可，去渣取汁，加水再煎一次，将前后两次煎液混合分两次服用。对于矿石、贝壳类药物如代赭石、生石膏、石决明等宜打碎先煎；对芳香性药物如薄荷、青蒿等宜后下；对某些含有多量黏性的药物如车前子、旋覆花等宜包煎。

(2)灌服。灌药时间应根据病情和药性而定，治热性病的药物宜凉服，发散风寒和治寒性病的药宜温服；治急性病和重病时需尽快灌服；一般滋补药可在饲喂前灌服，驱虫药和泻下药应空腹灌服，治慢性病的药物和健胃药宜在饲喂后灌服。灌药次数，一般是每天1～2次，轻病可2天1次，遇急、重病时可根据病情需要，多次灌服。

执业兽医资格考试真题精选

1. 郁金散减诃子、加金银花和连翘的变化，属于（　　）（2009年真题51）
A. 药量增减　B. 药味增减　C. 剂型变化　D. 数方合并　E. 药物替代

2. 将药材直接或间接用火加热处理的火制法有（　　）（2009年真题60）
A. 发芽、发酵、制霜、法制　B. 锻法、炒法、炙法、烘法
C. 纯净、粉碎、切制、镑法　D. 淋法、洗法、泡法、漂法
E. 蒸法、淬法、水烫法、煮法

3. 中药四气是指（　　）（2010年真题52）
A. 寒、热、温、平　B. 升、降、浮、沉　C. 辛、甘、酸、苦
D. 生、克、乘、侮　E. 寒、凉、温、热

4. 甘味药的主要作用是（　　）（2011年真题52）
A. 泻下、软坚　B. 滋补、和中　C. 行气、行血
D. 收敛、固涩　E. 清热、燥湿

5. 淡味常附于五味中的（　　）（2012年真题53）
A. 辛味　B. 甘味　C. 酸味　D. 苦味　E. 咸味

6. 中药的五味是指（　　）（2013年真题52）
A. 辛、甘、酸、苦、咸　B. 木、火、土、金、水
C. 寒、凉、平、温、热　D. 红、黄、白、青、黑
E. 浮、沉、迟、数、滑

7. 方剂中，加强君药治疗主病或主证作用的药物属于（　　）（2013年真题53）
A. 臣药　B. 佐药　C. 君药　D. 使药　E. 引药

8. 药物进入机体后的作用趋向是（　　）（2014年真题52）
A. 浮沉迟数　B. 升降沉浮　C. 寒凉温热　D. 寒热虚实　E. 升降出入

9. 中药四气除了寒、温、热外，还有（　　）（2015年真题51）
A. 升　B. 降　C. 苦　D. 辛　E. 凉

10. 方剂中用于治疗兼症或次要症候的药物属于（　　）（2016年真题49）
A. 君药　B. 臣药　C. 佐药　D. 调和药　E. 引经药

11. 肉桂的采收时间应当在农历（　　）（2017年真题47）
A. 十月　B. 八月　C. 六月　D. 四月　E. 二月

12. 苦味药的主要功效是（　　）（2018年真题46）
A. 滋补、利尿　B. 收敛、固涩　C. 清热、燥湿
D. 泻下、软坚　E. 行气、行血

13. 方中主药不变，根据病情增添或减去一些次要药物的方式，属于(　　)(2018 年真题 47)

A. 药量增减　　B. 药味增减
C. 方剂合并　　D. 剂型变化
E. 药物替代

任务七至任务十一
真题参考答案

任务十二　解表方药与汗法

凡以发散表邪，解除表证为主要作用的药物(方剂)，称为解表药(方)。属八法(汗、吐、下、和、温、清、补、消)中的"汗法"。

解表药(方)大多辛散轻宣，主入肺与膀胱经，具有发汗、解肌、开腠的作用，适用于外感初期病邪在表的病证，证见发热恶寒，肢体疼痛，有汗或无汗，苔薄白，脉浮等外感表证。此外，某些解表药兼有宣肺平喘，透疹散邪，利水消肿，祛风胜湿等作用。

根据解表药(方)的性能和功效，本类药方可分为辛温解表药(方)和辛凉解表药(方)两类。

现代药理研究表明，解表药具有发汗，解热，镇痛，解痉，健胃，利尿，止咳祛痰，抗菌或抗病毒等作用。

使用解表药(方)，应注意以下几点。

(1)发汗不宜过度，中病即止，以免发汗太过而耗伤津液，导致亡阳或亡阴。

(2)对大泻、大汗、大失血的病畜应慎用或不用。

(3)体虚病畜慎用，或配合补益药以扶正祛邪。

(4)炎热季节，动物体腠理疏松，容易出汗，用量宜轻；病畜发热无汗，或寒冬季节，用量宜重。

(5)解表药多属辛散轻扬之品，不宜久煎，以免有效成分挥发降低疗效。

一、解表药

(一)辛温解表药

性味多为辛温，发散作用较强，常用于外感风寒出现的恶寒战栗，发热无汗，耳鼻发凉，口不渴，苔薄白，脉浮紧或浮缓等表寒症状。部分药物还可以治疗风热表证、水肿、咳喘、麻疹、风湿痹痛及疮疡等。

麻黄(麻黄草)

麻黄为麻黄科植物草麻黄、木贼麻黄及中麻黄的草质茎，生用或蜜炙用(图 2-1)。

图 2-1　麻黄

【性味归经】温，辛、微苦。入肺、膀胱经。

【功效】发汗解表，宣肺平喘，利水消肿。

【主治】外感风寒，咳喘，关节肿痛，水肿等。

【附注】麻黄辛开苦泄，能开腠理而透毛窍，发汗力较强，且能宣肺平喘，利水消肿，为治外感风寒表实无汗的要药。发汗宜用生麻黄，平喘宜用蜜炙麻黄。表虚多汗、肺虚咳嗽及脾虚水肿者忌用。

【附药】麻黄根为地下老根入药，味甘性平，能止一切虚汗（自汗、盗汗），作用与麻黄相反。

麻黄含有麻黄碱、挥发油等，具有镇咳、解热、降温和发汗作用，对流感病毒有抑制作用。麻黄根含有伪麻黄碱，故能止汗。

桂枝（桂尖）

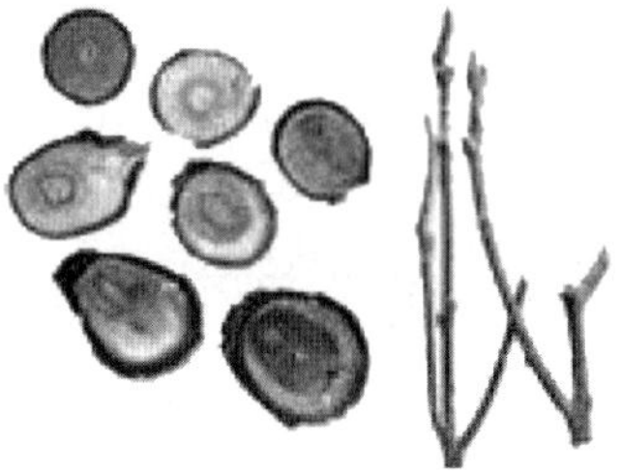

图 2-2 桂枝

桂枝为樟科植物肉桂的嫩枝，多生用（图 2-2）。

【性味归经】温，辛、甘。入心、肺、膀胱经。

【功效】发汗解肌，温通经脉，助阳化气。

【主治】外感风寒，风寒湿痹，关节肿痛，水湿停滞等。

【附注】麻黄、桂枝均为解表要药。麻黄发汗力较强，治毛窍闭塞，汗不外达，能解表中之表；桂枝治营卫不和，虽汗出而邪不去，能解表中之里，发汗之力较缓和，且可达肢节。桂枝为治外感风寒表实无汗及表虚有汗的要药，常做前肢引经药。

本品含桂皮醛、桂皮油等，有发汗解热、解痉镇痛、强心利尿、健胃祛风等作用。对皮肤真菌、结核分枝杆菌、炭疽杆菌、沙门杆菌、金黄色葡萄球菌和流感病毒均有抑制作用。

荆芥（荆芥穗、芥穗）

图 2-3 荆芥

荆芥为唇形科植物荆芥的干燥地上部分，花穗即药材荆芥穗，生用或炒炭用（图 2-3）。

【性味归经】微温，辛。入肺、肝经。

【功效】祛风解表，透疹消疮，炒炭止血。

【主治】外感表证，咽喉肿痛，疮疡肿毒，湿疹，鼻衄，便血等。

【附注】本品轻扬宣散，既能发汗解表，又能祛风，且作用较为和缓，无论风寒、风热均可应用。常与防风相须为用以祛风解表，与薄荷、蝉蜕同用以疏风透疹。生用治风，炒用治血。

本品含薄荷酮、柠檬烯等，水煎剂可增加皮肤血液循环、汗腺分泌以及缓解平滑肌痉挛，对金黄色葡萄球菌、伤寒杆菌、痢疾杆菌有抑制作用。荆芥炒炭能缩短凝血时间而起到止血作用。荆芥穗提取物芹菜素有解痉等作用。

图 2-4 防风

防风（屏风）

防风为伞形科植物防风的根，生用、炒用或炒炭用（图 2-4）。

【性味归经】微温，辛、甘。入膀胱、肝、脾经。

【功效】祛风解表，胜湿止痛。

【主治】外感表证，风寒湿痹，风疹瘙痒，破伤风等。

【附注】防风微温不燥，能散风寒，祛风湿而止痛，又能祛风解痉，无论外风、内风均可应用，为治外感风寒、风湿、皮肤风痒、破伤风等风证的要药。防风的特异解毒功能，可用于食物中毒，农药中毒，砒霜中毒，乌头、芫花等中毒，与甘草配用。

防风、荆芥都有散风发表作用。荆芥发汗之力较强，防风止痛之功较胜。

本品含挥发油、甘露醇、有机酸等，具有发汗解热、镇痛、抗惊厥和利尿作用，对部分细菌和流感病毒有抑制作用。

紫苏（赤苏）

紫苏为唇形科植物紫苏的茎叶，生用。茎秆单用名苏梗，叶单用名苏叶，种子入药，名苏子（图 2-5）。

【性味归经】温，辛。入肺、脾经。

【功效】解表散寒，行气宽中，和胃止呕，理气安胎。

【主治】风寒感冒，咳嗽气喘，呕吐，肚腹胀满，胎动不安等。

【附注】紫苏由于入药部位不同，作用也有差异。苏叶偏于发汗解表，而苏梗偏于理气宽胸，故风寒表证多用苏叶，气滞病证多用苏梗，茎叶同用，则具有发散并兼理气之功。苏子偏于止咳平喘，主治痰壅咳喘。

本品含挥发油，主要成分为紫苏醛。能扩张皮肤血管，刺激汗腺分泌，促进消化液分泌，增强胃肠蠕动，减少支气管分泌物，缓解支气管痉挛，有抑菌作用。

图 2-5　紫苏

白芷（香白芷）

本品为伞形科植物白芷或杭白芷的根，生用（图 2-6）。

【性味归经】温，辛。入肺、胃经。

【功效】祛风除湿，消肿排脓，通窍止痛。

【主治】风寒感冒，风湿痹痛，痈疽疮疡，鼻炎、副鼻窦炎等。

【附注】白芷辛温芳香，辛能发散，温可除寒，芳香通窍，故能散风寒，化湿浊，通鼻窍。为治风寒引起的头痛、牙疼、鼻塞等头面诸痛的要药。

本品含白芷素、挥发油等，具有解热、镇痛、平喘、降压作用。水煎剂对杆菌有抑制作用。

图 2-6　白芷

（二）辛凉解表药

性味多为辛凉，具有解表散热的功能，常用于外感风热或温燥之邪引起的肺气不宣，肌表疏泄失常，出现的发热重，恶寒轻，有汗或无汗，耳鼻发热，咽干口渴，口色红，舌薄白干或微黄，脉浮数等表热证。

柴胡（北柴胡）

柴胡为伞形科植物柴胡或狭叶柴胡的根。生用、醋炒或酒炒用（图 2-7）。

【性味归经】微寒，苦、辛。入肝、胆经。

图 2-7 柴胡

【功效】和解退热，疏肝解郁，升阳举陷。

【主治】感冒发热，寒热往来，脾虚久泻，气虚下陷的脱肛、子宫脱垂等。

【附注】柴胡芳香疏泄，可升可散，善除半表半里之邪，退热效佳，为和解少阳的要药。既能升阳举陷，又能疏肝理气解郁。和解退热宜生用，疏肝解郁宜醋炙，退虚热宜用鳖血拌炒，酒炒可增强其升发力。

本品含挥发油等，有镇静、安定、解热、镇痛、镇咳等广泛的中枢抑制作用，此外具有清肝利胆、抗肝组织损伤，以及增强机体的免疫作用，对结核分枝杆菌、流感病毒和疟原虫等有抑制作用。

薄荷(龙脑薄荷)

图 2-8 薄荷

薄荷为唇形科植物薄荷的茎叶，生用(图 2-8)。

【性味归经】凉，辛。入肺、肝经。

【功效】疏散风热，清利头目，利咽透疹，疏肝解郁。

【主治】风热感冒，咽喉肿痛，目赤肿痛，风疹瘙痒等。

【附注】薄荷发汗作用较强，外达肌表，善清头目散风热，又能理气消食，为疏散风热常用之药。无汗用薄荷叶，有汗用炒薄荷，如兼肚胀则宜用薄荷梗；如肝热上扰于目，发生目赤肿痛则用薄荷炭。

本品含薄荷油，能兴奋中枢神经，使皮肤血管扩张，促进汗腺分泌而发汗解热。能收缩局部黏膜血管而减轻疼痛。能抑制肠内异常发酵，健胃祛风作用。外用能麻痹神经末梢，止痛、止痒，有抑菌作用。

桑叶(霜桑叶)

本品为桑科植物桑的叶，初霜后采收，生用(图 2-9)。

【性味归经】寒，甘、苦。入肺、肝经。

【功效】疏风散热，清肺润燥，清肝明目。

【主治】风热感冒，肺热燥咳，目赤肿痛。

图 2-9 桑叶

【附注】本品轻清发散，擅长于宣肺气而清肺燥，善治在表之风热；本品苦寒，兼入肝经，有平降肝阳之功而清肝泻火。

【附药】桑枝为桑科植物桑树的嫩枝。微寒，甘、苦。入肝经。祛风湿，利关节，行水气。治风寒湿痹，四肢拘挛等。

桑白皮为桑科植物桑的根皮，生用或蜜炙用。甘，寒。入肺、膀胱经。泻肺平喘，行水消肿。专治肺热喘咳，水肿，小便不利等。

桑葚子为桑科植物桑树的成熟果实。微寒，甘、酸。入心、肝、肾经。有补血滋阴，生津止渴，润肠通便等功效，主治腰膝酸软，大便干结等。

本品含黄酮苷、氨基酸等，具有解热、祛痰和利尿作用，有抑菌作用。

菊花(白菊、杭菊)

菊花为菊科植物菊的头状花序，生用(图 2-10)。

【性味归经】微寒，甘、苦。入肺、肝经。

【功效】疏风解表，平肝明目，清热解毒。

【主治】外感风热，目赤肿痛，疮痈肿毒等。

【附注】菊花、桑叶均具有疏散风热、平肝明目功效，但桑叶疏散之力略强，可清肺润燥；而菊花平肝明目稍胜，又善于清热解毒。菊花有黄、白之分，黄菊花偏于发散风热，白菊花偏于养肝明目。

【附药】野菊花为菊科植物野菊的头状花序。性凉，味苦、辛。功效与菊花相似，但清热解毒作用优于菊花，适用于风火目赤、咽喉肿痛、疮痈肿毒等。

图 2-10　菊花

本品含菊苷、胆碱等，具有解热和降血压作用，对细菌和流感病毒等有抑制作用。

葛根(甘葛、干葛)

葛根为豆科植物野葛或甘葛藤的根，生用或煨用(图 2-11)。

【性味归经】凉，甘、辛。入脾、胃经。

【功效】解肌退热，生津止渴。

【主治】外感表证，热病口渴，脾虚泄泻等。

【附注】葛根善解肌退热，又能生津止渴，升阳止泻。葛根、柴胡都是解表药，但葛根走阳明经，善清阳明腑热，生津止渴，治热遏于肌表、无汗、口渴、项背强直等；柴胡走少阳经，治邪在半表半里而呈现寒热往来的症候。退热生津宜生用，升阳止泻宜煨用。

图 2-11　葛根

本品含葛根素、黄酮类物质，具有镇静、解热、降血糖和解痉作用。

升麻(周麻)

升麻为毛茛科植物大三叶升麻、兴安升麻或升麻的根茎，生用或蜜炙用(图 2-12)。

【性味归经】微寒，甘、辛。入肺、脾、胃、大肠经。

【功效】升阳，散风，解毒，透疹。

【主治】咽喉肿痛，斑疹不透，久泻脱肛，子宫垂脱等。

【附注】升麻发散风热之力弱，但升举阳气之力强于柴胡，善于解表透疹，升举阳气及解毒。

本品含苦味素、升麻碱等，有解热、抗炎、镇痛、降压及抗惊厥的作用，有抑菌效果。

图 2-12　升麻

其他解表药，见表2-6。

表2-6 其他解表药

药名	药用部位	性味归经	功效	主治
细辛	全草	温，辛；入心、肺、肾	祛风散寒，通窍止痛	风寒感冒，冷痛，风湿痹痛
辛夷	花蕾	温，辛；入肺、胃	散风寒，通鼻窍	风寒鼻塞，脑颡鼻脓
生姜	根茎	微温，辛；入肺、脾、胃	解表散寒，温中止呕	外感风寒，胃寒呕，生姜汁解半夏、天南星毒
香薷	地上部分	微温，辛；入肺、胃、脾经	发汗解表，化湿和中，利水消肿	外感风寒，水肿，小便不利
葱白	茎	温，辛；入肺、胃	发汗解表，散寒通阳	外感风寒初起，四肢厥冷，阴寒腹痛
苍耳子	果实	温，辛，有小毒；入肺经	散风除湿，通窍止痛	风寒感冒，风湿痹痛，鼻窍不通，风疹瘙痒
藁本	根茎	温，辛；入膀胱、肝经	祛风散寒，胜湿止痛	风寒感冒，风寒湿痹

二、解表方

麻黄汤(《伤寒论》)

【组成】麻黄45 g，桂枝30 g，苦杏仁45 g，炙甘草20 g，水煎候温灌服。

【功效】发汗解表，宣肺平喘。

【主治】外感风寒表实证。证见恶寒发热，无汗咳喘，苔薄白，脉浮紧。

【方解】本方是辛温解表的代表方。方中麻黄辛温，既能发表散寒，又能宣肺利气为主药；桂枝发汗解肌，温通经脉，可助麻黄发表散寒，解除肢体酸痛为辅药；杏仁宣肺降气，助麻黄止咳喘为佐药；炙甘草调和诸药为使药。四药合用，共奏发汗解表，宣肺平喘之效。

【临诊应用】用于外感风寒表实证。临诊常以本方加减治疗感冒、流感和支气管炎等属于风寒表实证者。本方去桂枝名“三拗汤”，治疗外感风寒证见恶寒轻而咳嗽重者。本方去桂枝，加石膏名“麻杏石甘汤”，用于肺热咳喘证。

凡表虚自汗、外感风热、体虚外感、产后血虚等不宜应用。

【方歌】麻黄汤中用桂枝，杏仁甘草四味施，发热恶寒流清涕，风寒无汗服之宜。

荆防败毒散(《摄生众妙方》)

【组成】荆芥45 g，防风30 g，羌活25 g，独活25 g，柴胡30 g，前胡25 g，桔梗30 g，枳壳25 g，茯苓45 g，甘草15 g，川芎25 g，研末开水冲调，候温灌服(《中华人民共和国兽药典：2020年版·二部》收载的荆防败毒散加薄荷一味)。

【功效】发汗解表，散寒祛湿。

【主治】外感挟湿的表寒证。证见发热无汗，恶寒发抖，流清涕，咳嗽，皮紧肉硬，肢体疼痛，咳嗽，苔白腻，脉浮；或痈疮初起有恶寒发热者。

【方解】本方适用于外感风寒挟湿证。治宜发汗解表，散寒除湿。方中荆芥、防风发散肌表风寒，羌活、独活祛除全身风湿，四药共用以解表祛邪为主药；川芎散风止痛，柴胡助荆芥、防风疏解表邪，茯苓渗湿健脾，均为辅药；枳壳理气宽胸，前胡、桔梗宣肺止咳为佐药；甘草益气和中，调和诸药为使药。诸药相合，共奏发汗解表，散寒祛湿之效。

【临诊应用】用于外感风寒挟湿而正气未虚的感冒、流感以及下痢、疮疡初起兼有表寒症状者。本方加薄荷用于风热感冒，流感。体虚者可去荆芥、防风，加党参以扶正祛邪；流感则加薄荷、板蓝根以清瘟解毒；疮疡初起者去荆芥、防风，加金银花、连翘以清热解毒。

【方歌】荆防败毒二活同，柴前枳壳配川芎，茯苓桔梗甘草使，风寒挟湿有奇功。

银翘散（《温病条辨》）

【组成】金银花 60 g，连翘 45 g，淡豆豉 30 g，桔梗 25 g，荆芥 30 g，淡竹叶 20 g，牛蒡子 45 g，薄荷 30 g，芦根 30 g，甘草 20 g，研末开水冲调，候温灌服。

【功效】辛凉解表，清热解毒。

【主治】外感风热或温病初起。证见发热无汗或微汗，微恶风寒，口渴，咳嗽，咽喉肿痛，舌苔薄白或薄黄，脉浮数。

【方解】本方适用于温病初起，风热表证，治宜辛凉解表，清热解毒。方中金银花、连翘清热解毒，辛凉透表为主药；薄荷、荆芥穗、淡豆豉发散表邪，助主药透热外出为辅药；牛蒡子、桔梗能宣泄肺气，利咽止咳为佐药，芦根、竹叶、甘草清热生津止渴，且甘草又能调和诸药为使药。

【临诊应用】用于风热感冒或温病初起、流行性感冒、急性咽喉炎、支气管炎、肺炎及某些感染性疾病初期且兼有表热证者。发热盛者加栀子、黄芩等以清热；津伤口渴甚者，重用芦根，加天花粉以生津止渴；咳嗽重者加杏仁、贝母或枇杷叶以清肺化痰；咽喉痛甚者加射干、板蓝根以利咽消肿；疮疡初起，有风热表证者，应酌加紫花地丁、蒲公英等以增强清热解毒之力。

【方歌】辛凉解表银翘散，芥穗牛蒡竹叶甘，豆豉桔梗芦根入，上焦风热服之安。

其他解表方，见表 2-7。

表 2-7　其他解表方

方名及来源	组成	功效	主治
桂枝汤（《伤寒论》）	桂枝、白芍、炙甘草、生姜、大枣	解肌发表，调和营卫	外感风寒表虚证
桑菊饮（《温病条辨》）	桑叶、菊花、连翘、薄荷、杏仁、桔梗、甘草	疏风清热，宣肺止咳	外感风热，咳嗽
防风通圣散（《宣明论》）	防风、荆芥、连翘、麻黄、薄荷、当归、川芎、白芍、白术、栀子、大黄、芒硝、生石膏、黄芩、桔梗、滑石、甘草	解表通里，疏风清热	外感风邪，内有蕴热，表里俱实之证
九味羌活汤（《此事难知》）	羌活、防风、苍术、细辛、川芎、白芷、生地、黄芩、甘草、葱白	发汗解表，祛湿清热	寒湿在表兼有内热的病证

执业兽医资格考试真题精选

1. 用于治疗中气下陷所致的久泻脱肛、子宫脱垂等证，常与柴胡相须为用的药物是（　　）（2009 年真题 52）

A. 薄荷　　B. 桂枝荷　　C. 升麻　　D. 防风　　E. 甘草

2.发汗解表、用于外感风寒表实证，与麻黄相须配伍的药物是(　　)(2010 年真题 53)

A.防风　B.桂枝　C.薄荷　D.葛根　E.升麻

3.具有发汗、解表作用的药物是(　　)(2011 年真题 53)

A.麻黄　B.桂枝　C.薄荷　D.桑叶　E.柴胡

4.发汗解表、宣肺平喘、主治外感风寒表实症的方剂是(　　)(2012 年真题 53)

A.桂枝汤　B.麻黄汤　C.小柴胡汤

D.银翘散　E.荆防败毒散

5.治疗久泻脱肛、子宫脱垂的方剂中，常以升麻配(　　)(2013 年真题 54)

A.柴胡　B.桑叶　C.防风　D.紫苏　E.薄荷

6.发汗解表，用于外感风寒表实证，与麻黄相须配伍的药物是(　　)(2014 年真题 53)

A.知母　B.石膏　C.薄荷　D.桂枝　E.杏仁

7.在治疗外感风寒表实证的方剂中，与麻黄相须为用，增强疗效的药物是(　　)(2015 年真题 52)

A.荆芥　B.防风　C.独活　D.桂枝　E.羌活

8.麻黄汤的主治是(　　)(2016 年真题 50)

A.风寒表实证　B.风寒表虚证　C.肺热咳喘证

D.风热表实证　E.风热表虚证

9.治疗肝气郁结可选的药物是(　　)(2018 年真题 48)

A.薄荷　B.升麻　C.柴胡　D.藿香　E.荆芥

任务十二真题参考答案

任务十三　清热方药与清法

凡能清解里热、治疗里热病症的药物(方剂)，称为清热药(方)，属“八法”中的“清法”。清热法是用味苦性寒的药物(方)，清除体内热邪的一种治疗方法。

清热药性多寒凉，具有清热泻火、解毒凉血、燥湿、解暑等作用，主要用于治疗高热、热痢、急性热病、湿热黄疸、热毒疮肿、热性出血及暑热等里热病证。

应用清热药(方)应分清热邪属于在表在里和在气在血，根据病情确定用药的主次和必要的配伍。

根据清热药的功效，可分为：清热泻火药、清热燥湿药、清热凉血药、清热解毒药、清热解暑药五类。

现代药理研究表明，清热药分别具有抑制体温中枢而解热；降低神经系统的兴奋性，制止抽搐；对病原体(包括病毒、细菌、真菌、寄生虫等)的直接抑制和杀灭；增强吞噬细胞的吞噬功能，提高机体的抗病力；改善微循环，促进炎症的吸收；降低血管的通透性，防止出血；调整机体因疾病而致的功能紊乱；排出病原体产生的代谢产物；补充机体在病态时缺乏的物质等。

使用清热药(方)，应注意以下几点。

(1)本类药物宜在表证已解，而热已入里，或里热炽盛时使用。用药中病即止，以防清泻太过，损伤正气。

(2)清热药性多寒凉，易伤脾胃，对脾胃虚弱的动物，宜适当辅以健胃的药物。

一、清热药

(一)清热泻火药

性味苦寒或甘寒，能清解气分实热，有泻火泄热的作用。适用于温病初期，高热火盛所致的气分实热。证见大热，大汗，烦渴贪饮，粪便干结，尿液短赤，舌苔黄燥，脉象洪大，甚至狂走乱奔等。

石膏(白虎)

石膏为硫酸盐类矿物硬石膏族石膏，主含结晶水硫酸钙，生用或煅用。

【性味归经】大寒，辛、甘。入肺、胃经。

【功效】清热泻火，生津止渴，收湿敛疮(煅用)，止血生肌(煅用)。

【主治】热病高热，口渴贪饮，肺热咳喘，胃火上炎，牙龈肿痛，口舌生疮等。外用治疗疮疡不敛，湿疹瘙痒，水火烫伤，外伤出血等。

【附注】石膏善于清解肺胃实火及气分实热，煅后收敛生肌。故内服宜生用，外用宜火煅末。

本品主要成分为含水硫酸钙等，可抑制发热中枢起到解热作用，并有抑制汗腺作用。本品能缩短血凝时间，促进胆汁排泄，有利尿作用。此外，本品能降低血管通透性和抑制骨骼肌的兴奋性，故有消炎、镇静、镇痉等作用。

知母(肥知母)

知母为百合科植物知母的根茎，生用、盐炒用或酒炒用(图 2-13)。

【性味归经】寒，苦、甘。入肺、胃、肾经。

【功效】清热泻火，滋阴润燥。

【主治】热病烦渴，胃火炽盛，肺热咳嗽，肠燥便秘，阴虚内热。

【附注】知母质柔而润，生用上清肺火，中退胃火，下滋肾阴。为清肺胃实火之主药，还能润燥滑肠治肠燥便秘，滋阴生津而退虚热。石膏与知母都有清肺胃实热的功效，常相须为用。石膏甘寒，泻热走而不守，重在清解；知母苦寒，泻热守而不走，主在清润。故石膏用于肺热实喘，里热重而津未伤者，知母用于里热盛，肺胃虚而津已伤者，二者配合应用，既清实热，又清虚火，气分实热与阴虚火旺均可使用。

图 2-13　知母

本品含知母皂苷、黄酮苷等，有解热、镇静、祛痰、利尿、降血糖作用，还有较强的抑菌作用。

栀子(山栀子、枝子)

栀子为茜草科植物栀子的成熟果实，生用、炒焦或炒炭用(图 2-14)。

【性味归经】寒，苦。入心、肝、肺、胃、三焦经。

【功效】泻火除烦，利湿退黄，凉血止血。

图 2-14　栀子

【主治】火毒炽盛，湿热黄疸，热毒疮黄，目赤肿痛，跌打损伤，血热妄行所引起的各种出血。

【附注】栀子苦寒，善于清三焦之热，并能清肝胆湿热而治湿热黄疸；又入血分而凉血，炒炭用于血热妄行引起的各种出血。

本品含栀子素、栀子苷等成分，能增加胆汁分泌量，有利胆作用；能抑制体温调节中枢，有解热作用；此外，还有降压、镇静、止血、利尿作用并有抑菌作用。

芦根(芦茅根、苇根、芦头)

图 2-15　芦根

芦根为禾本科植物芦苇的地下根茎，鲜用或干用(图 2-15)。

【性味归经】甘，寒。入肺、胃经。

【功效】清热生津，清胃止呕。

【主治】肺热咳嗽，热病伤津，烦热贪饮。

【附注】芦根多汁，中空体轻，味甘气寒，既能清泻肺胃之热，又能养阴生津而止渴，有寓补于清，祛邪而不伤正之功，为清肺胃热之要药。故凡肺胃热盛，阴津亏损之证皆可用之。

本品含天冬酰胺、薏苡素等，能镇咳、止呕、解热和溶解胆结石，且对 β-溶血性链球菌有抗菌作用。

(二)清热燥湿药

性味多苦寒，能清热燥湿，适用于湿热诸证。如肠胃湿热所致的泄泻、痢疾，肝胆湿热所致的黄疸，下焦湿热所致的尿淋漓等。也用于疮黄肿毒等。

黄连(川连)

黄连为毛茛科植物黄连、三角叶黄连或云南黄连的根茎，生用、姜汁炒用、酒炒用或胆汁炒用(图 2-16)。

图 2-16　黄连

【性味归经】寒，苦。入心、肝、胃、大肠经。

【功效】清热燥湿，泻火解毒。

【主治】胃肠湿热，泻痢呕吐，高热神昏，胃火炽盛，肝胆湿热，目赤肿痛，痈疽肿毒等。

【附注】黄连泻火解毒，清热燥湿之力最强，为治湿热痢疾之要药。黄连生用泻心火，姜炒清胃止呕，酒炒清上焦心肺火，盐水炒清下焦火，胆汁炒清肝胆实火，醋炒则降肝胆虚火。

本品含小檗碱(黄连素)等多种生物碱，其中，黄连素占5%～8%。黄连有较强的抗菌作用，尤其对痢疾杆菌抑制作用最强，对多种致病性皮肤真菌也有抑制作用，并有增强白细胞的吞噬能力、降压、利胆、解热、镇痛、镇静、抗利尿等作用。

黄芩(条芩、枯芩)

黄芩为唇形科植物黄芩的根,生用或酒炒用(图 2-17)。

【性味归经】寒,苦。入肺、大肠经。

【功效】清热燥湿,泻火解毒,止血安胎。

【主治】湿热泻痢,肺热咳嗽,黄疸,热淋,血热吐衄,目赤肿痛,痈肿疮毒,胎动不安等。

【附注】黄芩有条芩和枯芩之分,条芩(为生长年少的子根)善泻下焦湿热,枯芩善清肺火。黄疸、湿热、热病、痈肿疮毒等宜生用,目赤肿痛、瘀血、肺热咳嗽等宜酒炒;胎动不安、出血宜炒炭。

本品含黄芩素、黄芩苷,有解热、降压、镇静、利尿、降低毛细血管的通透性和抑制肠管蠕动等作用。对流感病毒、钩端螺旋体及多种致病皮肤真菌等有抑制作用。

图 2-17　黄芩

黄柏(黄檗)

黄柏为芸香科植物黄柏(关黄柏)和黄皮树(川黄柏)除去栓皮的树皮,生用、酒炒、盐水炒或炒炭用(图 2-18)。

【性味归经】寒,苦。入肾、膀胱、大肠经。

【功效】清热燥湿,泻火解毒,清退虚热。

【主治】湿热泻痢,痈肿疮毒,皮肤湿疹,黄疸,尿淋,阴虚发热,盗汗。

【附注】黄柏善清下焦湿热,并退虚热。黄连、黄芩和黄柏皆为苦寒之品,但黄芩善清上焦热,泻肺火;黄连善清中焦热,泻心、胃之火,为泻痢之要药;黄柏偏走下焦,不仅能清热泻火,解毒疗疮,也能泻肾火,退虚热,故凡实热、虚热诸证皆可用之。

本品含小檗碱、黄柏碱等,黄柏的抗菌效力和黄连相似,对血小板有保护作用,外用可促进皮下渗血的吸收,还有利胆、利尿、降压及退热等作用,但功效不如黄连。

图 2-18　黄柏

龙胆(龙胆草)

龙胆为龙胆科植物条叶龙胆、粗糙龙胆、三花龙胆或坚龙胆的根及根茎,生用或酒炒用(图 2-19)。

【性味归经】寒,苦。入肝、胆、膀胱经。

【功效】泻肝胆实火,除下焦湿热。

【主治】湿热黄疸,湿疹瘙痒,肝经风热,惊厥抽搐,目赤肿痛。

【附注】龙胆草大苦大寒,泄降燥湿之力尤强,为清燥下焦湿热之要药。尤善清泻肝胆实火,其专功力大,直折火势。

本品含龙胆苦苷、龙胆碱等,能增加胃液分泌,增进食欲,促进消化,有解热、抗炎、保肝、利胆等作用,还有抑菌作用。

图 2-19　龙胆

苦参(苦骨)

图 2-20　苦参

本品为豆科植物苦参的根,生用(图 2-20)。

【性味归经】寒,苦。入心、膀胱经。

【功效】清热燥湿,杀虫止痒,利尿通淋。

【主治】湿热泻痢,黄疸,水肿,疥癣。

【附注】苦参既能清热,又能燥湿,为治湿热内蕴之证的常用药,并有祛风杀虫,消毒止痒之功效。善治湿热泻痢,湿热黄疸,水肿,皮肤瘙痒,疥癣,湿疹等热毒证。

本品含苦参碱、苦参黄酮等,有利尿、抗炎、镇痛及祛痰、平喘等作用,同时还有抑菌作用。

(三)清热凉血药

性味多甘苦寒,主入血分,有清热凉血作用。适用于热入血分,血热妄行引起的吐血、斑疹隐隐以及热邪入营,舌色绛红,发狂或神志昏迷等血热证。部分清热凉血药兼能养阴生津,适用于热病津伤口渴、阴虚发热等证。

生地黄(生地)

图 2-21　生地黄

生地黄为玄参科植物地黄的块根,鲜用或干燥切片生用(图 2-21)。

【性味归经】寒,甘。入心、肝、肾经。

【功效】清热凉血,养阴生津。

【主治】热病伤津,高热口渴,热性出血,阴虚发热,咽喉肿痛,津亏便秘。

【附注】鲜地黄、干地黄、熟地黄同为一物,但功效各异。鲜地黄为清热凉血、养阴生津的常用药,善治热入营血、血热妄行、津少口渴等。而干地黄滋阴之功大于鲜地黄。熟地黄善于补血滋阴,为补益肝肾阴血之要药。

本品含地黄素、甘露醇等,有强心利尿,升高血压,降低血糖等作用,对多种皮肤真菌有抑制作用。

牡丹皮(丹皮)

图 2-22　牡丹皮

牡丹皮为毛茛科植物牡丹的根皮,生用、酒炒用或炒炭用(图 2-22)。

【性味归经】微寒,苦、辛。入心、肝、肾经。

【功效】清热凉血,活血散瘀。

【主治】温毒发斑,热病伤阴,衄血,便血,尿血,跌打损伤,痈肿疮毒等。

【附注】牡丹皮苦寒而凉血,味辛而行散,其止血不留瘀,活血而不致过妄,为治血病常用药。生用凉血,炒用散瘀,炒炭用止血。

本品含有丹皮酚等，有镇静、镇痛、清热、解痉、降压和抗过敏等作用，同时还有抑菌作用。

白头翁

白头翁为毛茛科植物白头翁的根，生用(图 2-23)。

【性味归经】寒，苦。入胃、大肠经。

【功效】清热解毒，凉血止痢。

【主治】热毒泻痢，湿热肠黄。

【附注】白头翁既能清热解毒，又能凉血止痢，为治痢之要药，主要用于肠黄泄泻，下痢脓血，里急后重等。常与黄连、黄柏等配伍以增强解毒止痢之效，如白头翁汤。

本品含白头翁素、白头翁皂苷等，有镇静、镇痛止泻、止血等作用，有明显的抗菌作用。

图 2-23　白头翁

(四)清热解毒药

清热解毒药是以清解热毒或火毒为作用的药物，适用于痈肿疔毒、丹毒、斑疹、瘟疫、咽喉肿痛、目赤肿痛、水火烫伤、虫蛇咬伤等。临床应用可根据不同的表现及兼证，有针对性地选择，根据病情需要而配伍。本类药物药性寒凉，在服用时，中病即止，不可连服，以防伤及脾胃。

金银花(二花、双花)

金银花为忍冬科植物忍冬、红腺忍冬、山银花或毛柱忍冬的花蕾或带初开的花，生用或炙用(图 2-24)。

【性味归经】寒，甘。入肺、心、胃、大肠经。

【功效】清热解毒，疏散风热。

【主治】痈肿疔疮，热毒血痢，风热感冒，温病初起。

【附注】金银花芳香疏散，善清上焦之风热，有良好的清热解毒之功，尤善去热毒，可用于各种热毒疮疡初起而见红肿热痛者，为治疗一切热毒痈肿疮疡之要药。

【附药】忍冬藤为忍冬的茎叶，又名银花藤。秋冬割取带叶的嫩枝，晒干，生用。其性味功效与金银花相似，可作为金银花的代用品，解毒作用不及金银花，但有祛风活络作用，可消除经络风热而止痛，故常用于风湿热痹关节肿痛，屈伸不利等病证。

本品含忍冬苷等，有抗炎、解热、增强机体免疫的功能，有明显抑菌作用。

图 2-24　金银花

连翘(连召)

连翘为木樨科植物连翘的果实，生用(图 2-25)。

【性味归经】微寒，苦。入肺、心、胆经。

【功效】清热解毒，消痈散结，疏散风热。

【主治】外感风热或温病发热，疮黄肿毒等。

图 2-25　连翘

【附注】连翘既能清心火，解疮毒，又善散气血凝聚，兼有消痈散结之功，故有“疮家圣药”之称。用于热入心包、热淋、瘰疬、疮肿等。

本品含连翘酚等，具有强心、利尿、降压、保肝、镇吐及防溶血作用，并有广谱抗菌作用。

板蓝根(板兰根、靛根)

板蓝根分为北板蓝根和南板蓝根。北板蓝为十字花科植物菘蓝的根。南板蓝根为爵床科植物马蓝的根茎及根，生用(图 2-26)。

图 2-26　板蓝根

【性味归经】寒，苦。入心、肺、胃经。

【功效】清热解毒，凉血利咽。

【主治】流感，瘟疫，血痢肠黄，咽喉肿痛，口舌生疮，疮黄肿毒等。

【附注】大青叶、板蓝根、青黛乃同一物的不同药用部位或不同加工物，叶为大青叶，根为板蓝根，青黛为大青叶石灰水的加工品，三物功用相似，但大青叶长于清热解毒，主治热病发斑，咽喉肿痛，热痢，黄疸，痈肿，丹毒；板蓝根长于凉血，善治咽喉肿痛及热毒炽盛的瘟疫热病；青黛长于消肿，主治热痈疮毒，咽喉肿痛，口舌生疮。

本品含靛苷、多糖、板蓝根素等，对流感病毒、乙型脑炎病毒等有抑制作用。

穿心莲(一见喜)

穿心莲为爵床科植物穿心莲的地上部分，生用或鲜用(图 2-27)。

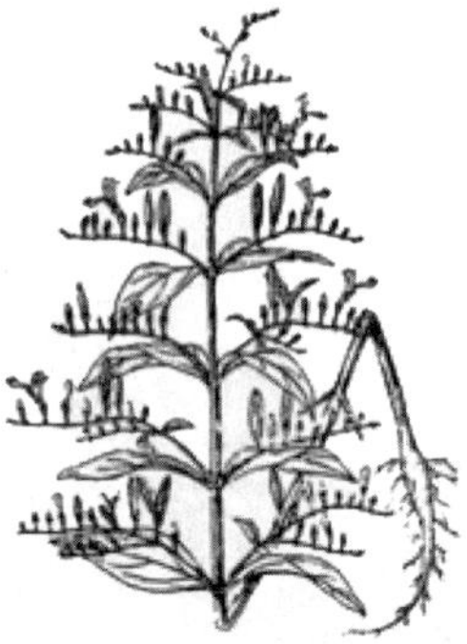

图 2-27　穿心莲

【性味归经】寒，苦。入肺、胃、大肠、膀胱经。

【功效】清热解毒，凉血消肿。

【主治】感冒发热，咽喉肿痛，口舌生疮，肺热咳嗽，泄泻痢疾，痈肿疮疡。

【附注】穿心莲既能清热解毒，又可燥湿。对湿热所致的痢疾、热淋均可应用。同时，穿心莲有降泄之性，有清热泻火、解毒消肿之功。用于肺热咳喘，咽喉肿痛。穿心莲鲜品捣烂外敷，用于疖肿及毒蛇咬伤，可解毒消肿；研末，甘油调除，可治湿疹瘙痒。

本品含穿心莲内酯等，有解热，消炎，止痛，利胆，抗蛇毒及蕈碱作用，有抑菌作用。

蒲公英(公英、黄花地丁)

蒲公英为菊科植物蒲公英、碱地蒲公英或同属数种植物的全草，鲜用或生用(图 2-28)。

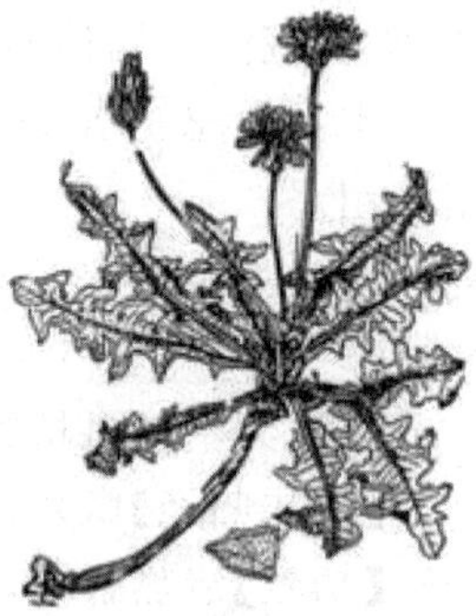

图 2-28　蒲公英

【性味归经】寒，苦、甘。入肝、胃经。

【功效】清热解毒，消痈散结，利湿通淋。

【主治】乳腺炎，热疖疮毒，黄疸，尿血热淋，目赤肿痛等。

【附注】蒲公英为清热解毒，消痈散结的佳品，主治内外热毒疮痈之证。能通经下乳，又为治疗乳痈良药。也用于湿热淋证、黄疸等。本品还可治疗肝火上炎引起的目赤肿痛，可单味浓煎灌服，或取汁点眼。

本品含蒲公英甾醇、蒲公英素等。本品对多种球菌、杆菌有抑制作用。

（五）清热解暑药

性味辛平或甘寒，能解表和里、清热利湿，适用于暑热、暑湿等病证。本品还具有解表发汗、化浊和中作用，故也适用于暑热表证，以及暑邪挟湿而出现的腹满痞胀、泄泻等证。

香薷（香茹、香茸）

香薷为唇形科植物石香薷的地上部分，生用（图 2-29）。

【性味归经】微温，辛。入肺、胃经。

【功效】发汗解表，化湿和中，利水消肿。

【主治】暑湿感冒，发热无汗，腹痛泄泻，小便不利，水肿等。

【附注】香薷气味清冽，质又轻扬，上能开泄腠理，宣肺气，达皮毛，以解在表之寒；下能通达三焦，疏膀胱，利小便，以导在里之水。

本品含挥发油等，具有发汗、解热、利尿等作用。

图 2-29　香薷

青蒿（黄花蒿）

青蒿为菊科植物青蒿或黄花蒿的茎叶，生用（图 2-30）。

【性味归经】寒，苦、辛。入肝、胆经。

【功效】清热解暑，退虚热，杀原虫。

【主治】外感暑热，阴虚发热，湿热黄疸，寄生虫病（疟原虫、血吸虫、球虫和焦虫病等）。

【附注】青蒿苦寒可清热解暑，辛香可透散风热，退虚热而治阴虚发热。也用于治疗疟原虫引起的寒热往来及球虫病等。

本品含有青蒿素、挥发油。挥发油有镇咳、祛痰、平喘作用，青蒿素可杀灭疟原虫，对球虫、焦虫有一定治疗作用。

其他清热药，见表 2-8。

图 2-30　青蒿

表 2-8　其他清热药

药名	药用部位	性味归经	功效	主治
紫花地丁	全草	寒，苦、辛。入心、肝经	清热解毒，凉血消肿	热毒，目赤肿痛，毒蛇咬伤
茵陈	地上部分	微寒，苦、辛。入脾、胃、肝、胆经	清湿热，退黄疸	黄疸，尿少
山豆根	根及根茎	寒，苦。入肺、胃经	清热解毒，消肿利咽，祛痰止咳	咽喉肿痛，肺热咳喘，疮黄疔毒
射干	根茎	寒，苦。入肺经	清热解毒，消痰利咽	咽喉肿痛，痰涎壅盛，肺热咳喘
秦皮	枝皮或干皮	寒，苦、涩。入肝、胆大肠经	清热燥湿，收涩，明目	湿热下痢，目赤肿痛，云翳

续表 2-8

药名	药用部位	性味归经	功效	主治
鱼腥草	地上部分	微寒，辛。入肺经	清热解毒，消肿排脓，利尿通淋	肺痈，肠黄，痢疾，乳痈，淋浊
败酱草	全草	凉，辛、苦。入胃、大肠、肝经	清热解毒，祛瘀止痛，消肿排脓	肠黄痢疾，目赤肿痛，疮黄疔毒
玄参	根	微寒，甘、苦、咸。入肺、胃、肾经	滋阴降火，凉血解毒	热病伤阴，咽喉肿痛，疮黄疔毒，阴虚便秘
白茅根	根茎	寒，甘。入肺、胃经	凉血止血，清热利尿	衄血，尿血，热淋，水肿，黄疸
黄药子	黄独的块茎	平，苦。入心、肺经	清热凉血，解毒消肿	肺热咳喘，咽喉肿痛，疮黄肿毒
白药子	千金藤的块根	寒，苦。入肺、心、脾经	清热解毒，凉血散瘀，消肿止痛	风热咳嗽，咽喉肿痛，湿热下痢，疮黄肿毒，毒蛇咬伤
淡竹叶	茎叶	寒，甘、淡。入心、小肠、膀胱经	清心除烦，利尿通淋	口舌生疮，目赤肿痛，小便短赤
水牛角	为牛科动物水牛的角	寒，苦。入心、肝经	清热定惊，凉血止血	高热神昏，斑疹出血，衄血，便血
马勃	籽实体	平、辛。入肺经	清肺利咽，止血	咽喉疼痛，鼻衄，外伤出血

二、清热方

白虎汤(《伤寒论》)

【组成】石膏(打碎先煎)250 g，知母 60 g，甘草 45 g，粳米 100 g，水煎至米熟即成，去渣候温灌服。

【功效】清热生津。

【主治】气分实热证或阳明经热证。证见高热大汗，口干贪饮，舌红苔黄燥，脉洪大有力。

【方解】本方是治疗阳明经证及气分实热的代表方剂。方中以石膏辛甘大寒，善清阳明气分实热为主药；知母苦寒质润，清热生津止渴以助石膏清热除烦为辅药；甘草、粳米甘平和胃，使大寒之剂而无损伤脾胃之虑共为佐使药。四药相和，则具有清热养阴，生津止渴之效。

【临诊应用】凡证见发热、口干、舌红、苔黄燥、脉洪大而数者均可应用。用于某些传染性或非传染性疾病如流感、脑炎、肺炎等病的高热期，常能收到较好的效果。本方加玄参、水牛角，名“化斑汤”，清热凉血，滋阴解毒，主治温病发斑。

【方歌】石膏知母白虎汤，再加甘草粳米良，津伤口渴兼烦热，大热大渴功效强。

清肺散(《元亨疗马集》)

【组成】板蓝根 90 g，葶苈子 60 g，浙贝母 45 g，甘草 30 g，桔梗 45 g，研末开水冲调，加蜂蜜 120 g 同调灌服。

【功效】清肺泻火，止咳平喘。

【主治】肺热咳喘，咽喉肿痛等。

【方解】本方为肺热气喘而设。方中以贝母、葶苈子清热定喘为主药；辅以桔梗开宣肺气而祛痰使升降调和则喘咳自消；板蓝根、甘草清热解毒，蜂蜜清肺止咳润燥解毒，均为佐使药。诸药和用，共奏清肺平喘之效。

【临诊应用】用于实热喘证。凡肺热喘咳，如支气管炎、肺炎均可加减使用。若热盛痰多，可加知母、瓜蒌、桑白皮等；喘甚，加苏子、杏仁、紫菀等；肺燥干咳可加沙参、麦冬、天花粉等。

【方歌】清肺散用板蓝根，甜葶甘桔贝相用，蜂蜜为引同调灌，肺热喘粗服可愈。

白头翁汤(《伤寒论》)

【组成】白头翁 90 g，黄柏 45 g，黄连 45 g，秦皮 45 g，研末开水冲调，候温灌服。

【功效】清热解毒，凉血止痢。

【主治】湿热痢疾，热泻等。

【方解】本方是治疗湿热泻痢、热毒血痢的主方。方中白头翁清热解毒，凉血止痢为主药；黄连、黄柏、秦皮助主药清热解毒，燥湿止痢，共为辅佐药。四药合用，具有清热解毒，凉血止痢之效。

【临诊应用】用于大肠热毒伤于血分的湿热泻痢证。常用于治疗细菌性痢疾和阿米巴痢疾及肠炎等，如仔猪白痢，牛、羊痢疾，鸡白痢等。临诊应随症加减药物。

【方歌】白头翁汤治热痢，黄连黄柏加秦皮，性寒味苦清肠热，凉血止痢最相宜。

郁金散(《元亨疗马集》)

【组成】郁金 30 g，诃子 15 g，黄芩 30 g，大黄 60 g，黄连 30 g，栀子 30 g，白芍 15 g，黄柏 30 g，研末开水冲调，候温灌服。

【功效】清热解毒，涩肠止泻。

【主治】肠黄。证见泄泻腹痛，荡泻如水，泻粪腥臭，舌红苔黄，渴欲饮水，脉数。

【方解】本方所治乃马热毒炽盛，积于大肠而引起的肠黄。方中郁金清热凉血，行气散瘀，为主药；黄连、黄芩、黄柏、栀子清三焦郁火兼化湿热，为辅药；白芍、诃子敛阴涩肠而止泻，更以大黄清血热，下积滞，推陈致新，共为佐药。诸药合用，具有清热解毒，涩肠止泻之功。

【临诊应用】本方是治马急性肠炎的基础方，临床上可根据病情加减使用。肠黄初期，内有热毒积滞，应重用大黄，加芒硝、枳壳、厚朴，少用或不用诃子、白芍，以防留邪于内；如果热毒盛，应加金银花、连翘；腹痛甚，加乳香、没药；黄疸重，则应重用栀子，并加茵陈；热毒已解，泄泻不止者，则可重用诃子、白芍，并加乌梅、石榴皮，少用或不用大黄。本方如果与白头翁汤配合使用，效果更好。

【方歌】郁金散中黄柏芩，黄连大黄栀子寻，白芍更加诃子肉，肠黄热泻此方珍。

黄连解毒汤(《外台秘要》)

【组成】黄连 30 g，黄芩 45 g，黄柏 45 g，栀子 60 g，水煎，候温灌服。

【功效】泻火解毒。

【主治】三焦火毒证，疮黄肿毒。证见高热烦躁，甚则发狂，或见发斑以及疮疡肿毒等。

【方解】本方为泻火解毒的基础方。黄连善清心火兼泻中焦火为主药；黄芩善清肺火为辅药；黄柏善清肾火为佐药；栀子清三焦之火，导热下行为使药。四药合用，泻火解毒更强。

【临诊应用】适用于各种急性热性病、败血症、脓毒败血症、痢疾、肠炎、肺炎等火毒炽盛者，可酌情加减应用。许多清热剂均是从本方加减而来。

【方歌】黄连解毒四味汤，黄柏黄芩栀子配，高热壅滞火炽盛，疮痈肿毒皆可退。

龙胆泻肝汤(《医宗金鉴》)

【组成】龙胆草(酒炒)45 g，黄芩(炒)30 g，栀子(酒炒)30 g，泽泻 45 g，木通 20 g，车前子 30 g，当归(酒炒)30 g，柴胡 30 g，甘草 15 g，生地(酒炒)45 g，研末开水冲调，候温灌服。

【功效】泻肝胆实火，清三焦湿热。

【主治】肝胆火上炎而致的目赤肿痛；肝经湿热下注的尿淋浊涩痛，外阴肿痛等。

【方解】本方证乃肝胆实火上炎，或肝经湿热下注所致。方中以龙胆草泻肝经实火，除下焦湿热为主药；辅以栀子、黄芩泻火清热，助龙胆草清肝胆实火，泽泻、木通、车前子利尿，引湿热从尿而出，以助龙胆草清利肝胆湿热；当归活血，生地养血，柴胡疏肝均为佐药；甘草调和诸药，为使药。诸药合用，泻中有补，清中有养，既能泻肝火，清湿热，又能养阴血。

【临诊应用】凡急性结膜炎，急性黄疸，尿道感染属于肝胆湿热或湿热下注者，均可加减应用。急性结膜炎，加菊花等；急性泌尿道感染，加金钱草等。

【方歌】龙胆泻肝栀芩柴，生地车前泽泻来，木通甘草当归合，肝经湿热皆可排。

其他清热方，见表 2-9。

表 2-9 其他清热方

方名及来源	组成	功效	主治
犀角地黄汤(《千金方》)	犀角(用 10 倍水牛角代)、生地、白芍、丹皮	清热解毒，凉血散瘀	营血分热证
消黄散(《中国兽药典》2020 年版)	知母、浙贝母、黄芩、甘草、黄药子、白药子、大黄、郁金	清热解毒，散瘀消肿	三焦热盛，热毒，黄肿
鸡球虫散	青蒿、仙鹤草、何首乌、白头翁、肉桂	抗球虫，止血	鸡球虫病
扶正解毒散	板蓝根、黄芪、淫羊藿	扶正祛邪，清热解毒	鸡法氏囊病等
仙方活命饮(《外科发挥》)	金银花、当归、陈皮、防风、赤芍、白芷、浙贝母、天花粉、乳香、没药、皂角刺、穿山甲、甘草	清热解毒，消肿溃结，活血止痛	痈疮肿毒属于阳证者
香薷散(《中国兽药典》2020 年版)	香薷、黄芩、黄连、甘草、柴胡、当归、连翘、栀子、天花粉	清心解暑	伤暑，中暑
清瘟败毒饮(《中国兽药典》2020 年版)	石膏、地黄、水牛角、黄连、栀子、牡丹皮、黄芩、赤芍、玄参、知母、连翘、桔梗、甘草、淡竹叶	泻火，解毒，凉血	热毒发斑，高热神昏

执业兽医资格考试真题精选

1.性味苦寒，功能清热燥湿、泻火解毒，长于清心火的药物是（　　）（2009 年真题 53）

A.黄芩　　B.黄连　　C.黄柏　　D.大黄　　E.牡丹皮

2.黄连解毒汤的组成为（　　）（2009 年真题 54）

A.黄连、黄柏、黄芩、栀子　　B.黄连、黄柏、黄芩、连翘

C.黄连、板蓝根、黄芩、栀子　　D.黄连、金银花、连翘、栀子

E.黄连、秦皮、苦参、蒲公英

3.白虎汤的药物组成是（　　）（2010 年真题 54）

A.石膏、知母、粳米、甘草　　B.石膏、知母、栀子、甘草

C.石膏、知母、芦根、甘草　　D.石膏、知母、粳米、黄连

E.石膏、知母、粳米、黄柏

4.白头翁汤的药物组成除了白头翁、黄连、黄柏外，还有（　　）（2011 年真题 154）

A.黄芩　　B.大黄　　C.秦皮　　D.桂花　　E.栀子

5.白虎汤的药物组成除了石膏、甘草、粳米外，还有（　　）（2012 年真题 54）

A.知母　　B.栀子　　C.芦根　　D.黄连　　E.黄柏

6.白虎汤的药物组成为（　　）（2015 年真题 53）

A.石膏、生地、甘草、粳米　　B.石膏、麦冬、甘草、粳米

C.石膏、连翘、玄参、甘草　　D.石膏、知母、甘草、粳米

E.石膏、黄连、甘草、粳米

7.内服清热泻火，外用收敛生肌的药物是（　　）（2016 年真题 51）

A.石膏　　B.雄黄　　C.滑石　　D.牡蛎　　E.白及

8.牛，体质素虚，证见身热有汗，午后更甚，舌红少苔，脉象细数。治疗可选用的药物是（　　）（2017 年真题下 84）

A.桑白皮　　B.牡丹皮　　C.地骨皮

D.大腹皮　　E.生姜皮

9.具有清热解毒、散结消肿、利尿通淋功效的药物是（　　）（2018 年真题 49）

A.板蓝根　　B.穿心莲　　C.金银花　　D.蒲公英　　E.白头翁

项目十三真题参考答案

任务十四　泻下方药与下法

凡能攻积、逐水，引起腹泻或润肠通便的药物（方剂），称泻下药（方）。用于治疗里热积滞，大便秘结，水肿等里实证的方法，属于“八法”中的“下法”。

泻下药用于里实证，其主要功能有以下三方面：①通利大便，清除胃肠道内的宿食、燥粪以及其他有害物质，使其从粪便排出；②清热泻火，使体内热毒通过泻下得到缓解或消除；③逐水退肿，使水邪从粪尿排出，以达到祛除水湿潴留、消退水肿的目的。

根据泻下药（方）治疗范围不同，可分为攻下药方、润下药方和峻下逐水药方三类。

现代药理研究表明，泻下药能增加胆汁分泌有利于胆结石的排出；能改善局部血液循环，促进组织器官的代谢，有利于炎症的清除；能刺激肠黏膜，增加胃肠蠕动。此外，有些药物还具有抗菌消炎，镇痛解痉及调整胃肠的作用。

使用泻下药(方)应注意以下几点。

(1)当里实兼表邪者，应先解表后攻里，必要时可与解表药同用，以免表邪内陷；里实而正虚者，应与补益药合用，以攻补兼施，使邪不伤正；应用本类药物多配理气药，增攻下之力。

(2)攻下和峻下逐水药(方)作用猛烈，年老、体虚、妊娠动物及伤津者慎用。

一、泻下药

(一)攻下药

性味多属苦寒，具有较强的泻下通便、清热泻火功能，适用于宿食停积，粪便燥结及实热积滞的里实证。应用时常配以行气药，加强除胀泻下作用，如治寒结，须与温里药同用。

大黄(川军、酒军)

大黄为蓼科植物掌叶大黄、唐古特大黄根及根茎，生用、酒制用或炒炭用(图 2-31)。

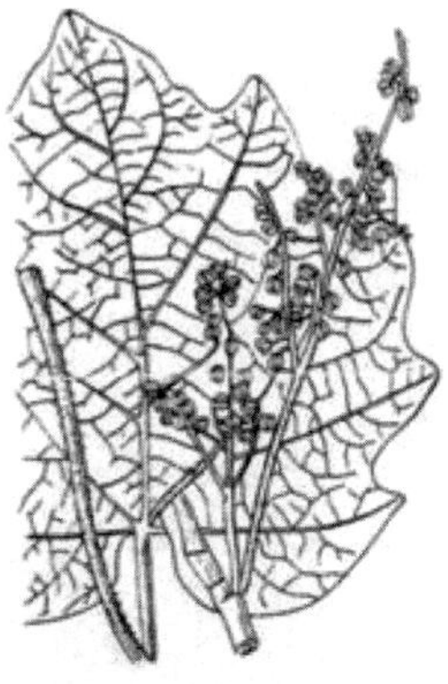

图 2-31　大黄

【性味归经】寒，苦。入脾、胃、大肠、肝、心包经。

【功效】泻下攻积，清热泻火，凉血解毒，活血祛瘀。

【主治】热结便秘，热毒疮肿，目赤肿痛，烧伤烫伤，跌打损伤，湿热黄疸等。

【附注】大黄生用，泻下攻效最强，入汤剂应后下，久煎则泻下力减弱。酒制泻下力较弱，活血作用较好，宜用于上部火热及瘀血。炒炭多用于出血症，如与陈石灰炒至桃红色，研末称桃花散，撒布伤口，能治创伤出血等。

本品含大黄素等，口服能增加肠蠕动，抑制肠内水分吸收，促进排便。大黄还有利胆，止血，利尿，解痉，降低血压，抑制肿瘤等作用，同时具有较强的抑菌作用。

芒硝(朴硝、皮硝)

芒硝为天然硫酸盐类矿物，经加工精制而成的结晶体。主含水硫酸钠。煎炼后结于盆底凝结成块者，称为朴硝；结于上面的细芒如针者，称为芒硝。芒硝与萝卜同煮，待芒硝溶解后，去萝卜，倾于盆中，冷后所形成的结晶称为玄明粉。

【性味归经】寒，咸、苦。入胃、大肠经。

【功效】泻热通便，润燥软坚。

【主治】实热便秘，粪便燥结，热毒疮肿。

【附注】芒硝咸能软坚，苦可降下，寒则除热，功能荡涤肠胃实热而除燥粪，故用治实热积滞，粪便燥结。朴硝、芒硝、玄明粉三者功效虽同，但朴硝不纯，泻下最强；芒硝较纯，泻下作用较缓；玄明粉最纯，泻下作用最缓，多作眼科、口腔疾病的外用药。

本品含硫酸钠及少量的氯化钠、硫酸镁等。经口服后，在肠内溶解形成高渗溶液，使肠内水分增多，扩张肠管，刺激黏膜，引起肠蠕动而致泻。

番泻叶(泻叶)

番泻叶为豆科植物狭叶番泻或尖叶番泻的叶,生用(图 2-32)。

【性味归经】寒,甘、苦。入大肠经。

【功效】泻热导滞。

【主治】热结便秘。

【附注】本品苦寒降泄,既能泻下导滞,又能清导实热,适用于热结便秘,习惯性便秘。大多单味泡服,小剂量可起到缓泻作用,大剂量则可攻下;若热结便秘,腹满胀痛者,可与枳实、厚朴配伍,以增强泻下导滞作用。此外,番泻叶又能泻下行水消胀,可用于腹水肿胀之证。单味泡服,或与牵牛子、大腹皮同用,以增强泻下行水之功。

图 2-32　番泻叶

本品含番泻苷甲、乙等,能刺激肠管使其蠕动加快而致泻下。用量过大,可因刺激性强而引起腹痛,盆腔充血和呕吐等反应。对皮肤真菌有一定的抑制作用。

巴豆(双眼龙、八百力)

巴豆为大戟科植物巴豆的成熟种子,生用、炒焦用或制霜用(图 2-33)。

【性味归经】热,辛。有大毒。入胃、大肠、肺经。

【功效】泻下寒积,逐水退肿。

【主治】里寒便秘、水肿腹水,外用于疮疡脓熟而未溃破者。

【附注】巴豆泻下作用力强,用于寒积便秘,食积胀满,腹中有痞满等。因有剧毒,故入药多用巴豆霜,加入丸药中服,大家畜 10 g,猪羊 1～3 g 即可,不可多用,若服巴豆霜后下泻不止,可灌服冷粥或冷开水,此时千万不可服热粥或热水,越喝热越助泻。巴豆叶,有毒,外用于治牛皮癣,跌打肿痛。巴豆树皮,俗称九龙川,有毒,外用于治痈疽、疔疮、跌打损伤等。

图 2-33　巴豆

本品含巴豆油等,能刺激肠道使分泌和蠕动增加而产生泻下作用。巴豆油对皮肤黏膜有强烈的刺激作用,可使局部发泡。

(二)润下药

多为植物种子或果仁,富含油脂,能润燥滑肠,使粪便易于排出,泻下作用较缓和,适用于老弱、孕畜和血虚津枯的肠燥便秘证。使用时应依病情适当配伍,如热盛津伤者配养阴药,血虚者配补血药,气滞者配理气药。

火麻仁(大麻仁)

火麻仁为桑科植物大麻的成熟种仁,生用(图 2-34)。

【性味归经】平,甘。入脾、胃、大肠经。

【功效】润燥滑肠,滋养补虚。

【主治】肠燥便秘，血虚便秘，百叶干，体虚等。

图 2-34　火麻仁

【附注】火麻仁富含油脂，既能润燥滑肠，又可滋养补虚，常用于热病后期和产后体虚便秘。

本品主要含脂肪油，有润滑作用，在肠中遇碱性肠液后产生脂肪酸，刺激肠壁使肠分泌和蠕动增强，故有缓泻作用。

蜂蜜（蜜糖）

蜂蜜为蜜蜂科昆虫中华蜜蜂或意大利蜜蜂所酿的蜜。

【性味归经】平，甘。入肺、脾、大肠经。

【功效】补中缓急，润肺止咳，滑肠通便，清热解毒。

【主治】肠燥便结，肺虚久咳，脾胃虚弱，内服可解乌头、附子毒。外用可治疗烫火伤，疮疡，创伤，皮炎，湿疹。

【附注】蜂蜜能益气补中，润肺止咳，调和百药，并能缓急止痛，清热解毒。常以引药配伍于多种方剂中应用。

本品含有糖、蛋白质等，具有抑菌，祛痰，缓泻，解毒，保肝，促进创伤愈合等作用。

（三）峻下逐水药

多为苦寒有毒，泻下作用峻猛，能引起剧烈腹泻，使体内大量水液从大便、小便排出。适用于水肿，胸腹积水等水饮停聚证。本类药物有毒而力峻，易损正气，临床应中病即止。

大戟（京大戟）

图 2-35　大戟

大戟为茜草科植物红大戟和大戟科植物大戟（京大戟）的根，生用、醋炒或与豆腐同煮后用（图 2-35）。

【性味归经】寒，辛、苦，有毒。入肺、大肠、肾经。

【功效】泻下逐饮，消肿散结。

【主治】水肿喘满，宿草不转，胸腹积水，疮黄肿毒等。

【附注】大戟善泄脏腑水湿，通利二便并治疗热毒壅滞所致的疮黄肿毒，瘰疬痰核。泻下逐水功效以京大戟为强，消肿散结以红芽大戟为优。

本品含大戟苷，有泻下及利尿作用，同时还有抑菌作用。

牵牛子（二丑、黑白丑）

图 2-36　牵牛子

牵牛子为旋花科植物裂叶牵牛或圆叶牵牛的成熟种子，生用或炒用（图 2-36）。

【性味归经】寒，苦，有毒。入肺、肾、大肠、小肠经。

【功效】泻下逐水，去积杀虫。

【主治】水肿，粪便秘结，虫积腹痛。

【附注】牵牛子能通利二便以排泄水湿，又能泻肺气，遂痰饮，去积杀虫。对蛔虫、绦虫等肠道寄生虫效果较好，常与槟榔等同用。水肿胀满，虫积腹痛等宜生用；痰饮咳嗽，二便不通宜炒用。

本品主要含有牵牛子苷，在肠内遇到胆汁及肠液分解出牵牛子素，能刺激肠黏膜，使肠道分泌增多、蠕动增加而产生泻下作用。

其他泻下药，见表 2-10。

表 2-10　其他泻下药

药名	药用部位	性味与归经	功效	主治
郁李仁	种子	平，辛、苦、甘；入脾、大肠、小肠经	润肠通便，利水消肿	肠燥便秘，宿草不转，水肿，小便不利等
甘遂	块根	寒，苦，有毒；入肺、肾、大肠经	泻水逐饮，通利二便	胸腹积水，二便不利，痈肿疮毒
芫花	花蕾	温，苦、辛，有毒；入肺、脾、肾经	泻水逐饮，通利二便，解毒杀虫	腹腹积水，水草肚胀，痈疽肿毒，疥癣，二便不利
续随子（千金子）	种子	温，辛，有毒；入肝、肾、大肠经	峻下逐水，破血散结	粪便秘结，水肿，血瘀证
商陆	根	寒，苦；入脾、膀胱经	泻下利水，消肿散结	胸腹水肿，二便不利，疮痈肿毒
芦荟	叶的液汁的浓缩干燥物	寒，苦；入肝、心、脾经	泻下导滞，拔毒消肿，杀虫	热结便秘，痈疮肿痛，烧烫伤，毒虫螫伤

二、泻下方

大承气汤（《伤寒论》）

【组成】大黄 60～90 g（后下），芒硝 180 g（冲），厚朴 30 g，枳实 30 g，水煎服或研末灌服。

【功效】泻热攻下，消积通肠。

【主治】结症，便秘。证见粪便秘结，肚胀腹痛，津干舌燥，口臭苔厚等。

【方解】本方为攻下的基础方。由于大肠气机阻滞，肠道胀满燥实所致的粪便燥结不通，治宜行气破结。方中大黄苦寒泻热通便为主药；芒硝咸寒软坚润燥为辅药；枳实消积导滞为佐药；厚朴行气除满为使药。四药同用能通结泻热，软坚存阴，为寒下中之峻剂。

【临诊应用】本方为治疗实热便秘的基础方，常用于各种动物便秘。去芒硝名“小承气汤”，适用于胃肠积滞，便秘，胸腹胀满；去枳实、厚朴加甘草名“调胃承气汤”，治胃肠实热不恶寒反恶热，口渴便秘，腹满拒按，中下焦燥实之证；本方加玄参、生地、麦冬（增液汤）名“增液承气汤”，适用于体虚、津亏之肠燥便秘。本方加槟榔和油类泻药效果更佳。

【方歌】大承气汤用硝黄，枳实厚朴共成方，去硝乃是小承气，调胃硝黄甘草尝。

当归苁蓉散（《中华人民共和国兽药典》）

【组成】当归（油炒）180 g，肉苁蓉 90 g，番泻叶 45 g，木香 12 g，厚朴 45 g，枳壳 30 g，香附（醋制）45 g，瞿麦 15 g，通草 12 g，神曲 60 g，研末加麻油 250 g，灌服。

【功效】润燥滑肠，理气通便。

【主治】老弱、久病、怀孕动物便秘。

【方解】本方为治疗血虚津亏，肠燥便秘的常用方剂。方中以当归补血润肠，肉苁蓉补肾润肠增液行舟为主药；番泻叶攻结泻下为辅药；木香、香附、六曲、厚朴、枳壳通滞行气，瞿麦、通草利尿共为佐药；麻油润肠为使药。

【临诊应用】本方适合老弱、久病、胎前产后动物的结症。体瘦气虚者，加黄芪、党参；津亏者加麦冬、生地；血虚甚者加何首乌。

【方歌】当归苁蓉广木香，泻叶枳朴瞿麦尝，神曲通草醋香附，麻油为引润下良。

大戟散(《元亨疗马集》)

【组成】京大戟 30 g，滑石 90 g，甘遂 30 g，牵牛子 60 g，黄芪 45 g，玄明粉 200 g，大黄 60 g，研末加猪油 250 g，灌服。

【功效】峻逐通肠，逐水泻下。

【主治】牛水草肚胀，宿草不转。证见肚腹胀满，口中流涎，舌常吐出口外。

【方解】本方为治疗牛水草肚胀方。方中以大戟、甘遂、牵牛子峻泻逐水为主药；大黄、芒硝、猪油、滑石、巴豆助主药攻下逐水为辅药；黄芪扶正祛邪，以防攻逐太过、损伤正气为佐药。

【临诊应用】本方减甘遂，加黄芩、三仙治疗牛宿草不转；加黄芩，增加黄芪用量，名为“穿肠散”，用来治疗草伤脾胃。

【方歌】大戟散用牵牛硝，滑石甘遂黄芪饶，大黄巴豆油调灌，水草肚胀用可消。

其他泻下方，见表 2-11。

表 2-11 其他泻下方

方名及来源	组成	功效	主治
猪膏散(《元亨疗马集》)	滑石、牵牛子、大黄、官桂、甘遂、大戟、续随子、白芷、地榆皮、甘草	润燥滑肠，消积导滞	牛百叶干。证见身瘦毛枯，食欲、反刍停止，腹缩粪紧，鼻镜无汗，口色淡红，脉象沉涩等
马价丸(《痊骥通玄论》)	大黄、五灵脂、牵牛、木通、续随子、甘遂、滑石、大戟、瞿麦、香附子、巴豆	峻泻通肠，理气止痛	马属动物中结。证见粪结不通，肚腹胀满，疼痛起卧

执业兽医资格考试真题精选

1. 具有润下作用的药物是(　　)(2009 年真题 55)

A. 大黄　B. 芒硝　C. 砂仁　D. 枳实　E. 火麻仁

2. 治疗老年患畜肠燥便秘的方剂是(　　)(2010 年真题 55)

A. 曲蘖散　B. 保和丸　C. 白头翁汤　D. 大承气汤　E. 当归苁蓉汤

3. 具有软坚泻下作用的药物是(　　)(2011 年真题 55)

A. 桔梗　B. 杏仁　C. 泽泻　D. 芒硝　E. 麝香

4. 用于治疗老年患畜肠燥便秘的方剂是(　　)(2012 年真题 55)

A. 白头翁汤　B. 大承气汤　C. 当归苁蓉汤

D. 曲蘖散　E. 保和丸

5. 治热结便秘，与大黄配伍的药物是(　　)(2014年真题55)
A. 石膏　　B. 秦皮　　C. 石斛　　D. 当归　　E. 芒硝
6. 具有润肠通便、利水消肿作用的药物是(　　)(2016年真题52)
A. 火麻仁　B. 郁李仁　C. 薏苡仁　D. 砂仁　E. 桃仁
7. 具有软坚泻下、通便泻热功效的药物是(　　)(2018年真题50)
A. 芒硝　B. 黄连　C. 火麻仁　D. 番泻叶　E. 郁李仁

任务十四真题参考答案

任务十五　消导方药与消法

凡能健运脾胃，促进消化，具有消积导滞作用的药物(方剂)，称为消导药(方)，也称消食药(方)。用以消积导滞的方法属“八法”中的“消法”，也称消散法或消导法。

消导药(方)具有消食、导滞、行气、除胀等功效，适用于消化不良，草料停滞，肚腹胀满，肚痛腹泻，食欲减退等。

现代药理研究表明，消导药大多能促进胃液分泌和胃肠蠕动，增加胃液中的消化酶，激发酶的活性，防止过度发酵，恢复消化吸收功能，故能开胃消滞而治消化不良症。

使用消导药(方)时应注意以下几点。

(1)应根据不同病情适当配伍。如宿食停积，脾胃气滞，当配理气药以行气导滞；若脾胃气虚，运化无力，须配健脾益气药以标本兼治，消补并用；若脾胃虚寒，宜配温里药，以散寒消食；若食积化热，宜与苦寒攻下药同用，以泻热化积；若湿浊中阻，宜配芳香化湿药以消食开胃等。

(2)消导药(方)虽较泻下药(方)作用缓和，但过度使用又可使动物气血耗损。因此，对怀孕、虚弱动物要慎用或配合补气养血药同用，以期消积不伤正，扶正以祛积。

一、消导药

山楂(红果、酸楂)

山楂为蔷薇科植物山楂、山里红及野山楂的成熟果实，生用或炒用(图2-37)。

【性味归经】微温，酸、甘。入脾、胃、肝经。

【功效】消食健胃，活血化瘀。

【主治】食积腹胀，消化不良，伤食泄泻，嗳气呕酸，产后瘀滞腹痛、恶露不尽等。

【附注】山楂生用开胃消食作用强，为消食导滞的常用要药。山楂炒焦长于消食止泻；炒炭则长于行气散瘀。

本品含山楂酸等，能增加胃液消化酶的分泌和增强酶的活性，促进消化，增进食欲。本品有收缩子宫、强心、扩张血管、增加冠状动脉血流量等作用，有较强的抑菌作用。

图2-37　山楂

麦芽(大麦芽)

麦芽为禾本科一年生草本植物大麦的成熟果实经发芽而得，生用或炒用。

【性味归经】平，甘。入脾、胃、肝经。

【功效】行气消食，健脾开胃，回乳。

【主治】食积不化，肚腹胀满，乳房胀痛等。

【附注】麦芽消导化积作用强，善于消化淀粉类食物。消化不良宜生用；回乳等宜炒用；脾虚泄泻等，宜炒焦用。麦芽多与山楂、神曲相须配伍（合称为三仙，炒焦后称为焦三仙，再加槟榔为四仙），治食积消化不良。

本品含麦芽糖酶、淀粉酶等，促进胃酸与胃蛋白酶的分泌，有助消化作用。能兴奋心脏、收缩血管，扩张支气管，对乳汁有双向调节作用，小剂量催乳，大剂量回乳。

神曲（建曲、六神曲）

神曲为面粉和其他药物混合后经发酵而成的加工品，又称六曲或建曲（图 2-38）。以大量麦粉、麸皮与杏仁泥、赤豆粉，以及鲜青蒿、鲜苍耳、鲜辣蓼自然汁，混合拌匀，使不干不湿，做成小块，放入筐内，覆以麻叶或楮叶（构树叶），保温发酵 1 周，长出菌丝（生黄衣）后，取出晒干即成。生用或炒至略具有焦香气味入药（名焦六曲）。

图 2-38 神曲

【性味归经】温，甘、辛。入脾、胃经。

【功效】消食化积，健胃和中。

【主治】草料积滞，消化不良，食欲不振，肚腹胀满，脾虚泄泻等。

【附注】神曲为发酵之品，具有消食健胃作用，尤以消谷积见长。生用健胃，炒用消食。神曲及其制剂可干扰磺胺类药物与细菌的竞争，使磺胺类药物失去疗效。

本品含酵母菌、B 族维生素、酶类等，有促进消化，增进食欲的作用。

其他消导药，见表 2-12。

表 2-12 其他消导药

药名	药用部位	性味与归经	功效	主治
莱菔子	萝卜的成熟种子	平，辛、甘。入肺、脾、胃经	消食导滞，降气化痰	气滞食积，腹胀，痰饮咳喘
鸡内金	鸡的砂囊角质内壁	平，甘。入脾、胃、小肠、膀胱经	消食健胃，化石通淋	食积不消，呕吐，泄泻，砂石淋证及胆结石

二、消导方

曲麦散（《元亨疗马集》）

【组成】神曲 60 g，麦芽 45 g，山楂 45 g，甘草 15 g，厚朴 30 g，枳壳 30 g，青皮 30 g，苍术 30 g，陈皮 30 g，共为末开水冲调，候温加生油（麻油）、白萝卜 1 个（捣烂），灌服。

【功效】消积破气，化谷宽肠。

【主治】胃肠积滞，料伤。证见水谷停滞，肚腹胀满，精神倦怠，拘行束步，四足如攒，口色鲜红，脉洪大。

【方解】本方由三仙合平胃散加枳壳、青皮、麻油、萝卜组成。方中三仙消食化谷为主药；青皮、厚朴、枳壳、萝卜行气宽肠，助主药消胀为辅药；陈皮、苍术理气健脾，使脾气能升，胃气能降，运化复常，皆为佐药；甘草和中，协调诸药为使。诸药合用，共奏消积化谷，破气宽肠之功。

【临诊应用】本方用于马、牛料伤。常加槟榔、牵牛子、大黄、芒硝等，以增强消导之功。如脾胃虚弱而草谷不消，则去青皮、生油、苍术，加白术、茯苓、山药等以补气健脾。用于料伤五攒痛时，加当归、红花、没药、大黄、黄药子、白药子等增强活血清热之功。

【方歌】曲麦散中有曲芽，二皮苍朴枳草楂，生油萝卜同调灌，马牛料伤服之佳。

消积散(《中华人民共和国兽药典》)

【组成】山楂(炒)15 g，麦芽 30 g，神曲 15 g，莱菔子(炒)15 g，大黄 10 g，玄明粉 15 g，研末开水冲调，候温灌服。

【功效】消积导滞，下气消胀。

【主治】猪伤食积滞。

【方解】消积散适应证为猪采食过量，积滞不化，治宜消积导滞。方中山楂、神曲、麦芽消导化滞为主药；莱菔子下气消胀，助主药健脾化滞为辅药；大黄、芒硝泻食积，导气滞，荡涤胃肠为佐药。

【临诊应用】本方适用于因喂饮过多而致伤食积滞。证见精神不振，食少或者不食，肚腹胀满，立卧不安，呼吸加快，有时呕吐、嗳气并带有酸臭味等。此外，其他动物的消化不良，也可选用本方加减治疗。

【方歌】消积散中炒山楂，麦芽神曲莱菔加，再入大黄玄明粉，伤食积滞此方佳。

其他消导方，见表 2-13。

表 2-13　其他消导方

方名及来源	组成	功效	主治
保和丸 (《丹溪心法》)	山楂、六曲、半夏、茯苓、陈皮、连翘、莱菔子	消食和胃，清热利湿	食积停滞
健胃散	山楂、麦芽、神曲、槟榔	消食下气，开胃宽肠	伤食积滞，消化不良

执业兽医资格考试真题精选

1. 具有消食健脾、化石通淋作用的药物是(　　)(2013 年真题 55)

A. 神曲　B. 麦芽　C. 山楂　D. 鸡内金　E. 莱菔子

2. 具有消食和中，回乳作用的药物是(　　)(2015 年真题 54)

A. 神曲　B. 山楂　C. 麦芽　D. 鸡内金　E. 莱菔子

3. 治疗食积气滞首选的药物是(　　)(2017 年真题 48)

A. 神曲　B. 麦芽　C. 山楂　D. 鸡内金　E. 莱菔子

4. 猪，饱食后发病，证见肚腹胀满，粪稀酸臭，食欲废绝，口色赤红，舌苔厚腻，脉象滑数，治疗宜用的方剂是(　　)(2017 年真题 85)

A. 四神丸　B. 保和丸　C. 猪苓散　D. 郁金散　E. 归脾汤

任务十五真题参考答案

任务十六 和解方药与和法

凡具有和解表里,调畅气机作用,用于治疗少阳病或肝脾不和、肠胃不和等病证的药(方),称为和解药(方)。运用和解药(方),调整动物机体表里、脏腑不和,达到祛邪扶正目的方法,属于“八法”中的“和法”。其适用范围是:半表半里,肝胃不和,肝脾不和,肠胃不和等。

和解表里药(方)适用于邪在少阳。证见寒热往来,胸胁胀满,慢草不食,咽干,脉弦等,病位于半表半里,既不能发汗,又不能攻下,唯有和解表里。

和解方主要是针对少阳胆经病证而设,然而肝胆相表里,肝和胆发病常相互影响,而且影响脾胃,因此治疗肝脾不和、肠胃不和的方剂也列入和解范围。根据和解方药的不同作用,一般分为和解少阳、调和肝脾及调和肠胃三类。本节主要叙述和解表里药(方)。

一、和解药

常用的和解药如柴胡、青蒿、半夏、黄芩、白芍、白术、甘草等,已分别在各有关章节中讲述,不再一一介绍。

二、和解方

小柴胡汤(《伤寒论》)

【组成】柴胡 45 g,黄芩 45 g,党参 30 g,制半夏 25 g,炙甘草 15 g,生姜 20 g,大枣 60 g,研末开水冲调,候温灌服或水煎服。

【功效】和解少阳,扶正祛邪。

【主治】少阳病证。证见寒热往来,精神不振,不欲饮食,反胃呕吐,口干色淡红,脉弦。

【方解】本方为治外感寒邪传入少阳的代表方剂。少阳位于半表半里,治疗时既不宜发汗,又不宜泻,唯以和解少阳之法为妥。方中用柴胡清解少阳之邪,疏解气机,为主药;黄芩清泄少阳之郁热,为辅药,若寒重于热,可加大柴胡用量,热重于寒,则加大黄芩用量,二药合用,能解除寒热往来;党参、甘草、大枣能扶正和中,并防止邪气内侵,半夏、生姜和胃止呕,且生姜还能助柴胡散表邪,同时姜枣配合既能调和营卫,输布津液,又能助半夏和胃止呕,共为佐使药。各药相合,可和解少阳,扶正祛邪。

【临诊应用】用于少阳病,凡感冒、流感、急性支气管炎、肺炎、胸膜炎、肝炎、黄疸、胃炎、急性胃肠炎、肾炎、乳房炎以及产后诸疾等疾患而见有往来寒热者,均可酌情用本方加减治疗。若寒重于热则加大生姜用量,热重于寒则加大黄芩用量。

【方歌】小柴胡汤和解共,半夏党参甘草从,更用黄芩加姜枣,少阳经病此方宗。

其他和解方,见表 2-14。

表 2-14 其他和解方

方名及来源	组成	功效	主治
四逆散(《伤寒论》)	柴胡、炒枳实、芍药、炙甘草	透解郁热,调和肝脾	热厥证
逍遥散(《和剂局方》)	柴胡、当归、白芍、白术、茯苓、炙甘草、煨生姜、薄荷	疏肝解郁,健脾养血	肝脾不和证

执业兽医资格考试真题精选

1. 化痰止咳药中兼有润肠通便作用的药物是(　　)(2009 年真题 56)

A. 杏仁　B. 贝母　C. 百部　D. 款冬花　E. 旋覆花

(2～3 题共用备选答案)(2009 年真题 72～73)

A. 外感咳嗽　B. 肺虚咳嗽　C. 劳伤咳嗽
D. 风热咳嗽　E. 上实下虚的咳喘证

2. 止嗽散主治的病证是(　　)

3. 苏子降气汤主治的病证是(　　)

4. 善祛风痰的中药是(　　)(2010 年真题 56)

A. 半夏　B. 贝母　C. 桔梗　D. 天南星　E. 旋覆花

5. 治疗马热喘适宜的方剂为(　　)(2011 年真题 128)

A. 麻黄汤　B. 养心汤　C. 补肺汤　D. 补肾汤　E. 麻杏石甘汤

6. 具有润肺下气、止咳化痰作用的药物是(　　)(2011 年真题 156)

A. 天麻　B. 赤芍　C. 麦芽　D. 款冬花　E. 浮小麦

7. 止咳平喘、润肠通便的药物是(　　)(2011 年真题 59)

A. 砂仁　B. 杏仁　C. 桃仁　D. 火麻仁　E. 柏子仁

8. 具有清热化痰、宽中散结作用的药物是(　　)(2012 年真题 56)

A. 黄芩　B. 瓜蒌　C. 麻黄　D. 半夏　E. 天南星

(9～10 题共用备选答案)(2012 年真题 72～73)

A. 黄连解毒汤　B. 龙胆泻肝汤　C. 麻杏甘石汤
D. 荆防败毒汤　E. 独活散

9. 牛，突然发病，证见发热，喘急，咳嗽，口干渴，舌红，苔黄，脉数。治疗该病证适宜的方剂是(　　)

10. 牛，突然发病，证见咳嗽，恶寒，被毛逆立，鼻流清涕，无汗，不喜欢饮水，尿清长，口淡而润，舌苔薄白，脉象浮紧。治疗该病证适宜的方剂是(　　)

11. 具有止咳化痰、清热散结作用的药物是(　　)(2013 年真题 56)

A. 贝母　B. 杏仁　C. 麻黄　D. 白前　E. 半夏

12. 止咳平喘、润肠通便的药物是(　　)(2014 年真题 56)

A. 砂仁　B. 杏仁　C. 桃仁　D. 火麻仁　E. 柏子仁

13. 用于治疗热痰咳嗽的药物是(　　)(2015 年真题 55)

A. 羌活　B. 贝母　C. 川芎　D. 桃仁　E. 木香

14. 具有降气平喘、消痰行水作用的药物是(　　)(2016 年真题 53)

A. 菊花　B. 红花　C. 槐花　D. 金银花　E. 旋覆花

任务十六真题参考答案

任务十七　止咳化痰平喘方药

凡能消除痰涎，缓和或制止咳嗽，平息气喘，治疗咳嗽、气喘等病症的药物(方)称为化痰止咳平喘药(方)。本类药(方)味多辛、苦，主入肺经，具有宣通肺气，化痰止咳平喘的作用，适用于咳嗽痰多，喘气及呼吸困难等症。

痰与咳喘，在病理上密切相关，一般咳喘多夹痰，痰多则常致咳喘。但由于其病因病机复杂，治疗时除针对病证用药外，还应根据致病原因，做适当配伍，才能提高疗效。如外感风寒引起的咳嗽，应配合辛温解表药；外感风热引起的咳嗽，应配合辛凉解表药；因虚劳引起的咳嗽，应配合补养药。此外，祛痰之剂常加理气、燥湿健脾的药物。

现代药理研究表明，本类药物有扩张支气管，促进或抑制黏膜分泌，镇咳，抗惊厥，镇静，抗菌，抗病毒及抗肿瘤，促进病理产物的吸收等作用。

根据其不同性能，本类药物可分为温化寒痰药（方）、清化热痰药（方）、止咳平喘药（方）三类。

一、止咳化痰平喘药

（一）温化寒痰药

性多温燥，能温肺祛痰、燥湿化痰，适用寒痰、湿痰，证见咳喘，痰多，鼻流清涕等。临床应用时，常与健脾温肾，理气，渗湿药物相配伍。本类药物因其性燥烈，故阴虚燥咳、热痰壅肺及咯血等情况应慎用。

图 2-39　半夏

半夏

半夏为天南星科植物半夏的块茎，原药为生半夏，用白矾炮制为清半夏，用姜、白矾炮制为姜半夏，用甘草、石灰炮制为法半夏（图 2-39）。

【性味归经】温，辛，有毒。入脾、胃、肺经。

【功效】燥湿化痰，降逆止呕。

【主治】湿痰咳喘，胃寒吐食，肚腹胀满等。

【附注】半夏辛温而燥，为燥湿化痰、温化寒痰和降逆止呕的要药，并能散结。姜半夏多用于降逆止呕；清半夏偏于燥湿化痰；法半夏介于姜半夏和清半夏之间，多长于燥湿化痰；生半夏有毒，多外用治痈疮肿毒。

本品含挥发油、生物碱等，能抑制呕吐中枢，有止吐作用；还有祛痰、镇咳、缓解支气管平滑肌痉挛等作用。

天南星（南星、胆南星）

图 2-40　天南星

天南星为天南星科植物天南星块茎，原药为生南星；经姜汁、白矾炮制为制南星；经胆汁炮制为胆南星（图 2-40）。

【性味归经】温，苦、辛，有毒。入肺、肝、脾经。

【功效】燥湿化痰，祛风解痉，消肿止痛。

【主治】湿痰咳嗽，风痰壅滞，癫痫，破伤风；生用外治痈疽肿痛，毒蛇咬伤。

【附注】天南星、半夏均为辛温燥烈之品，二者常相须为用。天南星温燥之性胜过半夏，长于祛风止痉，是祛风痰之主药。而半夏善燥脾湿化痰浊，降胃气而止呕吐，是治疗湿痰、寒痰呕吐之要药。

本品含生物碱、甾醇、氨基酸及苷类等，能刺激胃黏膜，反射性引起支气管分泌增加，起到祛痰作用。同时还有抗惊厥、镇静、镇痛等作用。

（二）清化热痰药

清化热痰药性多寒凉，味苦甘，入肺经，故具有清热、润燥、化痰的功效，适用于热痰、燥痰所致的痰喘、鼻涕黏稠，或热痰壅盛引发的癫痫、惊厥等，常与清热药同用。

桔梗（苦桔梗、白桔梗）

桔梗为桔梗科植物桔梗的根，生用（图 2-41）。

【性味归经】平，苦，辛。入肺经。

【功效】宣肺祛痰，利咽排脓。

【主治】咳嗽痰多，咽喉肿痛，肺痈等。

【附注】桔梗善于宣通肺气，除宣肺祛痰、止咳平喘、清利咽喉之外，还兼有消痈排脓的作用，是外感咳嗽的常用药。桔梗是引诸药上行的引经药。

本品含桔梗皂苷、植物甾醇等，有解痉、镇静、镇痛及解热作用，并能反射地引起支气管分泌增多，使痰液稀释易于咳出。

图 2-41　桔梗

瓜蒌（栝蒌）

瓜蒌为葫芦科植物栝蒌的成熟果实，整个果实入药名为全瓜蒌或瓜蒌实，打碎生用。此外，还有瓜蒌皮（果皮）和瓜蒌仁（种子），生用或炒用。其根也供药用，称“天花粉”（图 2-42）。

【性味归经】寒，微苦，甘。入肺、胃、大肠经。

【功效】清热化痰，宽中散结，润肠通便。

【主治】肺热咳嗽，粪便燥结，乳痈初起等。

【附注】瓜蒌清热润燥，兼散结、通便，善治痰热咳喘、乳痈、便秘等。瓜蒌皮偏清化热痰而润肺止咳；瓜蒌仁偏润肠通便；瓜蒌根（天花粉）偏生津润肺；全瓜蒌则既化热痰，又能通便。

图 2-42　瓜蒌

本品含皂苷、脂肪油等，有镇咳和祛痰作用，同时还有抑菌作用，其醇提取物有一定的抗癌作用。

贝母（川贝、浙贝）

贝母为百合科植物川贝母、浙贝母的鳞茎，生用（图 2-43）。

【性味归经】微寒，苦，甘。入肺、心经。

【功效】止咳化痰，清热散结。

【主治】肺热咳嗽，痰多气喘等。

【附注】贝母偏于润肺化痰，并能解毒，消肿散结。川贝甘寒有润肺之功，善治阴虚及肺燥咳嗽；浙贝苦寒清火散结作用较强，善治外感风热、痰热郁肺咳嗽、痰多。

图 2-43　贝母

本品含多种生物碱。有镇咳祛痰作用，扩张支气管平滑肌，减少支气管分泌，同时有中枢抑制作用及镇静、镇痛等。

(三)止咳平喘药

多苦辛，能宣肺祛痰，润肺止咳，下气平喘，适用于咳嗽、气喘证。

枇杷叶(杷叶)

图 2-44 枇杷叶

枇杷叶为蔷薇科植物枇杷的叶，切丝生用或蜜炙用(图 2-44)。

【性味归经】微寒，苦。入肺、胃经。

【功效】化痰止咳，降逆止呕。

【主治】肺热咳喘，胃热呕吐。

【附注】枇杷叶清肺降气、化痰浊又能止呕，止咳蜜炙用，治呕则姜汁制用。此外，枇杷根、枇杷核也可入药。枇杷根，苦，平，能清肺止咳，镇痛下乳。枇杷核，苦，寒，有疏肝理气之功，主治疝痛，淋巴结结核，咳嗽。

本品含苦杏仁苷、鞣质等。可抑制呼吸中枢，有镇咳祛痰作用，有抑菌作用。

杏仁(苦杏仁)

杏仁为蔷薇科植物杏、山杏成熟种仁，商品中有甜杏仁、苦杏仁之分。生用或蜜炙用。

【性味归经】微温，苦，有小毒。入肺、大肠经。

【功效】止咳平喘，润肠通便。

【主治】咳嗽气喘，肠燥便秘。

【附注】苦、甜杏仁均能宜肺平喘，是治疗咳喘的常用药。苦杏仁有小毒，肺实咳喘多用；甜杏仁甘平无毒，滋润较好，适用于肺虚久咳或津伤便秘等症。

本品含苦杏仁苷及脂肪油等，有镇咳平喘及润滑通便作用，并有抗炎、镇痛、降血糖、抑菌和抗肿瘤作用。

款冬花(冬花)

图 2-45 款冬花

款冬花为菊科植物款冬的花蕾，生用或蜜炙用(图 2-45)。

【性味归经】温，辛、微苦。入肺经。

【功效】润肺化痰，止咳定喘。

【主治】咳嗽，气喘，肺痈等。

【附注】款冬花偏治寒重咳喘，为治咳喘常用药，不论寒热虚实咳喘都可配伍使用。生用温肺，炙用补肺，善治久嗽久咳。

本品含有款冬二醇等，有镇咳祛痰，升高血压，对胃肠平滑肌有解痉功效，并有抑菌作用。

其他止咳化痰平喘药，见表 2-15。

表 2-15　其他止咳化痰平喘药

药名	药用部位	性味与归经	功效	主治
桑白皮	根皮	寒，甘。入肺经	泻肺平喘，利水消肿	肺热喘咳，水肿腹胀，尿少
百部	块根	微温，甘、苦。入肺经	润肺止咳，杀虫	咳嗽，蛲虫病，蛔虫病，疥癣，体虱
紫苏子	种子	温，辛。入肺经	降气消痰，止咳平喘，润肠通便	痰壅咳喘，肠燥便秘
前胡	根	微寒，苦、辛。入肺经	降气祛痰，宣散风热	气喘痰多，风热咳嗽
紫菀	根及根茎	温，辛、苦。入肺经	润肺下气，化痰止咳	咳嗽，痰多喘急
白果	果实	平，甘、苦、涩，有小毒。入肺经	敛肺定喘，收涩除湿	劳伤肺气，喘咳痰多，尿浊
马兜铃	果实	微寒，苦。入肺、大肠经	清肺降气，止咳平喘	肺热咳喘，阴虚久咳
白前	根茎及须根	微温，辛、苦。入肺经	祛痰止咳，降气平喘	肺气壅滞，痰多咳喘
葶苈子	种子	大寒，辛、苦。入肺、膀胱、大肠经	泻肺平喘，利水消肿	咳喘痰多，胸腹积水，尿不利

二、止咳化痰平喘方

二陈汤(《和剂局方》)

【组成】制半夏 45 g，陈皮 45 g，茯苓 60 g，炙甘草 25 g，水煎灌服，或研末开水冲服。

【功效】燥湿化痰，理气和胃。

【主治】湿痰咳嗽。证见咳嗽痰多，色白，舌苔白润等。

【方解】本方是治疗湿痰的基础方，湿痰多因脾胃不和，脾失健运，湿邪凝聚，气机阻滞所致。治宜燥湿化痰，理气和中。方中半夏辛温性燥，善燥湿化痰，降逆止呕为主药；陈皮理气燥湿化痰，使气顺痰降，气化痰消，为辅药；又因脾失健运，痰由湿生，茯苓健脾燥湿，则湿可化，湿去则痰消，故为佐药；甘草调和诸药为使药。四药合用，具有燥湿化痰，理气和中之功效。方中半夏、陈皮以陈久者良，故以“二陈”名之。

【临诊应用】本方适用于急性和慢性支气管炎及支气管炎所引起的咳嗽、痰证，还可用于脾胃失和、湿浊内停所致的消化不良。加制南星，名导痰汤，专治顽痰；脾胃虚弱、食少便溏、湿痰，加白术、党参；热痰加瓜蒌等；阴虚咳嗽，加沙参、麦冬；风寒咳嗽，加杏仁、桔梗、紫苏；有热象，加黄芩。

【方歌】二陈汤用半夏陈，益以茯苓甘草成，利气祛痰兼去湿，诸病痰饮此方珍。

止嗽散(《医学心悟》)

【组成】荆芥 30 g，桔梗 30 g，紫菀 30 g，百部 30 g，白前 30 g，陈皮 25 g，甘草 15 g，研末开水冲调，候温灌服。

【功效】止咳化痰，疏风解表。

【主治】外感咳嗽。证见咳嗽痰多，日久不愈，苔薄白。

【方解】本方所治之症，为外感咳嗽，以止咳为主，化痰、解表为辅，故名止嗽散。方中百部、紫菀、白前化痰止咳为主药；桔梗、陈皮宣肺理气、化痰为辅药；荆芥祛风解表为佐药；甘草和中化痰，调和诸药为使药。各药相合，共具宣肺止咳之功。

【临诊应用】用于外感风寒咳嗽，以咳嗽不畅痰多为主证。若恶寒发热，偏重表证者加防风、苏叶、生姜等以发散风寒；热重者，去荆芥，加黄芩、栀子、连翘等以清热。

【方歌】止嗽散中有桔甘，白前百部陈荆菀，化痰止咳散表邪，随证加减功效全。

麻杏甘石汤(《伤寒论》)

【组成】麻黄 30 g，杏仁 45 g，石膏 250 g，甘草 45 g，为末，开水冲调，候温灌服，或煎汤服。

【功效】宣肺，清热，平喘。

【主治】外感风热，肺热气喘。

【方解】本方是治疗肺热气喘的常用方剂。方中麻黄，宣肺解表平喘，为主药；辅以大剂量石膏，辛凉宣泄，发散肺经郁热而平喘；杏仁苦降肺气，助麻黄止咳平喘，为佐药；甘草协调诸药，为使药。

【临诊应用】本方是治疗肺热咳喘的常用方剂，用时以发热喘急为依据，如上呼吸道感染、急性气管炎、肺炎等。热甚者加黄芩、栀子、金银花、连翘；痰多者加枇杷叶、葶苈子；咳重者加贝母、款冬花。

【方歌】喘咳麻杏石甘汤，四药组方有擅长。

其他止咳化痰平喘方，见表 2-16。

表 2-16 其他止咳化痰平喘方

方名及来源	组成	功效	主治
款冬花散	款冬花、黄药子、僵蚕、郁金、白芍、玄参	滋阴降火，止咳平喘	阴虚肺热引起的咳嗽气急，咽喉肿痛
理肺散(《元亨疗马集》)	知母、栀子、蛤蚧 1 对、贝母、秦艽、升麻、天冬、麦冬、百合、马兜铃、防己、枇杷叶、紫苏子、天花粉、山药、白药子	润肺化痰，止咳定喘	肺热气喘劳伤咳喘，鼻流脓涕
苏子降气汤(《和剂方局》)	苏子、制半夏、前胡、厚朴、陈皮、肉桂	降气平喘，温肾纳气	上实下虚的喘咳证
麻黄鱼腥草散	麻黄、黄芩、鱼腥草、穿心莲、板蓝根	宣肺泄热，平喘止咳	肺热咳喘，如鸡支原体病等

执业兽医资格考试真题精选

1. 治疗马伤水起卧(冷痛、肠痉挛)应选用(　　)(2009 年真题 57)

A. 银翘散　B. 曲蘖散　C. 平胃散　D. 橘皮散　E. 槐花散

2. 陈皮的功效是(　　)(2013 年真题 57)

A. 理气健脾、燥湿化痰　B. 疏肝止痛、破气消积

C. 行气燥湿、降逆平喘　D. 破气消积、通便利膈

E. 理气解郁、散结止痛

3. 善治肠风下血的方剂是(　　)(2016 年真题 55)

A. 秦艽散　B. 十黑散　C. 槐花散　D. 归脾汤　E. 红花散

4.具有理气健脾，燥湿化痰，主治肚腹胀满，痰湿喘咳的药物是(　)(2017 年真题 50)

A.陈皮　　B.青皮　　C.枳实　　D.枳壳　　E.厚朴

任务十七真题参考答案

任务十八　温里方药与温法

凡以温里祛寒为主要作用，治疗里寒病症的药物(方剂)，称为温里药(方)，又称祛寒药(方)。治疗里寒证的方法为“八法”中的“温法”，温法又称祛寒法，分为温中散寒和回阳救逆两种。

本类药性(方)味多辛、温。辛散温通，益火助阳，故可用于治疗里寒证。里寒包括两个方面：一为寒邪内侵，阳气受困，证见肚腹冷痛，肠鸣泄泻，食欲减退，呕吐，口色青白，脉沉迟等，治宜温中散寒；二为心肾阳虚，阴寒内生，证见汗出恶寒，口鼻俱冷，四肢厥逆，脉微欲绝等，治宜益火助阳，回阳救逆。

此外，有的温里药(方)有健运脾胃、行气止痛作用，凡食欲不振、寒凝气滞、肚腹胀满疼痛等都可选用。

现代药理研究表明，温里药有增加胃液分泌、增强消化机能，排出消化道积气、减轻恶心呕吐等作用。部分药有强心、升高血压、镇静、镇痛、抑菌等作用。

使用温里药(方)应注意的事项如下。

(1)应用温里药(方)时，可随证配伍用药，如里寒而兼表证者，则与解表药配伍；若脾胃虚寒，呕吐下痢者，当选用健运脾胃的温里药；寒湿内阻者，宜配芳香化湿或温燥祛湿药；气虚欲脱者，宜配补气药。

(2)温里药(方)性温燥，容易耗损阴液，故阴虚火旺、阴液亏少者慎用；孕畜应慎用；夏季天气炎热，剂量宜酌情减轻。

一、温里药

附子(附片、黑附片)

附子为毛茛科多年生草本植物乌头的子根，炮制入药(图 2-46)。

【性味归经】大热，辛、甘，有毒。入心、肾、脾经。

【功效】温中散寒，回阳救逆，除湿止痛。

【主治】四肢厥冷，伤水冷痛，冷肠泄泻，风寒湿痹等。

【附注】附子辛热燥烈，能行十二经，善于峻补下焦元阳，祛逐在里之寒湿，又可驱散外表之风寒。附子可恢复失散之元阳，故为亡阳亡阴的急救药。

本品含有乌头碱等，有强心、镇痛和消炎等作用。

图 2-46　附子

肉桂(桂心、桂皮)

肉桂为樟科植物肉桂的树皮，生用(图 2-47)。

图 2-47　肉桂

【性味归经】大热，辛、甘。入肾、脾、心、肝经。

【功效】益火助阳，温经通脉，散寒止痛。

【主治】肾阳不足，脾胃虚寒，风寒痹痛等。

【附注】肉桂偏于散寒止痛，引火归元，为治疗寒性疾病的要药。

肉桂与附子均能温阳散寒，但肉桂主入血分，直达下焦能引火归元，补火持久，治局部之寒；附子主入气分，行十二经走而不守，能回阳于顷刻，治全身之寒。

肉桂树皮由于生长部位和质地不同，故有不同名称，肉桂是近树根处的最厚树皮，走下焦温补肾阳，温中散寒力强；官桂皮薄色黄而少脂，走上焦调冷气；桂心是去外层粗皮与内面薄皮后留下的皮心，多做活血、补阳药。

本品含桂皮油或肉桂油等，具有促进胃肠分泌，增进食欲，排出消化管内积气，增强血液循环以及缓解胃肠痉挛性疼痛等作用，并有利胆、镇静、解热和一定抑菌作用。

干姜(干生姜、白姜)

图 2-48　干姜

本品为姜科植物姜的根茎，生用或炮用(图 2-48)。

【性味归经】热，辛。入心、肺、脾、胃、肾经。

【功效】温中散寒，回阳通脉，温肺化痰。

【主治】脾胃虚寒，冷痛泄泻，四肢厥冷，痰饮喘咳等。

【附注】干姜长于温中祛寒，温肺止咳。干姜与附子同用，可助附子回阳救逆，又降低附子毒性，故有“附子无姜不热”之说。

生姜、干姜、炮姜均为一物，生姜为新鲜的子姜，干姜为干燥的母姜，炮姜为干姜放锅内急火爆炒到焦黑而成。三者功效有异：生姜辛温长于发散止呕，为走而不守之药；干姜性热，温中而治里寒，为能走能守之药；炮姜苦温，无辛散之力，重在温里，并兼止血，为守而不走之药。

本品含挥发油、姜辣素等，能兴奋心脏，有镇痛、镇静、止呕、祛风、健胃和止咳等作用，有明显的杀菌作用。

图 2-49　小茴香

小茴香(茴香)

小茴香为伞形科植物茴香的成熟种子，生用或盐水炒用(图 2-49)。

【性味归经】温，辛。入肝、肾、脾、胃经。

【功效】祛寒止痛，理气和胃，温腰暖肾。

【主治】脾胃虚寒，腹痛腹胀，寒伤腰胯，宫寒不孕等。

【附注】治寒伤腰胯，寒疝腹痛，子宫虚寒之要药，盐炒专入下焦肾经，与附子同用，更能助阳益火，多用治下焦阴寒阳虚之证。

本品含挥发油等，能增强胃肠蠕动和分泌，排出肠中积气，缓解痉挛，促进消化，有杀菌作用。

其他温里药见表 2-17。

表 2-17　其他温里药

药名	药用部位	性味与归经	功效	主治
高良姜	根茎	热，辛；入脾、胃经	温中散寒，消食止痛	冷痛，反胃吐食，冷肠泄泻，胃寒食少
花椒	果实	温，辛；入脾、胃、肾经	温中散寒，杀虫止痛	冷痛，冷肠泄泻，虫积，湿疹，疥癣
吴茱萸	果实	辛，苦，热；有小毒入肝、脾、胃、肾经	温中止痛，理气止呕	脾胃虚寒，阳虚久泻，胃冷吐涎
荜澄茄	果实	温，辛；入脾、肾、胃、膀胱经	温中止痛，行气消食	寒伤腰胯，尿浊
胡椒	成熟果实	热，辛；入胃、大肠经	温中止痛，下气消痰	冷痛，呕吐，泄泻
丁香	花蕾	温，辛；入脾、胃、肾经	温中降逆，散寒止痛，温肾助阳	冷痛，呕吐，宫冷不孕

二、温里方

理中汤(《伤寒论》)

【组成】党参 60 g，白术 60 g，干姜 60 g，炙甘草 30 g，水煎服，或研末开水冲服。

【功能】补气健脾，温中散寒。

【主治】脾胃虚寒证。证见慢草不食或草料减少，腹痛泄泻，舌苔淡白，体瘦毛焦、完谷不化，脉象沉细或沉迟。

【方解】本方为治疗脾胃虚寒的要方。方中干姜辛热，温中散寒，为主药；党参甘温，补气益脾，为辅药；白术苦温，健脾燥湿，为佐药；炙甘草益气和中，调和诸药为使药。

【临诊应用】本方治疗脾胃虚寒引起的慢草不食，腹痛泄泻等。寒甚者，重用干姜；虚甚者，重用党参；呕吐者，加生姜、吴茱萸；泄泻甚者，加肉豆蔻、诃子。本方加附子，名为“附子理中汤”，适用于脾肾阳虚之阴寒重证；再加肉桂名为“附桂理中汤”，更增回阳祛寒之功。

【方歌】温中散寒理中汤，参草白术并干姜，腹痛泄泻阴寒盛，再加附子可扶阳。

茴香散(《元亨疗马集》)

【组成】茴香 30 g，肉桂 20 g，槟榔 10 g，白术 25 g，巴戟天 20 g，当归 20 g，牵牛子 10 g，藁本 20 g，白附子 15 g，川楝子 25 g，肉豆蔻 15 g，荜澄茄 20 g，木通 20 g，研末开水冲调，加童便 250 mL，加适量盐、酒灌服。

【功效】温肾祛寒，暖腰肾，祛湿止痛。

【主治】风寒湿邪引起的腰背坚硬，腰胯疼痛，卧地难起。

【方解】本方为治寒伤腰胯之剂。方中茴香暖腰肾祛寒为主药；肉桂、肉豆蔻、巴戟天、荜澄茄助主药温肾祛寒为辅药；白附子、藁本祛风，牵牛子、木通、槟榔、川楝子、白术利水、行气健脾，当归活血止痛共为佐药；盐、醋引药归经为使药。诸药合用，温肾散寒，祛风除湿，通经止痛。

【临诊应用】治疗寒邪偏胜的寒伤腰胯疼痛。若湿邪偏胜，加羌活、独活、苍术等。

【方歌】茴香散用桂附楝，槟榔澄茄醋与盐，归术牵牛加藁本，巴戟木通豆蔻全。

四逆汤(《伤寒论》)

【组成】熟附子 45 g，干姜 45 g，炙甘草 30 g，水煎服，或共为末，开水冲调，候温灌服。

【功效】回阳救逆。

【主治】阳虚寒盛，真阳欲脱。证见四肢厥逆，恶寒蜷卧，神疲力乏，呕吐不渴，腹痛泄泻，舌苔白滑，脉沉微细。

【方解】本方是温中祛寒，回阳救逆的代表方剂。方中附子大辛大热，祛散寒邪，峻补元阳，益火之源，为主药。干姜辛热，温中散寒，助附子回阳救逆，为辅药。炙甘草补脾胃，并缓和姜、附燥烈之性。体现了"附子无干姜不热，得甘草则性缓"。三药合用，共奏回阳救逆之功。

【临诊应用】用于治疗畏寒蜷卧、脉微细欲绝，四肢厥逆，寒证腹痛，雷诺氏病，肠胃易激综合征等，均可随证加减。

【方歌】四逆汤中草附姜，四肢厥冷急煎尝，腹痛吐泻脉沉微，救逆回阳赖此方。

其他温里方，见表 2-18。

表 2-18 其他温里方

方名及来源	组成	功效	主治
温脾散 (《元亨疗马集》)	当归、厚朴、青皮、陈皮、益智仁、炒牵牛子、细辛、苍术、甘草	温中散寒，理气活血	胃寒草少、冷痛
丁香散 (《元亨疗马集》)	丁香、汉防己、当归、茴香、官桂、麻黄、川乌、元胡、羌活	温肾壮阳，祛风除湿	内肾积冷，腰胯疼痛
桂心散 (《元亨疗马集》)	桂心、青皮、益智仁、白术、厚朴、干姜、当归、陈皮、砂仁、五味子、肉豆蔻、炙甘草	温中散寒，健脾理气	脾胃阴寒所致的吐涎不食，腹痛，肠鸣泄泻等

任务十九 祛湿方药

凡具有祛除肌肉、经络、筋骨间风湿之邪，以治疗水湿和风湿病证的药物(方剂)，称为祛湿药(方)。

本类药(方)多辛温，具有祛风除湿，利水渗湿，芳香化湿等作用。适用于风湿之邪而致的风寒湿痹、泄泻、水肿、黄疸、小便不利、淋浊等证。湿是一种阴寒、重浊、黏腻的邪气，有内湿外湿之分，湿邪又可与风、寒、暑、热等外邪共同致病，并有寒化、热化的转机，所以湿邪致病的临诊表现也有所不同，因而可将祛湿药(方)分为祛风利湿药(方)、渗湿利水药(方)和芳香化湿药(方)三类。

现代药理研究表明，祛风胜湿药分别具有抗炎、抗过敏、镇痛、镇痉、解热、抗菌、改善血液循环等作用；渗湿利水药分别具有利尿、排石、利胆、抗菌、抗过敏、镇静、镇痛、改善微循环等作用；芳香化湿药分别具有止呕、止泻、健胃、解痉、促进胃肠蠕动、排出肠内积气、解热、发汗、利尿等作用。

本类药(方)易于伤阴耗液，故对阴虚津亏者慎用。虚证水肿应以健脾补肾为主。

一、祛湿药

(一)祛风胜湿药

大多数味辛性温，具有祛风除湿、散寒止痛、通气血、补肝肾、壮筋骨之效。适用于风湿在表而出现的肌紧腰硬、肢节疼痛、颈项强直、拘行束步、卧地难起、筋络拘急、风寒湿痹等。

羌活(蚕羌)

羌活为伞形科植物羌活及宽叶羌活的根茎及根，生用(图 2-50)。

图 2-50　羌活

【性味归经】温，辛、苦。入膀胱、肝、肾经。

【功效】发散表邪，祛风胜湿，散寒止痛。

【主治】四肢拘挛，关节肿痛，外感风寒，风寒湿痹等。

【附注】羌活气雄辛散，既可辛散风寒，又能苦温燥湿，且能除筋骨间风寒湿而通利关节，有较好的止痛之效，为太阳经风湿相搏的要药。羌活发散表邪之功仅次于麻黄。

本品含生物碱、挥发油等，能兴奋汗腺，有镇痛、解热作用，且可扩张脑血管，有抑菌作用。

独活(香独活)

独活为伞形科植物毛当归或五加科植物九眼独活的根茎，生用或炒用(图 2-51)。

图 2-51　独活

【性味归经】微温，辛、苦。入肾、膀胱经。

【功效】祛风胜湿，散寒止痛。

【主治】风湿痹痛，腰膝疼痛，外感风寒挟湿表证，关节疼痛等。

【附注】独活善治在下在里之风湿，适用于腰膝疼痛。本品与羌活常配伍使用，但羌活气味雄烈，发散力强，善治在表风邪；独活气味较淡，性和缓，善治筋骨间风湿。

本品含挥发油等，具有抗风湿，镇痛，扩张血管，兴奋呼吸中枢的作用。

木瓜(宣木瓜、木桃)

木瓜为蔷薇科植物贴梗海棠或木瓜的成熟果实。前者习称“皱皮木瓜”，后者习称“光皮木瓜”，多生用(图 2-52)。

图 2-52　木瓜

【性味归经】温，酸。入肝、胃、脾经。

【功效】舒筋活络，除湿和胃。

【主治】风湿痹痛，筋脉拘挛，关节肿痛，腰胯无力，水肿，呕吐，泄泻等。

【附注】木瓜味酸入肝，能舒筋活络，祛风止痛，疗湿痹，为治转筋腿痛之要药,并为后肢痹痛的引经药。气香入脾,有化湿和胃之功,治腹痛泄泻。

本品含皂苷、黄酮等,对关节炎有明显的消肿作用,对腓肠肌痉挛和吐泻所致的抽搐有效。

威灵仙(灵仙)

图 2-53 威灵仙

威灵仙为毛茛科植物威灵仙的根及根茎,多生用(图 2-53)。

【性味归经】温,辛。入膀胱经。

【功效】祛风通络,消肿止痛,利湿退黄。

【主治】风湿痹痛,肢体麻木,关节屈伸不利,水肿,黄疸。

【附注】威灵仙宣散风寒湿邪,善除经络中之风湿,多用血瘀气滞而属实证者。取其通络止痛之功,也可治跌打损伤。

本品含白头翁素、甾醇、皂苷等,具有解热,镇痛,利尿和抑菌等作用。

桑寄生(寄生、寄生草)

图 2-54 桑寄生

桑寄生为桑寄生科常绿小灌木,寄生于桑树皮上及柿树上的寄生植物桑寄生的带叶茎枝,生用或酒炒用(图 2-54)。

【性味归经】平,苦。入肝、肾经。

【功效】补益肝肾,强筋壮骨,祛风通络,养血安胎。

【主治】风湿痹痛,腰膝无力,筋骨痿弱,背项强直,血虚,风湿,胎动不安。

【附注】桑寄生性平味苦,其质偏润,能泄能燥,既能祛风湿通经络,又能益精血补肝肾。肾强血旺,血脉通调则腰痛自除,胎动即安,风湿亦愈。

本品含桑寄生苷等,有抑菌,利尿,降压,镇静等作用。

五加皮(北五加、香五加、南五加)

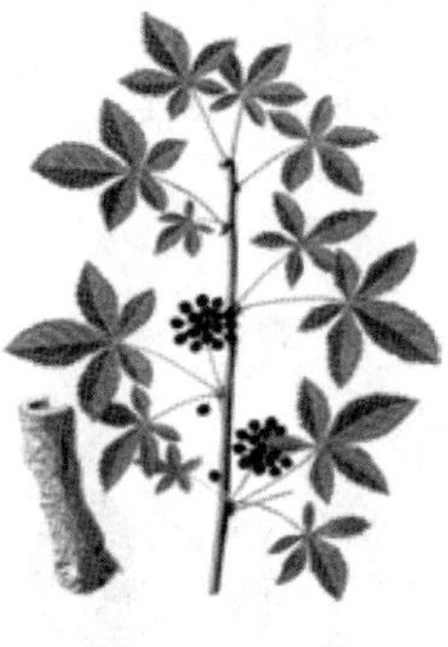

图 2-55 五加皮

五加皮为五加科植物五加(南五加)和萝藦科植物红柳(香五加)的根皮,生用(图 2-55)。

【性味归经】温,辛、苦。入肝、肾经。

【功效】祛风湿,补肝肾,强筋骨,消水肿。

【主治】风湿痹痛,四肢拘急,腰膝疼痛,筋骨痿软,水肿,小便不利等。

【附注】五加皮为祛风湿,强筋骨之要药,故李时珍称其为“追风使者”。且有镇痛作用,能治痹痛,强筋骨,化水湿。南五加皮无毒,祛风湿补肝肾、强筋骨的作用较好,北五加皮长于强心利尿,适用于心衰所致的水肿,少尿等症。

本品含有挥发油、生物碱等,具有增强抵抗力、抗炎、镇痛及利尿等作用。

防己(汉防己、木防己)

防己为防己科植物粉防己(汉防己)或马兜铃科植物广防己(木防己)的根,生用(图 2-56)。

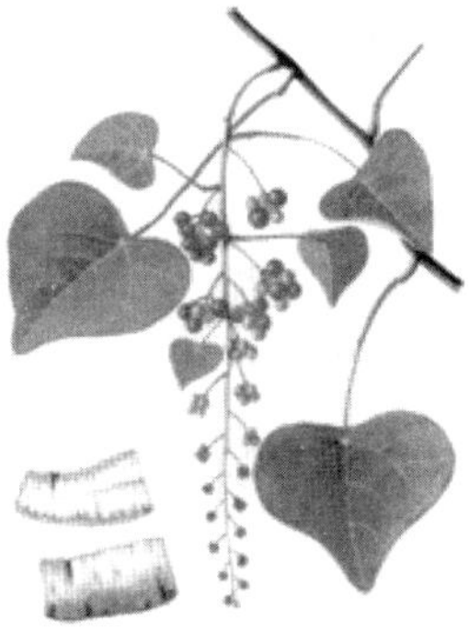

图 2-56　防己

【性味归经】寒,苦、辛。入脾、肾、膀胱经。

【功效】祛风除湿,通络止痛,利水退肿。

【主治】风湿痹痛,关节肿痛,肢体屈伸不利,水肿,小便不利。

【附注】防己有汉防己、木防己之分,功用相似,但汉防己功主利水,木防己功主祛风止痛。

本品含多种生物碱、挥发油等,具有镇痛、消炎、抗过敏、解热、降压和一定的抑菌作用。

(二)渗湿利水药

多味淡性平,以利湿为主,作用比较缓和,有利尿通淋、消水肿、止水泻的功效,还能引导湿热下行。适用于尿赤涩、淋浊、水肿、水泻、黄疸和风湿性关节疼痛等。

茯苓(云苓、白茯苓)

茯苓为多孔菌科真菌茯苓的菌核,生用(图 2-57)。

图 2-57　茯苓

【性味归经】平,甘、淡。入心、肺、脾、胃、肾经。

【功效】利水渗湿,健脾补中,宁心安神。

【主治】水肿,小便不利,脾虚体倦,慢草不食,痰饮,腹泻,心神不宁等。

【附注】茯苓药性平和,能补益心脾,利水渗湿,且补而不峻,利水而不伤正,为脾虚湿困和水湿内停诸证的必用之品。茯苓皮专行皮肤水湿;抱附松树根而生的部分称茯神,长于宁心安神。

本品含茯苓酸、胆碱钾盐等,其利尿作用可能是由于抑制肾小管重吸收机能,并有镇静及促进细胞免疫与体液免疫的作用。

猪苓(朱苓、地乌桃)

猪苓为多孔菌科真菌猪苓的菌核,生用(图 2-58)。

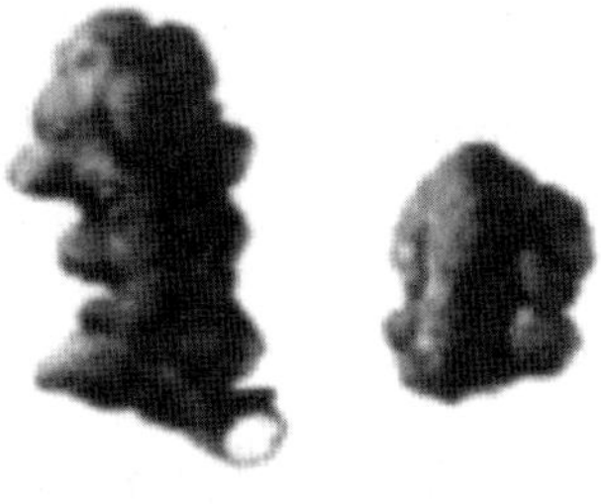

图 2-58　猪苓

【性味归经】平,甘、淡。入肾、膀胱经。

【功效】利水通淋,除湿消肿,涩肠止泻。

【主治】湿热淋浊,水肿,小便不利,冷肠泄泻等。

【附注】猪苓甘淡性平,专通水道,主渗湿利水,渗湿功效比茯苓强,而无补脾作用。与泽泻合用能增强利水效果。

本品含有麦角甾醇、蛋白质等,能促进钠、氯、钾等电解质的排出,有较强的利尿作用,其利尿机理可能是抑制了肾小管对电解质和水的重吸收。此外,猪苓聚糖Ⅰ有抗癌作用。

泽泻(水泽)

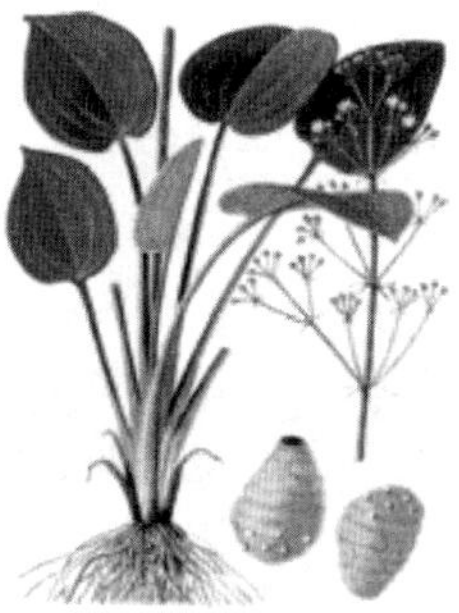

图 2-59 泽泻

泽泻为泽泻科植物泽泻的块茎，生用、麸炒用或盐炒用(图 2-59)。

【性味归经】寒，甘，淡。入肾、膀胱经。

【功效】利水渗湿，泻肾火。

【主治】小便不利，水肿，泄泻，湿热淋浊等。

【附注】泽泻性寒味甘淡，能清热渗湿，故能泄肾经火和膀胱热，为治水湿停滞的尿闭，水肿胀满，湿热淋浊，泻痢不止等证之良药。

本品含挥发油、生物碱等，有显著利尿作用，有降压及抑菌作用。

车前子(车前实)

图 2-60 车前子

车前子为车前科植物车前或平车前的成熟种子，全草亦入药，生用(图 2-60)。

【性味归经】寒，甘，淡。入肝、肾、膀胱经。

【功效】利尿通淋，渗湿止泻，清肝明目。

【主治】小便淋涩，暑热泄泻，目赤肿痛。

【附注】车前子甘寒滑利，有利水之功，清热之效，利水湿分清浊而止泻，使偏走大肠之水湿从小便而去，即利小便以实大便，用于暑湿泄泻。又能清肝热而明目，用于目赤内障，视物不清等。

本品含有车前子碱等，有显著利尿作用，能促进呼吸道黏液分泌，稀释痰液而止咳，有抑菌作用。

滑石(化石)

滑石为硅酸盐类矿物滑石族滑石，主含水硅酸镁，水飞或研细生用。

【性味归经】寒，甘，淡。入胃、肺、膀胱经。

【功效】利水通淋，清热解暑，收敛解毒。

【主治】暑热烦渴，暑湿泄泻，尿赤涩痛，淋证，水肿，湿疹等。

【附注】滑石性寒而滑，故能泄热利窍，通利水道，又能清热解暑，为治湿热淋证之要药。滑石粉 200～500 g 内服，可通肠胃积滞，有通便止痛作用，广泛应用于马冷痛、结症、肠臌气和轻微胃扩张以及牛前胃弛缓、瘤胃积食、瘤胃臌气、便秘、泄泻等胃肠病的治疗。

本品含有硅酸镁、氧化铝等，有吸附和收敛作用，内服能保护肠壁、止泻。外用撒布创面形成保护膜，有保护创面，吸收分泌物，促进创伤干燥结痂的作用。

木通(关木通)

木通为马兜铃科植物东北马兜铃(关木通)、毛茛科植物小木通或其同属植物绣球藤的藤茎，生用(图 2-61)。

【性味归经】寒,苦。入心、小肠、膀胱经。

【功效】清热利湿,通经下乳。

【主治】水肿,小便不利,湿热淋浊,产后缺乳等。

【附注】木通苦寒,能通利而清降,上清心肺之火,下导膀胱小肠之热,使湿热之邪下行而从小便排出,还能宣通血脉而通经下乳。

本品含有木通苷或马兜铃酸等,具有利尿,强心,抑菌和抗癌作用。

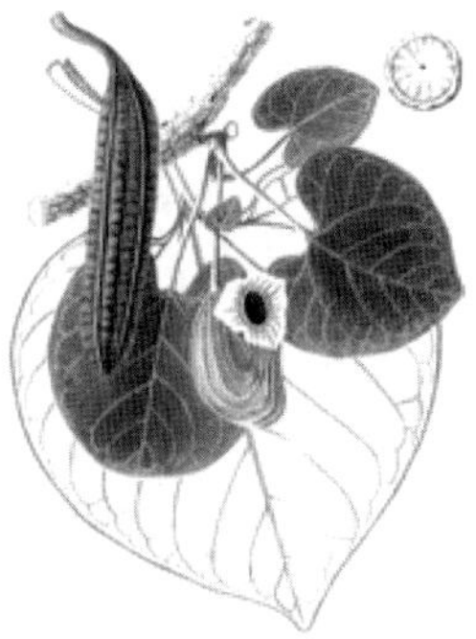
图 2-61 木通

(三)芳香化湿药

多辛温香燥。芳香可助脾运,燥可祛湿,适用于湿浊内阻,脾为湿困,运化失调等所致的肚腹胀满或呕吐慢草、粪稀泄泻,四肢无力,舌苔白腻等。

藿香(伙香)

藿香为唇行科植物广藿香的地上部分,鲜用或生用(图 2-62)。

【性味归经】温,辛。入肺、脾、胃经。

【功效】芳香化湿,和中止呕,解暑发表。

【主治】肚腹胀满,食欲不振,反胃呕吐,外感风寒,湿热泄泻等。

【附注】藿香芳香化湿,辛散发表,为治内伤湿滞,外感风寒之要药。藿香叶偏于发表,梗偏于和中,鲜藿香解暑作用强。

本品含挥发油和黄酮类化合物,能促进胃液分泌,以增强消化能力,对胃肠具有解痉作用。大剂量时可抑制胃的排空,从而调整消化系统功能紊乱,有抗病毒,抑菌作用,并有收敛止泻,扩张微血管而略有发汗作用。

图 2-62 藿香

苍术(茅术)

苍术为菊科植物茅苍术和北苍术的根茎,米泔水浸炒黄用(图 2-63)。

【性味归经】温,苦,辛。入脾、胃、肝经。

【功效】燥湿健脾,祛风胜湿,发汗解表,明目。

【主治】腹胀腹痛,泄泻,呕吐,食少,风寒湿痹,外感风寒挟湿等。

【附注】苍术温燥辛散,故内能化湿辟浊,外可解风湿之邪,不仅是祛风燥湿健脾之专药,又是治疗四时疫疠之气的要药。

本品含挥发油,主要为苍术醇、苍术酮、胡萝卜素、维生素 A 等,小剂量呈镇静作用,大剂量则呈抑制作用,并有明目及抑菌等作用。

图 2-63 苍术

其他祛湿药,见表 2-19。

表 2-19 其他祛湿药

药名	药用部位	性味归经	功效	主治
乌梢蛇	虫体	平，甘、咸。入肝经	祛风止痛，疗惊定搐	风湿痹痛，四肢拘挛，惊痫抽搐，破伤风，歪嘴风等
秦艽	根茎	平，辛、苦。入肝、胆、肺经	祛风除湿，止痛退虚热	风湿肢节疼痛，湿热黄疸，尿血，虚劳发热等
伸筋草	全草	温，苦、辛。入肝经	祛风除湿，舒筋活络	风湿痹痛，筋骨拘挛，跌打损伤等
狗脊	块茎	温，苦、甘。入肝、肾经	补肝肾，强腰膝，祛风湿	腰脊痿软，四肢无力，关节疼痛等
乌头	块茎	热，辛、苦，有毒。入心、肝、肾、脾经	祛风湿，温经止痛	风湿痹痛，四肢拘挛，阴疽肿毒等
海桐皮	树皮	平，苦、辛。入肝经	祛风除湿，通络止痛，杀虫止痒	风湿痹痛，四肢拘挛，腰膝疼痛，湿疹瘙痒，疥癣
海风藤	藤茎	微温，辛、苦；入肝经	祛风湿，通经络，和血脉	风湿痹痛，筋脉拘挛，跌打损伤
金钱草	全草	平，微咸、甘。入肝、肾、膀胱经	利水通淋，清热消肿	湿热黄疸，结石，疮疖肿毒等
海金沙	孢子	寒，甘。入小肠、膀胱经	清湿热，利水排石，消肿	膀胱湿热，热淋疼痛，尿道结石等
通草	茎髓	寒，甘、淡。入肺、胃经	清热利水，下乳	湿热淋痛，小便不利，产后缺乳等
灯芯草	茎髓	寒，甘、淡。入心、小肠经	利水渗湿，清心降火	下焦湿热，小便不利等
萹蓄	全草	微寒，苦。入膀胱经	利尿通淋，杀虫止痒	湿热下注，小便淋涩、短赤，皮肤湿等
薏苡仁	种仁	微寒，甘、淡。入脾、胃肺经	利水渗湿，健脾，除痹，清热排脓	水肿，小便不利，脾虚泄泻，湿痹拘挛，肺痈，肠痈，
瞿麦	全草	寒，苦。入心、小肠、膀胱经	清热，利水，通淋	小便不利，水肿淋证等
萆薢	根茎	微寒，苦。入肾、胃、膀胱经	利湿去浊，祛风除湿	膏淋，白浊，风湿痹痛
地肤子	种子	寒，苦。入膀胱经	清热利湿，止痒	淋证，皮肤风疹，湿疹瘙痒
草豆蔻	种仁	温，辛，气香。入脾、胃经	燥湿健脾，温中止呕	脾胃湿滞，呕吐，食欲不振等
砂仁	果实	温，辛。入脾、胃经	化湿行气，温中止呕，止泻，安胎	脾胃气滞，脾胃虚寒吐泻，胎动不安
草果	果实	温，辛。入脾、胃经	燥湿散寒，除痰截疟	脘腹胀痛，呕吐，泄泻，疟疾
佩兰	地上部分	平，辛。入脾、胃、肺经	醒脾化湿，解暑辟浊	肚腹胀满，食欲不振，暑热作泻，翻胃吐草

二、祛湿方

(一)祛风胜湿方

独活寄生汤(《备急千金要方》)

【组成】独活 30 g,防风 25 g,桑寄生 45 g,细辛 12 g,当归 30 g,白芍 25 g,桂心 20 g,杜仲 30 g,秦艽 30 g,川芎 15 g,熟地 35 g,牛膝 30 g,党参 30 g,茯苓 30 g,甘草 20 g,白酒 60 g,水煎灌服。

【功效】益肝肾,祛风湿,止痹痛。

【主治】腰腿四肢疼痛,关节屈伸不利。

【方解】本方所治痹证乃风寒湿三邪痹着日久,肝肾不足,气血两虚证所致。故宜祛风散寒止痛以祛邪,补益肝肾以扶正,祛邪扶正兼顾,标本同治。方中独活、桑寄生祛风除湿,活络通痹为主药;熟地、杜仲、牛膝补肝肾,壮筋骨,当归、白芍、川芎养血活血,党参、茯苓益气健脾,扶正祛邪共为辅药;细辛、桂心,温经散寒,防风、秦艽除风湿而舒筋骨为佐药;甘草调和诸药为使药。

【临诊应用】本方适用于气血两虚,肝肾不足的风寒湿痹,风重者加白芷、千年健,寒重者加麻黄、乌头,湿重者加苍术、黄柏。《抱犊集》"独活寄生汤"(独活、羌活、防风、桑寄生、防己、当归、桂枝、五加皮、杜仲、秦艽、川芎、续断、车前子、白酒)功用、主治与上方相同。

【方歌】独活寄生艽防辛,四物桂心加茯苓,杜仲牛膝党参草,冷风顽痹曲能伸。

(二)渗湿利水方

滑石散(《元亨疗马集》)

【组成】滑石 60 g,泽泻 25 g,灯芯草 15 g,茵陈 25 g,知母 25 g,酒黄柏 20 g,猪苓 20 g,研末开水冲调,候温灌服。

【功效】清热,化湿,利尿。

【主治】马胞转症。证见肚腹胀满,欲卧不卧,蹲腰踏地,打尾刨蹄等。

【方解】本方证系由湿热积滞,膀胱气化功能受阻所致。方中滑石性寒而滑,寒能清热,滑能利窍,兼清热利尿之功为主药;茵陈、猪苓、泽泻清利湿热,助主药利水为辅药;知母、黄柏清热泻火为佐药;灯芯草清热利水,引湿热从小便而出为使药。诸药相合,共收清热、利湿、通淋之功。

【临诊应用】本方用于膀胱热结或排尿不利。热淋带血加瞿麦、萹蓄、小蓟、茅根。若尿血涩痛而短赤,口干舌红者则用"八正散"(木通、瞿麦、萹蓄、车前子、滑石、栀子、大黄、甘草梢、灯芯草)治之。

【方歌】滑石散治尿闭结,猪苓泽泻知柏偕,茵陈再加灯芯草,膀胱湿热服之宁。

五苓散(《伤寒论》)

【组成】猪苓 30 g,茯苓 30 g,泽泻 45 g,白术 30 g,桂枝 25 g,研末开水冲调,候温灌服。

【功效】健脾除湿，利水化气。

【主治】小便不利，水肿，泄泻等。

【方解】本方是利水消肿的常用方剂。方中重用泽泻甘淡性寒，直达膀胱，利水渗湿为主药；茯苓、猪苓渗湿利水为辅药；白术健脾以运化水湿为佐药；桂枝一药两用，既解太阳之表，又助膀胱气化为使药。

【临诊应用】本方合“平胃散”(陈皮、苍术、厚朴、甘草)名“胃苓汤”，治寒湿泄泻，小便不利。

【方歌】五苓散治水湿停，白术泽泻猪茯苓，通阳化气加桂枝，除湿利水此方行。

(三)芳香化湿方

藿香正气散(《和剂局方》)

【组成】藿香 60 g，紫苏叶 45 g，茯苓 30 g，白芷 30 g，大腹皮 30 g，陈皮 30 g，桔梗 25 g，白术 30 g，姜汁制厚朴 30 g，半夏 20 g，甘草 15 g，研末，生姜、大枣煎水冲调灌服。

【功效】解表化湿，理气和中。

【主治】外感风寒，内伤湿滞。证见发热恶寒，肚腹胀满，泄泻，或见呕吐。

【方解】本方治证乃外感风寒，内伤湿滞所致。方中藿香辛散风寒，芳香化湿，和胃醒脾为主药；半夏燥湿降气，和胃止呕，厚朴行气化湿，宽胸除满为辅药；苏叶、白芷助藿香外解风寒，兼化湿浊，陈皮理气燥湿，并能和中，茯苓、白术健脾运湿，大腹皮行气利湿，桔梗宣肺利肠均为佐药；甘草、生姜、大枣调脾胃为使药。

【临诊应用】本方适用于内伤湿滞，复感风寒，而以湿滞脾胃为主之证。凡夏季感冒、流感、胃肠型流感、胃肠不和、急性胃肠炎，证属外感风寒，内伤湿滞者均可用。

【方歌】藿香正气大腹苏，甘桔陈苓厚朴术，夏曲白芷加姜枣，感伤岚瘴并能除。

其他祛湿方，见表 2-20。

表 2-20 其他祛湿方

方名及来源	组成	功效	主治
八正散(《和剂局方》)	木通、瞿麦、车前子、萹蓄、滑石、甘草梢、栀子、大黄、灯芯草	清热泻火，利水通淋	湿热下注引起的热淋、石淋
羌活胜湿汤(《内外伤辨惑论》)	羌活、独活、藁本、防风、川芎、蔓荆子、甘草	祛风胜湿	风湿痹痛
五皮饮(《华氏中藏经》)	桑白皮、陈皮、大腹皮、姜皮、茯苓皮	行气，化湿，利水	浮肿

任务二十 理气方药

凡能调理气分，疏畅气机，以治疗气滞、气逆证为主要作用的药物(方剂)，称为理气药(方)。

本类药性(方)味多辛温芳香，具有行气健脾，疏肝解郁，止痛降气等作用。适用于脾胃气滞引起的胸胁疼痛，食欲不振，肚腹胀满，嗳气呕吐，粪便失常，以及肺气壅滞所致的咳喘等。

应用本类药(方)时,应针对病情选择和配伍。

现代药理研究表明,理气药有的能兴奋胃肠平滑肌,促进胃肠呈节律性收缩蠕动,以利于肠内气体的排出;有的能降低肠管紧张度,以解除痉挛;有的能调整胃肠的功能,有健胃、助消化作用。

理气药(方)多辛温香燥,易耗气伤阴,故阴虚血燥,体虚气弱的病畜应慎用,必要时可配伍补气、养阴药。

一、理气药

陈皮(橘皮)

陈皮为芸香科常绿小乔木橘树的成熟果皮,生用。药用以陈久者为佳,故习惯上称为陈皮(图 2-64)。

【性味归经】温,苦、辛。入脾、肺经。

【功效】理气健脾,燥湿化痰。

【主治】肚腹胀满,消化不良,腹痛泄泻,咳喘等。

【附注】本品辛散苦降,芳香醒脾,温和不峻,偏于理肺脾之气。不但有理气燥湿之功,而且有和百药之效,随配伍而有补、泻、升、降之力,故有通五脏而治百病之说。

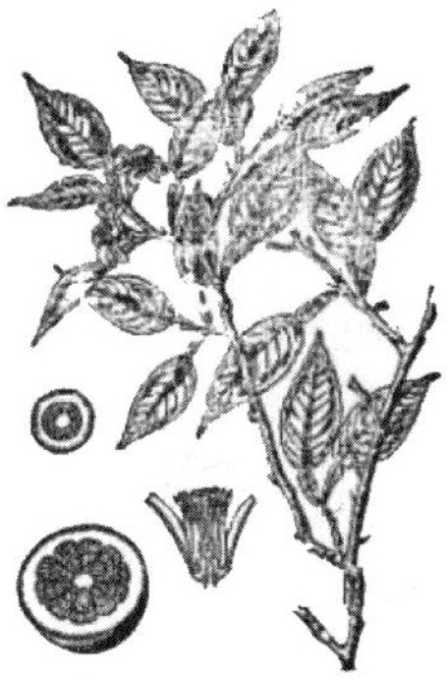

图 2-64　陈皮

【附药】橘红为芸香科植物柚的成熟果皮,又名化红。温,辛,苦,入脾、肺经,有理气宽中,燥湿化痰的功效,治咳嗽痰多,外感风寒,食积腹胀。

橘络系橘瓤上的筋膜。甘,苦,平,入肝、肺经。有通络化痰,行气化痰功效,治咳嗽痰多,肢体麻痹等。

橘核为橘的种子。苦,平,专入肝经,有行气散结,止痛的功效,治疝气,睾丸肿痛,乳房结块等。

本品含挥发油、黄酮苷、维生素 B_1 等,有降低毛细血管的通透性,防止微细血管出血;能增强纤维蛋白溶解、抗血栓形成;也有利胆作用。

青皮(青皮子)

青皮为芸香科常绿小乔木橘树未成熟果实或青色果皮,生用。

【性味归经】温,苦、辛。入肝、胆、胃经。

【功效】疏肝解郁,破气消积。

【主治】腹胀腹痛,胸胁胀痛,食积不化,便秘等。

【附注】青皮、陈皮同为一物,只是一嫩一老,功效、归经不同而有区别,青皮性峻,偏于疏肝破气,陈皮性缓,偏于健脾理气。陈皮多用于上中二焦 ,青皮多用于中下二焦,故有“陈皮治高,青皮治低”之说。若肝、脾同病或肝脾不和者,常二者同用。

本品所含成分与橘皮相似,能促进肠液的分泌而排出肠内积气,故有助消化作用;能抑制肠管平滑肌而起解痉作用。

枳壳(川枳壳)

枳壳为芸香科植物香橼或枳的成熟果实。生用或麸炒用(图 2-65)。

图 2-65 枳壳

【性味归经】微寒,苦、辛、酸。入脾、胃经。

【功效】宽中理气,除胀散满。

【主治】肚腹胀满,大便秘结,痰湿阻滞等。

【附注】枳壳和枳实同为一物,前者为成熟果实、性缓,后者果嫩、性烈。枳壳偏于理气消胀,多治上;枳实长于破气,化痰,消积,多治下。

【附药】枳实破气消积,通肠。用于食积,便秘,腹胀腹痛等。

本品含有挥发油、黄酮苷、生物碱、皂苷等,对胃肠有兴奋作用,能使胃肠运动收缩节律增强,可使子宫平滑肌张力增大,并有改善心肌代谢,加强心肌收缩的作用。

木香(广木香、川木香)

木香为菊科多年生草本植物云木香、川木香的根,生用或煨用(图 2-66)。

图 2-66 木香

【性味归经】温,辛、苦。入脾、胃、大肠、三焦、胆经。

【功效】行气止痛,温胃和中。

【主治】气滞肚胀,食欲不振,脘腹胀痛,冷泻痢疾,气逆胎动等。

【附注】木香气味芳香而辛散,能通行三焦,尤善行中焦脾胃及下焦大肠之气滞,为行气止痛之要药,凡脾胃运化失调,胃肠气滞所致的腹胀腹痛,肠鸣泄泻,里急后重等症均可应用。但本品耗散力强,不宜重用久用。

本品含有挥发油等,对胃肠有轻度的刺激作用,能解除平滑肌痉挛、促进胃肠蠕动与分泌,松弛气管平滑肌,有抑菌作用。

厚朴(川朴)

厚朴为木兰科落叶乔木厚朴的干皮、根皮和枝皮,生用或炒用(图 2-67)。

图 2-67 厚朴

【性味归经】温,苦、辛。入脾、胃、肺、大肠经。

【功效】健脾燥湿,行气宽中,降逆平喘。

【主治】肚腹胀满,腹痛,呕吐,便秘,气逆咳喘等。

【附注】厚朴为行气第一要药。苦能下气,辛能散结,温能燥湿,长于散满除胀,善除胃中滞气,燥脾中湿邪,既可下有形之实满,又能散无形之湿满,对湿浊阻滞者最适用。

本品含挥发油、生物碱等,有显著抑制胃酸分泌和抗溃疡作用。还有镇痛、抗炎、解痉、健胃、利胆、平喘及抗菌等作用。

香附(香附子)

香附为莎草科多年生植物莎草的根茎，生用、醋制用或炒炭用（图 2-68）。

图 2-68　香附

【性味归经】平，辛、微苦、微甘。入肝、三焦经。

【功效】疏肝理气，活血止痛。

【主治】肝气郁滞，胸胁胀痛，食欲不振，食积腹胀，产后瘀血腹痛，乳房胀痛等。

【附注】香附“主一身之气”解六郁，又入血分，“为血中之气药”，是治胎前产后疾病的要药。凡一切血瘀气滞之证均可选用。

本品含有挥发油等，能降低子宫的收缩力和张力，提高机体痛阈，降低肠管紧张性等功能，有轻度雌激素样作用，并具强心、降压和抑菌作用。

乌药(天台乌、台乌)

乌药为樟科灌木或小乔木乌药(天台乌药)的根，生用或炒用(图 2-69)。

图 2-69　乌药

【性味归经】温，辛。入脾、肺、肾、膀胱经。

【功效】理气宽中，散寒止痛，温肾缩尿。

【主治】胸腹胀痛，脾胃气滞，冷痛，疝气等。

【附注】乌药入肾经，理元气。辛温香窜，辛可散气，温则祛寒，能行诸气，为理气止痛要药。香附、木香和乌药均为行气止痛主药。香附善于疏肝解郁，理气止痛；木香长于调理脾胃气滞；乌药偏于温肾暖脾，散寒止痛。

本品主要成分含有乌药烷、乌药烯等，有解除胃肠痉挛、增进肠蠕动、促进气体排出和抑菌等作用。

砂仁(缩砂仁、春砂仁)

砂仁为姜科多年生草本植物阳春砂、绿壳砂、海南砂的成熟果实，生用或炒用(图 2-70)。

图 2-70　砂仁

【性味归经】温，辛。入脾、胃、肾经。

【功效】化湿开胃，温脾止泻，理气安胎。

【主治】脾胃气滞，脾胃虚寒，肚腹胀满，呕吐泄泻，胎动不安等。

【附注】砂仁芳香行气，和中化湿，善理脾胃气滞，为醒脾开胃良药。

本品含挥发油等，具有健胃作用，能促进消化液的分泌，排出肠道积气和促进胃黏膜损伤的修复，并有抗炎、镇痛和利胆作用。

槟榔(玉片)

图 2-71 槟榔

槟榔为棕榈科常绿乔木植物槟榔的成熟种子,生用(图 2-71)。

【性味归经】温,苦、辛。入脾、胃、大肠经。

【功效】杀虫消积,行气利水。

【主治】食积气滞,腹胀便秘,水肿,肠道寄生虫等。

【附注】槟榔能降能散,故可降气破滞,通行导滞,利水杀虫。古人有:以其味苦主降,无坚不破,无胀不消,无食不化,无痰不行,无水不下,无气不降,无虫不杀,无便不开。

【附药】大腹皮槟榔果皮称大腹皮,微温,辛。入脾、胃、大肠、小肠经。有行气导滞,利水消肿之功,多用于皮肤水肿等证。

本品含有槟榔碱等,具有促进胃肠蠕动和分泌、抑制流感病毒、麻痹虫体等作用。过量槟榔碱引起流涎、呕吐、利尿、昏迷及惊厥。如系内服引起者可用高锰酸钾溶液洗胃,并注射阿托品。

其他理气药,见表 2-21。

表 2-21 其他理气药

药名	药用部位	性味归经	功效	主治
佛手	果实	温,辛、苦。入肝、脾、肺经	行气止痛,健脾化痰	肝脾不和,肚腹胀痛,食欲不振,痰多咳喘等
川楝子	果实	寒,苦。入肝、胃、膀胱经。有小毒	行气止痛,杀虫	气滞血瘀疼痛,疝气,虫积腹痛

二、理气方

橘皮散(《元亨疗马集》)

【组成】青皮 25 g,陈皮 30 g,厚朴 30 g,桂心 15 g,细辛 5 g,茴香 30 g,当归 25 g,白芷 15 g,槟榔 15 g,研末加葱、盐、醋灌服。

【功效】理气活血,暖肠止痛。

【主治】马伤水腹痛起卧证。证见回头观腹,起卧,肠鸣如雷,口色青淡,脉象沉涩。

【方解】伤水腹痛起卧证,伤水是本,腹痛是标,急则治其标,故方中陈皮、青皮辛温理气为主药;厚朴温中下气,槟榔行气消导,当归活血顺气均为辅药;水为阴邪,阴盛则寒,用桂心温中回阳,细辛、茴香、白芷散寒止痛共为佐药;葱、酒引经为使。

【临诊应用】本方主治伤水冷痛起卧,如尿不利加滑石、木通,肠鸣重者加苍术、皂角。气滞腹胀,起卧不安用丁香散(丁香、木香、陈皮、青皮、槟榔、二丑、麻油)治之。

【方歌】橘皮散中青陈归,桂辛芷朴槟榔茴,飞盐苦酒葱三茎,伤水腹痛首方推。

平胃散(《太平惠民和剂局方》)

【组成】苍术 60 g,陈皮 45 g,厚朴 45 g,甘草 20 g,生姜 20 g,大枣 30 g,研末开水冲调，灌服。

【功效】燥湿健脾，行气和胃。

【主治】湿滞脾胃，慢草。

【方解】脾主运化，喜燥恶湿，若湿浊困阻脾胃，则运化失常，水草难消，治宜燥湿健脾。方中苍术苦温性燥，最善除湿健脾为主药；厚朴行气燥湿，消胀除满为辅药；佐以陈皮，理气化滞；甘草甘缓和中，调和诸药，生姜、大枣调和脾胃共为使药。

【临诊应用】本方为治湿滞脾胃之主方，随证加减，可用于治疗多种脾胃病症。湿热者加黄芩、黄连；寒湿者加干姜、肉桂；食滞不化者加山楂、神曲、麦芽；便秘者加大黄、芒硝；脾虚者加党参、黄芪。

如本方以白术易苍术，加山楂、香附、砂仁，即为"消积平胃散"，主治马料伤不食。

【方歌】平胃苍朴陈甘草，除湿散满姜枣好。

其他理气方，见表 2-22。

表 2-22　其他理气方

方名及来源	组成	功效	主治
健脾散（《元亨疗马集》）	当归、白术、甘草、菖蒲、泽泻、厚朴、官桂、青皮、陈皮、干姜、茯苓、五味子	温中行气，健脾利水	脾气痛。证见蹇唇似笑，泻泄肠鸣，摆头打尾，卧地蹲腰等
消胀汤（《中兽医研究所研究资料汇集》）	酒大黄、醋香附、木香、藿香、厚朴、郁李仁、牵牛子、木通、五灵脂、青皮、白芍、枳实、当归、滑石、大腹皮、乌药、莱菔子（炒）、麻油（为引）	消胀破气，宽肠通便	马急性肠气胀
三香散（《中国兽药典》）	丁香、木香、藿香、青皮、陈皮、槟榔、牵牛子	破气消积，宽肠通便	胃肠臌气

任务二十一　理血方药

凡能调理血分，治疗血分病证的药物（方剂），称为理血药（方）。

血分病分为血虚、血溢（即出血）、血热和血瘀四种。血虚宜补血，血溢宜止血，血热宜凉血，血瘀宜活血。故理血方药有补血、活血祛瘀、清热凉血和止血四类。清热凉血药（方）已在清热药中叙述，补血药（方）将在补益药叙述，本节只介绍活血祛瘀药（方）和止血药（方）两类。

现代药理研究表明，理血药具有改善心脏功能，纠正微循环障碍，改善血液性质，调整血流分布，促进组织修复与再生，调整免疫功能与代谢等作用。

使用理血药（方）应注意以下几点。

（1）根据"气行血亦行，气滞血亦滞"的道理，多配行气药同用。

（2）活血祛瘀药兼有催产下胎作用，对怀孕动物要忌用或慎用。

（3）在使用止血药（方）时，除大出血应急救止血外，还须注意有无瘀血，若瘀血未尽（如出血暗紫），应酌加活血祛瘀药，以免留瘀之弊，若出血过多，虚极欲脱时，可加用补气药以固脱。

一、理血药

(一)活血祛瘀药

本类药物具有活血祛瘀、疏通血脉的作用,故又称为行血药,适用于瘀血疼痛,痈肿初起,跌打损伤,产后血瘀腹痛,肿块及胎衣不下等。某些药性缓和的行血药还具有活血养血的功效,配补血药同用,可治疗血虚诸证。因气血相互依存,关系密切,"气滞则血瘀,血瘀则气滞",在应用时,应适当地配合行气药,或适当佐以酒、醋则能更好地发挥疗效。

川芎(芎穹)

川芎为伞形科多年生草本植物川芎的根茎,生用、酒炒用或麸炒用(图 2-72)。

图 2-72 川芎

【性味归经】温,辛。入肝、胆、心包经。

【功效】活血行气,祛风止痛。

【主治】血瘀气滞作痛,胎衣不下,跌打损伤,疮痈肿毒,风湿痹痛等。

【附注】川芎辛温香窜,主入气血分,活血之中又能行气,且走而不守,能上行头顶,内通胸胁,旁行四肢,中开郁结,下达血海,外彻皮毛,古人称之为"血中之气药",故为理血行气要药。

本品含挥发油、川芎内酯、生物碱及酚性物质等,有镇痛,镇静,镇痉作用,少量能刺激子宫的平滑肌使之收缩,大量则反使子宫麻痹而停止收缩,并有抑菌作用。

桃仁(桃仁泥)

桃仁为蔷薇科落叶乔木植物桃或山桃的种仁,去皮生用或炒用。

【性味归经】平,苦。入心、肝、肺、大肠经。

【功效】破血祛瘀,润肠通便。

【主治】产后瘀血腹痛,跌打损伤,瘀血肿痛,肠燥便秘等。

【附注】桃仁味苦性平,质润,入心肝经血分,为活血通经之常用药。瘀血引起的腰痛,用桃仁破血行瘀,瘀血去则腰痛亦除。

本品富含油脂,入大肠经,有润肠通便之功。本品含苦杏仁苷和苦杏仁酶、脂肪油、挥发油、维生素 B_1 等,有显著的抑制血凝,止咳,润肠通便的作用。

图 2-73 红花

红花(草红花)

红花为菊科一年生草本植物红花的花,生用(图 2-73)。

【性味归经】温,辛。入心、肝经。

【功效】活血通经,祛瘀止痛。

【主治】产后瘀血腹痛,胎衣不下,跌打损伤,痈肿疮疡等。

【附注】红花味辛行散,性温能通,善走心肝血分而活血祛瘀,尤长于通经。多量活血破血，少量养血，为治疗胎产血瘀的常用药。

【附药】藏红花为鸢尾科多年生草本植物藏红花的花柱头，又称番红花，性味甘微寒，入心、肝经。有与红花相似的作用，但力量较强，又有凉血，解毒之功，尤宜温热病热入血分，热郁血瘀，血热毒盛引起的斑疹之症。

本品含红花苷、红花黄色素、红花油等，有兴奋子宫、肠管、血管和支气管平滑肌，使之加强收缩作用。

延胡索（玄胡、元胡）

延胡索为罂粟科多年生草本植物延胡索的块茎，醋炒用（图 2-74）。

【性味归经】温，苦、辛。入心、肝、脾经。

【功效】活血通经，行气止痛。

【主治】心胸痹痛，胸腹疼痛，跌打损伤，产后腹痛等。

【附注】延胡索辛散苦泄温通，既能入血分而活血祛瘀，又能走气分而行气止痛，为血中之气药，止痛之佳品。故用于躯体各部位由于气血凝滞之多种疼痛症最为适宜。单用本品研末灌服即有良效。

本品含多种生物碱，醋炒可使生物碱溶解度大大提高，能显著提高痛阈，有镇痛作用，并有镇静，催眠，松弛肌肉、解痉和中枢性镇吐作用。

图 2-74　延胡索

丹参（紫参丹参、血参根）

丹参为唇行科多年生草本植物丹参的根及根茎，生用或酒炒用（图 2-75）。

【性味归经】微寒，苦。入心、肝经。

【功效】活血祛瘀，凉血消痈，养血安神。

【主治】产后恶露不尽，瘀滞腹痛，胃脘疼痛，疮痈肿毒，血虚心悸，神昏烦躁等。

【附注】丹参味苦微寒，主要以活血祛瘀、凉血消痈，清心安神三方面为其特长，对于血瘀兼热者尤为相宜。

本品含丹参酮、丹参酚和维生素 E 等，有镇静、安神作用，能明显改善心肌功能，改善微循环，促进组织的修复，加速骨折的愈合，有抑菌作用。此外，还有增强机体的免疫功能，降低血糖及抗肿瘤等作用。

图 2-75　丹参

郁金（玉金）

郁金为姜科植物郁金、姜黄、莪术的块根，生用或醋炒用（图 2-76）。

【性味归经】寒，辛、苦。入肝、心、胆经。

【功效】清心解郁，行气活血，祛瘀止痛，利胆退黄。

【主治】气滞血瘀的胸腹疼痛，肝胆结石痛，急慢肠黄，湿热黄疸，热病神昏，跌打损伤，疮黄肿毒等。

【附注】郁金活血行气，为治疗气滞血瘀，湿热黄疸等常用药，并为利胆、止痛之要药。

图 2-76　郁金

本品含姜黄素、挥发油等，具有促进胆汁生成和分泌，并能收缩胆囊，促进胆汁排泄，抑制胃酸和抗溃疡，有镇痛、解痉和催眠作用。

牛膝（川牛膝、怀牛膝）

图 2-77　牛膝

牛膝为苋科植物牛膝（怀牛膝）或川牛膝的根，生用、醋炒用或酒炒用（图 2-77）。

【性味归经】平，苦、甘、酸。入肝、肾经。

【功效】活血通经，利尿通淋，引火（血）下行，补肝肾，强筋骨。

【主治】产后腹痛，跌打损伤，腰胯无力，胎衣不下，四肢疼痛，水肿，小便不利等。

【附注】牛膝味苦甘酸性平，性善下行，主祛下焦瘀血而有活血祛瘀通经之功。既能补肝肾，强筋骨，又能通血脉而利关节，故治腰膝关节酸痛下部疾患为其专长。

本品含生物碱、多种钾盐及黏液质等，具有镇痛、抗炎和轻度利尿作用，并能兴奋子宫，抑制心脏、肠道的收缩。

三棱（荆三棱、京三棱）

图 2-78　三棱

三棱为黑三棱科植物黑三棱（荆三棱）的块茎，生用或醋制用（图 2-78）。

【性味归经】平，辛、苦。入肝、脾经。

【功效】破血行气，消积止痛。

【主治】产后瘀滞腹痛，瘀血结块，食积气滞，肚腹胀痛等。

【附注】三棱味苦性平，功能破血行气，消积止痛。多用于血瘀积块等。

本品含挥发油及淀粉等，能显著抑制血小板聚集，对血栓形成有抑制作用，并对子宫有兴奋作用。

莪术（蓬莪术）

图 2-79　莪术

莪术为姜科植物莪术的块茎，生用或醋制后用（图 2-79）。

【性味归经】温，苦、辛。入肝、脾经。

【功效】破血行气，消积止痛。

【主治】产后瘀血疼痛，食积不化，肚腹胀满，跌打肿痛等。

【附注】莪术辛散温通，香烈行气通窍，为气中之血药。

本品含挥发油、黏液质等，能抑制血小板聚集，有抗血栓形成作用；能兴奋胃肠平滑肌；可改善局部微循环，具有主动免疫保护作用，并有抑菌作用。

益母草(益母蒿、茺蔚子)

益母草为唇形科一年生或二年生植物益母草的全草,生用(图 2-80)。

【性味归经】微寒,苦、辛。入肝、心、膀胱经。

【功效】活血祛瘀,利尿消肿,清热解毒。

【主治】产后瘀血疼痛,恶露不尽,小便不利,水肿,皮肤瘙痒,疮痈肿毒等。

【附注】益母草辛开苦降,入心、肝经,能活血祛瘀以通经,走血分而专行血祛瘀,为产科之要药。味苦降泄通利,有利尿消肿之功。茺蔚子为益母草的种子,微寒,苦、辛,入心包、肝经,有活血调经,清肝明目功效,用于产后瘀血腹痛,目赤肿痛。

图 2-80　益母草

本品含益母草碱、水苏碱、油酸等,能兴奋子宫,使其紧张度与收缩力增强,频率加速,可用于产后帮助子宫复原,排出恶露,还能治疗子宫功能性出血。有明显的利尿作用,并有降血压、扩张血管和抑菌作用。

(二)止血药

本类药具有制止内外出血的作用,适用于各种出血证,如便血、衄血、尿血、子宫出血及创伤出血等。治疗出血,必须根据出血的原因和不同的症状,选择适当药物进行配伍,如属血热妄行出血,应与清热凉血药同用;属于气虚不能摄血的,应与补气药同用;属于瘀血内阻的,应与活血祛瘀药同用。

地榆(地于、赤地榆)

地榆为蔷薇科植物地榆的根,生用或炒炭用(图 2-81)。

【性味归经】微寒,苦、酸。入肝、胃、大肠经。

【功效】凉血止血,解毒敛疮。

【主治】各种出血,烧伤烫伤,湿疹,疮疡痈肿等。

【附注】地榆味苦酸性微寒,能凉血止血,多用于下焦血热所致的便血、血痢等。本品清热解毒,又有收敛之功,故为治疗烫伤之要药。用于烫伤,取生地榆研末,麻油调敷,可使渗出液减少,疼痛减轻,愈合加速。

本品含大量鞣质、皂苷、糖及维生素 A 等,可缩短凝血时间,并能收缩血管,故有止血、抑菌作用。

图 2-81　地榆

槐花(槐蕊、槐花米)

槐花为豆科植物槐树的花蕾(槐米),生用或炒炭用。

【性味归经】微寒,苦。入肝、大肠经。

【功效】凉血止血,清肝明目。

【主治】各种出血,目赤肿痛等。

【附注】槐花性凉苦降，为清下焦血热出血之主药。地榆与槐花均有凉血止血的功效，常相须为用。地榆解毒敛疮为治疗烫伤要药，槐花为泻火养阴之品。

【附药】槐角为槐树的果实，其性味功效与槐花相似，有润肠功效，但止血作用较槐花弱，主要用于便血、便秘目赤等。

本品含云香苷、槐花素、芦丁等，具有改善毛细血管功能，防治因毛细管脆性过大、通透性过高而引起的出血，并有抗炎作用。复方芦丁片，为人医临床常用减压药。

蒲黄(香蒲)

图 2-82 蒲黄

蒲黄为香蒲科植物水烛香蒲或同属植物的花粉，生用或炒用(图 2-82)。

【性味归经】平，甘。入肝、脾、心包经。

【功效】活血祛瘀，收敛止血，利尿。

【主治】各种出血证。

【附注】蒲黄味甘性平，生用能活血祛瘀，利小便，治产后瘀血作痛，跌打损伤，血淋，小便不利，尿痛等；炒炭用能收涩止血，治吐血、衄血、尿血及创伤出血等。

本品含挥发油、生物碱、黄酮苷等，有收缩子宫作用，能缩短凝血时间。

其他理血药，见表 2-23。

表 2-23 其他理血药

药名	药用部位	性味归经	功效	主治
乳香	树脂	温，苦、辛。入肝经	活血止痛，消肿生肌	跌打损伤，瘀血肿痛等
没药	树脂	平，苦。入肝、胃经	活血祛瘀，消肿止痛	跌打损伤，瘀血肿痛等
王不留行	种子	平，苦。入肝、胃经	活血通经，下乳消瘀	产后腹痛，乳痈肿痛，痈肿疮疡
五灵脂	粪便	温，苦、咸、甘。入肝经	通利血脉，活血止痛	瘀血阻滞，吐血，便血，胎衣不下
穿山甲	鳞甲	微寒，苦。入心、肝经	活血通络，消肿排脓，通窍下乳	痈疮肿毒，乳汁不通，风湿痹症
血竭	树脂	平，甘、咸。入心、肝经	活血疗伤，止血生肌	跌打损伤，瘀滞心腹疼痛，外伤出血，疮疡
白及	块茎	平，苦。入肝经	散瘀止痛，续筋接骨	跌打损伤，骨折伤筋
侧柏叶	叶	寒，苦、甘、涩。入肺、胃、肝经	收敛止血，消肿生肌	肺胃出血，外伤出血，痈肿疮疡
小蓟	全草	微温，苦、涩。入肝、脾、肺经	收敛止血，杀虫	血种出血，外寄生虫
三七	根及根茎	寒，甘。入心、肝经	凉血止血，清热安胎，利尿解毒	血热出血，胎动不安，小便淋沥不畅
仙鹤草	全草	微温，苦、涩。入肝、脾、肺经	收敛、止血、补虚杀虫	各种出血，劳伤，外寄生虫

二、理血方

红花散(《元亨疗马集》)

【组成】红花 20 g,没药 20 g,桔梗 20 g,神曲 30 g,枳壳 20 g,当归 30 g,山楂 30 g,厚朴 20 g,陈皮 20 g,甘草 15 g,白药子 20 g,黄药子 20 g,麦芽 30 g,研末开水冲调,灌服。

【功效】活血理气,消食化积。

【主治】料伤五攒痛。

【方解】本方证系因喂饲精饲料过多,饮水过少,运动不足,脾胃运化失职,致使谷料毒气凝于肠胃,吸入血液,流注肢蹄所致。方中红花、没药、当归活血化瘀为主药;枳壳、厚朴、陈皮、三仙行气宽中,消食化积为辅药;桔梗开胸隔滞气,黄药子、白药子凉血解毒为佐药;甘草和中缓急,协调诸药为使药。

【临诊应用】马料伤五攒痛(料伤蹄叶炎),可随证加减应用。红花散为中兽医外科学治疗跌打损伤的重要方剂。

【方歌】红花归没朴三仙,枳陈草桔二药煎。

当归散(《元亨疗马集》)

【组成】当归 30 g,天花粉 20 g,黄药子 20 g,枇杷叶 20 g,桔梗 20 g,白药子 20 g,丹皮 20 g,白芍 20 g,红花 15 g,大黄 15 g,没药 20 g,甘草 10 g,共为末,水煎数沸,加童便 100 mL,候温灌服。

【功效】和血止痛,宽胸顺气。

【主治】马胸膊痛。证见胸膊疼痛,束步难行,频频换足,站立困难,口色深红,脉象沉涩。

【方解】本方为治闪伤胸膊痛的常用方剂。本方证多因踏空跌倒,闪伤前肢胸膊,瘀血瘩气凝结不散所致。方中当归、红花、没药、白芍活血通络,散瘀止痛为主药;丹皮、大黄、花粉、黄药子、白药子清热凉血,消肿破瘀,大黄同时还能助主药行瘀滞,共为辅药;佐以桔梗、枇杷叶宽胸顺气,利膈散滞,引药上行直达病所;甘草协调诸药,童便消瘀通经共为使药。诸药相合,共奏和血止痛,宽胸顺气之效。

【临诊应用】本方主要用于马、牛胸膊痛。治疗时结合放胸堂血或蹄头血,疗效更好。本方去桔梗、白药子、红花名"止痛散"(《元亨疗马集》),治马肺气把膊,即胸膊痛。

【方歌】当归黄药与枇杷,丹芍桔梗共天花,军红没药生甘草,胸膊疼痛效堪夸。

生化汤(《傅青主女科》)

【组成】当归 120 g,川芎 45 g,桃仁 45 g,炮姜 10 g,炙甘草 10 g,煎汤加黄酒 250 mL、童便 250 mL,灌服。

【功效】活血化瘀,温经止痛。

【主治】产后腹痛,恶露不尽,难产,死胎等。

【方解】本方主治产后血虚,寒邪乘虚而入,寒凝血瘀,留阻胞宫,致恶露不行,肚腹冷痛,故方以温经散寒,养血化瘀为主。方中重用当归补血活血,化瘀生新为主药;川芎活血行气,桃仁活血祛瘀生新均为辅药;炮姜入血散寒,温经止痛,黄酒温通血脉,以助药力共为佐药;炙甘草调和诸药为使药。

【临诊应用】本方为治疗产后瘀血阻滞，恶露不行之基础方，以产后受寒而致瘀滞者为宜。如产后腹痛，恶露中血块较多者，加蒲黄、五灵脂(失笑散)；寒甚者，加肉桂；产后恶露已去，仅腹痛，去桃仁，加延胡索、益母草；产后体热，去炮姜，加黄芩、柴胡。

【方歌】生化汤是产后方，归芎桃草加炮姜，黄酒童便共为引，配合失笑效更良。

通乳散(江西省中兽医研究所方)

【组成】黄芪 60 g，党参 40 g，通草 30 g，川芎 30 g，白术 30 g，川续断 30 g，山甲珠 30 g，当归 60 g，王不留行 60 g，木通 20 g，杜仲 20 g，甘草 20 g，阿胶 60 g，共为末，开水冲调，加黄酒 100 mL，候温灌服，也可水煎服。

【功效】补益气血，通经下乳。

【主治】气血不足，经络不通所致的缺乳症。

【方解】本方用于气血不足之缺乳症。乳乃血液化生，血由水谷精微气化而成；气衰则血亏，血虚则乳少。方中黄芪、党参、白术、甘草、当归、阿胶气血双补以培其本，为主药；杜仲、川续断、川芎补肝益肾，通利肝脉，木通、山甲、通草、王不留行通经下乳，以治其标为辅佐药；黄酒助药势为使药。诸药相合，补益气血，通经下乳。

【临诊应用】用于母畜体质瘦弱，气血不足之缺乳症。对于气机不畅，经脉阻滞，阻碍乳汁通行的缺乳症宜用由当归、王不留行、路路通、山甲珠、木香、瓜蒌、生元胡、通草、川芎组成的通乳散(《中兽医治疗学》)，以调畅气机，疏通经脉。

【方歌】通乳散芪参术草，归杜芎断通草胶，木通山甲王不留，黄酒为引催乳好。

其他理血方，见表 2-24。

表 2-24 其他理血方

方名及来源	组成	功效	主治
桃红四物汤(《医宗金鉴》)	桃仁、当归、赤芍、红花、川芎、生地	活血祛瘀，补血止痛	血瘀诸证
血府逐瘀汤(《医林改错》)	当归、生地、牛膝、红花、桃仁、柴胡、赤芍、枳壳、川芎、桔梗、甘草	活血行瘀，理气止痛	打损伤及血瘀气滞诸证
跛行散(经验方)	当归、红花、骨碎补、土鳖虫、自然铜、地龙、制南星、大黄、血竭、乳香、没药、甘草	活血祛瘀，消肿止痛	跌打损伤
十黑散(《中兽医诊疗经验·第二集》)	知母、黄柏、地榆、蒲黄、栀子、槐花、侧柏叶、血余炭、杜仲、棕榈皮	清热泻火，凉血止血	气血不足、经络不通所致的缺乳
槐花散(《本事方》)	炒槐花、炒侧柏叶、荆芥炭、炒枳壳	清肠止血，疏风理气	便血
秦艽散(《元亨疗马集》)	秦艽、炒蒲黄、瞿麦、车前子、天花粉、黄芩、大黄、红花、当归、白芍、栀子、甘草、淡竹叶	清热通淋，祛瘀止血	热积膀胱、努伤尿血

执业兽医资格考试真题精选

1.水牛，使役后出现尿血，头低耳耷，精神短少，口色淡白，舌体绵软无力。治疗可选择的方剂是(　　)(2009年真题85)

A.槐花散　B.秦艽散　C.红花散　D.独活散　E.桃红四物汤

2.具有活血行气、祛风止痛作用的药物是(　　)(2010年真题58)

A.川芎　B.丹参　C.桃仁　D.赤芍　E.乳香

3.具有收敛止血、消肿生肌作用的中药是(　　)(2011年真题60)

A.白及　B.白果　C.白芍　D.白芷　E.白前

4.具有活血祛瘀、养血安神作用的药物是(　　)(2012年真题58)

A.沙参　B.丹参　C.党参　D.苦参　E.玄参

5.具有散瘀止血、消肿止痛作用的药物是(　　)(2013年真题58)

A.桃仁　B.红花　C.乳香　D.没药　E.三七

6.具有收敛止血、消肿生肌作用的中药是(　　)(2014年真题58)

A.白及　B.白果　C.白芍　D.白芷　E.白前

7.主治料伤五攒痛的方剂是(　　)(2015年真题57)

A.四物汤　B.生化汤　C.红花散　D.茴香散　E.橘皮散

任务二十一真题
参考答案

任务二十二　补益方药与补法

凡能补益气血阴阳不足，治疗虚证的药物(方剂)，称为补虚药或补益药(方)。消除虚弱的治疗方法属“八法”中的“补法”。

虚证主要分为气虚、血虚、阴虚、阳虚四证。所以补养药(方)也相应地分为补气、补血、滋阴、助阳四类。由于动物气血阴阳有着不可分割的联系，阳虚者，同时会出现气虚，而气虚者，也易导致阳虚；阴虚者，多兼见血虚，血虚者，也可引起阴虚；因此，补气和助阳，补血和养阴，往往相须为用。如遇气血双亏，阴阳俱虚的证候，则补养药的使用又须灵活掌握，采用气血双补或阴阳两助的方法。

现代药理研究表明，补虚药具有兴奋中枢神经系统，增强机体的抗病能力或修复能力；刺激造血器官，增强造血机能；保护肝脏，防止肝糖原的减少；保护肾脏，防止蛋白流失；改善机体血液循环及营养状况，促进性腺机能等。

使用补虚药(方)时应注意以下几点。

(1)补虚药(方)虽能扶正，但应用不当会产生留邪的副作用，所以当实邪未尽时，不宜早用。若病邪未解，正气已虚，则以祛邪为主，酌加补虚药扶正，以增强抵抗力，达到既祛邪又扶正的目的。

(2)因脾胃为水谷之海，营卫、气血生化之源，所以补气血应以补中焦脾胃为主。

(3)补气助阳药(方)多甘温辛燥，易耗阴液，凡阴虚火旺者慎用。

一、补益药

(一)补气药

多味甘，性平或偏温，主入脾、胃、肺经，具有补肺气，益脾气的功效，适用于脾肺气虚证。因脾为后天之本，生化之源，故脾气虚则见精神倦怠、食欲不振、肚腹胀满、泄泻等；肺主一身之气，肺气虚则气短气少，动则气喘，自汗无力等。

人参(白参、红参)

人参为五加科多年生草本植物人参的根，加工成不同规格的商品，如生晒参、红参、糖参、白参等(图 2-83)。

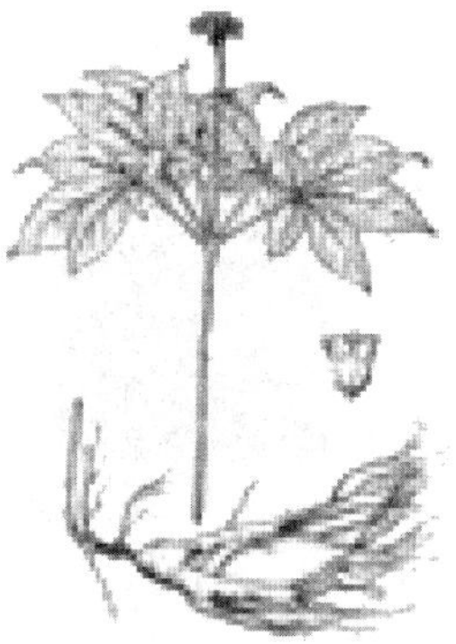

图 2-83 人参

【性味归经】微温，甘、微苦。入心、肺、脾、肾经。

【功效】大补元气，补脾益肺，生津止渴，养心安神。

【主治】大失血，大吐泻及一切疾病因元气虚极而出现的气息短促，脉微欲绝等。

【附注】人参甘温，大补元气，有双向调节的作用，调和五脏六腑，达到滋补的功效，主治一切虚损证候。

本品含人参皂苷、生物碱、多种氨基酸等，能兴奋中枢神经，增强机体免疫功能，有抗疲劳、促进造血功能恢复，并有抗癌功效。本品对多种动物心脏有先兴奋后抑制作用。

党参(潞党参、台党参)

图 2-84 党参

党参为桔梗科多年生草本植物党参的根，生用或蜜炙用(图 2-84)。

【性味归经】平，甘。入脾、肺经。

【功效】健脾补肺，益气养血，生津止渴。

【主治】久病气虚，倦怠乏力，器官下垂，肺虚喘促，脾虚泄泻，热病伤津等。

【附注】党参甘平，善补中气，又益肺气，性质平和，其健脾而不燥，滋胃而不湿，润肺而不寒凉，养血而不滋腻，且鼓舞清阳、振奋中气而无刚燥之弊，为治虚证要药，尤以气血两虚之证最为适宜。

本品含皂苷、维生素、生物碱、菊糖等。有降压作用，能增强网状内皮系统的吞噬功能，能增强机体的抵抗力，有升高血糖的作用，可促进凝血，调节胃肠运动，抵制胃酸分泌，有降低胃蛋白酶活性的作用。

黄芪(黄耆、北芪)

黄芪为豆科多年生植物黄芪的根，生用或蜜炙用(图 2-85)。

【性味归经】微温，甘。入脾、肺经。

【功效】补气升阳，固表止汗，托毒生肌，利水消肿。

【主治】脾肺气虚，食少倦怠，气短，表虚自汗，泄泻，器官下垂，疮疡溃后久不收口，气虚水肿，小便不利等。

【附注】黄芪生用重在走表而达皮肤，能固表止汗，托里透脓，敛疮生肌收口；炙用重在走里而补中益气，升提中气，补气生血，利尿消肿，为补气助阳之要药。黄芪补气升阳、利水消肿宜炙用，固表止汗、托毒生肌宜生用。

本品含糖类、胆碱、氨基酸、甜菜碱等，能兴奋中枢神经系统，增强网状内皮系统的吞噬功能，提高抗病能力，对正常心脏有加强其收缩的作用，对因中毒或疲劳而陷于衰竭的心脏，有显著的强心作用，并有扩张血管，改善皮肤血液循环及抑菌作用。

图 2-85　黄芪

白术(冬术)

白术为菊科多年生草本植物白术的根茎，生用、麸炒用或土炒用(图 2-86)。

【性味归经】温，甘、苦。入脾、胃经。

【功效】益气健脾，燥湿利水，固表止汗，养血安胎。

【主治】寒湿痹痛，脾虚泄泻，食少，水肿，自汗，胎动不安等。

【附注】白术甘温补中，苦能燥湿，为补脾燥湿之要药。生用偏于燥湿，炒用偏于健脾。白术与苍术均有较强的燥湿健脾作用，白术补多于散，故能止汗；苍术燥湿之力优，散多于补，故能发汗。

本品含挥发油、维生素 A 样物质等，有降低血糖，促进胃液分泌的作用。还有促进血液循环、利尿、保肝及抑菌作用。

图 2-86　白术

山药(淮山药)

山药为薯蓣科多年蔓生草本植物薯蓣的块根，生用或炒用(图 2-87)。

【性味归经】平，甘。入脾、肺、肾经。

【功效】补脾益胃，补肺养阴，补肾涩精。

【主治】脾胃虚弱，食少纳差，泄泻，肺虚久咳，肾虚遗精尿频等。

【附注】山药味甘性平，补而不滞，温而不燥，为培补脾胃肺肾虚之要药，治脾虚泄泻，怠惰嗜卧，四肢困倦，虚喘多汗，肾虚遗精，尿频等。

本品含皂苷、胆碱等，具有滋补、助消化、止咳祛痰等作用。

图 2-87　山药

甘草(国老、甜草)

图 2-88 甘草

甘草为豆科多年生草本植物甘草的根,生用或蜜炙用(图 2-88)。

【性味归经】平,甘。入十二经。

【功效】健脾益气,解毒,镇咳祛痰,缓急止痛,调和药性。

【主治】脾胃虚弱,倦怠乏力,疮疡肿痛,咳嗽痰多,咽喉肿痛,药物和食物中毒等。

【附注】甘草味甘性平,生用性偏凉而清热,炙用性偏温而补益。甘草入十二经,应用范围较广,又治血虚脏躁、痰多咳嗽、咽喉肿痛及胸腹四肢挛急作痛,解一切毒,治药物、食物中毒。

本品含甘草酸、甘草苷、挥发油等,有解毒,抗利尿,抗炎,抗过敏性反应和镇咳作用。

(二)补血药

多味甘,性平或偏温,多入心、肝、脾经,有补血的功效,适用于体瘦毛焦、口色淡白、精神萎靡、心悸脉弱等血虚之证。

当归(全当归、归尾、归身)

图 2-89 当归

当归为伞形科多年生草本植物当归的根,切片生用或酒炒用(图 2-89)。

【性味归经】温,甘、辛。入肝、脾、心经。

【功效】补血活血,祛瘀止痛,润肠通便。

【主治】血虚劳伤,跌打损伤,瘀血肿痛,胎产诸疾,风湿痹痛,肠燥便秘等。

【附注】当归辛甘温润,芳香行散,既能补血,又能活血,还能逐瘀生新,是治疗血分疾病的要药,能使气血各归其所,故名。当归酒浸则活血,盐水炒则下行,醋炒则止血,油炒则润肠。补血用当归身,破血用当归尾,和血(即补血活血)用全当归。

本品含挥发油、水溶性生物碱、维生素、烟酸等,对子宫有“双向性”调节作用,有抗血小板凝集和抗血栓作用,能保护肝脏,有镇静、镇痛和抗炎作用,对机体免疫功能有促进作用,并有抑菌作用。

白芍(杭芍)

图 2-90 白芍

白芍为毛茛科多年生草本植物芍药的根,生用、酒炒用(图 2-90)。

【性味归经】微寒,苦、酸。入肝、脾经。

【功效】养血敛阴,平肝止痛,安胎。

【主治】阴血不足,躁动不安,腹痛泻痢,阴虚盗汗,胎动不安等。

【附注】芍药有赤白两种,白补而赤泻,白收而赤散。白芍有养血敛阴柔肝止痛之功,赤芍有活血散瘀之效。

本品含芍药苷、挥发油、芍药碱等，有解痉、镇痛、抗惊厥、降压、扩张血管及广谱抗菌作用。

熟地黄(熟地、九地、大熟地)

熟地黄为玄参科多年生草本植物地黄的加工制品。

【性味归经】微温，甘。入心、肝、肾经。

【功效】补血滋阴，益精填髓。

【主治】血虚诸证，肝肾阴虚所致的潮热、盗汗、腰胯疼痛等。

【附注】熟地由生地加工蒸熟而成，味甘微温，质地柔润，有补血滋阴之功，阴血两虚者最宜应用。又可益精补髓壮骨，为补益肝肾阴血之要药。

本品含地黄素、葡萄糖及多种氨基酸等，有强心利尿、保肝、降低血糖、增强免疫功能、防止肝糖原减少等作用。

阿胶(驴皮胶)

阿胶为马科动物驴的皮去毛而熬制、浓缩而成的固体胶块。

【性味归经】平，甘。入肺、肾、肝经。

【功效】补血止血，滋阴润肺，安胎。

【主治】血虚体弱，多种出血证，阴虚肺燥咳嗽，妊娠胎动等。

【附注】阿胶味甘性平质润，为补血养阴要药，阴虚血虚无不宜。本品又善止血，一切失血之症也常应用。本品含骨胶原，水解生成多种氨基酸，有加速血液中红细胞和血红蛋白生长的作用，能改善动物体内钙的平衡，促进钙的吸收，有助于血清中钙的存留，并有促进血液凝固的作用，故善于止血。

何首乌(首乌、地精)

何首乌为蓼科多年生草本植物何首乌的块根，生用或制用(图 2-91)。

【性味归经】微温，甘、苦、涩。入肝、肾经。

【功效】补肝肾，益精血，润肠通便。

【主治】阴虚血少，血虚便秘，腰膝痿软等。

【附注】何首乌味苦甘性微温，能补肝肾，壮筋骨，润肠通便。用治肝肾亏损，血虚诸症。

本品含蒽醌衍生物、大黄酸、大黄素甲醚等，能促进细胞的新生和发育，促进肠管蠕动，有缓和泻下和抑菌作用。

图 2-91　何首乌

(三)助阳药

味甘或咸，性温或热，多入肝、肾经，有补肾助阳，强筋壮骨作用，适用于形寒肢冷，腰胯无力，阳痿滑精，肾虚泄泻，畏寒怕冷，小便频数等。因“肾为先天之本”，故助阳药主要用于温补肾阳。对肾阴衰微不能温养脾阳所致的泄泻，也用补肾阳药治疗。

巴戟天(巴戟、巴戟肉)

图 2-92 巴戟天

巴戟天为茜草科多年生藤本植物巴戟天的根,生用、酒炙用或盐水炙用(图 2-92)。

【性味归经】微温,辛、甘。入肝、肾经。

【功效】补肾阳,强筋骨,祛风湿。

【主治】肾虚阳痿,腰膝疼痛,风湿痹痛,宫冷不孕,小便频数等。

【附注】巴戟天壮阳益精,强筋健骨,善治肾阳虚诸证。湿痹、腰酸腿痛,宜生用;阳痿早泄、宫冷不孕,宜盐炙用;肾阳不足,宜甘草水炙用,腰膝软弱无力,肌肉萎缩,宜酒炙用。

本品含维生素 C、糖类及树脂等,有降低血压作用,能增加体重和抗疲劳,具有明显的促肾上腺皮质激素样作用,有抑菌作用。

肉苁蓉(苁蓉、大芸)

图 2-93 肉苁蓉

肉苁蓉为列当科植物肉苁蓉的带鳞叶的肉质茎,多盐炙用(图 2-93)。

【性味归经】温,甘、咸。入肾、大肠经。

【功效】补肾壮阳,润肠通便。

【主治】肾虚阳痿,滑精早泄,宫冷不孕,筋骨痿弱,腰膝疼痛,肠燥便秘等。

【附注】肉苁蓉质润多液,温补不燥,滋而不腻,补而不峻,有存阴生阳之功,从容和缓之性,故能温补肾阳而补肾虚,又润肠通便而治便秘。

本品含微量生物碱、苷类和结晶性中性物质,可增强免疫力。有降压作用,还可作为膀胱出血和肾出血的止血药。

淫羊藿(仙灵脾)

淫羊藿为小檗科多年生草本植物淫羊藿的地上部分,生用或用羊脂油炙用(图 2-94)。

图 2-94 淫羊藿

【性味归经】温,辛。入肾经。

【功效】温肾助阳,强筋壮骨,祛风除湿。

【主治】肾虚阳痿,宫冷不孕,风湿痹痛,筋骨无力,腰膝冷痛,尿频。

【附注】淫羊藿为补命门的要药,有壮阳益气的功能。治阳痿、母畜不发情或配种不受胎等。

本品主要成分为淫羊藿总黄酮、淫羊藿苷及多糖等,具有雄性激素样作用,可兴奋神经和促进精液的分泌,明显提高性机能,其叶及根作用最强,果实次之,茎最弱,能提高机体免疫功能,对骨髓灰质炎病毒和肠道病毒有抑制作用,还具有抗缺氧、镇静、抗惊厥、镇咳、祛痰的作用。

杜仲(绵杜仲)

杜仲为杜仲科落叶乔木杜仲的树皮,生用或盐水炒用(图 2-95)。

【性味归经】温,甘、微辛。入肝、肾经。

【功效】补肝肾,强筋骨,安胎。

【主治】腰膝酸痛,筋骨乏力,肾虚阳痿,风寒湿痹,胎动不安或习惯性流产。

【附注】杜仲功能补肝养肾,肾充则骨强,肝充则筋健,故为治肝肾不足或风湿痹痛的要药。

本品含树脂、杜仲胶、糖苷、有机酸等,具有抗炎、止痛、抗疲劳和调节细胞免疫平衡的功能。

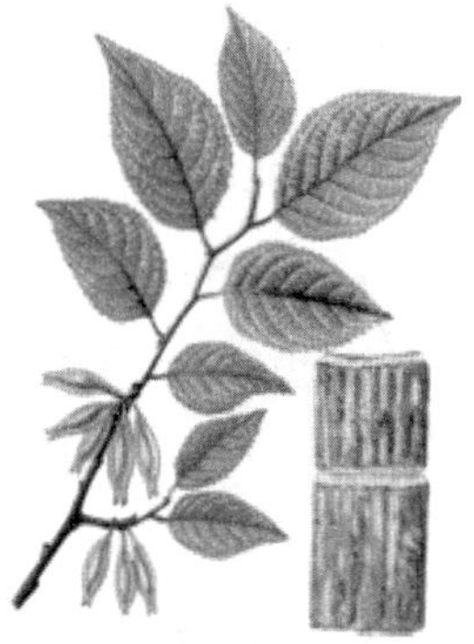

图 2-95　杜仲

(四)滋阴药

味多甘,性平或凉,主入肺、胃、肝、肾经。具有滋肾阴、补肺阴、养胃阴、益肝阴等功效,适用于肺阴虚,口干舌燥,干咳痰少;胃阴虚,舌红少苔,津少口渴,肠燥便秘;肝阴虚,眼干目昏;肾阴虚,腰胯无力,遗精盗汗等。

枸杞子(贡果)

枸杞子为茄科落叶灌木植物宁夏枸杞子的成熟果实,生用(图 2-96)。

【性味归经】平,甘。入肝、肾经。

【功效】滋补肝肾,益精明目。

【主治】肝肾亏损,阳痿遗精,腰胯无力,不孕,视物不清等。

【附注】枸杞子为平补之药,不寒不热,平补肝肾,故对阴虚、血虚及阳虚诸证,皆可使用。

本品含甜菜碱、胡萝卜素、核黄素、抗坏血酸及氨基酸等,有增强机体免疫功能的作用,有保肝、抗脂肪肝作用,可轻微抑制脂肪在肝细胞内沉积并促进肝细胞新生。

图 2-96　枸杞子

天门冬(天冬)

天门冬为百合科多年生攀缘草本植物天门冬的块根,生用(图 2-97)。

【性味归经】寒,甘、苦。入肺、肾经。

【功效】养阴清热,润肺滋肾。

【主治】干咳少痰,阴虚内热,口干痰稠,肺肾阴虚,津伤口渴等。

【附注】天门冬能清肺热,壮肾水,滋阴解渴,用于上焦,能清心热,降肺火而化热痰,以治肺热喘咳。

本品含天冬酰胺(即天冬素)、维生素 A 及少量β-固甾醇等,有镇咳祛痰作用,能提高免疫功能,有抑菌作用。

图 2-97　天门冬

麦冬(麦门冬、寸冬)

图 2-98 麦门冬

麦冬为百合科植物麦门冬的块根,生用(图 2-98)。

【性味归经】微寒,甘、微苦。入肺、胃、心经。

【功效】养阴润肺,益胃生津。

【主治】肺阴不足,燥热干咳,劳热咳嗽,口渴贪饮,肠燥便秘,躁动不安等。

【附注】麦冬甘寒质润,能养阴生津润燥,故用治阴虚内热,肺胃阴伤,津枯肠燥。

本品含黏液质、多量葡萄糖、维生素 A 及少量β-固甾醇等,有镇咳祛痰,强心利尿作用,有较强的抑菌作用。

沙参(南沙参、北沙参)

图 2-99 沙参

南沙参为桔梗科轮叶沙参或杏叶沙参的根,北沙参为伞形科植物珊瑚菜的根,生用(图 2-99)。

【性味归经】微寒,甘、微苦。入肺、胃经。

【功效】养阴清肺,益胃生津。

【主治】肺热咳喘,热病伤津,口干舌燥等。

【附注】沙参味甘苦性寒,为清热保肺之药。甘补肺气,苦寒清肺热,凡肺有虚热、咳嗽、衄血等证,用之甚佳。若热证犯肺,气逆多痰,用鲜沙参药力更大。南沙参祛痰作用较好,北沙参养阴功效较强。

本品含挥发油、生物碱及多种香豆素化合物等,能刺激支气管黏膜,使分泌物增多,故有祛痰作用。

百合(白百合、药百合)

图 2-100 百合

百合为百合科多年生草本植物百合的肉质鳞茎,生用或蜜炙用(图 2-100)。

【性味归经】微寒,甘。入心、肺经。

【功效】润肺止咳,清心安神。

【主治】肺燥干咳,肺虚久咳,躁动不安,心神不宁。

【附注】百合味甘性寒,善治阴虚咳喘。

本品含酚酸甘油酯、甾体糖苷和甾体生物碱等,有润肺、祛痰、止咳、健胃、安心定神、促进血液循环、清热利尿等功效。

其他补益药,见表 2-25。

表 2-25　其他补益药

药名	药用部位	性味归经	功效	主治
大枣	果实	温，甘，入脾、胃经	补中益气，养血安神，缓和药性	脾胃虚弱，食少便溏
益智	果实	温，辛，入脾、肾经	补肾固精，温脾止泻	滑精，尿频，泄泻
续断	根茎	温，辛、苦，入肝经	补肝肾，强筋骨，利关节，安胎	腰膝酸软，胎动不安，骨折
补骨脂	果实	温，辛、苦，入肾、脾经	补肾壮阳，固精缩尿，温脾止泻	肾阳不足，命门火衰，阳痿不举，腰膝冷痛，跌打损伤，久泻久痢
骨碎补	根茎	温，苦，入肝、肾经	活血续筋，补肾壮骨	跌打损伤，肾虚腰痛久泻
胡芦巴	种子	温，苦，入肾经	温肾助阳，散寒止痛	寒疝腹痛，阳痿滑泄
菟丝子	种子	温，甘，入肝、肾、脾经	补益肝肾，固精缩尿	阳痿不举，宫冷不孕，肾虚滑精
锁阳	肉质茎	温，甘，入肝、肾、大肠经	补肾阳，益精血，润肠通便	肝肾亏虚痿证，腰膝酸痛，筋骨痿软，滑精，小便频数，阳痿，不孕，肠燥便秘
山茱萸	果实	微温，酸、涩，入肝、肾经	补益肝肾，涩精缩尿	腰膝酸软，阳痿不举，滑精，体虚欲脱
石斛	根茎	微寒，甘，入胃、肾经	养阴清热，益胃生津	津伤烦渴，阴虚发热
女贞子	果实	凉，甘、苦，入肝、肾经	滋补肝肾	久病虚损，腰酸膝软，阴虚发热

二、补益方

四君子汤(《和剂局方》)

【组成】党参 60 g，炒白术 60 g，茯苓 45 g，炙甘草 15 g，研末开水冲调，灌服。

【功效】益气健脾。

【主治】脾胃气虚。证见体瘦毛焦，精神倦怠，四肢无力，食少便溏，舌淡苔白，脉虚无力。

【方解】本方为补气基础方。脾胃为后天之本，气血生化之源，补气必须从脾胃着手。方中党参补中益气为主药；白术苦温，健脾燥湿为辅药；茯苓甘淡，渗湿健脾为佐药；炙甘草甘温，益气和中，调和诸药为使药。

【临诊应用】补气健脾的许多方剂，都是从本方演变而来。本方加陈皮以理气化滞，名“异功散”，主治脾虚兼有气滞者；加陈皮、半夏以理气化痰，名“六君子汤”，健脾止呕，主治脾胃气虚兼有痰湿；六君子汤加木香、砂仁以行气止痛，降逆化痰名“香砂六君子汤”，健脾和胃，理气止痛，主治脾胃气虚，寒湿滞于中焦。

【方歌】四君子汤中和义，参术茯苓甘草比。

四物汤(《和剂局方》)

【组成】熟地黄 60 g，白芍 50 g，当归 45 g，川芎 25 g，研末开水冲调，灌服。

【功效】补血调血。

【主治】血虚、血瘀及各种血分证。

【方解】本方为治疗血虚血瘀的基础方。方中熟地滋阴补血为主药；当归补血活血为辅药；白芍养血敛阴为佐药；川芎活血行气为使药。本方补血而不滞血，行血而不破血，补中有散，散中有收，遂成治血要剂。

【临诊应用】本方加桃仁、红花，名“桃红四物汤”，养血活血逐瘀，用于治疗瘀血阻滞所致的四肢疼痛；本方合四君子汤名“八珍汤”，善补气血双虚，用于病后、产后气血两虚之证；八珍汤加黄芪、肉桂名“十全大补汤”，大补气血，温阳散寒，用于气血双亏兼阳虚有寒者。

【方歌】四物地芍与芎归，血家百病此方通，八珍合入四君子，气血双疗功独崇，再加黄芪与肉桂，十全大补补方雄。

补中益气汤(《脾胃论》)

【组成】炙黄芪 90 g，党参 60 g，白术 60 g，当归 60 g，陈皮 30 g，炙甘草 30 g，升麻 30 g，柴胡 30 g，水煎灌服。

【功效】补中益气，升阳举陷。

【主治】脾胃气虚及气虚下陷诸证。证见体瘦毛焦，精神倦怠，四肢无力，草料减少，脱肛，子宫脱垂，久泻久痢，自汗等。

【方解】本方为治疗脾胃气虚及气虚下陷诸证的常用方。方中以黄芪补中益气，升阳固表为主药；党参、白术、炙甘草温补脾胃，助主药补中益气为辅药；陈皮理气，当归补血，使补而不滞为佐药；升麻、柴胡升阳举陷，为补气方中的使药。诸药合用，一是补气健脾以治气虚之本；一是升提下陷阳气，以求浊降清升，使脾胃调和，水谷精微生化有源则脾胃气虚诸证自愈。

【临诊应用】本方是补气升阳的代表方，主要用于脾胃气虚以及脾虚下陷引起的久泻久痢、脱肛、子宫脱垂等症。

【方歌】补中参草术归陈，芪得升柴用更神，劳倦内伤功独擅，气虚下陷亦堪珍。

六味地黄汤(《小儿药证直诀》)

【组成】熟地黄 80 g，山萸肉 40 g，山药 40 g，泽泻 30 g，茯苓 30 g，丹皮 30 g，水煎服。

【功效】滋阴补肾。

【主治】肝肾阴虚。证见体瘦毛焦，腰胯无力，盗汗，耳鼻四肢温热，滑精早泄，粪干尿少，舌红苔少，脉细数等。

【方解】本方所治诸证，皆因肾阴亏虚，虚火上炎所致。方中熟地补肾滋阴，养血生津为主药；山萸肉酸温滋肾益肝，山药滋肾补脾均为辅药；共成肾、肝、脾三阴并补，为“三补”。泽泻配熟地而泻肾降浊，丹皮配山茱萸而泻肝火，茯苓配山药而渗脾湿，此即所谓“三泻”，泽泻、丹皮、茯苓共为佐药。本方补中有泻，寓泻于补，以补为主，泻是为防止滋补之品产生滞腻之弊。

【临诊应用】本方是滋阴补肾的代表方剂，适用于肝肾阴虚诸证。凡慢性肾炎、肺结核、周期性眼炎等，以及其他慢性消耗性疾病，凡属于肝肾阴虚者，均可加减使用。本方加知母、黄柏，名知柏地黄汤，功能滋阴降火，用于阴虚火旺；本方加五味子名“都气丸”，功能滋阴纳气，用于阴虚气喘；本方加麦冬、五味子名“麦味地黄丸”，功能敛肺纳肾，用于肺肾阴虚；本方加枸杞子、菊花名“杞菊地黄汤”，功能滋肾养肝，用于肝肾阴虚。

【方歌】地八山山四，丹苓泽泻三。

其他补益方，见表 2-26。

表 2-26 其他补益方

方名及来源	组成	功效	主治
参苓白术散（《和剂局方》）	党参、白术、茯苓、炙甘草、山药、扁豆、莲肉、桔梗、薏苡仁、砂仁	益气健脾，和胃渗湿	脾胃气虚，食欲减退，久泻不止
生脉散（《内外伤辨惑论》）	党参、麦冬、五味子	补气生津，敛阴止汗	暑热伤气，气津两伤
归脾汤（《济生方》）	白术、党参、炙黄芪、龙眼肉、酸枣仁、茯神、当归、远志、木香、炙甘草、生姜、大枣	健脾养心，益气补血	心脾两虚，气血不足所致的倦怠少食、心悸气短、舌淡脉弱，以及脾不统血引起的各种慢性出血证
归芪益母汤（《牛经备要医方》）	炙黄芪、益母草、当归	补气生血，活血祛瘀。	过力劳伤所致气血虚弱及产后血虚、瘀血诸证
巴戟散（《元亨疗马集》）	巴戟天、肉苁蓉、胡芦巴、小茴香、肉豆蔻、陈皮、青皮、肉桂、木通、川楝子、槟榔	温补肾阳，通经止痛，散寒除湿	肾阳虚衰，腰胯疼痛，后腿难移，腰脊僵硬等
肾气丸（《金匮要略》）	熟地、山药、山茱萸、茯苓、泽泻、丹皮、附子（炮）、肉桂	温补肾阳	肾阳虚衰，尿清粪溏，后肢水肿，四肢发凉，动则气喘，阳痿滑精等
催情散（《中国兽药典》）	淫羊藿、阳起石（酒淬）、当归、香附、益母草、菟丝子	温肾壮阳，活血催情	母猪不发情及血虚不孕

执业兽医资格考试真题精选

（1～3 题共用题干）（2009 年真题 198～200）

养殖场 6 岁公犬，之前性欲旺盛，配种繁殖率高，近来日见形体瘦弱，腰胯无力，低热，口干，性欲下降，粪干尿少，舌红苔少，脉细数。

1. 治疗该病证常选用哪一类药物（　　）

A. 补气药　B. 补血药　C. 滋阴药　D. 助阳药　E. 清热药

2. 治疗该病可选用的方剂是（　　）

A. 银翘散　B. 巴戟散　C. 牡蛎散　D. 四君子汤　E. 六味地黄汤

3. 如该犬进而表现四肢发凉，尿清粪溏，腰腿不灵，动则气喘，舌淡苔白，方中可增加的药物是（　　）

A. 沙参、杜仲　B. 生地、沙参　C. 肉桂、附子
D. 肉桂、百合　E. 附子、枸杞子

4. 补血活血兼有润肠通便作用的药物是（　　）（2010 年真题 59）

A. 白芍　B. 阿胶　C. 当归　D. 山药　E. 百合

5. 牛，精神倦怠，体瘦毛焦，食欲不振，久泻不止，脱肛，口色淡白，脉虚。治疗宜选用的方剂是（　　）（2010 年真题 85）

A. 四物汤　B. 曲蘖散　C. 桂心散
D. 六味地黄汤　E. 补中益气汤

6. 具有补血止血，滋阴润肺，安胎功效的药物是(　　)(2011 年真题 161)

A. 当归　　B. 白芍　　C. 熟地黄　　D. 阿胶　　E. 丹参

7. 具有补气升阳、托毒生肌作用的药物是(　　)(2012 年真题 59)

A. 党参　　B. 黄芪　　C. 白术　　D. 山药　　E. 甘草

8. 公牛，形寒肢冷，后肢水肿，尿清粪溏，阳痿不举，口色淡，脉沉无力。治疗首选的方剂是(　　)(2012 年真题 85)

A. 八正散　　B. 秦艽散　　C. 肾气丸　　D. 六味地黄丸　　E. 麻黄汤

9. 具有补血止血、滋阴润肺、安胎功效的药物是(　　)(2014 年真题 59)

A. 当归　　B. 白芍　　C. 熟地黄　　D. 阿胶　　E. 丹参

10. 具有补中益气、清热解毒、润肺止咳、缓和药性作用的药物是(　　)(2015 年真题 58)

A. 党参　　B. 黄芪　　C. 甘草　　D. 山药　　E. 白术

11. 主治肺肾阴虚、咳嗽痰中带血的方剂是(　　)(2016 年真题 56)

A. 六味地黄汤　　B. 百合固金汤　　C. 巴戟散　　D. 清肺散　　E. 止嗽散

12. 犬，产后身体一直未恢复。证见皮毛枯槁，懒动，喜卧，心悸，口色淡白，脉细无力。治疗宜选用的基础方剂是(　　)(2016 年真题 85)

A. 肾气丸　　B. 四物汤　　C. 四君子汤
D. 补中益气汤　　E. 参苓白术散

13. 种公马，频繁配种后发病。证见腰胯无力，后腿难移，腰脊僵硬。治疗该证适宜的方剂是(　　)(2018 年真题 79)

A. 生脉散　　B. 红花散　　C. 巴戟散　　D. 千金散　　E. 防风散

任务二十二真题参考答案

任务二十三　固涩方药

凡具有收敛固涩作用，治疗各种滑脱证的药物(方剂)，称为固涩药(方)。

本类药物(方)，多为酸、涩之品，分别具有敛汗、止泻、固精、缩尿、止血、止嗽等作用，主要适用于各种滑脱不收的虚证，如久泻、久痢、二便失禁、脱肛、子宫脱、滑精、自汗、虚汗等证。但固涩药(方)大多数属于治标的对症治疗药，临诊应用时，必须根据“治病求本”的原则，在治本的基础上兼顾其标，所以本类药很少单独使用，多配伍治本药同用；如气虚配补气药；血虚配补血药；阴虚配滋阴药；阳虚配助阳药等。

使用注意事项：凡表邪未解或内有实邪者，应当忌用或慎用，以免留邪；肾火过旺的滑精和湿热未清的久泻，亦应忌用。

按其作用，本类方药又分为涩肠止泻和敛汗涩精两类。

现代药理研究表明，收涩药分别具有止汗，镇咳，促进胃液分泌，帮助消化或抑制胃液分泌，收敛或保护胃肠黏膜，抑制肠的蠕动等作用。这些作用对于多种滑脱证有改善症状的效果。

一、固涩药

(一)涩肠止泻药

性味酸涩，入肺与大肠经，具有收敛止泻，涩肠固脱作用，适用于久泻久痢、二便失禁、脱肛或子宫脱等。

乌梅(乌梅肉、酸梅)

乌梅为蔷薇科落叶乔木梅树的未成熟果实(青梅),去核生用或炒炭用(图 2-101)。

【性味归经】平,酸、涩。入脾、肺、大肠经。

【功效】敛肺止咳,涩肠止泻,安蛔止痛,生津止渴。

【主治】肺虚久咳,久泻久痢,伤津口渴,蛔虫病等。

【附注】乌梅酸涩,能收敛涩肠,和胃生津,止咳止泻,又因蛔得酸则伏,故为和胃安蛔之良药,乌梅之功全在于酸。止血宜炒炭用。

本品含苹果酸、枸橼酸、琥珀酸、β-谷甾醇、三萜等,能使胆囊收缩,促进胆汁分泌,增强机体的免疫功能,有抑菌作用。

图 2-101　乌梅

诃子(柯子)

诃子为使君子科落叶乔木诃子的成熟果实,生用或煨用(图 2-102)。

【性味归经】温,苦、酸、涩。入肺、大肠经。

【功效】涩肠止泻,敛肺止咳,下气利咽。

【主治】久泻久痢,脱肛,肺虚久咳,咽喉肿痛等。

【附注】诃子味苦降气,酸涩收敛,止咳宜生用,涩肠宜煨用,为肺虚久咳,为久泻久痢之要药。

本品含大量鞣质,其主要成分为诃子酸、原诃子酸等,有收敛、止泻及抑菌作用。

图 2-102　诃子

肉豆蔻(肉蔻、肉叩)

肉豆蔻为肉豆蔻科乔木肉豆蔻树的种仁,煨用或炒黄用(图 2-103)。

【性味归经】温,辛。入脾、胃、大肠经。

【功效】温中行气,涩肠止泻。

【主治】脾胃虚寒,久泻不止,肚腹胀痛,食欲不振,呕吐等。

【附注】肉豆蔻辛温芳香,有温中行气之功,为中下焦之药,因能散能涩,醒脾涩肠,为治脾虚肠寒泄泻之要药。生肉豆蔻有滑肠作用,经煨去油后则有涩肠止泻作用。

本品含挥发油(豆蔻油)、脂肪油等,少量服用,可增加胃液分泌,增进食欲、促进消化,有芳香健胃和轻微制酵作用,但大量则对胃肠道有抑制作用。

图 2-103　肉豆蔻

(二)敛汗涩精药

性多酸涩,能收敛固表,涩精止遗,缩尿的作用,适用于肾虚气弱所致的自汗、盗汗、阳痿、滑精、尿频等。

五味子（五味、北五味子）

五味子为木兰科多年生落叶木质藤本植物五味子的成熟果实，生用或醋炙用（图 2-104）。

图 2-104 五味子

【性味归经】温，酸、甘。入肺、心、肾经。

【功效】敛肺滋肾，生津敛汗，涩精止泻，宁心安神。

【主治】久咳虚喘，津少口渴，体虚自汗、盗汗，滑精及尿频数等。

【附注】五味子酸涩甘温，为补肺益肾之药，能敛肺气以止咳，固肾精以止滑，生津止渴，为治阴虚证的要药。五味子味甘，具有补气的功效，入肺经敛肺，入肾经涩精、入心经宁心神，入脾经止泻。

本品含挥发油、维生素 C、鞣质等，对中枢神经系统有双向性调节作用，能增强中枢神经系统的兴奋与抑制过程，并使之趋于平衡，减轻疲劳感，能增加细胞免疫功能，调节胃液及促进胆汁分泌，镇咳，祛痰和抑菌作用。

龙骨（花龙骨、白龙骨）

龙骨为大型哺乳动物的骨骼化石，生用或煅用。

【性味归经】平，甘、涩。入心、肝、肾经。

【功效】镇惊安神，平肝潜阳，收敛生肌。

【主治】心神不宁，躁动不安，滑精，盗汗，久泻不止，湿疹及疮疡溃后久不收口等。

【附注】龙骨味甘涩性平，生用镇惊安神，平肝潜阳，收敛固涩，治心神不安，心悸失眠，惊痫癫狂；煅用研末外敷又有吸湿敛疮、生肌的功效，用治湿疹及疮疡久溃不愈等。

本品含碳酸钙、磷酸钙及钾、钠、镁、铝等元素，所含钙盐吸收后有促进血液凝固，降低血管壁的通透性，抑制骨骼肌的兴奋性等作用。

牡蛎（牡蛤、蛎蛤）

牡蛎为海产牡蛎科动物长牡蛎的贝壳，生用或煅用（图 2-105）。

图 2-105 牡蛎

【性味归经】微寒，咸、涩。入肝、胆、肾经。

【功效】平肝潜阳，软坚散结，敛汗涩精。

【主治】阴虚阳亢引起的躁动不安，自汗盗汗，滑精等。

【附注】牡蛎生用益阴潜阳，退虚热，软坚痰，煅用则固涩下焦，涩精道、治滑精，敛虚汗、治脱症，多与龙骨配用。

本品含碳酸钙、磷酸钙及硫酸钙，并含铝、镁、硅及氧化铁等，有降血脂，抗凝血，抗血栓作用，牡蛎多糖可促进机体免疫功能和抗白细胞下降的作用。

罂粟壳（粟壳）

罂粟壳为罂粟科一年生草本植物罂粟的成熟蒴果的外壳，生用或蜜炙用（图 2-106）。

【性味归经】平，酸、涩、微苦。入肺、大肠、肝、肾经。

【功效】敛肺涩肠，止痛固精。

【主治】久咳不止，久泻久痢，脱肛，急性或慢性肠黄腹痛等。

【附注】罂粟酸涩，为止痛止泻的良药。用于肠黄腹痛、久痢、久泻、久咳均有良效。

本品含吗啡、那可汀、罂粟碱等，能抑制中枢神经系统对于疼痛的感受性而止痛，能降低咳嗽中枢的兴奋性，弛缓气管平滑肌的痉挛作用，能减少呼吸频率而止咳，能松弛胃肠平滑肌使肠管蠕动减少而止泻。

图 2-106 罂粟壳

其他固涩药，见表 2-27。

表 2-27 其他固涩药

药名	药用部位	性味归经	功效	主治
石榴皮	果皮	温，酸、涩。入肺、大肠经	涩肠解毒，杀虫	泄泻，虫积
五倍子	虫瘿	温，酸、涩。入大肠经	敛肺止咳，涩肠止泻，杀虫止血	肺虚久咳，久泻久痢，出血
赤石脂	黏土矿物	温，甘、涩。入大肠、胃经	涩肠止泻，收敛止血，敛疮生肌	久泻久痢，便血，疮疡久溃
莲子	果实	平，甘、涩。入脾、肾、心经	补脾止泻，益肾固精，养心安神	脾虚泄泻，肾虚滑精
海螵蛸	骨状内壳	微温，咸、涩。入肝、肾经	固精止带，收敛止血，收湿敛疮	肾虚遗精，吐血，便血，外伤出血，湿疹等

二、固涩方

乌梅散(《元亨疗马集》)

【组成】乌梅(去核)15 g，干柿 25 g，黄连 20 g，姜黄 15 g，诃子肉 15 g，研末开水冲调，灌服。

【功效】清热燥湿，涩肠止泻。

【主治】幼小动物奶泻及其他动物湿热下痢。证见肚腹胀痛，泻粪如浆，卧地不起，回头观腹，口色赤红。

【方解】本方是治幼小动物奶泻的收敛性止泻方剂。方中乌梅涩肠止泻，生津止渴为主药；黄连清热燥湿止泻为辅药；佐以姜黄破血行气止痛，干柿、诃子涩肠止泻。诸药合用，涩肠止泻，清热燥湿。

【临诊应用】凡幼小动物奶泻或其他动物湿热泄泻，均可加减应用。热盛者，可加金银花、蒲公英、黄柏；水泻重者，可加猪苓、泽泻等利水渗湿药；体虚者，加党参、白术、茯苓、山药等以益气健脾。

【方歌】乌梅诃子和姜黄，干柿黄连奶泻方。

四神丸(《证治准绳》)

【组成】补骨脂 40 g，肉豆蔻 40 g，吴茱萸 25 g，生姜 30 g，大枣 30 g，研末调服。

【功效】温肾健脾，涩肠止泻。

【主治】脾肾虚寒泄泻。证见久泻不止，泻粪清稀，完谷不化，夜重昼轻，腰寒肢冷。

【方解】本方用于脾肾虚寒之泄泻。本方证由家畜体弱阳虚，命门火衰，不能上温脾阳，导致脾失健运所引起，治宜温肾暖脾，涩肠止泻。方中重用补骨脂温补肾阳，暖脾止泻，为主药；肉豆蔻温脾肾而涩肠止泻，吴茱萸暖脾胃而散寒湿，均为辅药；五味子酸敛固涩，涩肠止泻，为佐药；生姜助吴茱萸以温胃散寒，大枣补脾和中，均为使药。诸药合用，使脾肾温，运化复，大肠固，则诸症自愈。

【临诊应用】本方多用于脾肾虚寒之泄泻，也可用于马冷肠泄泻、慢性肠炎、慢性结肠炎，兼见脱肛者，可加黄芪、升麻、柴胡以升阳益气；寒重者，加附子、肉桂以温阳补肾。

【方歌】四神故脂与吴萸，肉蔻除油五味需，大枣须同姜煮烂，五更肾泻火衰扶。

牡蛎散（《和剂局方》）

【组成】煅牡蛎 80 g，麻黄根 45 g，生黄芪 45 g，浮小麦 200 g，研末开水冲调，灌服。

【功效】固表止汗。

【主治】体虚自汗。证见自汗、盗汗，夜晚尤甚，脉虚等。

【方解】方中牡蛎益阴潜阳，固涩止汗，为主药；生黄芪益卫气而固表为辅药；麻黄根专于止汗，浮小麦益心气，养心阴，止汗泄，二药助黄芪、牡蛎增强止汗功效，共为佐使药。诸药配合，共同发挥益气固表，敛阴止汗之功能。

【临诊应用】本方可随证加减，用于阳虚、气虚、阴虚、血虚之虚汗证。

【方歌】牡蛎黄芪麻黄根，体虚多汗浮小麦。

其他固涩方，见表 2-28。

表 2-28 其他固涩方

方名及来源	组成	功效	主治
金锁固精汤（《医方集解》）	沙苑蒺藜、芡实、莲须、煅龙骨、煅牡蛎、莲肉	补肾涩精	肾虚不固。证见滑精，早泄，腰胯四肢无力，尿频，舌淡，脉细弱
玉屏风散（《世医得效方》）	黄芪、白术、防风	益气固表，止汗	表虚自汗及体虚易感风邪

执业兽医资格考试真题精选

1. 乌梅散的功效是（　　）（2009 年真题 59）

A. 涩肠止泻、行气消胀　　B. 涩肠止泻、清热通淋　　C. 涩肠止泻、益气固表

D. 涩肠止泻、清热燥湿　　E. 固表止汗、清热燥湿

2. 能上敛肺气、下滋肾阴的收涩药是（　　）（2017 年真题 51）

A. 五味子　B. 浮小麦　C. 金樱子　D. 牡蛎　E. 芡实

3. 具有涩肠止泻、敛肺止咳功效的药物是（　　）（2018 年真题 52）

A. 诃子　B. 苏子　C. 莱菔子　D. 葶苈子　E. 菟丝子

任务二十三真题参考答案

任务二十四　平肝方药

凡能清肝热、息肝风的药物(方剂),称平肝药(方)。

本类药(方)具有清泻肝火,平肝潜阳,镇痉息风的功能,用以治疗肝受风热外邪侵袭引起的目赤肿痛,羞明流泪,云翳遮睛及肝风内动所致的抽搐痉挛,角弓反张,甚至猝然倒地等证。

根据平肝药(方)的功用不同,可分为平肝明目药(方)和平肝息风药(方)两类。

现代药理研究表明,平肝药多具有降压、镇静、抗惊厥作用。能抑制癫痫的发生,可使动物自主活动减少,部分药物还有解热、镇痛作用。

平肝药(方)主要治标,应用时应标本兼顾,并以治本为主,才能收到明显疗效。如因热邪引起者,应与清热泻火药同用;因风痰引起者,应与祛风化痰药配伍;因肾阴虚引起者,应与滋肾阴药配伍;因血虚生风者,应与补血养肝药配伍,因肝火盛者,应与清泻肝火药配伍。

一、平肝药

(一)平肝明目药

性味多寒凉甘咸,走肝经,具有清降肝火,宣散风热,退翳明目的功效,适用于肝火亢盛,肝经风热所致的目赤肿痛,睛生翳膜,流泪生眵,内外障眼等。

石决明(九孔螺、鲍鱼壳)

石决明为鲍科动物鲍的贝壳,生用或煅用(图 2-107)。

【性味归经】寒,咸。入肝经。

【功效】平肝潜阳,清肝明目。

【主治】目赤肿痛,羞明流泪,睛生翳膜,视物不明等。

【附注】石决明味咸质重,专入肝经,尤善平肝潜阳,凉肝镇肝;本品性寒,能清肝火而明目,为治肝火目赤之要药。

本品含碳酸钙、胆素等,为拟交感神经药,可治视力障碍及眼内障,故为眼科明目退翳的常用药。

图 2-107　石决明

草决明(决明子)

草决明为豆科一年生草本植物决明的成熟种子,生用或炒用(图 2-108)。

【性味归经】微寒,甘、苦、咸,入肝、大肠经。

【功效】清肝明目,润肠通便。

【主治】目赤肿痛,羞明流泪,粪便燥结。

【附注】决明苦寒,可降泄肝经郁热,有较好的清肝明目之功,为眼科的常用药。单用即可取效。本品味甘质润而多脂,又可润肠通便。

图 2-108　草决明

本品含大黄素、芦荟大黄素、大黄酚等成分,有泻下、降压、收缩子宫及催产作用。

(二)平肝息风药

多主入肝经,有平肝潜阳,息风止痉,缓解痉挛抽搐的作用。主要适用于肝风内动痉挛抽搐证。也可用于中风、惊风、癫痫及破伤风等证而见有惊厥抽搐者。

天麻(定风草、明天麻)

天麻为兰科植物天麻的根茎,多生用(图 2-109)。

【性味归经】甘,平。入肝经。

【功效】息风止痉,平抑肝阳,祛风通络。

【主治】肝风内动,中风惊痫,抽搐拘挛,破伤风,癫痫,风湿痹证,关节屈伸不利等。

【附注】天麻甘平柔润,专入肝经,功能息风止痉,为治肝风内动的要药。因其药性平和,故对惊风抽搐之症,不论寒证、热证,皆可配用。

本品含香草,维生素 A,苷类等,有镇静、镇痛、抗惊厥、抗癫痫和促进胆汁分泌作用。

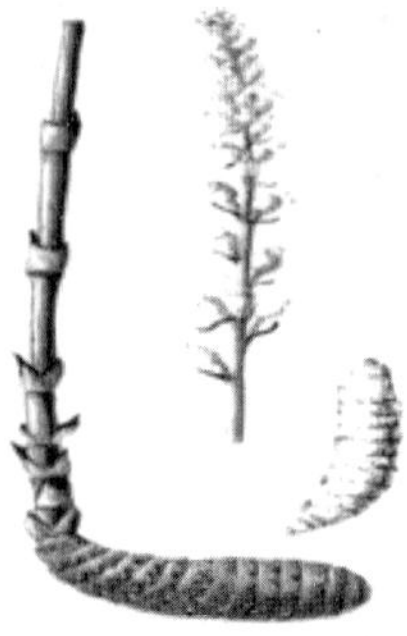

图 2-109 天麻

全蝎(全虫、蝎子)

全蝎为钳蝎科动物灰亚钳蝎的干燥体,生用(图 2-110)。

【性味归经】平,辛。有毒。入肝经。

【功效】息风止痉,通络止痛,攻毒散结。

【主治】高热惊风抽搐,癫痫,中风,风湿顽痹,疮疡肿毒等。

【附注】全蝎功专入肝,治肝经诸风,能息风解痉,散结,通络,则风瘫可除,为治惊风抽搐的要药。入药用全者,故称为全蝎;其尾药力最强,称为蝎尾。

本品含蝎毒素、蝎酸、卵磷脂等,有镇静,抗惊厥,使血压上升,有溶血作用,对心脏、血管、小肠、膀胱、骨骼肌等有兴奋作用。全蝎毒素对呼吸中枢有麻痹作用。

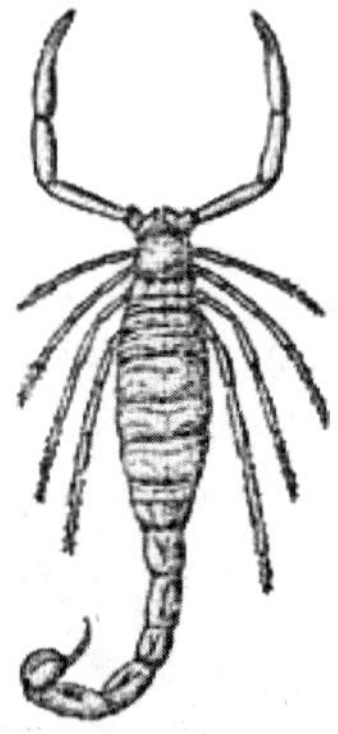

图 2-110 全蝎

僵蚕(白僵蚕、僵虫)

僵蚕为蚕蛾科昆虫家蚕 4～5 龄的幼虫在未吐丝前,因感染白僵病菌而发病致死的僵化虫体,生用或炒黄用。

【性味归经】平,辛、咸。入肝、肺经。

【功效】息风止痉,祛风止痛,化痰散结。

【主治】高热抽搐,痰热惊风,中风偏瘫,咽喉肿痛,目赤肿痛,风疹瘙痒,咳喘痰多等。

【附注】僵蚕能祛风止痛,化痰散结,散风热宜生用。

本品含蛋白质、脂肪等,能解热、祛痰、抗惊厥,有刺激肾上腺皮质的作用,有抑菌作用。

蜈蚣(吴公)

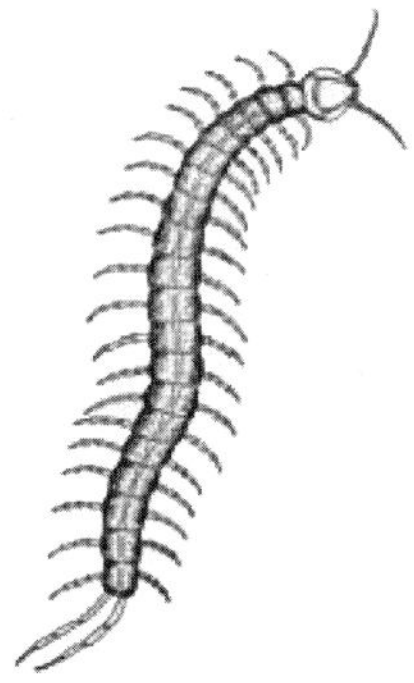

图 2-111　蜈蚣

蜈蚣为蜈蚣科动物少棘巨蜈蚣的干燥体,生用、酒洗用或研末用(图2-111)。

【性味归经】温,辛。有毒。入肝经。

【功效】息风止痉,攻毒散结,通络止痛。

【主治】破伤风,痉挛抽搐,疮疡肿毒,蛇咬伤,风湿痹痛等。

【附注】蜈蚣性善走窜,内行脏腑,外走经络,开气血凝聚,并能以毒攻毒,治金疮肿毒;更能搜风定惊,不论内风外风皆能定之。药力较钩藤、僵蚕、地龙、全蝎为强,用于重症抽搐痉挛。

本品含两种类似蜂毒的有毒成分,即组织胺样物质及溶血蛋白质,尚含酪氨酸、亮氨酸、蚁酸等,有抗惊厥作用,有抑菌作用。

钩藤(勾丁)

钩藤为茜草科常绿木质藤本植物钩藤及华钩藤的带钩茎枝,生用(图2-112)。

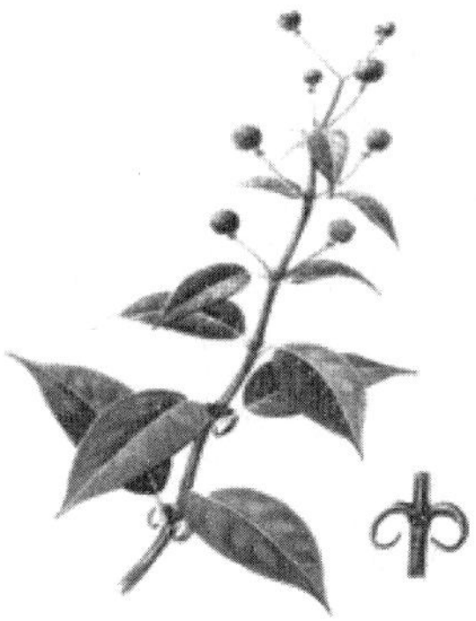

图 2-112　钩藤

【性味归经】微寒,甘。入肝、心包经。

【功效】息风止痉,平肝清热。

【主治】热病惊风,痉挛抽搐,癫痫,目赤肿痛,破伤风,外感风热等。

【附注】钩藤治虚风内动时常与滋阴补血药同用;治热盛风动时常与清热、潜阳药同用。

本品含钩藤碱和异钩藤碱等,能兴奋呼吸中枢,抑制血管运动中枢,扩张外周血管,使麻醉动物血压下降;有明显镇痛作用,对癫痫有抑制作用。

其他平肝药,见表2-29。

表 2-29　其他平肝药

药名	药用部位	性味归经	功效	主治
青葙子	种子	微寒,苦。入肝经	清肝火,退翳明目	目赤肿痛,羞明流泪
木贼草	全草	平,甘、微苦。入肺、肝、胆经	疏风清热,退翳明目	外感风热,目赤肿痛
地龙	虫体	寒,咸。入肝、脾经	清热定惊,平喘利尿	高热惊风,气喘水肿

二、平肝方

决明散(《元亨疗马集》)

【组成】煅石决明45 g,草决明45 g,栀子30 g,大黄30 g,白药子30 g,黄药子30 g,黄芪30 g,黄芩20 g,黄连20 g,没药20 g,郁金20 g,共为末加蜂蜜100 g、鸡蛋清4个,同调灌服。

【功效】清肝明目,退翳消瘀。

【主治】肝热传眼。证见目赤肿痛，眵盛难睁，云翳遮睛，口色赤红。

【方解】本方为明目退翳之剂。方中石决明、草决明清肝热，消肿痛，退云翳，为主药，黄连、黄芩、栀子清热泻火，黄药子、白药子凉血解毒，加强清肝解毒作用，为辅药；大黄、郁金、没药散瘀消肿止痛，黄芪托毒外出，均为佐药；使以蜂蜜、鸡蛋清为引。诸药相合，清肝明目，退翳消瘀。

【临诊应用】本方对于急性结膜炎、角膜炎、周期性眼炎等属于肝经实热者，均可随证加减应用。若云翳较重者，可酌加蝉蜕、木贼草、青葙子等；若目赤多泪者，可加白蒺藜；外伤性眼炎可加入桃仁、红花、赤芍等。

【方歌】决明散用二决明，芩连栀军蜜蛋清，芪没郁金二药入，外障云翳服之宁。

牵正散(《杨氏家藏方》)

【组成】白附子 20 g，僵蚕 20 g，全蝎 20 g，研末，开水冲调，加黄酒 100 mL，灌服。

【功效】祛风化痰。

【主治】歪嘴风。证见口眼歪斜，或一侧耳下垂，或口唇麻痹下垂等。

【方解】本方主证，俗称面瘫，系由风痰阻滞头面经络所致。方中白附子辛散，祛头目之风，为主药；僵蚕祛络中之风，兼能化痰，全蝎祛风止痉，共为辅佐药；黄酒助药力，宣通血脉，引诸药入络，直达病所，增强祛风通络作用，为使药。诸药相合，祛风化痰，通络止痉。

【临诊应用】临诊应用时可酌加防风、白芷、红花等，以加强疏风活血的作用；若用于风湿性或神经性颜面神经麻痹，可酌加蜈蚣、天麻、川芎、地龙等祛风通络止痉药物，以加强疗效。

【方歌】口眼歪斜牵正散，白附全蝎酒僵蚕。

千金散(《元亨疗马集》)

【组成】天麻 25 g，乌蛇 30 g，蔓菁子 30 g，羌活 30 g，独活 30 g，防风 30 g，升麻 30 g，阿胶 30 g，何首乌 30 g，沙参 30 g，天南星 20 g，僵蚕 20 g，蝉蜕 20 g，藿香 20 g，川芎 20 g，桑螵蛸 20 g，全蝎 20 g，旋覆花 20 g，细辛 15 g，生姜 30 g，研末开水冲调，灌服。

【功效】散风解痉，息风化痰，养血补阴。

【主治】破伤风。

【方解】本方用治破伤风。风邪由表而入，用蝉蜕、防风、羌活、独活、细辛、蔓荆子疏散风邪，为主药；风已入内，引动肝风，用天麻、僵蚕、乌蛇、全蝎息风解痉，以治内风为辅药；"治风先治血，血和风自灭"，用阿胶、沙参、何首乌、桑螵蛸、川芎养血滋阴，"去风先化痰，痰去风自安"，用天南星、旋覆花化痰息风，藿香、升麻升清降浊，醒脾开胃，共为佐使药。诸药相合，共同发挥散风解痉，息风化痰，补血养阴的功能。

【临诊应用】用治破伤风时，可根据病情随证加减。

【方歌】千金散治破伤风，牙关紧闭反张弓，天麻蔓荆蝉二活，防风蛇蝎蚕藿同，芎胶首乌辛沙参，升星旋覆螵蛸功。

其他平肝方，见表 2-30。

表 2-30　其他平肝方

方名及来源	组成	功效	主治
洗肝散 （《和剂局方》）	羌活、防风、薄荷、当归、大黄、栀子、甘草、川芎	疏散风热，清肝解毒	肝经风热。证见目赤肿痛，羞明流泪，四肢、关节肿痛等
镇肝息风汤 （《衷中参西录》）	怀牛膝、生赭石、生龙骨、生牡蛎、生龟板、生杭芍、玄参、天冬、川楝子、生麦芽、茵陈、甘草	镇肝息风，滋阴潜阳	阴虚阳亢，肝风内动所致的口眼歪斜、转圈运动或四肢活动不利、痉挛抽搐等

执业兽医资格考试真题精选

1.具有平肝息风作用的药物是(　　)(2010 年真题 60)

A.天麻　　B.杜仲　　C.山药　　D.麻黄　　E.桑叶

2.用于治疗肝火上炎、目赤肿痛的方剂是(　　)(2012 年真题 60)

A.独活散　　B.牡蛎散　　C.决明散　　D.巴戟散　　E.茴香散

3.具有清肝明目、退翳消瘀作用的方剂是(　　)(2013 年真题 59)

A.桃花散　　B.青黛散　　C.冰硼散　　D.决明散　　E.牵正散

4.具有平肝息风作用的药物是(　　)(2015 年真题 F59)

A.天麻　　B.杜仲　　C.山药　　D.麻黄　　E.桑叶

5.钩藤的功效除了息风止痉外，还有(　　)(2016 年真题下 57)

A.止痛　　B.平肝清热　　C.解毒散结　　D.化痰散结　　E.退翳膜

任务二十四真题
参考答案

任务二十五　安神开窍方药

凡能安定心神，通关开窍，以治疗心神不宁，神昏窍闭病证的药物(方剂)，称为安神开窍药(方)。

安神(方)与开窍药(方)分别具有镇静安神，养心定惊，醒神开窍，启闭祛邪的作用，适用于发热昏狂，躁扰不安，四肢抽搐，窍闭惊厥等。

根据药物(方)性质及功用的不同，本类药(方)又分为安神药(方)与开窍药(方)。

现代药理研究表明，安神药(方)能降低大脑中枢的兴奋性，有镇静、催眠、降压作用，有的尚有补血强壮、调整植物神经功能作用，能缓解或消除惊恐、狂躁不安等证候。某些药物的安神药还具有明目、解毒、敛汗生津、润肠等功效。开窍药(方)有通关开窍醒神的作用，对中枢神经系统有兴奋和抑制双重作用，增强中枢对缺氧的耐受力，抗缺氧、保护脑组织，抗血小板聚集，抗炎等作用。某些药物还有祛痰止咳、抑菌防腐、强心、改善冠状动脉血循环及提高机体免疫功能等药理作用。

一、安神开窍药

(一)安神药

安神的药物多以矿石、化石及植物种子入药。按其性能又分为重镇安神药和养心安神药。

重镇安神药：多来源于质重沉降的矿石、化石、贝壳类药物，取其重可镇惊的作用，以治阳气躁动的心惊、惊痫、狂乱者。多适用于实证。

养心安神药：多来源于质润滋养的植物药，取其养心柔肝、滋阴益血的作用，以治心肝血虚，心神失养的心悸、躁扰、心神不宁者。适用于虚证。

安神药的应用要根据不同的病因而选择相应的药物，并进行合理的配伍，如心火炽盛，要配伍清心降火药；肝阳上亢，当配伍平肝潜阳的药物等。矿石类安神药，易损伤脾胃，不宜久服，并须酌情配入健脾养胃药物。入煎剂，应打碎，久煎，对部分有毒性药物，应慎用。

朱砂（辰砂、丹砂）

朱砂为天然三方晶系硫化物类矿物辰砂族辰砂，研细水飞生用。

【性味归经】寒，甘。有毒。入心经。

【功效】镇心安神，清热解毒。

【主治】心神不宁，躁动不安，癫狂，惊痫，疮疡肿毒，咽喉肿痛，口舌生疮。

【附注】朱砂甘寒质重，寒能清热，重可镇怯，色赤入心而镇降心经之邪热，使邪热消除则心神安定，故为镇心安神之主药。

本品含硫化汞、氧化铁等，有镇静作用，能降低大脑中枢神经兴奋性，外用能抑杀皮肤细菌、寄生虫。

酸枣仁（枣仁）

图 2-113　酸枣仁

酸枣仁为鼠李科植物酸枣的成熟种仁，生用或炒用（图 2-113）。

【性味归经】平，甘、酸。入心、肝、胆、脾经。

【功效】养心安神，敛汗生津。

【主治】虚火上炎，心神不宁，躁动不安，津伤口渴，体虚自汗、盗汗。

【附注】酸枣仁甘酸收敛生津，善补肝胆兼宁心，在安神的同时，又兼有一定的滋养强壮作用。生用镇静作用较好，凡虚热、精神恍惚烦躁疲乏者用之；熟则收敛津液，胆虚不安，体虚自汗、盗汗，脾胃虚弱者用之。

本品含桦木素、桦木酸及丰富的维生素 C 等，有显著而持久镇痛、镇静和降温作用；有降压，抗缺氧作用；对子宫有兴奋现象；能减轻烧烫伤所引起的局部组织水肿。

远志（远志肉）

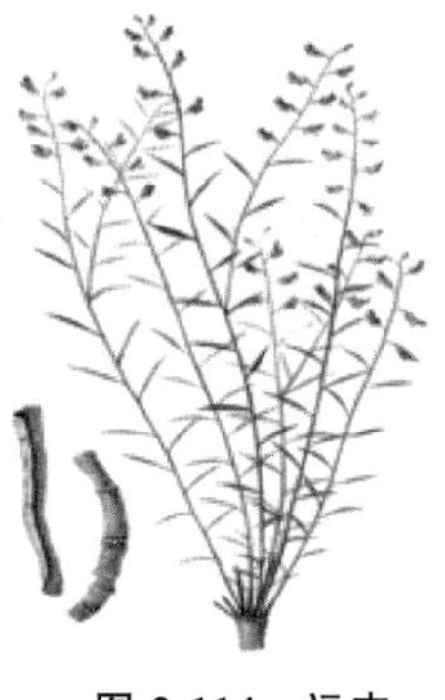

图 2-114　远志

远志为远志科植物远志或卵叶远志的根，生用或炙用（图 2-114）。

【性味归经】微温，苦、辛。入心、肾、肺经。

【功效】宁心安神，祛痰开窍，消痈散肿。

【主治】心虚惊恐，烦躁不安，癫痫，痉挛抽搐，咳嗽痰多，疮疡痈疽等。

【附注】远志苦温，苦能入心，使心气开通，则神志自宁；气温行血，且能化痰，故可消肿散结。

本品含远志皂苷、远志素等，具有镇静、催眠及抗惊厥作用；有较强的祛痰作用；对子宫有促进收缩和增强张力的作用；有抑菌作用。

(二)开窍药

具有走窜通窍，启闭祛邪作用，适用于热陷心包或痰浊蒙阻清窍所致的突然昏倒，癫痫，惊风，惊厥等病证。也适用于急性肚胀的病例。开窍药多芳香走窜伤气，故大汗、大泻，大吐、大失血和久病体虚及脱症者禁用。

石菖蒲(菖蒲、九节菖蒲)

石菖蒲为天南星科植物石菖蒲的根茎，生用或炒用(图 2-115)。

【性味归经】温，苦、辛。入心、肝、胃经。

【功效】豁痰开窍，宁心安神，化湿和中。

【主治】痰浊蒙蔽心窍，神志昏迷，癫痫抽搐，食欲不振，肚腹胀满等。

【附注】菖蒲辛温，能祛寒散冷，且芳香开窍，适应于清窍闭郁，风寒湿痹，神昏，腹胀等。

本品含丁香油酚、细辛醛、细辛酮等。水煎剂有镇静，抗惊厥作用；内服可促进消化液分泌，制止胃肠异常发酵，并有弛缓肠管平滑肌痉挛的作用。

图 2-115　石菖蒲

皂角(皂荚、大皂)

皂角为豆科植物皂荚的果实，生用(图 2-116)。

【性味归经】温，辛、咸。有小毒。入肺、大肠经。

【功效】豁痰开窍，消肿排脓，润肠通便，杀虫止痒。

【主治】顽痰风痰，破伤风，癫痫，喉痹，伤水冷痛，便秘等。

【附注】皂角研细末吹鼻喉，能通上窍，提神醒脑，治中风牙关紧闭。内服能祛风，除湿，消胀杀虫；外涂肌肤，则清风止痒，散肿消毒。

本品含皂苷、生物碱、黄酮苷等，对呼吸道黏膜有刺激作用；对离体子宫有兴奋作用；有抑菌作用。

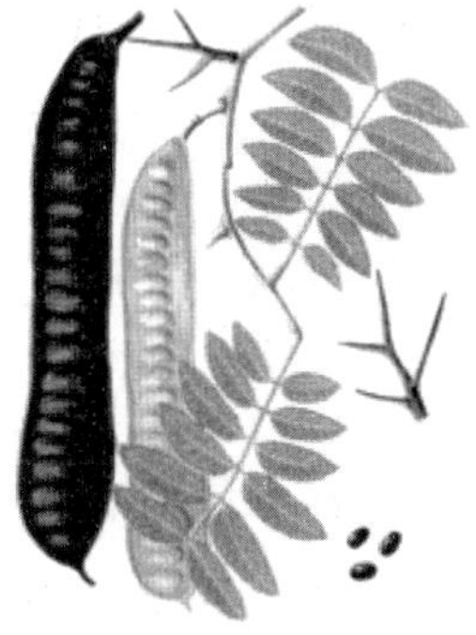
图 2-116　皂角

其他安神开窍药，见表 2-31。

表 2-31　其他安神开窍药

药名	药用部位	性味归经	功效	主治
磁石	磁铁矿	寒，辛，咸，入心、肝、肾经	潜阳纳气，镇惊安神，明目	烦躁不安，癫痫，视物不清
柏子仁	种仁	平，甘。入心、肾、大肠经	养心安神，润燥，止汗	惊悸，出虚汗，肠燥便秘
合欢皮(花)	树皮	平，甘。入心、肝经	安神解郁，活血消肿	心烦不宁，跌打损伤，疮痈肿毒
牛黄	结石	凉，苦、甘。入心、肝经	豁痰开窍，清热解毒，息风定惊	热病神昏，癫痫，狂躁，咽喉肿痛，口舌生疮，痈疽疔毒，痉挛抽搐

二、安神开窍方

朱砂散(《元亨疗马集》)

【组成】朱砂(另研)10 g,茯神 45 g,党参 45 g,黄连 30 g ,研末开水冲调,灌服。

【功效】安神清热,扶正祛邪。

【主治】心热风邪。证见全身出汗,肉颤头摇,气促喘粗,左右乱跌,口色赤红,脉洪数。

【方解】本方证由外感热邪,热积于心,扰乱神明所致。方中朱砂微寒,清热镇心安神,茯神宁心安神除烦,二要相合为主药;辅以黄连苦寒,清降心火;党参益气宁神,固卫止汗,扶正祛邪,为佐药。诸药合用,安神清热,扶正祛邪。

【临诊应用】随症加减,可用于心热风邪所致中暑等证。对火盛伤阴者,可加生地、竹叶、麦冬;正虚邪实者,加栀子、大黄、郁金、天南星、明矾等。

【方歌】心热风邪朱砂散,党参茯神加黄连。

通关散(《丹溪心法附余》)

【组成】皂角、细辛各等份,共为极细末,和匀,吹少许入鼻取嚏。

【功效】通关开窍。

【主治】高热神昏,痰迷心窍。证见猝然昏倒,牙关紧闭,口吐涎沫等。

【方解】本方为急救催醒之剂。方中皂角味辛散,性燥烈,祛痰开窍;细辛辛香走窜,开窍醒神,二者合用有开窍通关的作用。因鼻为肺窍,用于吹鼻,能使肺气宣通,气机畅利,神志苏醒而用于急救。

【临诊应用】本方为临时急救方法,苏醒后应根据具体病情进行辨证施治。本方只适用于闭证。脱证忌用。

【方歌】皂角细辛通关散,吹鼻醒神又豁痰。

其他安神开窍方,见表 2-32。

表 2-32 其他安神开窍方

方名及来源	组成	功效	主治
镇心散(《元亨疗马集》)	朱砂(另研)、茯神、党参、防风、远志、栀子、郁金、黄芩、黄连、麻黄、甘草	清热祛风,镇心安神	马心黄。证见眼急惊狂,浑身肉颤,汗出如浆,咬身啮足,口色赤红,脉象洪数

任务二十六 涌吐方药

凡以促使呕吐为主要功效,用于治疗毒物、宿食、痰涎等停滞在胃脘或胸膈以上的药物(方剂),称为涌吐药(方)。本类药物主归胃经,趋向升浮,且均有毒性。涌吐作为一种功效,及能通过诱发呕吐以达到排出蓄积体内的毒物、宿食、痰涎等有形实邪的治疗作用。

现代药理研究表明,涌吐药具有催吐的作用,主要是刺激胃黏膜的感受器,反射性地引起呕吐中枢兴奋所致。

使用涌吐药(方)注意事项。

(1)吐法是一种急救法,作用迅猛,应中病即止,如用之得当,收效迅速;如用之不当,则伤元气,损伤胃气。因此,老弱体虚、怀孕、产后、失血和喘息等患病动物,不宜使用。

(2)吐法多用于猪、犬、猫等小动物,牛、马不易呕吐,则不宜使用。

一、涌吐药

常山(鸡骨常山)

常山为虎耳草科植物常山的根,生用或酒制用。

【性能归经】寒,苦、辛。有小毒。入肺、心、肝经。

【功效】涌吐痰涎,截疟杀虫。

【主治】胸中痰饮,疟疾,杀灭疟原虫外并杀球虫。

【附注】常山祛痰而截疟,为治疟之要药。涌吐可生用,截疟宜酒制用。

瓜蒂(苦丁香、甜瓜蒂,香瓜蒂)

瓜蒂为葫芦科植物甜瓜的果蒂,生用。

【主要性能】苦,寒;有毒。归脾、胃经。

【功效】涌吐痰涎,祛湿退黄。

【主治】热痰,宿食滞胃,食物中毒,湿热黄疸。

【附注】瓜蒂苦寒有毒,主入胃经,功专涌泻,用于痰热郁积胸中,发为癫痫惊狂,或宿食、毒物停聚于胃脘而致胸脘痞硬等。本品研末吹鼻,可祛湿退黄。

胆矾(石胆、蓝胆)

胆矾为天然的硫酸盐类矿物胆矾的晶体,或为人工制成的含水硫酸铜。研末或煅后研末用。

【性味归经】寒,辛、酸、涩。有毒。归胃、肝、胆经。

【功效】涌吐风痰,解毒收湿,蚀疮祛腐。

【主治】喉痹,癫痫,误食毒物,风眼赤烂,口疮,肿毒不溃烂。

【附注】胆矾其性收敛上行,能涌风热痰涎,发散肝火,又能杀虫,故治咽喉口齿疮毒有奇功。

藜芦(山葱、鹿葱)

藜芦为藜芦科多年生草本植物黑藜芦的根茎,生用。

【性味归经】寒,辛、苦。有毒。归肺、肝、胃经。

【功效】吐风痰,杀虫毒。

【应用】中风,癫痫,喉痹,食物中毒,疥癣。

【附注】藜芦内服催吐作用较强,善吐风痰,外用有杀虫疗疮之功。

二、涌吐方

瓜蒂散(《金匮要略》)

【组成】甜瓜蒂、赤小豆各等份,分别研末混匀备用。

【功效】涌吐痰涎,宿食。

【主治】适用于痰涎,宿食,毒物停聚胃中。

【临诊应用】宿食、痰涎停于胃脘,或误食毒物尚留胃中。使用时,先用豆豉 15 g,加开水 300 mL 煮成稀粥状,去渣,用瓜蒂散 10 g,调入豆豉汤内,候温灌服,可加喂砂糖 30 g,以助药力。如不吐可将瓜蒂散稍加分量再服。

凡积滞在下或误食毒物时间过长,则不宜用此法。

【方歌】涌吐痰涎宿食方,瓜蒂小豆用之良。

任务二十七 驱虫方药

凡能驱除或杀灭动物体内、外寄生虫的药物(方剂),称为驱虫药(方)。

本类药物(方)多具有毒性,主要具有驱除或杀灭蛔虫、蛲虫、钩虫、绦虫、姜片吸虫、肝片吸虫、肺丝虫、疥癣、虱以及某些原虫等动物体内外寄生虫的作用。适用于寄生虫所引起的被毛粗乱,食少体弱,啃食异物,喜伏卧,磨牙,腹痛肚大,粪中带虫,口色及结膜淡白,皮肤疥癣,被毛脱落,瘙痒等症状。

使用驱虫药(方)应注意以下几方面。

(1)应用驱虫药,首先要明确诊断,然后根据肠寄生虫种类,选用相应的药物治疗。

(2)服用驱虫药一般宜配泻下药,促使麻痹虫体迅速排出,以免虫体在被驱出身体之前复苏。同时还需根据动物体质强弱,症情缓急,兼症不同,予以适当配伍。

(3)服用驱虫药一般再空腹时灌药为宜,以便药力充分作用虫体,从而奏效更为迅捷。

(4)驱虫药不但对虫体有毒害作用,而且对动物体也有不同程度的副作用,在杀灭动物体外寄生虫时,要防止其舔食,一次涂药面积不宜过大,以免引起中毒。

一、驱虫药

使君子(使君肉、留求子)

图 2-117 使君子

使君子为使君子科植物使君子干燥的成熟果实,生用或去壳取仁炒用(图 2-117)。

【性味归经】温,甘。入脾、胃经。

【功效】杀虫消积。

【主治】蛔虫,蛲虫引起的腹胀腹痛。

【附注】使君子味甘而气香,能助脾运化、导肠中积滞,又能驱杀肠道寄生虫,故为驱除寄生虫及脾胃不和之要药。

本品含使君子酸钾、胡芦巴碱、脂肪油等，对蛔虫、蛲虫有麻痹作用，有抑菌作用。

川楝子（金铃子、苦楝子）

川楝子为楝科植物川楝树干燥的成熟果实，捣碎生用。川楝皮（苦楝皮）也可入药，功用为杀虫疗疥（图2-118）。

【性味归经】寒，苦，有小毒。入肝、脾、胃经。

【功效】疏肝泄热，行气止痛，杀虫。

【主治】蛔虫、蛲虫，疝气，肚腹胀痛等。

【附注】川楝子能行气消积，杀虫止痛，多配用治湿热气滞而致的肚腹胀痛。川楝子所治疝气是指睾丸鞘膜积液、睾丸与附睾炎、小肠疝气等所引起的疼痛；对可复性小肠疝气（阴囊赫乐尼亚）所引起的局部疼痛、牵引痛有缓解作用。

本品含川楝素、生物碱、楝树碱、鞣质及香豆树的衍生物等，对蛔虫头部有麻痹作用，对蛲虫也有作用，对钩虫有驱杀作用，有抑菌作用。

图2-118 川楝子

贯众（贯仲、管仲）

贯众为鳞毛蕨科植物贯众的根茎及叶柄残基，生用（图2-119）。

【性味归经】寒，苦，有小毒。入肝、胃经。

【功效】杀虫，清热解毒，凉血止血。

【主治】绦虫，蛲虫，钩虫，湿热毒疮，外用治疥癣。

【附注】贯众为常用的解毒避疫杀虫药。对流感、痘疹、血斑等热性病和绦虫、蛲虫等多种寄生虫均有效验。

贯众因其有抑菌防病和驱虫壮膘作用，常作为中草药饲料添加剂应用。

本品含绵马酸、绵马酚等，有驱虫、抑菌作用。

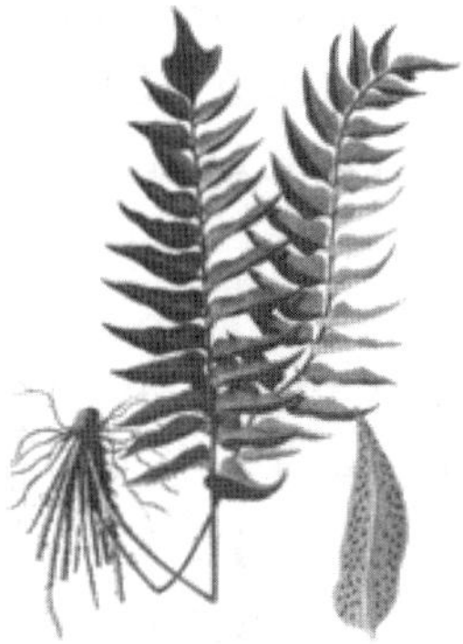

图2-119 贯众

蛇床子

蛇床子为伞形科植物蛇床干燥的成熟果实，生用（图2-120）。

【性味归经】温，辛、苦，有小毒。入肾、三焦经。

【功效】燥湿杀虫，温肾壮阳。

【主治】湿疹瘙痒，疥癣，肾虚阳痿，腰胯冷痛，宫冷不孕等。

【附注】蛇床子功能与菟丝子、巴戟天相似，唯补肾之力较弱，而有杀虫止痒作用。

蛇床子含多种挥发油、蛇床酚、香柑内酯、蛇床子素、香豆类成分及棕榈酸等。蛇床子浸膏具有性激素样作用。有抗心律失常，降低血压作用。尚有抗微生物、寄生虫、杀灭阴道滴虫、抑制絮状表皮癣菌的作用，并有局部麻醉作用。

图2-120 蛇床子

其他驱虫药，见表 2-33。

表 2-33 其他驱虫药

药名	药用部位	性味归经	功效	主治
雷丸	菌核	寒，苦，有小毒。入胃、大肠经	杀虫	绦虫，蛔虫，钩虫
鹤虱	种子	平，苦、辛，有小毒。入脾、胃经	杀虫，止痒	蛔虫，蛲虫，绦虫，钩虫，疥癣等
南瓜子	种子	平，甘。入胃、大肠经	驱虫	绦虫，血吸虫

二、驱虫方

万应散(《医学正传》)

【组成】槟榔 30 g，大黄 60 g，皂角 30 g，苦楝根皮 30 g，黑丑 30 g，雷丸 20 g，沉香 10 g，木香 15 g，共为末，温水冲服。

【功效】攻积杀虫。

【主治】蛔虫、姜片吸虫、绦虫等虫积证。

【方解】方中雷丸、苦楝根皮杀虫为主药；黑丑、大黄、槟榔、皂角既能攻积，又可杀虫为辅药；木香、沉香行气温中为佐药；合而用之，具有攻积杀虫之功。

【临诊应用】用于驱除蛔虫、姜片吸虫、绦虫等虫积证。

【方歌】万应散中槟丑黄，苦楝根皮和木香，沉香皂角雷丸入，驱虫化积用此方。

槟榔散(《全国中兽医经验选编》)

【组成】槟榔 24 g，苦楝根皮 18 g，枳实 15 g，朴硝(后下)15 g，鹤虱 9 g，大黄 9 g，使君子 12 g，共为末，开水冲调，候温灌服。

【功效】攻逐杀虫。

【主治】猪蛔虫病。

【方解】方中槟榔、苦楝根皮、鹤虱、使君子驱杀蛔虫；大黄、芒硝、枳实攻逐通肠，各药合用，攻逐杀虫力较强。

【临诊应用】本方是比较安全的驱蛔剂。若病猪体质差，可加麦芽、神曲；若病猪体质较好，食欲正常者，可加雷丸 9 g，以增强驱虫效果。

【方歌】槟榔散中硝黄枳，苦楝根皮鹤君子。

任务二十八 外用方药

凡以外用为主，通过涂敷、喷洗等方式治疗动物外部疾病的药物(方剂)，称为外用药(方)。

本类药(方)一般具有清热解毒，活血散瘀，消肿止痛，去腐排脓，敛疮生肌，收敛止血，续筋接骨及体外杀虫止痒等作用。适用于痈疽疮疡，跌打损伤，骨折，蛇虫咬伤，皮肤湿疹，水火烫伤，眼、耳、口鼻、喉部疾患及疥癣等。以局部涂擦，外敷，喷洒，熏洗，吹喉，点眼，滴鼻等使用方法为主。

使用外用药(方)应注意的事项。

(1)外用药多具有不同程度的毒性,某些药物有剧毒,为保证安全,一般不作内服。

(2)外用药一般都与他药配伍,较少单味使用。

(3)外用药使用时应严格掌握用法和剂量,以防中毒。毒药应谨慎使用,剂量不宜过大,尤其是剧毒药物,如水银、砒石、斑蝥等,必须严格掌握剂量。对于创面过大的局部病变,药量也不宜过多,以吸收过量中毒。同时,还必须避免连续用药,以防蓄积中毒。一些刺激性较强的药物,不宜在头面、黏膜等处应用,以免发生不良反应或损害。

一、外用药

冰片(梅片、龙脑香)

商品冰片分为天然冰片(龙脑香冰片)、机制冰片及艾片三类。天然冰片系以龙脑香科植物龙脑香的树干经水蒸气蒸馏所得的结晶;机制冰片系以松节油、樟脑等为原料加工合成的龙脑;艾片为菊科植物艾纳香(大风艾)的鲜叶经水蒸气蒸馏所得的结晶。

【性味归经】微寒,辛、苦。入心、肝、脾、肺经。

【功效】宣窍除痰,消肿止痛。

【主治】神昏,惊厥,各种疮疡,咽喉肿痛,口疮目赤,烧烫伤等。

【附注】冰片性寒辛散,芳香走窜,善能开窍醒神。内服可入丸、散,不入煎剂。外用有较强的清热止痛,防腐止痒之功。为眼喉科常用药。

本品含挥发油等,能兴奋中枢神经,有较好的抗炎、止痛和抗菌作用。

雄黄(明雄、雄精)

雄黄为含砷的结晶矿石四硫化四砷,研细或水飞。

【性味归经】温,辛、苦,有毒。入心、肝、胃经。

【功效】解毒杀虫,燥湿祛痰。

【主治】痈胆疮毒,疥癣,毒蛇咬伤,湿疹等。

【附注】雄黄为含硫化砷的矿石,赤如鸡冠色者称为雄精,品质最好;色黄质轻者称腰黄,品质较次;较腰黄色红,透明度较差者,称雄黄(一般采于山之阳面);其色较暗者称雌黄(一般采于山之阴面),品质最次。市售雄黄有的含三氧化二砷(大毒),应选择以红黄色如鸡冠色者质较纯。

本品含四硫化四砷及少量重金属盐,有抑菌作用。

硫黄(石硫黄)

硫黄为天然硫黄矿的提炼加工品。

【性味归经】温,酸,有毒。入肾、心包、大肠经。

【功效】外用解毒、杀虫、止痒;内服补火、助阳、通便。

【主治】皮肤湿烂,疥癣阴疽,命门火衰,肾虚寒喘,宫寒不孕,阳痿,便秘等。

【附注】硫黄系纯阳之品,大补命门真火不足,治一切阳虚衰惫之证,用后可使食欲增加,体质强壮,故可作为猪、禽等动物的饲料添加剂,作为催肥之用,但应严格控制剂量,马、牛 10～30 g;猪、羊 3～6 g。一般常用作丸、散、膏剂。

本品含硫及杂有少量砷、铁、石灰、黏土、有机质，能杀灭皮肤寄生虫，对皮肤真菌有抑制作用，对疥虫有杀灭作用。

硼砂(月石、蓬砂)

硼砂为天然产硼酸盐类矿物硼砂，经加工精制而成的结晶体，生用或煅用。

【性味归经】凉，辛、甘、咸。入肺、胃经。

【功效】外用清热解毒，内服清肺化痰。

【主治】目赤翳障，口舌生疮，咽喉肿痛，肺热痰嗽，痰液黏稠，砂淋等。

【附注】硼砂色白而体轻，味辛甘咸性凉，辛能散热，咸能软坚，甘能和缓，故能消上焦痰。临诊常用其治胸膜肺炎，大叶性与小叶性肺炎，肺坏疽，脓性鼻卡他等。但本品以外用为主，为口腔、咽喉疾病常用药。

本品主含含水四硼酸钠，能刺激胃液的分泌，能促进尿液分泌及防止尿道炎症，外用对皮肤、黏膜有收敛保护作用，并能抑制细菌的生长，故可治湿毒引起的皮肤糜烂。

明矾(白矾)

明矾为天然明矾矿石的提炼加工品，内服则生用，外治多煅用。

【性味归经】寒，酸、涩。入肺、脾、肝、大肠经。

【功效】外用解毒，杀虫，止痒；内服化痰，止血，止泻。

【主治】湿疹，湿疮，疥癣，口舌生疮，风痰壅盛或癫痫，久泻久痢，创伤出血，血崩，便血等。

【附注】明矾性寒味酸涩，有较强的收敛作用。明矾具有解毒杀虫，燥湿止痒，止血止泻，清热消痰的功效。

本品含硫酸铝钾，外用有收敛，防腐，消炎，止血之效；内服有止泻，止痢之效，有抑菌作用。

儿茶(孩儿茶)

儿茶为豆科落叶乔木儿茶树的枝干及心材煎汁浓缩而成，称为黑儿茶、儿茶膏。另一种为茜草科常绿植物儿茶钩藤的带叶嫩枝煎汁浓缩而成，称为方儿茶、孩儿茶。

【性味归经】微寒，苦、涩。入心、肺经。

【功效】外用收湿，敛疮，止血；内服清热，化痰。

【主治】疮疡多脓，久不收口及外伤出血，泻痢便血，肺热咳嗽等。

【附注】儿茶有收敛止血，生肌敛疮，清热解毒，收湿等功效，外用可治外伤出血，疮疡不敛，皮肤湿疮。内服能清热化痰。内服多入丸散，外用可研末撒布或调敷。

本品含鞣质、脂肪油、树胶、蜡等，有止泻、抑菌作用。

其他外用药，见表 2-34。

表 2-34 其他外用药

药名	药用部位	性味归经	功效	主治
炉甘石	矿石	温，甘，入胃经	明目去翳，收敛生肌	目赤肿痛，羞明多泪，睛生翳膜，湿疹，疮疡多脓或久不收口
轻粉	为粗制氯化亚汞结晶	寒，辛，有大毒，入大肠、小肠经	攻毒，杀虫，敛疮	疮疡溃烂，疮癣

二、外用方

冰硼散(《外科正宗》)

【组成】冰片 50 g,朱砂 60 g,硼砂 500 g,玄明粉 500 g,共为极细末,混匀,吹撒患部。

【功效】清热解毒,消肿止痛,敛疮生肌。

【主治】口舌生疮。

【方解】方中冰片、硼砂芳香化浊,清热解毒,消肿;朱砂防腐解毒,疗疮;玄明粉清热泻火,解毒消肿。四药合用,清热解毒,消肿止痛。

【临诊应用】用于咽喉肿痛,口舌生疮。

【方歌】冰片之中点朱砂,玄明硼砂人人夸。

生肌散(《外科正宗》)

【组成】煅石膏 50 g,轻粉 50 g,赤石脂 50 g,黄丹 10 g,龙骨 15 g,血竭 15 g,乳香 15 g,冰片 15 g,共为细末,混匀,装瓶备用。用时撒患处。

【功效】去腐,生肌,敛口。

【主治】外科疮疡。

【方解】方中轻粉、黄丹、冰片清热解毒,防腐消肿为主药;乳香、血竭活血化瘀,消肿止痛,煅石膏、龙骨、赤石脂收湿敛疮生肌为辅佐药。

【临诊应用】用于疮疡破溃后流脓恶臭,久不收口。

【方歌】生肌石膏黄丹藏,石脂轻粉竭乳香,龙骨冰片一同研,去腐敛疮效力强。

桃花散(《医宗金鉴》)

【组成】陈石灰 500 g,大黄片 90 g,陈石灰用水泼成末,与大黄同炒至石灰呈粉红色为度,去大黄,将石灰研细末,过筛,装瓶备用。外用撒布于创面。

【功效】止血定痛,清热解毒,敛口结痂。

【主治】创伤出血。

【方解】方中石灰解毒防腐,收敛止血,为主药;大黄凉血解毒,凉血止血,为辅药。二药同炒增强石灰敛伤止血之功。

【临诊应用】外撒创面或撒布后用纱布包扎,以治疗新鲜创伤出血、化脓疮、褥疮、猪坏死杆菌病等。

【方歌】桃花石灰炒大黄,外伤出血速撒上。

任务二十九　饲料添加方药

凡能改善基础饲料价值或对饲料进行强化,并以补充饲料或饲料添加剂的形式使用的药物(方剂)称为饲料添加药(方)。添加中药的目的,在于补充饲料营养成分的不足,防止和延缓饲料品质的劣化，提高动物对饲料的适口性和利用率，预防和治疗某些疾病，促进动物生长发育，改善畜产品的产量和质量，或定向生产畜产品等。

【组方原则】中药饲料添加剂既可单味应用，也可以组成复方。复方添加剂的配伍规律，原则上与传统的中兽医方剂相同。就目前研究和应用中药饲料添加剂来看，用于促进动物生长、增加产品产量的添加剂，多采用健脾开胃，补养气血的法则；用于防病治病的添加剂，往往采用调整阴阳，祛邪逐疫的法则。在必要时还可中西结合，取长补短，从而完善或增强添加剂的某些功能。

【剂型】目前的中药饲料添加剂绝大多数为散剂。有的也可采用预混剂的形式，也就是中药或其提取物预选与某种载体均匀混合而制成的添加剂，如颗粒剂液体制剂。

【用量】一般占日粮的 0.5%～2%，单味药作添加剂用量宜大，但有毒及适口性差的中草药单味作为添加剂时，用量宜轻。

【使用间隔时间】根据中草药吸收慢、排泄慢、显效在后的特点，在使用中草药添加剂的间隔上，开始每天喂 1 次，以后应逐渐过渡到间隔 1～3 d 一次，既不影响效果，又可降低成本。

【中草药添加剂的日程添加法】根据中草药添加剂的作用和生产需要，大体可分为长程添加法、中程添加法和短程添加法三种。长程添加法，持续时间一般在 1～4 个月以上；中程添加法，持续时间一般为 1～4 个月；短程添加法，持续时间在 2～30 d，有的甚至在 1 d 之内。每种日程内，又可采用间歇式添加法，如三二式添加法（添 3 d、停 2 d）、五三式添加法（添 5 d、停 3 d）和七四式添加法（添 7 d、停 4 d）等。对反刍动物的添加方式可采取饮水的方式给予。

【分类】中药饲料添加剂按其作用和应用目的，大体上可分为增加畜产品产量、改进畜产品质量和保障动物健康三大类。

按中药来源可分为植物、矿物和动物三大类。其中植物类所占比例最大。植物类有：麦芽、神曲、山楂、苍术、松针、苦参、贯众、陈皮、何首乌、黄芪、党参、甘草、当归、五加皮、大蒜、龙胆草、金荞麦、蜂花粉、艾叶、女贞子等。矿物类主要有麦饭石、芒硝、滑石、雄黄、明矾、食盐、石灰石、石膏、硫黄等。动物类主要有蚯蚓、蚕蛹、蚕沙、牡蛎、蚌、骨粉、鱼粉、僵蚕、乌贼骨、鸡内金等。

一、饲料添加药

松针

【性味及功用】温，苦、涩。有补充营养，健脾理气，祛风燥湿，杀虫等功效。

（1）用于猪。育肥猪，在日粮中添加量为 2.5%～5%，可替代部分玉米等精料，添加松针粉喂的猪，皮毛光亮红润，可改变猪肉的品质，提高增重率和瘦肉率；用于种公猪可提高采精量。

（2）用于禽。在日粮中添加量为 1.5%～3%，能提高其产蛋率和饲料报酬。

（3）用于兔。能提高孕兔的产仔率、仔兔的成活率、幼兔的增重率，并且有止泻、平喘等功效。

（4）用于鱼。在鱼饲料中添加量为 4%制成颗粒饵料，可使养鱼业增产、增收。

（5）用于奶牛。在日粮中添加量为 10%，可使产奶量提高。

如果使用松针活性物质添加剂，在动物饲料中的添加量为0.05%～0.4%。

【附注】松针粉不仅含有蛋白质中十几种氨基酸以及十几种常量和微量元素等，而且富含大量的维生素、激素样物以及杀菌素等。特别是胡萝卜素含量极为丰富。

杨树花

【性味及功用】微寒，苦、甘。有补充营养，健脾养胃，止泻止痢等功用。

用杨树花代替36%豆饼进行鸡饲喂试验，无论增重率还是料肉比都与豆饼没有明显差别。用于喂猪，可提高增重率。

【附注】杨树叶作用与花相似，用杨树叶粉喂猪，完全可代替麸皮，从而降低饲料成本，增加效益，添加量可达日量的20%。另使用添加量为5%～7%的日粮饲喂蛋鸡可提高产蛋率、种蛋受精率、孵化率及雏鸡成活率，还可增加蛋黄色泽。

本品营养成分较丰富，各种氨基酸含量比较齐全，此外还含有黄酮、香豆精、酚类及酚酸类、苷类等。

桐叶及桐花

【性味及功用】寒，苦。有补充营养，清热解毒之功效。《博物志》："桐花及叶饲猪，极能肥大，而易养。"

泡桐叶粉在饲料中的添加量以5%～10%为宜。用于猪可提高增重率和饲料报酬；用于鸡有促进鸡的发育、促进产蛋、提高饲料利用率，缩短肉鸡饲养周期。

【附注】本品含粗蛋白质、粗脂肪、粗纤维、无氮浸出物、熊果酸、糖苷、多酚类以及钙、磷、硒、铜、锌、锰、铁、钴等元素。

艾叶

【性味及功用】温，苦、辛。有温经止痛，逐湿散寒，止血安胎等功效。

(1)用于育肥猪。能明显提高日增重及饲料效率，一般按日粮的2%添加。

(2)用于蛋鸡。可提高产蛋率，降低死亡率，一般按0.5%～2%添加。

(3)用于肉鸡和兔。能提高饲料利用率，节省饲料。

【附注】艾粉中不仅含有蛋白质、脂肪、各种必需氨基酸、矿物质、叶绿素，而且含有大量维生素A、维生素C和硫胺素、核黄素、烟酸、泛酸、胆碱等B族维生素，以及龙脑、樟脑挥发油、芳香油和未知生长素等成分。

蚕沙

【性味及功用】温，甘、辛。有祛风除湿功效。

(1)用于猪。以15%的干蚕沙代替麦麸喂猪是可行的。从适口性来看，前期加10%的蚕沙、后期加15%蚕沙，适口性无明显变化。一般添加以5%～10%效果较好。添加比例越高，饮水越多，所以添加的同时应给予充足的饮水。

(2)用于鸡。在饲料中添加5%的蚕沙，可提高鸡的增重率，饲料报酬高。据分析这与蚕沙中尚含有未知促生长因子有关。

【附注】蚕沙含有蛋白质、脂肪、糖、叶绿素、类胡萝卜素、维生素A、B族维生素等，还含有

13种氨基酸，尤以亮氨酸含量最高。据分析，其所含的各种营养成分比早稻谷营养成分的含量还要高。

二、饲料添加方

中药饲料添加剂广泛用于畜禽促进生产和防病治病。

常用饲料添加方，见表2-35。

表2-35 常用饲料添加方

方名及来源	组成	功效	应用
壮膘散（《中兽医方剂学》）	牛骨粉、糖糟、麦芽、黄豆	开胃进食，强壮添膘	本方是比较全面的营养补充剂。适用于牛、马体质消瘦，消化力弱
肥猪散（《杨氏家藏方》）	绵马贯众、何首乌（制）、麦芽、黄豆	开胃，驱虫，补养，催肥	食少，瘦弱，生长缓慢
八味促卵散（《中国兽药典》）	当归、生地、苍术、淫羊藿、阳起石、山楂、板蓝根、鲜马齿苋，加适量白酒、水，制成颗粒	助阳，促进产卵	本方有明显的促进母鸡性成熟作用

知识拓展

一、中草药栽培技术要点

（一）栽培地的选择

栽培地的选择是中药材基地建设中最重要因素之一，要结合所种植中药材的生长习性，综合考察土地的位置、地表径流、走势、朝向、风向、土质以及排灌设施和地下水位的高低选址，选好一块地就等于种植药材成功了一半。例如，党参、黄芪、山药等根及根茎类药材，栽培时常需选肥沃深厚、排水良好的沙质壤土，并要求深耕；麻黄、甘草、黄芪等喜干燥的药用植物宜选干燥地；泽泻、菖蒲、莲籽等宜选低湿地；人参、细辛、黄连等则喜荫蔽，栽培时应搭设遮阳棚或利用自然荫蔽条件；砂仁喜高温高湿的气候，花期要求气温在22～25℃及以上，适宜于南方种植。

对于大多数药用植物而言，土壤一般以中性和稍偏酸性为宜，土壤既不黏重，又不过轻，以黏壤土、壤土和沙壤土较为适宜，要求土壤肥沃，有机质含量高，土地平整，地下水位较低，不积水，便于灌溉，土壤中病、虫残留和碎石、废塑料薄膜等杂物少。

（二）繁殖方法

药用植物的繁殖方法主要有传统栽培方法和现代栽培技术，现代栽培技术有试管育苗（组织培养）和无土栽培。现介绍传统栽培方法：一是种子繁殖又称为有性繁殖，二是营养繁殖也称为无性繁殖。

1. 种子繁殖

种子繁殖也称有性繁殖，因种子是经雌、雄配子结合形成的，并由其胚胎发育成新个体。其后代生命力强，适应性广，技术简便，繁殖系数大，可在短期内获得大量的苗木，有利于引种驯化和新品种培育。如人参、板蓝根、党参、桔梗、黄芪等采用种子繁殖。但种子繁殖的后代常产生变异，开花结果较迟，尤其是多年生草本与木本药用植物，用种子繁殖则栽培与成熟的年限较长。

(1)种子处理。播种前进行种子处理，可以为种子发芽创造良好条件，促使种子及时萌发、出苗整齐、幼苗生长健壮。种子处理的方法如下。

①晒种。能促进种子成熟，增强种子酶的活性，降低种子含水量，提高发芽率和发芽势；同时还可以杀死种子所带的病虫害。

②温汤浸种。可使种皮软化，增强种皮的透性，促进种子萌发，并能杀死种子表面所带病菌。不同种子，浸种时间和水温有所不同。

此外还有机械损伤种皮、层积处理、药剂处理、生长素处理等。

(2)播种。

①播种时期。一般一年生草本植物多为春播，二年生草本植物多为秋播，多年生草本植物有春播、夏播、秋播。

②播种方法。常用的有条播、撒播、点播三种。在实践中要根据植物植株的大小选择适合的播法。

(3)移栽。对于一些多年生的草本植物和一些木本植物，可选地育苗，当幼苗生长到一定程度后，再移栽到定植地中。移栽多在春、秋两季进行，选择阴天为好，起苗时要避免伤根系，尽量多带原土，起苗后及时栽植，定植后应立即浇定根水，并采取保苗措施。

2. 营养繁殖

(1)分株繁殖。分株繁殖即将药用植物的鳞茎、球茎、块根、根茎以及珠芽等营养器官，自母体上分离或分割下来，另行栽植，繁殖成独立个体的方法，以培育成独立的新植株。一般在秋季、春季植株休眠期或芽萌动前进行较好。

(2)压条繁殖。压条繁殖即将植物的枝条或茎压入土中，使其生根后与母株分离，而形成新生个体的繁殖方法。这是方法最简单、成活率最高的营养繁殖方式。压条时间视植物种类和气候条件而定。一般落叶植物多在秋季或早春发芽前进行压条；常绿植物一般宜在梅雨时期进行压条，此时温度高、湿度大，常绿植物易生根成活。一般在秋冬期间进行压条，次年秋季即可分离母体。在夏季生长期间压条，应将枝梢顶端剪去，使养分向下方集中，有利于生根。

(3)扦插繁殖。扦插繁殖又称插条繁殖，是利用植物营养器官的再生能力和发生不定芽或不定根的性能，切取根、茎、叶的一部分，插入沙床或其他生根基质(疏松润湿的土壤)中，使其发根，培育成新个体的繁殖方法。凡容易产生不定根的药用植物，均可采用扦插繁殖。此法经济简便，技术要求不高，在繁殖中被广泛采用。按所取营养器官的不同，又有枝插、根插、芽插和叶插之分。

(三)田间管理

(1)间苗、定苗与补苗。间苗是田间管理中一项调控植物密谋的技术措施。凡是用种子或块茎、根茎繁殖的药用植物，出苗、出芽都较多，为避免幼苗、幼芽之间相互拥挤、遮阳、争夺养分，播种出苗后需适当拔除一部分过密、瘦弱和染病虫的幼苗，选留壮苗。间苗一般宜早不宜迟，避免幼苗由于生长过密，纤弱而发生倒伏和死亡，植株细弱，易遭受病虫害；同时苗大根深时，间苗困难，且易伤害附近植株。间苗次数可视药用植物的种类而定。

(2)除草。田间除草是为了消灭杂草，减少水肥消耗，保持田间清洁，防止病虫的滋生和蔓延。除草多与中耕、间苗、培土等结合进行，以节省劳力。除杂草的方法很多，如精选种子、轮作换茬、水旱轮作、合理耕作、人工除草、机械除草、化学除草等。

(3)追肥。根据植株生长发育情况，可适时追肥。追肥是基肥的补充，用以满足药用植物各个生长时期对养分的需求。追肥时期，除定苗后追施外，一般在萌发前、现蕾开花前、果实采收后及休眠前进行。追肥时应注意肥料的种类、浓度、用量、施用时期和施用方法，以免引起肥害、植株徒长和肥料流失。

(4)灌溉与排水。灌溉与排水是控制土壤水分，满足植物正常生长发育对水分要求的措施。排水是土壤水分调节的另一项措施，土壤水分过多或地下水位过高都会造成涝害。排水的目的在于及时排除地面积水和降低地下水位，使土壤水分达到适宜植物正常生长的状况。排水多采用地面明沟排水。

(5)打顶与摘蕾。打顶与摘蕾是利用植物生长的相关性，人为地调节其体内养分的重新分配，促进药用部分生长发育的一项重要增产措施。其作用是通过及时控制植物某一部分的无益徒长，而有意识地诱导或促进另一部分生长发育，使之减少养分消耗，提高产品质量和产量。

(6)整枝与修剪。整枝是通过人工修剪来控制幼树生长，合理配置和培养骨干枝条，以便形成良好的树体结构与冠幅；而修剪则根据各地自然条件，植物的生长习性和生产要求，对树体内养分分配及枝条的长势进行合理调整的一种管理措施。通过整枝修剪可以改善通风透光条件，加强同化作用，增加植物抵抗力，减少病虫危害；同时能合理提高养分和水分的运转，减少养分的无益消耗，增强树体各部分的生理活性，恢复老年树的生活力，从而使植物按照所需要的方向发展。

(7)覆盖、遮阳与支架。

①覆盖。覆盖是利用薄膜、稻草、落叶、草木灰或泥土等覆盖地面，调节土温。覆盖也可以或减少土壤中水分的蒸发，保持土壤湿度，避免杂草滋生，有利药用植物的生长。

②遮阳。对于许多喜阴湿、怕强光直射的阴生药用植物如人参、三七、黄连等，在栽培时必须保证荫蔽的条件才能生长良好。还有一些苗期喜阴的药用植物，如肉桂、五味子等，为避免高温和强光直射，也需要搭棚遮阳。

③支架。攀缘、缠绕和蔓生药用植物生长到一定高度时，茎不能直立，需及时设立支架引蔓上棚，以利支持或牵引藤蔓向上伸长，使枝条生长分布均匀，增加叶片受光面积，促进光合作用，使株间空气流通，降低湿度，减少病虫害的发生。

(四)病虫害防治

药用植物在生长期间，常会受到一些虫害与病害的侵害和不良环境因素的影响，使其在生理和形态上发生一系列不正常的变化，甚至死亡，这不仅降低了中草药的产量，而且也可使品质降低。因此，要加强对病虫害的防治。

1. 病虫害发生的原因

(1)病害发生的原因。一是外界环境不良，包括温度过高或过低，水分不足或过多，光照过强或过弱，养分不足或过多以及营养比例失调等；二是病原微生物致病，常见的有细菌、真菌、病毒等。

(2)虫害发生的原因。引起虫害发生的原因主要是昆虫对药用植物植株的危害，还有一些螨类、鼠害等。

2. 病害与虫害的识别

药用植物发生病虫害后会导致产量和品质下降。出现的异常表现有变色、腐烂、斑点、肿大、畸形、枯萎、粉霉等，每一种病害的表现各不相同。细菌病害呈现斑点、腐烂、萎蔫等，真菌病害呈现坏死、枯萎、腐烂、畸形等，病毒害有黄化、花叶、卷叶、萎缩、矮化、畸形等。遭受虫害的中草药，常可见到害虫咬食过的痕迹，如空洞、缺刻、残裂等。有时还可看到植株上的害虫。经过害虫侵袭过的中草药，也往往出现一些异常现象，如植株矮小，生长缓慢，茎叶卷曲，叶片变色，植株萎黄，根部腐烂等。

3. 病虫害的防治方法

(1)农业防治方法。就是利用和改进耕作栽培技术来控制病虫害发生发展的方法。通过选育抗病虫害能力强的品种，实行科学轮作和间作，冬前深耕细作翻土地，调节播种时期，合理施肥，适时排灌和及时除草、修剪和清洁田园等农业技术措施，以防治病虫害。

(2)物理防治方法。就是利用光、温度、电磁波、超声波等物理作用和各种器械来防治病虫害的方法。

(3)生物防治方法。就是利用自然界中某些生物来消灭或抑制有害生物，进行中草药病虫防治。生物防治，主要是采用以虫治虫、以微生物治虫、以菌治病、抗生素和交叉保护以及性诱剂防治害虫等方法进行。

(4)化学防治方法。就是应用化学农药防治病虫害的方法。按化学农药对病虫的毒杀作用可分为杀虫剂和杀菌剂两类，此外还有除草剂、植物生长调节剂等。禁止使用剧毒、高毒、高残留或者具有三致(致癌、致畸、致突变)的农药。对一些毒性小或易降解的农药，要严格掌握施药时期，防止污染植物。

二、中药的化学成分简介

中药所含的化学成分种类很多，通常将其具有生物活性和治疗作用的成分称为有效成分，如生物碱、苷类、挥发油类等。无生物活性不起治疗作用的成分称为无效成分，如色素、无机盐、糖类等。现将中药主要的化学成分简介如下。

(一)生物碱

生物碱是植物体中一类碱性含氮有机化合物的总称。具有显著的生物活性和特殊的生理作用，是中药的主要有效成分之一。如黄连中的小檗碱(黄连素)、麻黄中的麻黄碱等。大多数生物碱具有苦味，为无色结晶，游离的生物碱大多不溶或难溶于水，能溶于乙醇、乙醚、氯仿等有机溶剂中。生物碱在植物体内与有机酸结合成盐，其盐类则易溶于水和乙醇，但不溶于其他有机溶剂。含生物碱的中药很多，如延胡索、麻黄、苦参、罂粟、乌头、贝母、黄连、黄柏等。含生物碱的中药大多数具有镇痛、镇静、解痉、镇咳、驱虫等作用。

(二)苷类

苷旧称甙，也称配糖体，是由糖类和非糖部分组成的化合物。苷类多为无色、无臭、有苦味的晶体，呈中性或酸性，易溶于水、乙醇和甲醇，难溶于乙醚、苯等溶剂。苷类易被稀酸或酶水解生成糖与苷元。水解成苷元后，在水中的溶解度与疗效往往会降低，故在采集、加工、贮藏与制备含苷类成分的中药时，必须防止水解。苷是中药中分布很广的一类重要成分，常见的有以下几种。

1. 黄酮苷

黄酮苷的苷元为黄酮类化合物。多为黄色结晶，一般易溶于热水、乙醇和稀碱溶液，难溶于冷水及苯、乙醚、氯仿等。黄酮苷广泛存在于植物中，含黄酮苷类的中药有橘皮、黄芩、槐花、甘草、紫菀、柴胡等。含黄酮苷类的中药大多数具有抗菌、止咳化痰、抗辐射、解痉等作用。

2. 蒽醌苷

蒽醌苷是蒽醌类及其衍生物与糖缩合而成的一类苷。一般为黄色，呈弱酸性，能溶于水、乙醇和稀碱溶液，难溶于乙醚、氯仿等溶剂。含蒽醌苷类的中药有大黄、番泻叶、决明子、芦荟、何首乌等。含蒽醌苷类的中药大多数具有泻下的作用，有些还有抑菌作用，如大黄素。

3. 强心苷

强心苷为甾体苷类，一般能溶于水、乙醇、甲醇等，易被酶、酸或碱水解。常见的含强心苷类中药有洋地黄、罗布麻、杠柳(香加皮)、万年青等。含强心苷类的中药大多数具有兴奋心肌、增加心脏血液输出量和利尿消肿的作用。因强心苷易被酶、酸或碱水解，故在采集、贮藏及制备含强心苷类的中药时，要特别注意防止水解。

4. 皂苷

皂苷为皂苷元和糖结合而成的一类化合物，又称皂素。多为白色或乳白色无定型粉末，富吸湿性，味苦而辛辣，能溶于水及有机溶剂，其水溶液经振摇后易起持久性的肥皂样泡沫。皂苷能刺激黏膜，对鼻黏膜尤甚，口服后能促进呼吸道和消化道分泌，但不能作注射剂。常见的含皂苷类的中药有桔梗、党参、三七、山药、知母、皂角、麦冬等。含皂苷类的中药大多数具有祛痰止咳、增进食欲和解热镇痛、抗菌消炎、抗癌等作用。

5. 香豆精苷

香豆精苷是香豆精(又称香豆素)或其衍生物与糖结合而成的一类化合物。能溶于水、醇和稀碱溶液，难溶或不溶于亲脂性有机溶剂。常见的含香豆精苷的中药有白芷、独活、前胡、秦皮等。含香豆精苷类的中药大多具有抗菌抗癌、扩张冠状动脉、镇痛、止咳平喘、利尿等作用。

(三)挥发油类

挥发油又称精油，是一类具有挥发性、可随水蒸气蒸馏出的油状液体。多为无色或淡黄色，具有芳香气味和辛辣味，难溶于水，能溶于无水乙醇、乙醚、氯仿和脂肪油。通常将其低温时的结晶称为“脑”，如薄荷脑、樟脑。含挥发油类的中药有薄荷、紫苏、藿香、金银花、白术、木香、菊花、当归、川芎、陈皮、鱼腥草等。含挥发油类的中药大多数具有发汗、祛风、抗病毒、抗菌、止咳、祛痰、平喘、镇痛、健胃等作用。

(四)鞣质类

鞣质又称单宁或鞣酸，是一类结构复杂的多元酚类化合物。为无定型的淡黄棕色粉末，味涩，难以提纯，能溶于水、醇、丙酮、乙酸乙酯，不溶于苯、氯仿、乙醚。鞣质的水溶液遇石灰、重金属盐类、生物碱等产生沉淀，遇三氯化铁试剂产生蓝黑色沉淀，故在制备中药制剂时忌与铁器接触。常见的含有鞣质的中药有五倍子、石榴皮、地榆、大黄等。含鞣质类的中药大多具有收敛、止血、止泻、抗菌等作用，还可作生物碱、重金属中毒的解毒剂。

(五)树脂类

树脂类是由树脂酸、树脂醇、挥发油等组成的较为复杂的混合物。不溶于水而溶于乙醇、乙醚等溶剂。与挥发油共存的称为油树脂，如松油脂；与树胶共存的称为胶树脂，如阿魏；与芳香族有机酸共存的称为香树脂。如安息香、乳香、没药、血竭等都含有树脂类。含树脂类的中药大多数具有活血、止痛、消肿、防腐、芳香开窍、祛风等作用。

(六)有机酸类

有机酸类是含有羧基的一类酸性有机化合物。大多数能溶于水和乙醇，难溶于其他有机溶剂。含有机酸类的中药大多具有抗菌、利胆、解热、抗风湿等作用。常见的有乌梅、山楂、五味子、山茱萸等。

(七)糖类

糖类是植物中最常见的成分，占植物干重量的50%～80%。分为单糖、低聚糖和多糖三类，其中单糖、低聚糖一般无特殊作用，可供制剂用；多糖包括植物多糖、动物多糖、微生物多糖，均有免疫促进作用，如茯苓多糖、黄芪多糖、人参多糖、蘑菇多糖等。

(八)蛋白质、氨基酸与酶

蛋白质是由多种氨基酸结合而成的高分子化合物；酶是有机体内有特殊催化作用的蛋白质。中药中的蛋白质大多能溶于水，不溶于乙醇和其他有机溶剂。含蛋白质的中药有些具有治疗作用，如天花粉、南瓜子、板蓝根、天南星、半夏等，但一般都作为杂质除去。

(九)油脂和蜡

油脂是由高级脂肪酸与甘油结合而成的脂类。蜡是高级脂肪酸与分子量较大的一元醇组成的酯。植物中的蜡主要存在于果实、幼枝和叶面。蜡的性质稳定，理化性质与油脂相似。油脂和蜡在医药上主要作为油注射剂、软膏和硬膏制备的赋形剂。有的油脂也具有治疗作用，如大枫子油有治麻风病的作用；薏苡仁中的薏苡仁脂有驱蛔虫及抗癌作用。常见的含油脂和蜡的中药有火麻仁、蓖麻子、巴豆、杏仁、薏苡仁、大枫子、鸦胆子等。

此外，中药的化学成分还有植物色素类，如萜类色素、叶绿素；无机成分，如钾盐、钙盐、镁盐和其他微量元素等。

三、中草药饲料添加剂的应用现状及展望

(杜玢蕾，毕英佐，曹永长)

随着人民生活水平的提高，对绿色食品的需求日益提高，同时，由于畜禽养殖而造成的环境污染也相应受到重视。饲料工业作为畜禽养殖中的关键环节，对畜禽产品质量及其排泄物成分起着非常重要的影响作用。为了顺应市场的需求和畜牧生产自身的需要，近年来，饲料工业也逐步向生产天然绿色高效产品的方向发展。

为了开拓饲料添加剂的来源，确保禽畜产品的安全，降低生产成本，许多饲料生产企业把目光转移到中草药饲料添加剂上来。中草药以它独特的作用方式、良好的饲喂效果、无残留、无抗药性以及无污染的特点和来源广泛而备受饲料生产者和畜禽养殖者青睐。目前，在我国已得到广泛使用，并取得了较快发展。

(一)当前中草药饲料添加剂的应用方向及种类

据全国最近中草药资源普查证明，我国现有中草药材13 265种(中国中医研究院《电脑检索全国中草药数据库》最新统计数字)；品种繁多，来源广泛的中草药不仅是中华传统医学的瑰

宝，也在畜禽养殖业中发挥了巨大的作用。2000年版《中国兽药典》中允许使用的有476种，成方制剂185种。目前，饲料添加剂中的中草药成分主要发挥以下功用。

1. 抗菌、抗病毒和预防疾病

大量的试验和实际生产实践表明，许多中草药有抗菌和抗病毒作用。如大蒜所含的大蒜素具有健胃、杀虫、止痢、止咳、驱虫等多种功能。在鸡饲料中添加3%～5%的大蒜渣，可提高雏鸡成活率，增加蛋鸡产蛋量。刘清源等(2002)报道，黄芪有增强机体免疫，增强心血管收缩，保护肝脏，促进新陈代谢，利尿退肿等作用；罗庆华等(2002)报道，饲料中添加4%～6%的杜仲叶粉能明显提高鲤鱼的免疫应答水平，增强抗细菌感染能力，促进鲤鱼的生长。

2. 提高生产性能，降低饲料系数

中草药除了具有抗病防病作用外，其本身所含有的常规营养成分如蛋白质、糖、脂肪等也为畜禽提供一定的营养，尤其是中草药富含多种畜禽需要的氨基酸、维生素、微量元素及一些未知生长因子，可弥补常规饲料营养成分的不足。植物性饲料添加剂中的有效成分具有抗氧化性，可控制代谢中造血自由基引起的自动氧化、抑制耐霉菌毒素和耐肝活动中产生的毒素、激发内源酶的活性、生理和形态效应中氮的吸收，起到畜禽保健和促生长作用。

林忠华(2002)报道，添加海藻粉和海藻中草药复合添加剂的试验组乳牛产奶量比空白对照组明显提高($P<0.05$)，试验组乳汁监测表明，以上添加剂不影响牛奶的乳脂率、奶重和干物质含量。

吴德峰等(2002)报道，用中草药饲料添加剂(组方：石膏、板蓝根、黄芩、苍术，白芍、黄芪、党参、淡竹叶、甘草等中草药，按一定比例配制，经粉碎后过40目筛备用)，对奶牛的夏季抗热应激有很好的作用，既能帮助奶牛散热、增强食欲，又能防止奶牛的产乳量下降，还有预防疾病、无残留、无污染的优点，是今后奶牛抗热应激添加剂的一个新途径。

此外，中草药还具有诱食作用。童圣英等(1998)报道，山楂含有大量的有机酸，对皱纹盘鲍具有明显的诱食作用。

3. 改善畜禽产品品质

刘惠芳等(2002)报道，在家禽日粮中添加5%的银合欢叶粉，可提高产蛋率10%以上，银合欢叶中含大量胡萝卜素，可使蛋黄颜色加深；青蒿中含类胡萝卜素、叶黄素、青蒿素等营养物质，在家禽日粮中添加2%的青蒿细粉末，既可预防球虫病和维生素A缺乏症，又可提高产蛋率10%以上，并且蛋黄颜色加深。在饲料中掺入肉豆蔻、胡椒、干辣椒、丁香和生姜喂养肉鸡，保鲜时间可以更长，且味道更好。在鸡饲料中添加2%～5%的海藻粉，可使鸡蛋中含碘量提高，加深蛋黄的颜色；饲喂肉鸡则可使鸡肉香味更浓，肉质鲜嫩可口。

4. 防霉防腐作用

中草药中的香辛料及其精油中含有的抗菌成分，有不同程度的抗菌效力，特别是与化学防腐剂合用，其效果更佳，且不会影响动物的摄食。因而在饲料生产过程中添加此类中草药，有助于提高饲料成分的稳定性，延长饲料保存期，降低由于黄曲霉等毒素的影响而导致的适口性下降。

5. 减轻环境污染

一方面，植物性中草药中芳香草本和辛辣香料中的有效成分可促进畜禽肠道内挥发性脂肪酸的产生，从而改善肠道微生物区系的均衡，起到抑制有害菌群生长和氨气产生的作用，从而控制粪便气味和氨味，限制结合氮的活性。另一方面，中草药饲料添加剂的使用也提高畜禽对矿物质的利用率，降低了全价饲料中矿物质类添加剂的使用量，从而减轻畜禽排泄物中无机金属元素对环境的污染，而沸石粉能吸附肠道和畜禽舍内的氨与硫化氢，从而改善畜禽舍内空气质量。

(二)制约中草药饲料添加剂发展的因素及相应策略

1. 传统观念的更新与发展

中草药饲料添加剂不仅要保持传统优势和特色，又要做到精化、量化和标准化。要实现三化，就必须考虑原有中草药性味归经和其成分间相互作用的规律等问题。如果仅以传统的观念和方法是无法彻底解决这些问题的，这也严重影响中国畜禽养殖业与世界接轨的进度和中草药饲料添加剂的广泛应用。因此，我们必须冲破原有思维的限制，采取现代化、科学化的研究方式和方法，抓住中草药扶正祛邪、平衡阴阳的根本理论，在此基础上扩大中草药的研究范围，根据动物的实际需要进行配伍组合，合理开发新产品。

2. 中草药的有效成分分析及作用机理研究

质量的控制和评价是开发应用中草药饲料添加剂的基础和前提，但每一味中草药都含有复杂的化学成分，因而很难分析其含有哪些成分及含量如何，且中草药发挥的是整体效果，片面的关注某种成分并不能准确了解其效用。目前，国际较为通用的指纹图谱鉴定方法，既能分析其所含的主要成分，又能通过色谱判断其含量，且无须知道其确切成分及其分子式，是分析中草药整体作用的有效方法。这种方法在国际上已达成共识，但在我国指纹图谱的研究和应用还属于初级阶段，这一技术的应用有利于控制中草药饲料添加剂的质量，促使厂家保证其产品的质量稳定性，打破目前我国中草药添加剂市场良莠不齐的局面，也有助于我国饲料生产企业走向国际市场。此外，大力推广国际交流与合作也对中草药在饲料中的应用有很重要的作用。中国医学科学院药植所与英国皇家植物园(Kew Gardens)自 1998 年 5 月签订共同建立国际中草药鉴定中心的合作协议以来，受到各界关注。此项合作拟对双方感兴趣的中药鉴定、中药质量问题进行合作研究，以期达到共同探讨国际的、统一的中药材标准规范。此举也将使得中草药在西方的影响力更为广泛。

3. 中草药原材料的安全有效性

开发绿色食品，必须从源头做起，中草药添加剂的安全性也应从其原料的采集做起。发展中草药添加剂生产必须采集天然物中草药与栽培中草药并重。我国野生中草药约 400 种，年产约 40 万 t，天然物中草药占中草药的 50%～60%。我国针叶林面积占全国森林面积的 55.22%，西部地区更有丰富的动物、植物和矿物资源，如云南就有植物 1.5 万余种。国家药监局发布的 GAP 工程(即实施我国中草药的规范化生产和开展药材生产质量管理的规范工程)，是以中草药材的高产、优质、高效益为目的而进行的系统工程。中草药饲料添加剂的生产应在采集天然药材的基础上开发无公害生产基地，应选择优良品种，应用现代抗虫防病技术，在采摘、加工、运输、贮藏过程中严格把关，使质量检测符合国家和世界卫生组织的 FAO/WHO 规定的标准。

4. 中草药饲料添加剂的配方应向专用型、功能性方向发展

由于采摘加工和配伍的种种因素影响，中草药本身的有效成分和作用相差很大，很难设计真正科学的、合理的、经济的用法及用量。因此，中药饲料添加剂亟待提高科技含量，根据市场

需要，开发效果确实，符合动物不同生长时期的特性和生理需要的专用型功能性中药饲料添加剂，逐步形成系列产品，提高产品的专一性和效果的针对性、显著性，从而真正发挥其天然、无害优势。此外，设计配方时还应考虑到地区差异、成本因素和畜禽采食量等综合因素，向精品化、规范化、系列化方向发展。

5. 加工工艺的科学化和合理化

我国的饲料添加剂生产企业针对各种中草药的不同形式的有效成分，采取了不同的加工工艺，如将中草药磨碎成粉状，用蒸汽蒸馏法提取芳香油，用酒精或有机溶剂提取油脂等。这种生产工艺的特点是成分天然，但有副产品，且成分的稳定性很难控制。国外的一些厂家采取微包囊融合技术，将每种有效成分以微包囊包被，并以保护物质使其相融合，从而确保每颗微粒子含有效物质的成分一致并受氢化脂保护物质的保护，并能确保有效成分在肠道内持续释放，其耐热性能比传统产品提高了20倍，是一种值得提倡的工艺技术。此外，我国科学家采用定向提取技术与超微（亚微米级）细胞破壁粉碎技术相结合的技术，较好地提高了中药有效成分的溶解度和生物利用率，大幅度降低中草药用量和成本，很好地解决了传统中药添加剂加量大、成本高、吸收慢、影响动物适口性等不利因素的影响。

（三）中草药饲料添加剂的广泛应用前景

在人民生活水平日益提高的今天，对畜禽产品的质量和安全性提出了更高的要求，中草药作为中华民族的传统瑰宝，在时代的进步下又焕发了崭新的魅力。中草药饲料添加剂顺应绿色食品的潮流，以其独特的天然性、有效性和无药残、无副作用等优点重新受到人们的重视。相信随着科学技术的不断进步，对中草药的认识也会不断加深，对中草药饲料添加剂的加工和使用技术也必将日趋成熟。中草药饲料添加剂将在饲料生产行业发挥越来越大的作用，为我国的畜牧业发展作出贡献。

四、白头翁的传说

相传，秦朝有一个农夫名叫王商，因吃了一碗馊饭而腹痛下痢。村里没有郎中，他只得手捂着肚子到村外找人医治。不料，走出村子不远，便因腹痛腹泻加剧而栽倒在路边。

这时，一位满头白发的老翁拄杖走来，见他躺在地上，急忙将他扶起。王商呻吟着将病情叙述了一遍，然后摇了头说："老人家，我怕不行了，求您给我家捎个信吧！"老翁一边安慰王商，一边用拐杖指着路旁那些长着白毛果实的野草，说："这草的根茎能治好你的病。"说完老翁便匆匆离去。

王商半信半疑，拔了一把草咀嚼起来。说来也怪，大约过了半个时辰，他感觉腹痛减轻，泻痢次数减少。随后，他支着身子，采了捆药草踉踉跄跄背回家，每天用其根和茎叶煎汤服用，五天之后病便痊愈了。

第二年夏天，村子里闹痢疾。王商想起白发老翁指点的药草，为自己治愈腹痛下痢的事儿，便扛着锄头来到原来的地方，挖了几大捆草药，煎汤给村里人治痢，结果确有奇效。此后，人们为了纪念那位白头老翁，便给这种药草取名为"白头翁。"

五、蒲公英的传说

相传，在很早以前，河南洛阳城有位小姐叫公英，她不但长得美若天仙，且聪明贤惠。一天，她患了乳疮，红肿疼痛，奇痒难忍，便找了个游医治疗。那游医见姑娘长得美丽，顿生邪恶念头，趁诊病之机，肆意调戏，公英忍无可忍，抬手打了他两个耳光。游医因邪念未得逞，就到处造谣，说公英作风不正，伤风败俗。公英听到谣传十分气愤，为洗清谣言，竟投河自尽。这时，一位老渔翁正好在河边打鱼，急忙将她救起。老渔翁得知她投河原因后，便让她女儿蒲英去山上采来一种草药，煎水为公英姑娘洗涤患病之处，同时又将另一部分药草捣烂后给公英姑娘敷在患处，连续几天洗、敷后，姑娘的乳疮竟然好了。后来，公英姑娘便将这种草药栽种在自家的房前屋后，待有人需要时，就将此药提供给他们。为感谢老渔翁的救命之恩和纪念渔家父女，便将这种草药起名为"蒲公英"，意是蒲姓和公姓的组合。据说，李时珍从一道士手中得到一"还少丹"秘方，内含此药。称用此方可使齿落更生，须发返黑，老还少容。

案例分析

中药方剂大承气汤在兽医临床的加减应用

一、方剂简介

大承气汤出自《伤寒论》，由于其对肠胃燥结成实，郁滞不通者能承顺胃气下行，使塞者通，闭者畅，故名承气。主治阳明腑实证之痞、满、燥、实诸证。中兽医学寒下法是治疗里热实证之要法，用于攻下燥粪宿食，荡涤实热，常用药物如大黄、芒硝等。但秽物之不去，由于气之不顺，故攻积之剂配有气分之药为佐，如厚朴、枳实等，具有峻下热结之功。

【组成】大黄 60～90 g(后下)，厚朴 45 g，枳实 45 g，芒硝 150～300 g(冲)，水煎服，或为末开水冲调，候温灌服。

【功效】泻热攻下，消积通肠。

【主治】结症。证见粪便秘结，腹胀腹痛，二便不通，津干舌燥，苔厚，脉沉实等。

二、案例分析

本方为攻下的基础方。由于大肠气机阻滞，肠道胀满燥实所致粪便燥结不通，治宜行气破结。方中大黄苦寒泄热通便为主药；芒硝咸寒软坚润燥为辅药；枳实消积导滞为佐药；厚朴行气除满为使药。四药同用能通结泻热，软坚而存阴，为寒下中之峻剂。

临诊常用于马属动物之大结肠便秘，以痞、满、燥、实为其临证特点。本方加槟榔和油类泻药则效果更佳。其他动物热结便秘也可随证加减应用。

本方去芒硝名"小承气汤"，适用于胃肠积滞，便秘，胸腹胀满；去枳实、厚朴加甘草名"调胃承气汤"，治胃肠实热不恶寒反恶热，口渴便秘，腹满拒按，中下焦燥实之证；本方加玄参、生地、麦冬(增液汤)名"增液承气汤"，适用于津亏便秘。

总之，承气汤为阳明腑证而设，虽有大、小、增液和调胃等区分，但这只有作用的强弱和缓急的不同，其共性是针对实热便秘结证。所以承气汤只适用于实热性质的便秘，其他性质的便秘都不宜使用或不宜单独使用。

三、典型病例

一头黄牛患病就诊。病初全身症状变化不明显，随病情的发展，精神沉郁，食欲废绝，反刍紊乱，空嚼磨牙，鼻镜干裂，尿少色黄，粪干色黑，呈算盘珠状。听诊瘤胃音减弱，瓣胃音消失，口干少津，脉细数。诊断为百叶干。治宜：养阴润胃，泻下通便。方用大承气汤加减。大黄90 g、厚朴45 g、枳实45 g、当归60 g、柴胡45 g、玄参45 g、生地45 g、麦冬45 g、茯苓45 g、陈皮30 g、麻仁60 g、甘草25 g。水煎候温灌服，1剂/d，3剂病情有所好转，连服2剂痊愈。

技能训练

技能训练一　中药采集

【技能目标】

(1)熟悉常用中药的生长环境及采收时机，掌握中药采集的方法及注意事项。

(2)能够鉴别常用中药的形态、特征、颜色，明确入药部位。

【材料用具】

药锄、枝煎、柴刀等采集用工具；标本架、草纸、麻绳等若干；资料单、技能单人手1份，笔记本人手1本，数码相机1台。

【方法步骤】

结合当地情况，本次实训安排在中药讲授前或讲授中进行。以班级为单位，由教师和实验员带领学生在野外进行。识别采集10种以上当地的药用植物，并进行观察，选择性地制作标本。

【注意事项】

实训过程中，切实做好安全防范工作。实训前，教师要做考察准备，并根据当地药用植物的分布情况，拟订实训计划、资料单、技能单，选择最佳时机。有代表性的采集根、茎、花、叶、果实、种子、全草。

【分析讨论】

如何合理采集中药？采集时注意什么？(学生分组讨论，教师作出总结。)

【作业】

写出实训报告。

技能训练二　中药炮制(一)

【技能目标】

(1)进一步明确中药炮制的意义。

(2)掌握炒、炙、炮、煨等常用炮制方法。

【材料用具】

(1)药材。莱菔子200 g，地榆200 g，白术600 g，山楂200 g，党参200 g，黄芩200 g，鸡内金200 g，黄柏200 g，净草果仁200 g，香附200 g，甘草200 g，干姜200 g，诃子300 g。

(2)辅料。麦麸1 kg，大米1 kg，灶心土2 kg，河沙2 kg，蛤粉2 kg，滑石粉2 kg，食用醋1 kg，食盐1 kg，黄酒1 kg，生姜1 kg，蜂蜜1 kg，植物油1 kg，面粉1 kg。

(3)用具。火炉4个，木炭10 kg，铁锅及锅铲4套，铁网药筛4只，带盖瓷盘8只，搪瓷量杯8只，脸盆4个，量杯4只，天平4台，棕刷子4把，火钳4把，乳钵4套，笔记本人手1本，技能单人手1份。

【内容与方法】

指导教师示范后，将学生分成4组，按照下述方法依次轮流进行，操作过程切实做好安全工作。

1. 清炒

(1)炒黄。取净莱菔子50 g置热锅中，用文火加热，不断翻动，炒至微鼓，并有爆裂声和香气时，取出放凉，用时捣碎。

(2)炒焦。焦白术：取净白术片50 g置热锅中，用中火加热，不断翻动，炒至表面焦黄色，内部微黄，并有焦香气味时，取出放凉；焦山楂：取净山楂50 g置热锅中，用中火炒至外表焦褐色，内部焦黄色，取出放凉。

(3)炒炭。取净地榆片50 g置热锅中，用武火加热，不断翻动，炒至表面焦黑，内部焦黄色，注意掌握火候，做到炒炭存性，取出放凉。

2. 加辅料炒

(1)麸炒。取麸皮5 g，撒在热锅中，加热至冒烟时，放入净白术片50 g，迅速翻动，炒至白术表面呈黄褐色或色变深时，取出，筛去麸皮，放凉。

(2)土炒。先将碾细筛过的灶心土0.5 kg置于热锅内，用中火加热炒动，使土粉呈松活状态后，倾入白术片50 g，并不断地翻动，炒至白术片表面挂土，并透出土香气时取出，筛去土粉，放凉。

(3)沙炒。先将纯净中粗河沙0.5 kg置于热锅内，用中火加热炒动至干，加入1%～2%的植物油，武火加热，拌炒至河沙色泽均匀，滑利而易于翻动，倾入净鸡内金50 g，分散投入炒至滑利容易翻动的沙中，不断翻动，至发泡蜷曲，取出筛去沙放凉。

(4)蛤粉炒。先将蛤粉0.5 kg置于热锅内，用中火加热，炒至蛤粉松活时，倾入经文火烘软切制的阿胶50 g，并不断翻动，炒至阿胶鼓起呈圆球形，内无溏心时取出，筛去蛤粉，放凉。

3. 炙

(1)酒炙。先取净黄芩片50 g与10 mL黄酒拌匀，放置闷透，待酒被药吸干后，置锅内用文火加热，炒干或炒至棕褐色，取出，也可以先将药物炒至一定程度，再喷洒定量的黄酒，炒干，取出。前者多用于质地坚实的根茎类药材，后者则用于质地疏松的药材。

(2)醋炙。先取净香附片50 g与10 mL醋充分拌匀，放置闷透，待醋被药吸干后，置锅内用文火炒至颜色变深时取出，晾干。对树脂类药材则应先炒，再喷洒定量的米醋，炒至微干，起锅后继续翻动，摊开放凉。

(3)盐炙。先取食盐1 g加适量水溶化，与净黄柏丝或片50 g拌匀，放置闷透，待盐水被药物吸尽后，置锅内用文火炒干取出，放凉。个别的先将净药材放锅内，边拌炒边加盐水。盐炙法火力宜小，要控制恰当火力，以免水分迅速蒸发，造成食盐即黏附在锅上，而达不到盐炙的目的。

(4)姜汁炙。先取生姜5 g洗净，切片捣碎，加适量清水，压榨取汁，残渣再加水共捣，压榨取汁，反复2～3次，合并姜汁约5 mL；再取净草果仁50 g，加入姜汁拌匀，并充分闷透，置锅内用文火炒干至姜汁被吸尽呈深黄色，稍有裂口时取出，晾干。

(5)蜜炙。先将炼蜜13 g左右，加适量沸水稀释后，加入净甘草50 g拌匀，放置闷透，置锅内用文火炒至深黄色，不黏手时取出摊晾，放凉后及时贮藏。

4.炮

取干姜 50 g,细砂 200 g,先将细沙置锅中炒热,然后加入干姜,炒至干姜色黄鼓起,筛去沙即成。

5.煨法

取净诃子 75 g,并逐个用和好的湿面团包住,放置在火口旁(或柴草火炭中),煨至面皮焦黄为度,剥去面皮,轧裂取出诃子放凉。

应掌握好文火、中火、武火的运用和审视药物黄、焦、黑等炒炙的程度,对实训中出现的太过或不及者,应及时予以指导纠正。同时,还应注意用火安全。

【观察结果】

观察所炮制的药物,是否符合要求。

【分析讨论】

分析讨论炮制药物的目的意义,操作方法是否恰当。

【作业】

写出炒炭地榆、土炒白术、盐炙黄柏、蜜炙甘草、煨诃子的炮制过程。

技能训练三　中药炮制(二)

【技能目标】

(1)进一步熟悉中药炮制方法。

(2)掌握水飞、煅、煅淬、制霜等常用炮制方法。

【材料用具】

(1)药材。炉甘石 200 g,自然铜 200 g,生石膏 600 g,巴豆 200 g。

(2)辅料。食醋 1 kg,萝卜 0.5 kg,面粉 1 kg,麦麸 3 kg,淀粉 500 g。

(3)用具。火炉、木炭、铁锅、锅铲、火钳、瓷量杯、天平等数量同技能训练二。铁碾槽 1 套,乳钵 4 套,烧杯 8 只,小盖锅 4 只,坩埚 4 只,草纸若干张,笔记本人手 1 本,技能单人手 1 份。

【内容与方法】

指导教师示范后,将学生分成 4 组,按照下述方法进行实训操作。

(1)水飞。将炉甘石碾碎,置乳钵内,加适量清水,研磨成糊状,再加水搅拌,待粗粉下沉时,倾出上层混悬液,下沉的粗粉再进行研磨、沉淀、倾出,如此反复多次,至研细为止,最后弃去杂质。将多次取得的混悬液合并静置,待完全沉淀后,倾去上清液,沉淀物干燥后,研为极细末。

(2)煅。取生石膏 100 g 放在无烟的炉火上或置于适宜的容器内,煅至酥脆或红透时,取出,放凉,碾碎。含有结晶水的盐类药物,不要求煅红,但须使结晶水蒸发尽,或全部形成蜂窝状的块状固体。

(3)煅淬。取自然铜 50 g 置坩埚内,在炉火中煅至红透时,取出立即放入盛有食醋的瓷烧杯中,淬酥,取出,干燥,打碎或研粉。用醋量一般为自然铜的 30%,在反复煅淬中,使醋液被药材吸尽。其他药材煅制所用淬液种类和数量,则应视药物性质和炮制目的而定。

(4)制霜。取巴豆曝晒,搓去壳,将净巴豆仁碾碎如泥状,细纸包裹后,夹于数层草纸中,置炉台上烘热,压榨除去大部分油脂,并反复几次即成。

对于本次实训内容,指导教师可根据实际情况,灵活掌握,以教方法为主。实训场地最好选择宽敞明亮、通气良好的地方，要注意防火。

【观察结果】

观察所炮制的药物，是否符合要求。

【分析讨论】

分析讨论药物炮制的成败经验，炮制过程中的注意事项。

【作业】

写出飞炉甘石、煅石膏的炮制过程和要领。

技能训练四　中药栽培(一)

【技能目标】

使学生初步掌握常用中药的栽培种植方法。

【材料用具】

一块翻耕过的地块；锄、锹、耙等工具齐备；肥料；中药种子或种苗；技能单人手 1 份，笔记本人手 1 本。

【方法步骤】

(1)整地。结合所种植中药的生长习性，选好地块，并进行平整、碾压、加埂、施肥，根据当地气候、土壤条件和所种植中药的种类确定作畦或作垄。

(2)分组种植。将选好的种子、块茎、枝条分别进行种子繁殖和营养繁殖(分株繁殖、压条繁殖、插枝繁殖和嫁接繁殖)。根据种子的大小，掌握好播种的深度，按不同的中药进行撒播、条播或点播。以植株的大小，掌握好播种的密度。

【注意事项】

本次实训安排在春季、秋季进行，种植前教师编印资料单和技能单，做好选种等准备工作。要求学生做好记录。

【分析讨论】

分析种植的方法是否正确？种植应注意什么问题？(学生分组讨论，教师作出总结。)

【作业】

写出实训报告。

技能训练五　中药栽培(二)

【技能目标】

初步掌握中药栽培中田间管理的方法。

【材料用具】

已种植的中药地块；田间管理用的各种工具；技能单人手 1 份，笔记本人手 1 本。

【方法步骤】

选择适当的时机，以班为单位分组进行。实训中根据已种植的中药生长情况，选定培土、间苗定苗、摘蕾打顶、搭棚架、追肥、灌溉与排水、整枝修剪及病虫害防治等项目，按教材要求进行操作。

【注意事项】

根据已种植的中药或本校中药圃栽培的药物情况，教师编印资料单和技能单，选定相应的实训项目,按教材要求进行。

【分析讨论】

分析田间管理的方法是否恰当?应注意什么问题?(学生分组讨论,教师作出总结。)

【作业】

写出实训报告。

技能训练六　药用植物形态识别(一)

【技能目标】

通过实训,使学生了解植物药物的生长特点、基本形态特征,为学习中药知识建立感性认识。

【材料用具】

小锄头 8 把,柴刀(或镰刀)8 把,枝剪 8 把,钢卷尺 8 个,笔记本人手 1 本,技能单、资料单人手 1 份,标本夹(或书夹)每组 1 付。

【方法步骤】

本次实训安排在学习方、药知识的前期,以班为单位组织,分成 8 个小组,由 2 位教师和实验员带领,到中草药标本园或学校附近的野外进行。实地观察当地的药用植物,数量不少于 30 种,对药用植物的生长特性、形态有一个初步认识。

在教师的指导示范下观察识别,根据需要分别刨根、剪枝、采花、摘果,并做好记录。

【注意】

实训前教师应先作一次考察备课,根据教学目标和当地药物资源情况,编印实训技能单、资料单;选择最佳时机进行;讲清要求及注意事项;组织学生分组讨论,教师进行总结。

【作业】

写出所见药用植物的名称、基本形态特征;绘制 2 张药用植物图。

技能训练七　药用植物形态识别(二)

【技能目标】

通过实训,使学生初步掌握常用中药的形态、特征、颜色、生长特性等,为合理采集及应用中药打下基础。

【材料用具】

小锄头 4 把,枝剪 4 把,标本夹 4 付,吸水纸若干,钢卷尺 4 个,技能单、资料单人手 1 份,中草药标本园(不少于 100 种常用中药)。

【方法步骤】

本次实训安排在学习了常用中草药知识的中、后期,以班为单位组织,分 4 个小组,由 2 位以上教师和实验员带领。中草药标本园划为 4 个区,教师指导各小组轮流观察识别,并选择根、茎、叶、花、皮、果、种子等代表药物,边看边讲解。要求学生观察药物各部位的形状、外皮颜色、断面颜色、质地、长度、大小、粗细、气味等,详细识别并做好记录。

【注意事项】

实训前根据教学计划、实训计划的要求,编印实训技能单、资料单;实训结束前留 20 min 时间进行讨论,教师作出总结;利用自习、课外第二课堂等活动组织学生到中药标本园参加劳动及管理，到中草药标本室，观察识别压制标本，观看中草药录像，以巩固所学知识与技能。

【作业】

每个学生写出实训报告，选择代表性药物，描述其植物形态。

技能训练八　药用植物标本制作

【技能目标】

通过实训，使学生了解和掌握中药植物标本的制作方法。

【材料用具】

植物标本若干种（制作前组织学生采集），技能单、资料单人手 1 份，枝剪、剪刀若干把，粗、细草纸足量，台纸（24 cm×26 cm）若干张，标签、小麻绳、透明胶纸足量，标本夹（图 2-121）3～5 个。

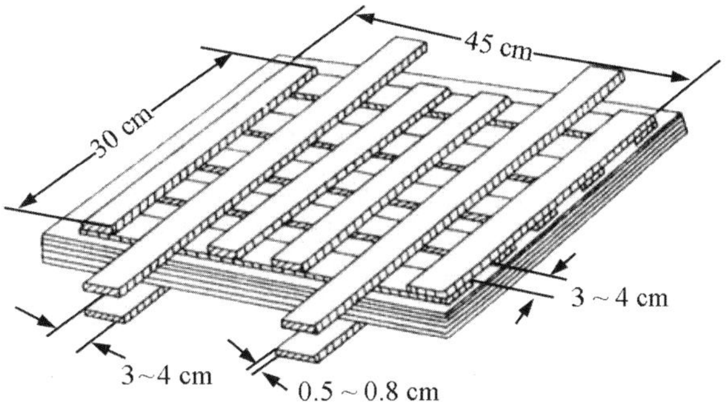

图 2-121　标本夹

【方法步骤】

(1)修剪。将采得的新鲜药用植物，在保持其完整形态的前提下，修剪成适当形状，去尽根部泥沙，标本整体不得大于台纸的尺寸。

(2)压制。用稍大于两份台纸的细草纸 1 张和粗草纸 3 张，折为夹层，细草纸置于最内层，备用。将修剪好的植物标本，使其大部分叶面向上，少数叶背向上，平展地铺放在双层细草纸的夹层中间，平端着移入标本夹中（如此处理，可一次积压多份标本），用小麻绳将标本夹加压捆紧，使植物组织中的水分，能迅速压出而被草纸吸收。勤加换晒粗草纸，换纸时，不得将标本直接取出，应连同细草纸一起移入干燥的粗草纸夹中，以免损坏标本。换下的湿纸应及时晒干，以备下次换纸时使用。如此反复多次，直至标本被压干为止。

(3)台纸植物标本压至全干取出，喷洒适量的敌杀死溶液，以防虫蛀。阴干后，仔细地移置于台纸上，用透明胶带加以固定。在标本的右下角贴上标签，最后用塑料薄膜封盖或装入玻璃框内，收藏。

标签内容一般包括：名称、别名、学名、科属、功效、产地、采集时间、采集人、鉴定人等。

【作业】

写出实训报告，每个学生自采自制 1 份标本。

技能训练九　中药材识别

【技能目标】

通过实训，使学生对常用中药材或饮片有一个大致的了解，并初步掌握识别中药材的基本方法。

【材料用具】

中药材标本 200 种左右（参考教学大纲与教材配备），南方地区可根据当地情况配备草药标本，技能单、资料单（实训前教师编印）人手 1 份。

【方法步骤】

本次实训安排在学习常用中草药知识中期或后期，在中药标本室进行。实训前教师向学生讲清目的要求、实训规则、实训方法，然后由学生按照教师编印的资料单的有关内容自行观察。观察识别中药材最基本的方法，一般有眼观、手摸、鼻闻、口尝四种。眼观，在必要时可借助放大镜，观其折断面；手摸，以区分其质地的轻重软硬；鼻闻，以区别其气味的辛香腥臭；口尝，以鉴别其味道的酸、苦、甘、辛、咸。口尝时应折断或揉碎后，用舌尖舐尝，切忌不顾有毒或无毒，随意放入口中咀嚼或吞咽。

【注意】

识别药物的形态、特征，不可能通过1～2次实训就能掌握，先学会观察的基本方法、要领，利用自习时间，组织学生反复观察识别，使其掌握应知应会的部分。

【作业】

写出实训报告，描述5种药材的形态、质地与色泽。

技能训练十　方剂验证

【技能目标】

通过实训，使学生学会常用方剂的加减运用方法。结合临诊不同的病证，加减化裁出最适宜的方剂，为合理运用方剂进行实地训练。

【材料用具】

技能单、资料单人手1份，笔记本人手1本，动物医院就诊病畜2～3头。

【方法步骤】

本次实训安排在学习常用方剂知识的后期，以班为单位组织，由1～2位教师带领，到学校动物医院进行。分2～3组轮流对病畜进行诊断，确定病证及治则，然后由学生独立写出治疗的方剂，交教师评判。

【注意】

实训前教师应到动物医院选定典型病例，以便于学生诊断；实训结束前留20 min时间组织学生讨论，教师进行总结。

【作业】

每人写出实训报告，说明对所开方剂进行加减化裁的理由。

思政关联·名医轶事

张仲景行医济世

张仲景生活的年代战乱频繁，灾祸连连，疾病流行。张氏宗族素多，自建安以来，死亡者三分有二，伤寒十居其七。仲景遂潜心医学，广拜名师，博采众长，学成之后，在民间救死扶伤，行医济世。

张仲景任长沙太守期间，正值疫疠流行，家家有僵尸之痛，户户有号泣之哀，百姓纷纷前来求诊，仲景不分贵贱，悉心诊治。随着看病的人越来越多，门庭若市，仲景干脆在每月初一、十五停止其他公务，专为民众义诊，救人无数。当时儒家思想倡导“君君臣臣，父父子子”的伦理纲常，官民之间等级制度森严，张仲景却突破了“礼不下庶人”的传统封建思想，在公堂之上为民诊病，这惊世之举深受百姓称颂，成为千古美谈。后世之人，为纪念这一善举，便把坐在药店内治病的医生通称为“坐堂医”，自己开设的药店店名后加上“堂”字，如著名的“同仁堂”“回春堂”“同济堂”等。古代的医学教育多是师徒相传，父子相授，师父常不允许弟子向外泄露一方一药，这种“各承家技”的教育方法在很大程度上阻碍了医学发展。张仲景著书立说，把所有用之有效的医方公之于世。

张仲景打破旧习，勤求博采，著《伤寒杂病论》传世，此书被誉为“方书之祖”“医门之轨范”，供世人传抄，极大程度推动了医学的发展。

（摘自《张仲景评传》，郑建明．南京：南京大学出版社，2006.）

考核评价

见表 2-36。

表 2-36　技能考核评价表

序号	项目	考核方式	考核要点	评分标准
1	药用植物采集和制作蜡叶药用植物标本	野外采集药用植物，每人完成 5 味药用植物蜡叶标本制作	正确采集药用植物，并运用蜡叶标本制作的操作技能完成标本的压制，达到实训指导所要求的标准	正确完成 90%以上考核内容为优秀 正确完成 80%以上考核内容为良好 正确完成 60%以上考核内容为及格 完成不足 50%考核内容为不及格
2	中药炮制	选择 10 味中药在实训室或任一宽敞场地进行	正确运用炒、炙、水飞、煅、制霜等方法有目的地进行炮制，达到实训指导所要求的标准	正确完成 90%以上考核内容为优秀 正确完成 80%以上考核内容为良好 正确完成 60%以上考核内容为及格 完成不足 50%考核内容为不及格
3	汤剂的制备	选择 2 个方剂在实训室进行煎煮	能熟练准确地对不同要求方剂进行煎煮，正确使用特殊的煎法，达到实训指导所要求的标准	正确完成 90%以上考核内容为优秀 正确完成 80%以上考核内容为良好 正确完成 60%以上考核内容为及格 完成不足 50%考核内容为不及格
4	药用植物形态识别	任意抽取 20 味中药在实训室或宽敞场地进行	初步学会识别常用植物药物，基本掌握最常用药物的生长特性、形态特征等	正确完成 90%以上考核内容为优秀 正确完成 80%以上考核内容为良好 正确完成 60%以上考核内容为及格 完成不足 50%考核内容为不及格
5	中药材识别	中药材识别	任意抽取 10 种中药或饮片，能回答出药名和功用	正确完成 90%以上考核内容为优秀 正确完成 80%以上考核内容为良好 正确完成 60%以上考核内容为及格 完成不足 50%考核内容为不及格
6	方剂验证	在学院兽医门诊选取典型病例进行	能根据具体病证恰当选方用药	正确完成 90%以上考核内容为优秀 正确完成 80%以上考核内容为良好 正确完成 60%以上考核内容为及格 完成不足 50%考核内容为不及格

知识链接

1.《最新中药材种植养殖标准手册》,中国标准出版社.

2.么厉,程惠珍,杨智.《中药材规范化种植(养殖)技术指南》,中国农业出版社,2006.

3.中国兽药典委员会.《中华人民共和国兽药典:2020年版·二部》,中国农业出版社,2020.

4.中国兽药典委员会.《中华人民共和国兽药典兽药使用指南:2010年版·中药卷》,中国农业出版社,2011.

5.国家药监局,农业农村部,国家林草局,国家中医药局.《中药材生产质量管理规范》,2022.

6.GB/T 18672—2014《枸杞》.

7.DB33/T 655.1—2007《无公害中药材金银花产地环境》.

8.LY/T 1175—1995《粉状松针膏饲料添加剂》.

9.GB/T 19618—2004《甘草》.

10.NY/T 1497—2007《饲料添加剂 大蒜素(粉剂)》.

项目三
针灸技术

学习目标

知识目标

初步掌握针灸术的基本知识;能正确使用针具、灸具,会取穴、配穴;掌握常用穴位的针法及适应证,学会常见病、多发病的针灸治疗方法。

能力目标

能够运用针灸技术对家畜、家禽、伴侣动物等的常见疾病进行治疗;具备运用针灸技术的基本理论和基本方法,准确取穴、配穴,并为家畜、家禽、伴侣动物等的常见病进行针灸治疗的能力。

思政目标

通过针灸技术的学习、运用与传承,了解我国传统兽医学的独特生态治疗技术,坚定中(兽)医学学习的文化自信。

学习内容

项目三针灸技术 PPT

针灸技术包括针术和灸术两种治疗技术。它们都是在中兽医理论指导下,根据辨证施治和补虚泻实等原则,运用针灸工具对动物体某些特定部位施以一定的刺激,以疏通经络、宣导气血,达到扶正祛邪、防治病证的目的。因为二者常常合并使用,又同属于外治法,所以把它们合称为针灸。它具有治病范围广,操作方便、安全,疗效迅速,易学易用,节省药品,便于推广等优点。

任务三十 针灸基本知识

运用各种不同类型的针具或某种刺激源(如激光、电磁波等)刺入或辐射动物机体一定的穴位或患部,予以适当刺激来防治疾病的技术称为针术。用点燃的艾绒在患病动物体的一定穴位上熏灼,借以疏通经络,驱散寒邪,达到治疗疾病目的所采用的方法,称为艾灸。温熨,又称灸熨，是指应用热源物对动物患部或穴位进行温敷熨灼的刺激，以防治疾病的方法。温熨包括醋麸灸、醋酒灸和软烧三种，主要针对较大的患病部位，如背腰风湿、腰胯风湿、破伤风、前后肢闪伤等。使用烧红的烙铁在患部或穴位上进行熨烙或画烙的治疗方法，称为烧烙疗法。烧烙具有强烈的烧灼作用，所产生的热刺激能透入皮肤肌肉组织，深达筋骨，对一些针药久治不愈的慢性顽固性筋骨、肌肉、关节疾患以及破伤风、脑黄、神经麻痹等具有较好的疗效。

一、针灸工具

1. 白针用具

(1)毫针。针尖圆锐，针体细长。针体直径为 0.64～1.25 mm，长度为 9～30 cm 等多种(图 3-1)。多用于白针穴位或深刺、透刺和针刺麻醉。

(2)圆利针。针尖呈三棱状，较锋利，针体较粗。针体直径为 1.5～2 mm，长度为 2～10 cm 等数种(图 3-2)。短针多用于针刺马、牛的眼部周围穴位及仔猪、禽的白针穴位；长针多用于针刺马、牛、猪的躯干和四肢上部的白针穴位。

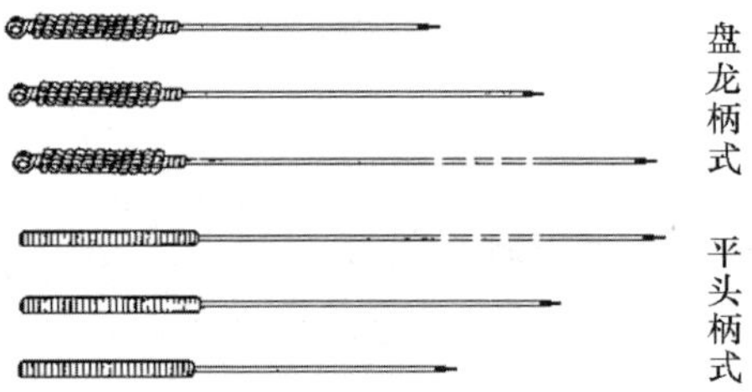

图 3-1 毫针

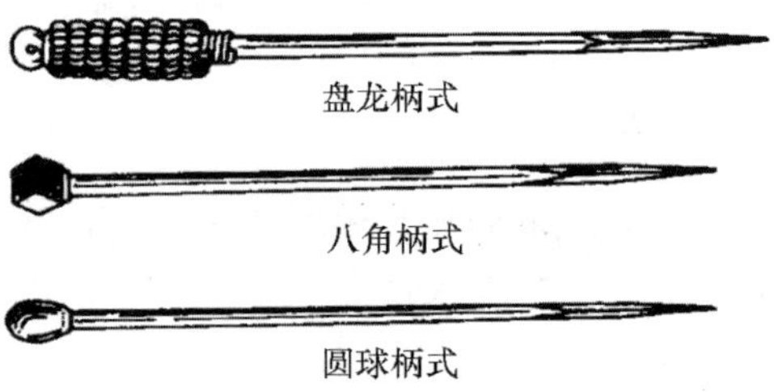

图 3-2 圆利针

2. 血针用具

(1)宽针。针头部如矛状，针刃锋利；针体部呈圆柱状。分大、中、小三种。大宽针长约 12 cm，针头部宽 8 mm，用于放大动物的颈脉、肾堂、蹄头血；中宽针长约 11 cm，针头部宽 6 mm，用于放大动物的胸堂、带脉、尾本血；小宽针长约 10 cm，针头部宽 4 mm，用于放马、牛的太阳、缠腕血(图 3-3)。中、小宽针有时也用于牛、猪的白针穴位。

(2)三棱针。针头部呈三棱锥状，针体部为圆柱状。有大小两种，大三棱针用于针刺三江、通关、玉堂等位于较细静脉或静脉丛上的穴位或点刺分水穴，小三棱针用于针刺猪的白针穴位；针尾部有孔者，也可作缝合针使用(图 3-4)。

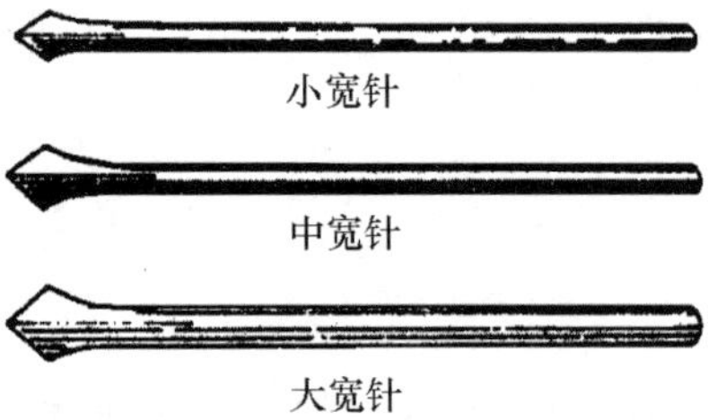

图 3-3 宽针

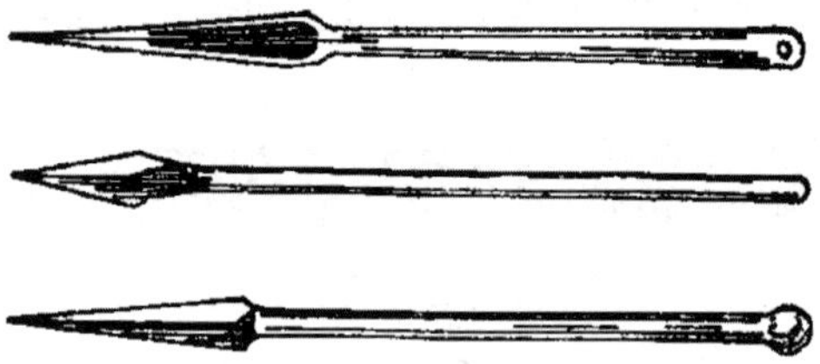

图 3-4 三棱针

(3)眉刀针和痧刀针。眉刀针形似眉毛,长 10～12 cm。痧刀形似小眉刀,长 4.5～5.5 cm。两针的最宽部约 0.6 cm,刀刃薄而锋利,主要用于猪的血针放血,也可代替小宽针使用(图 3-5)。

3. 火针用具

火针。针尖圆锐,针体光滑、比圆利针粗。针体长度有 2～10 cm 等多种。针柄夹垫石棉类隔热物质为多。用于动物的火针穴位(图 3-6)。

图 3-5　眉刀针和痧刀针

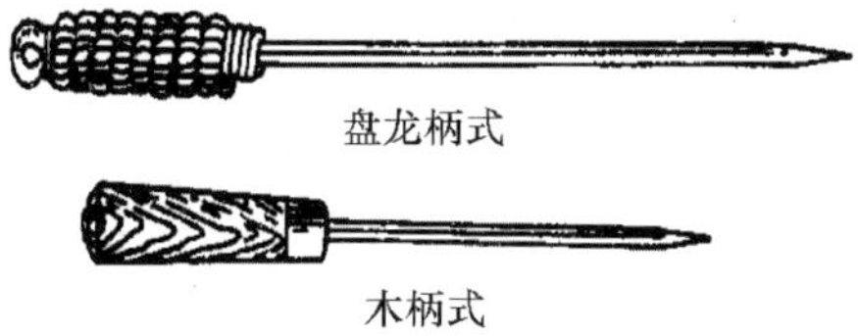

图 3-6　火针

4. 巧治针具

(1)穿黄针。与大宽针相似,但针尾部有一小孔,可以穿马尾或棕绳,主要用于穿黄穴,也可作大宽针使用,或用于穿牛鼻环(图 3-7)。

(2)夹气针。竹制或合金制。扁平长针,长 28～36 cm,宽 4～6 mm,厚 3 mm,针头钝圆,专用于针刺大动物的夹气穴(图 3-8)。

图 3-7　穿黄针

图 3-8　夹气针

5. 持针器

(1)针锤。长约 35 cm,锤头呈椭圆形,通过锤头中心钻有一横向洞道,用以插针。沿锤头正中通过小孔锯一道缝至锤柄上段的 1/5 处。锤柄外套一皮革或藤制的活动箍。插针后将箍推向锤头部则锯缝被箍紧,即可固定针具;将箍推向锤柄部,锯缝松开,即可取下针具。主要用于安装宽针,放颈脉、胸堂、带脉和蹄头血(图 3-9)。

(2)针杖。长约 24 cm,粗 4 cm,在棒的一端约 7 cm 处锯去一半,沿纵轴中心挖一针沟即成。使用时,用细绳将针紧固在针沟内,针头露出适当长度,即可施针。常用于持宽针或圆利针(图 3-10)。

6. 现代针灸仪器

(1)电针机。电针机种类很多,现在广泛应用的是半导体低频调制脉冲式电针机,这种电针机具有波型多样、输出量及频率可调、刺激作用较强、对组织无损伤等特点。由于是用半导体元件组装而成,故具有体积小、便于携带、操作简单、交直流电源两用、一机多用等优点,可做电针治疗、电针麻醉、穴位探测等(图 3-11)。

(2)微波针灸仪。目前,使用的是国内生产的扁鹊-A 型微波针灸仪,是利用半导体电子管产生微波，通过导线与毫针相连，输出频率约 1 GC，正弦波，功率约 2 W(图 3-12)。

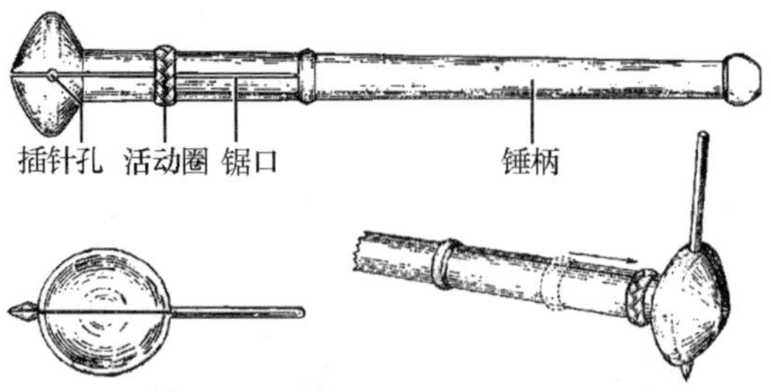

图 3-9　针锤

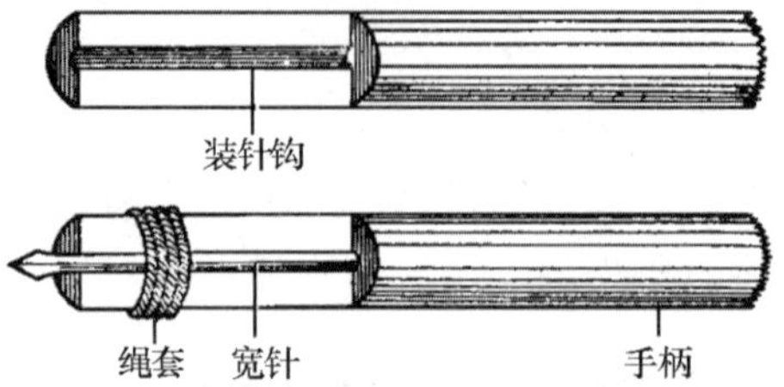

图 3-10　针杖

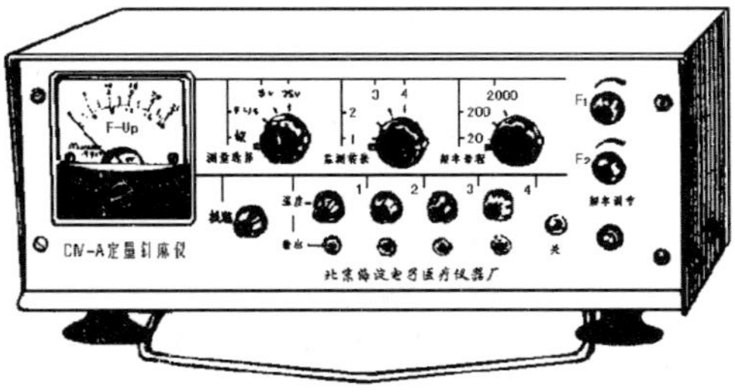
图 3-11　电针机

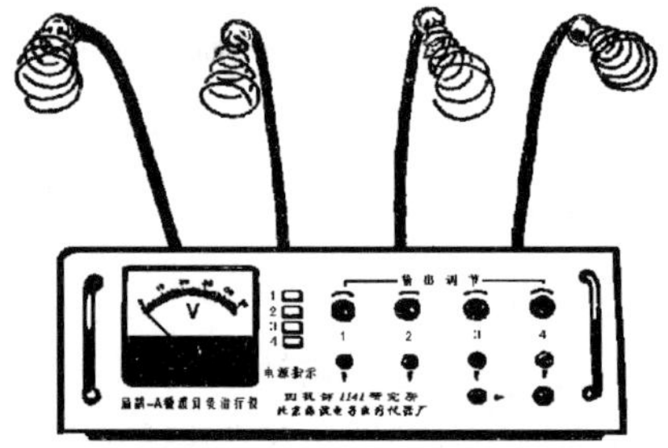
图 3-12　微波针灸仪

(3)激光针灸仪。医用激光器的种类很多，按受激物质分类，有固体(如红宝石、钕玻璃)激光器、气体(如氦、氖、氩、氮、二氧化碳)激光器、液体(如有机染毡若丹明)激光器、半导体(如砷化镓)激光器等。目前，在兽医针灸常用的有氦氖激光器和二氧化碳激光器两种。氦氖激光器能发出波长 632.8 nm 的红色光，常用于穴位照射，称为激光针疗法。二氧化碳激光器发出波长 10.6 μm 的无色光，常用于穴位灸灼、患部照射或烧烙，因而又称激光灸疗法(图 3-13、图 3-14)。

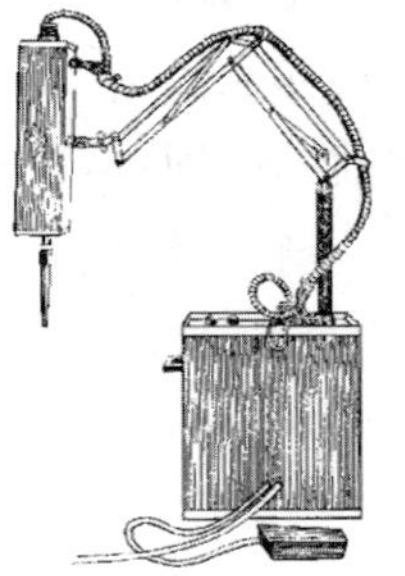
图 3-13　5 W 二氧化碳激光机

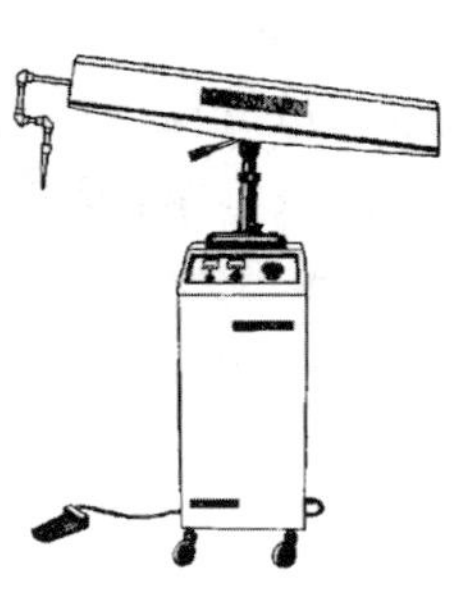
图 3-14　30 W 二氧化碳激光机

(4)磁疗机。有特定电磁波谱治疗机(TDP)、旋磁疗机、电动磁按摩器、磁电复合式机等多种。TDP 有落地式、移动式、台式和手摆式几种。移动式由照射头、自由平衡支架、电器控制盒和底座四部分构成。

7. 艾灸用具

艾灸用具主要是艾炷和艾卷，都用艾绒制成。艾绒是中药艾叶经晾晒加工捣碎，去掉杂质粗梗而制成的一种灸料。艾叶性辛温，气味芳香，易于燃烧，燃烧时热力均匀温和，能窜透肌肤，直达深部，有通经活络，祛除阴寒，回阳救逆的功效。

(1)艾炷。艾炷呈圆锥形，有大小之分，一般为大枣大、枣核大、黄豆大等，使用时可根据动物体质、病情选用。

(2)艾卷。艾卷是用陈久的艾绒摊在棉皮纸上卷成，直径 1.5 cm，长约 20 cm。目前，在中药店或中医院都有成品艾卷出售，其制作材料除艾绒外，还加入了其他中药。

8. 其他用具

(1)温熨用具。有软烧棒、毛刷等。

(2)烧烙用具。烙铁。头部开关有刀形、方块形、圆柱形、锥形、球形等多种，有木质把手。

(3)拔火罐用具。火罐。用竹、陶瓷、玻璃等制成，呈圆筒形或半球形等。

(4)刮痧用具。刮痧器。用铁板制成。

二、针灸取穴方法

穴位是针灸治疗动物疾病的刺激点。穴位各有一定的位置，针灸治疗时取穴定位是否正确，直接影响治疗效果。自古以来中兽医就非常强调准确定位的重要性，如《元亨疗马集》说："针皮勿令伤肉，针肉勿令伤筋伤骨，隔一毫如隔泰山，偏一丝不如不针"。要做到定位准确，就必须掌握一定的定位方法。临诊常用的定位方法有以下几种。

(1)解剖标志定位法。穴位多在骨骼、关节、肌腱、韧带之间或体表静脉上，可用穴位局部解剖形态作为定位标志。

(2)体躯连线比例定位法。在某些解剖标志之间画线，以一线的比例分点或两线的交叉点为定穴依据。例如，百会穴与股骨大转子连线中点取巴山穴，胸骨后缘与肚脐连线中点取中脘穴等，髋关节最高点到臀端的连线与股二头肌沟的交叉点取邪气穴等。

(3)指量定位法。以术者手指第二节关节处的横宽作为度量单位来量取定位。指量时，食指、中指相并(二横指)为 1 寸(3 cm)，加上无名指三指相并(三横指)为 1.5 寸(4.5 cm)，再加上小指四指相并(四横指)为 2 寸(6 cm)(图 3-15)。例如，肘后四指血管上取带脉穴，邪气穴下四指取汗沟穴，耳后一指取风门穴，耳后二指取伏兔穴等。指量法适用于体形和营养状况中等的动物，如体形过大或过小，术者的手指过粗或过细，则指间距离应灵活放松或收紧一些，并结合解剖标志弥补。

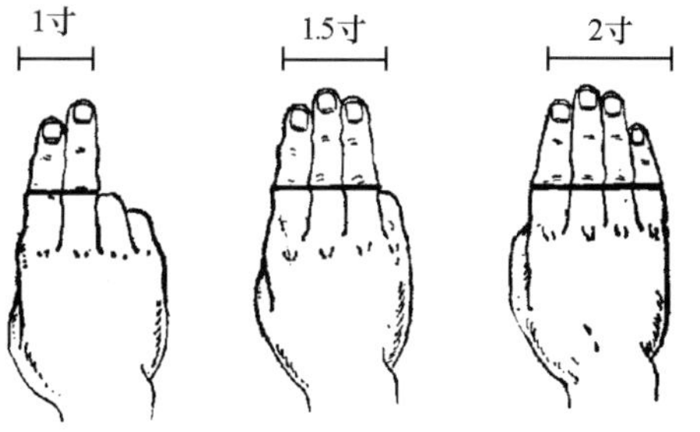

图 3-15　指量定位法

(4)同身寸定位法。以动物某一部位(多用骨骼)的长度作为 1 寸(同身寸)来量取穴位。动物的体大则寸大，体小则寸小，度量比较科学。

(5)骨度分寸定位法。骨度分寸定位法是人体穴位的定位法，也可用于动物，特别是小动物四肢穴位的定穴。方法是将身体不同部位的长度和宽度分别规定为一定的等份(每一等份为 1 寸),作为量取穴位的标准。如前臂规定为 12 寸,在上 3 寸处桡沟中取前三里穴;小腿规定为 16 寸,在上 3 寸处腓沟中取后三里穴。

三、施针的基本技术

1. 施针前的准备

(1)用具准备。针灸治疗前必须制订治疗方案,准备适当的针灸工具和材料。同时,还要准备好消毒、保定器材和其他辅助用品等。

(2)动物保定。在施行针灸术时,为了取穴准确,顺利施术,保证术者和动物安全,对动物必须进行保定,并保持适当的体位以方便施术。

(3)消毒准备。针具消毒一般用 75%酒精棉球擦拭,必要时用高压蒸汽灭菌。术者手指也要用酒精棉球消毒。针刺穴位选定后,大动物宜剪毛,先用碘酊消毒,再用 75%酒精脱碘,待干后即可施针。

2. 施针的基本技术

(1)持针法。针刺时多以右手持针施术,称为刺手,要求持针确实,针刺准确。

①毫针的持针法。普通毫针施术时,常用右手拇指对食指和中指夹持针柄,无名指抵住针身以辅助进针并掌握进针的深度(图 3-16)。如用长毫针,则可捏住针尖部,先将针尖刺入穴位皮下,再用上述方法捻转进针(图 3-17)。

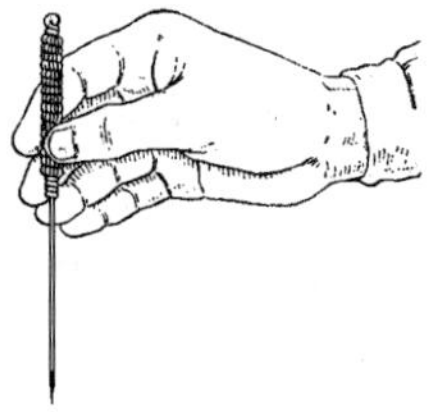

图 3-16 毫针持针法 A

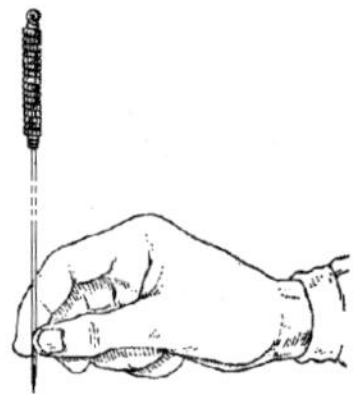

图 3-17 毫针持针法 B

②圆利针的持针法。与地面水平进针时,则用全握式持针法,即以拇指、食指、中指捏住针体,针柄抵在掌心(图 3-18)。与地面垂直进针时,以拇指、食指夹持针柄,以中指、无名指抵住针身(图 3-19)。进针时,可先将针尖刺至皮下,然后根据所需的进针方向,调好针刺角度,用拇指、食指、中指持针柄捻转进针达所需深度。

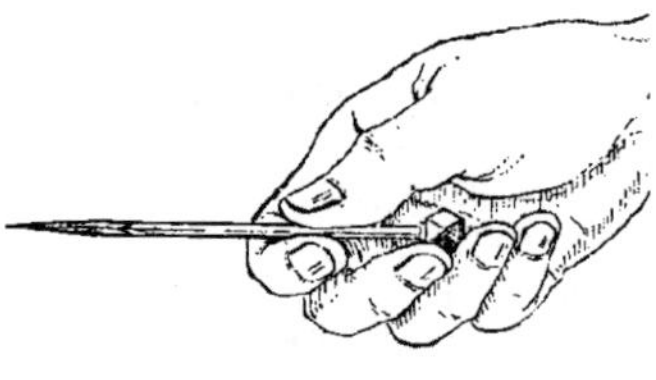

图 3-18 圆利针持针法 A

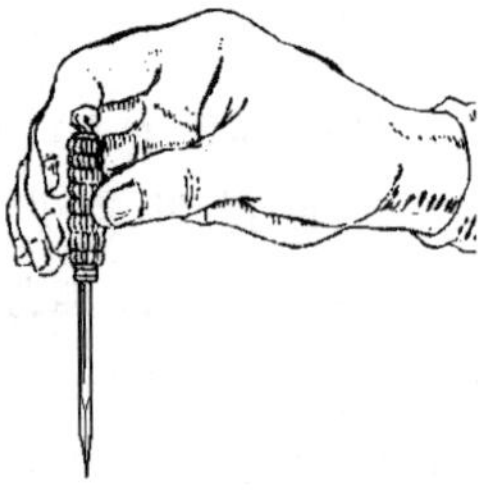

图 3-19 圆利针持针法 B

③宽针的持针法。

全握式持针法：以右手拇指、食指、中指持针体，根据所需的进针深度，针尖露出一定长度，针柄端抵于掌心内（图 3-20、图 3-21）。进针时动作要迅速、准确。使针刃一次穿破皮肤及血管，针退出后，血即流出。常用于针刺缠腕、曲池、尾本等穴位。

图 3-20　宽针持针法 A

图 3-21　宽针持针法 B

手代针锤持针法：以持针手的食指、中指和无名指握紧针体，用小指的中节，放在针尖的内侧，抵紧针尖部，拇指抵压在针的上端，使针尖露出所需刺入的长度（图 3-21）。针刺时，挥动手臂，使针尖顺血管刺入，随即出血。此法与针锤持针法相同，但比用针锤更为方便准确。

针锤持针法：先将针具夹在锤头针缝内，针尖露出适当的长度，推上锤箍，固定针体。术者手持锤柄，挥动针锤使针刃顺血管刺入，随即出血。常用于针刺颈脉、胸堂、肾堂、蹄头等穴以及黄肿处散刺。

此外，也可用针棒、射针器持针。

④三棱针的持针法。

执笔式持针法：以拇指、食指、中指三指持针身，中指尖抵于针尖部以控制进针的深度，无名指抵按在穴旁以助准确进针（图 3-22）。常用于针刺通关、分水、内唇阴等穴。

弹琴式持针法：以拇指、食指夹持针尖部，针尖留出适当的长度，其余三指抵住针身（图 3-23）。常用于平刺三江、大脉等穴。

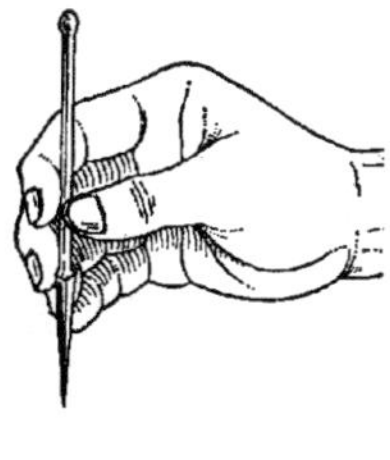

图 3-22　三棱针持针法 A

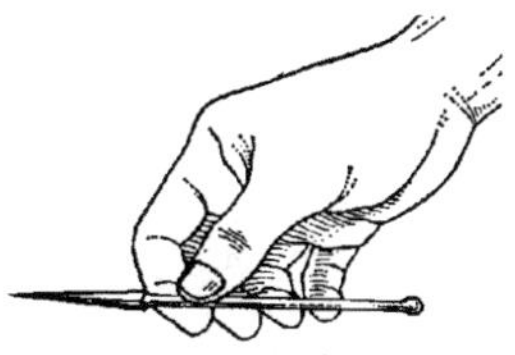

图 3-23　三棱针持针法 B

⑤火针的持针法。烧针时，必须持平。若针尖向下，则火焰烧手；针尖朝上，则热油流在手上。扎针时，因穴而异。与地面垂直进针时，似执笔式，以拇指、食指、中指三指捏住针柄，针尖向下（图 3-24）；与地面水平进针时，似全握式，以拇指、食指、中指三指捏住针柄，针尖向前（图 3-25）。

⑥三弯针持针法。常用执笔式水平进针（图 3-26）。

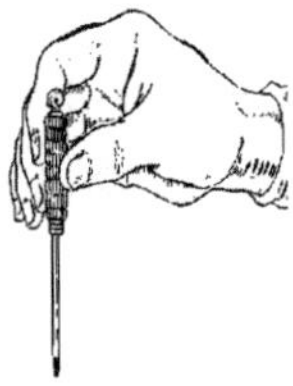

图 3-24 火针持针法 A

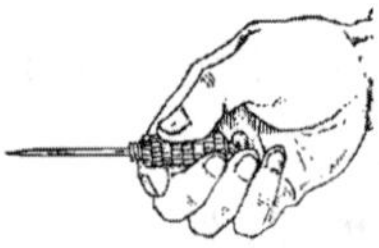

图 3-25 火针持针法 B

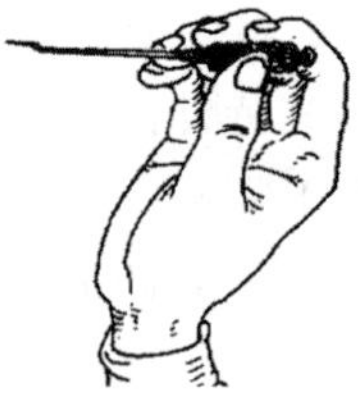

图 3-26 三弯针持针法

3. 按穴(押手)法

针刺时多以左手按穴，称为押手。其作用是固定穴位，辅助进针，使针体准确地刺入穴位，还可减轻针刺的疼痛。常用押手法，有下列四种。

(1)指切押穴法。以左手拇指指甲切压穴位及近旁皮肤，右手持针使针尖靠近押手拇指边缘，刺入穴位内(图 3-27)。适用于短针的进针。

(2)骈指押穴法。用左手拇指、食指夹捏棉球，裹住针尖部，右手持针柄，当左手夹针下压时，右手顺势将针尖刺入(图 3-28)。适用于长针的进针。

(3)舒张押穴法。用左手拇指、食指，贴近穴位皮肤向两侧撑开，使穴位皮肤紧张，以利进针(图 3-29)。适用于位于皮肤松弛部位或不易固定的穴位。

(4)提捏押穴法。用左手拇指和食指将穴位皮肤捏起来，右手持针，使针体从侧面刺入穴位(图 3-30)。适用于头部或皮肤薄、穴位浅等部位的穴位，如锁口、开关穴。施穿黄针时也常用此法。

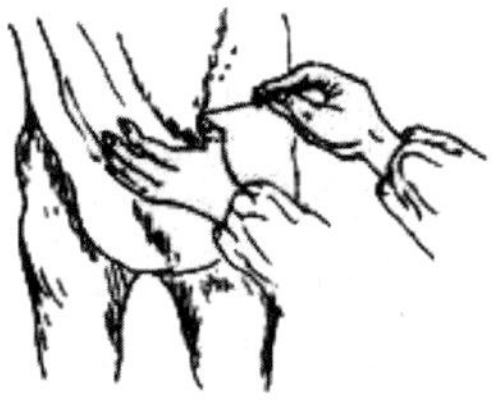

图 3-27 指切押穴法

图 3-28 骈指押穴法

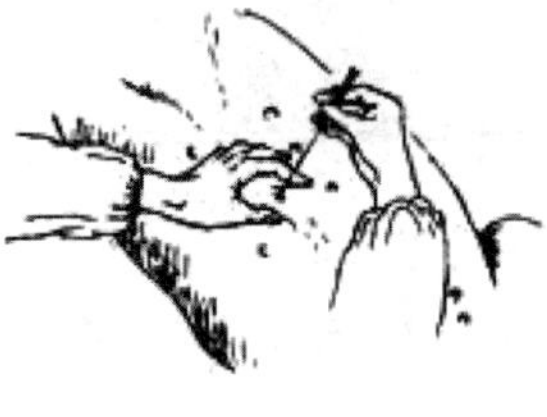

图 3-29 舒张押穴法

图 3-30 提捏押穴法

4. 进针法

(1)捻转进针法。毫针、圆利针多用此法。操作时，一般是一手切穴，一手持针，先将针尖刺入穴位皮下，然后缓慢捻转进针。如用细长的毫针可采用骈指押手法辅助进针。

(2)速刺进针法。多用于宽针、火针、圆利针、三棱针的进针。用宽针时，使针尖露出适当的长度，对准穴位，以轻巧敏捷手法，刺入穴位，即可一针见血。用火针时，则可一次刺入所需的深度，再作短时间的留针。用圆利针时，可先将针尖刺入穴位皮下，再调整针向，随手刺入。

(3)飞针法。类似于速刺进针法，适用于不太老实的动物。其特点是不用押手，以刺手点穴并施针；辅助动作多，能分散动物注意力；进针速度快，可减轻进针时的疼痛；针刺入穴位后动物多安然不动，或略有回避动作。具体操作分三步，即“一呼、二拍、三扎针”。

一呼，即术者接近动物时，高声呼号(按地区习惯呼“得儿……”或“吁……”)，使动物消除戒心，然后左手在动物适当部位按握，作为支点；右手持针，用手背抚摸动物，并趋向穴位，再用无名指正确取穴定位。二拍，随着呼号，以刺手的指背轻拍穴位一下，动物受到了轻微的振动，但不痛不痒，注意力进一步分散。三扎针，刺手轻拍穴位后，随即翻手进针，一次刺入所需深度。上述三步要连贯而行，紧密衔接，全部施针过程仅需几秒钟完成，故有“飞针”之称。

(4)管针进针法。主要用于短针的进针。将特制的针管置于穴位上，把针放入管内，用右手食指或中指弹击或叩击针尾，将针刺入皮内。然后退出针管，再将针捻入或直接刺入穴中(图 3-31)。

5. 针刺角度和深度

(1)针刺角度。针刺角度是指针体与穴位局部皮肤平面所构成的夹角，它是由针刺方向决定的，常见的有三种(图 3-32)。

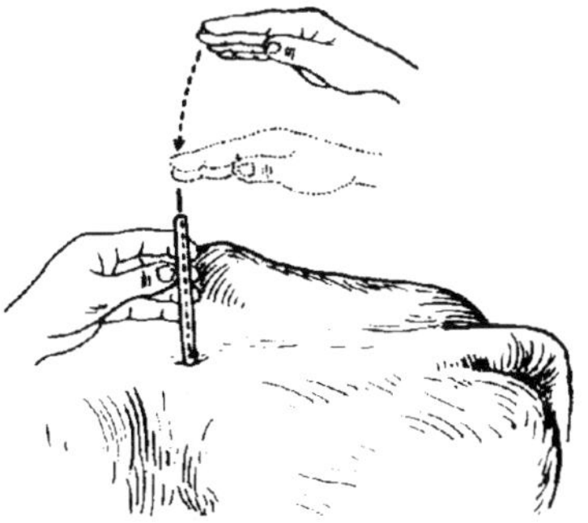

图 3-31 管针进针法

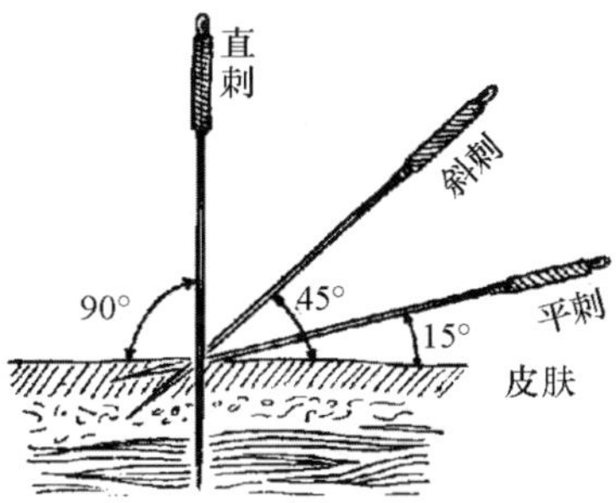

图 3-32 针刺角度

①直刺。针体与穴位皮肤呈垂直或接近垂直的角度刺入。常用于肌肉丰满处的穴位，如巴山、路股、环跳、百会等穴。

②斜刺。针体与穴位皮肤约呈 45°角刺入，适用于骨骼边缘和不宜于深刺的穴位，如风门、伏兔、九委等穴。

③平刺。针体与穴位皮肤约呈 15°角刺入，多用于肌肉浅薄处的穴位，如锁口、肺门、肺攀等穴。有时在施行透刺时也常应用。

(2)针刺深度。针刺时进针深度必须适当，不同的穴位对针刺深度有不同的要求，一般以穴位规定的深度作标准。如开关穴刺入 2～3 cm，而夹气穴一般要刺入 30 cm 左右。但是，随着畜体的胖瘦、病证的虚实、病程的长短以及补泻手法等的不同，进针深度应有所区别。正如《元亨疗马集·伯乐明堂论》中指出：“凡在医者，必须察其虚实，审其轻重，明其表里，度其浅深”。针刺的深浅与刺激强度有一定关系，进针深，刺激强度大；进针浅，刺激强度小。应注意的是，凡靠近大血管和深部有重要脏器处的穴位，如胸壁部和肋缘下针刺不宜过深。

6. 行针与得气

(1)得气。针刺后,为了使患病动物产生针刺感应而运行针体的方法,称为行针。针刺部位产生了经气的感应,称为“得气”,也称“针感”。得气以后,动物会出现提肢、拱腰、摆尾、局部肌肉收缩或跳动,术者则手下也有沉紧的感觉。

(2)行针手法。包括提插、捻转两种基本手法和搓、弹、刮、摇四种辅助手法。

①提插。纵向的行针手法。将针从深层提到浅层,再由浅层插入深层,如此反复地上提下插。提插幅度大、频率快,刺激强度就大;提插幅度小、频率慢,刺激强度就小(图 3-33)。

②捻转。横向的行针手法。将针左右、来回反复地旋转捻动。捻转幅度一般在 180°～360°。捻转的角度大、频率快,所产生的刺激就强;捻转角度小、频率慢,所产生的刺激就弱(图 3-34)。

图 3-33　提插行针法

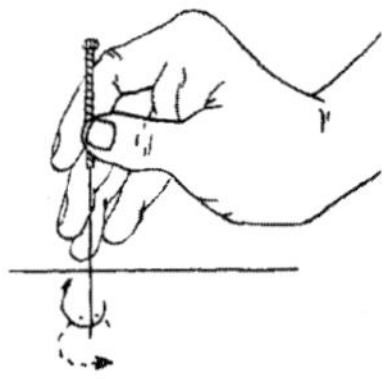

图 3-34　捻转行针法

③搓。单向地捻动针身。有增强针感的作用,也是调气、催气的常用手法之一。大幅度的搓针,使针体自动向回退旋,称为“飞”(图 3-35)。

④弹。用手指弹击针柄,使针体微微颤动,以增强针感(图 3-36)。

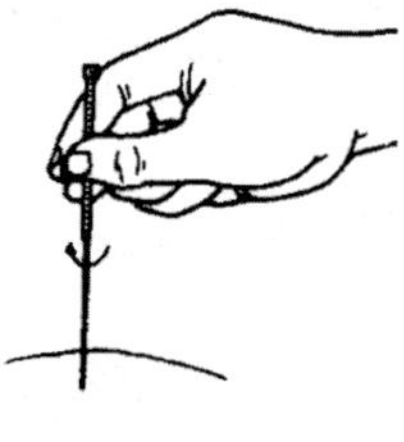

图 3-35　搓法

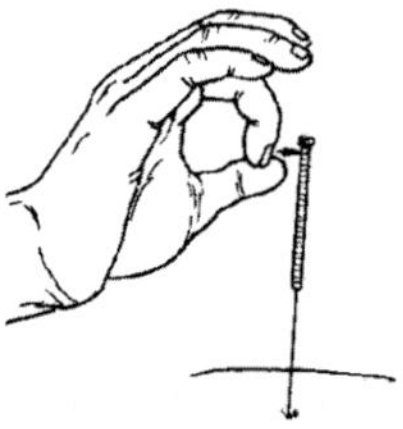

图 3-36　弹法

⑤刮。以拇指抵住针尾、食指或中指指甲轻刮针柄,以加强针感、促进针感的扩散(图 3-37)。

⑥摇。用手捏住针柄轻轻摇动针体。直立针身而摇可增强针感,卧倒针身而摇可促使针感向一定方向传导,使针下之气直达病所 (图 3-38)。

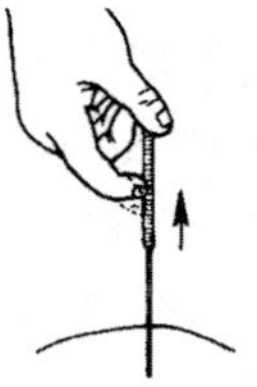

图 3-37　刮法

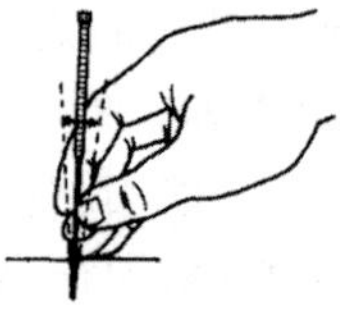

图 3-38　摇法

临诊上大多采用复式行针法，尤以提插捻转最为常用。行针法虽然用于毫针、圆利针术，但对有些穴位（如睛俞、睛明）则禁用或少用，火针术在留针期间也可轻微捻转针体，但禁用其他行针手法。

(3)行针间隔。也分为三种。

①直接行针。当进针达一定深度并出现了针感后，再将针体均匀地提插捻转数次即出针，不留针。

②间歇行针。针刺得气后，不立即出针，把针留在穴位内，在留针期间反复多次行针。如留针 30 min，可每隔 10 min 行针 1 次，每次行针不少于 1 min。

③持续行针。针刺得气后，仍持续不断地行针，直至症状缓解或痊愈为止。

7. 留针与起针

(1)留针法。针刺治病，要达到一定的刺激量，除取决于刺激强度外，还需要一定的刺激时间，才能取得较好的效果。得气后根据病情需要把针留置在穴位内一定时间，称为留针。留针主要用于毫针术、圆利针术以及火针术。其目的有二：一为候气，当取穴准确，入针无误，而无针感反应时，可不必起针，须留针片刻再行针，即可出现针感；二为调气，针刺得气后，留针一定时间以保持针感，或间歇行针以增强针感。

留针时间一般为 10～30 min，火针留针 5～10 min，而针刺麻醉要留针到手术结束。

(2)起针法。针刺达到一定的刺激量后，便可起针，常用的起针法有两种。

①捻转起针法。押手轻按穴旁皮肤，刺手持针柄缓缓地捻转针体，随捻转将针体慢慢地退出穴位。

②抽拔起针法。押手轻按穴旁皮肤，刺手捏住针柄，轻快地拔出针体。也可不用押手，仅以刺手捏住针柄迅速地拔出针体。对不温顺的患病动物起针时多用此法。

8. 施针意外情况的处理

(1)弯针。弯针多因动物肌肉紧张，剧烈收缩；或因跳动不安；或因进针时用力太猛，捻转、提插时指力不匀所致。

针身弯曲较小者，可左手按压针下皮肤肌肉，右手持针柄不捻转、顺弯曲方向将针取出；若弯曲较大，则需轻提轻按，两手配合，顺弯曲方向，慢慢地取出，切忌强力猛抽，以防折针。

(2)折针。多因进针前失于检查，针体已有缺损腐蚀；进针后捻针用力过猛；患病动物突然骚动不安所致。

若折针断端尚露出皮肤外面，用左手迅速紧压断针周围皮肤肌肉，右手持镊子或钳子夹住折断的针身用力拔出；若折针断在肌肉层内，则行外科手术切开取出。

(3)滞针。多因肌肉紧张，强力收缩，肌纤维夹持针体，使针体无法捻转或拔出。停止运针，轻揉局部，待动物安静后，使紧张的肌肉缓解，再轻轻地捻转针体将针拔出。

(4)血针出血不止。多因针尖过大，或用力过猛刺伤附近动脉；或操作时动物突然骚动不安误断血管所致。

轻者用消毒棉球或蘸止血药压迫止血，或烧烙止血，或用止血钳夹住血管止血；重者施行手术结扎血管。

(5)局部感染。多因针前穴位消毒不严，针具不洁，火针烧针不透；针刺或灸烙后遭雨淋、水浸或患病动物啃咬所致。

轻者局部涂擦碘酊，重者根据不同情况进行全身和局部处理。

任务三十一 常用针灸穴位及针治

一、牛的针灸穴位及针治

(一)头部穴位

见表 3-1。

表 3-1 头部穴位

穴名	定位	针法	主治
山根	主穴在鼻唇镜上缘正中有毛与无毛交界处,两副穴在两鼻孔背角处,共三穴	小宽针向后下方斜刺 1 cm,出血	中暑,感冒,腹痛,癫痫
鼻中	两鼻孔下缘连线中点,一穴	小宽针或三棱针直刺 1 cm,出血	慢草,热证,唇肿,衄血,黄疸
顺气	口内硬腭前端,齿板后切齿乳头上的两个鼻腭管开口处,左右侧各一穴	将去皮、节的鲜细柳、榆树条,端部削成钝圆形,徐徐插入 20~30 cm,剪去外露部分,留置 2~3 h 或不取出	肚胀,感冒,睛生翳膜
通关	舌体腹侧面,舌系带两旁的血管上,左右侧各一穴	将舌拉出,向上翻转,小宽针或三棱针刺入 1 cm,出血	慢草,木舌,中暑,春秋季开针洗口有防病作用
承浆	下唇下缘正中、有毛与无毛交界处,一穴	中、小宽针向后下方刺入 1 cm,出血	下颌肿痛,五脏积热,慢草
锁口	口角后上方约 3 cm 凹陷处,左右侧各一穴	小宽针或火针向后上方平刺 3 cm,毫针刺入 4~6 cm,或透刺开关穴	牙关紧闭,歪嘴风
开关	口角向后的延长线与咬肌前缘相交处,左右侧各一穴	中宽针、圆利针或火针向后上方刺入 2~3 cm,毫针刺入 4~6 cm,或向前下方透刺锁口穴	破伤风,歪嘴风,腮黄
鼻俞	鼻孔上方 4.5 cm 处(鼻颌切迹内),左右侧各一穴	三棱针或小宽针直刺 1.5 cm,或透刺到对侧,出血	肺热,感冒,中暑,鼻肿
三江	内眼角下方约 4.5 cm 处的血管分叉处,左右侧各一穴	低拴牛头,使血管怒张,用三棱针或小宽针顺血管刺入 1 cm,出血	疝痛,肚胀,肝热传眼
睛明	下眼眶上缘,两眼角内、中 1/3 交界处,左右眼各一穴	上推眼球,毫针沿眼球与泪骨之间向内下方刺入 3 cm,或三棱针在下眼睑黏膜上散刺,出血	肝热传眼,睛生翳膜
睛俞	上眼眶下缘正中的凹陷中,左右眼各一穴	下压眼球,毫针沿眶上突下缘向内上方刺入 2~3 cm,或三棱针在上眼睑黏膜上散刺,出血	肝经风热,肝热传眼,眩晕
太阳	外眼角后方约 3 cm 处的颞窝中,左右侧各一穴	毫针直刺 3~6 cm;或小宽针刺入 1~2 cm,出血;或施水针	中暑,感冒,癫痫,肝热传眼,睛生翳膜
通天	两内眼角连线正中上方 6~8 cm 处,一穴	火针沿皮下向上平刺 2~3 cm,或火烙;治脑包虫可施开颅术	感冒,脑黄,癫痫,破伤风,脑包虫
耳尖	耳背侧距尖端 3 cm 的血管上,左右耳各三穴	捏紧耳根,使血管怒张,中宽针或大三棱针速刺血管,出血	中暑,感冒,中毒,腹痛,热性病

续表 3-1

穴名	定位	针法	主治
耳根	耳根后方，耳根与寰椎翼前缘之间的凹陷处，左右侧各一穴	中宽针或火针向内下方刺入 1～1.5 cm，圆利针或毫针刺入 3～6 cm	感冒，过劳，腹痛，风湿
天门	两耳根连线正中点后方，枕寰关节背侧的凹陷中，一穴	火针、小宽针或圆利针向后下方斜刺 3 cm，毫针刺入 3～6 cm，或火烙	感冒，脑黄，癫痫，眩晕，破伤风

(二)躯干部穴位

见表 3-2。

表 3-2　躯干部穴位

穴名	定位	针法	主治
喉门	下颌骨后，喉头下，左右侧各一穴	中宽针、圆利针或火针向后下方刺入 3 cm，毫针刺入 4.5 cm	喉肿，喉痛，喉麻痹
颈脉	颈静脉沟上、中 1/3 交界处的血管上，左右侧各一穴	高拴牛头，徒手按压或扣颈绳，大宽针刺入 1 cm，出血	中暑，中毒，脑黄，肺风毛燥
鬐甲	第四、第五胸椎棘突间的凹陷处，一穴	小宽针或火针向前下方刺入 1.5～2.5 cm，毫针刺入 4～5 cm	前肢风湿，肺热咳嗽，脱膊，肩肿
关元俞	最后肋骨与第一腰椎横突顶端之间的髂肋肌沟中，左右侧各一穴	小宽针、圆利针或火针向内下方刺入 3 cm，毫针刺入 4.5 cm；也可向脊椎方向刺入 6～9 cm	慢草，便结，肚胀，积食，泄泻
六脉	倒数第一、第二、第三肋间，髂骨翼上角水平线上的髂肋肌沟中，左右侧各三穴	小宽针、圆利针或火针向内下方刺入 3 cm，毫针刺入 6 cm	便秘，肚胀，积食，泄泻，慢草
脾俞	倒数第三肋间，髂骨翼上角水平线上的髂肋肌沟中，左右侧各一穴	小宽针、圆利针或火针向内下方刺入 3 cm，毫针刺入 6 cm	同六脉穴
食胀	左侧倒数第二肋间与髋结节下角水平线相交处，一穴	小宽针、圆利针或毫针向内下方刺入 9 cm，达瘤胃背囊内	宿草不转，肚胀，消化不良
肺俞	倒数六肋间，髂骨翼上角水平线上的髂肋肌沟中，左右侧各一穴	小宽针、圆利针或火针向内下方刺入 3 cm，毫针刺入 6 cm	肺热咳喘，感冒，宿草不转
百会	腰荐十字部，即最后腰椎与第一荐椎棘突间的凹陷处，一穴	小宽针、圆利针或火针直刺 3～4.5 cm，毫针刺入 6～9 cm	腰胯风湿、闪伤，二便不利，后躯瘫痪
肾俞	百会穴旁开 6 cm 处，左右侧各一穴	小宽针、圆利针或火针直刺 3 cm，毫针直刺 4.5 cm	腰胯风湿，腰背闪伤
雁翅	髋结节最高点前缘到背中线所作垂线的中、外 1/3 交界处，左右侧各一穴	圆利针或火针直刺 3～5 cm，毫针刺入 8～15 cm	腰胯风湿，不孕症
气门	髂骨翼后方，荐椎两侧约 9 cm 的凹陷处，左右侧各一穴	圆利针或火针直刺 3 cm，毫针刺入 6 cm	后肢风湿，不孕症
肷俞	左侧肷窝部，即肋骨后、腰椎下与髂骨翼前形成的三角区内	套管针或大号采血针向内下方刺入 6～9 cm，徐徐放出气体	急性瘤胃臌气
穿黄	胸前正中线旁开 1.5 cm 处，一穴	拉起皮肤，用带马尾的穿黄针左右对穿皮肤，马尾留置穴内、两端拴上适当重物，引流黄水	胸黄

续表 3-2

穴名	定位	针法	主治
胸堂	胸骨两旁，胸外侧沟下部的血管上，左右侧各一穴	用中宽针沿血管急刺 1 cm，出血	心肺积热，中暑，胸膊痛，失膊
带脉	肘后 10 cm 的血管上，左右侧各一穴	中宽针顺血管刺入 1 cm，出血	肠黄，腹痛，中暑，感冒
前槽	带脉穴上方，左右侧各一穴	胸腔穿刺术	胸水
滴明	脐前约 15 cm，腹中线旁开约 12 cm 处的血管上，左右侧各一穴	中宽针顺血管刺入 2 cm，出血	奶黄，尿闭
云门	脐旁开 3 cm，左右侧各一穴	治肚底黄，用大宽针在肿胀处散刺；治腹水，先用大宽针破皮，再插入宿水管	肚底黄，腹水
阳明	乳头基部外侧，每个乳头一穴	小宽针向内上方刺入 1～2 cm，或激光照射	奶黄，尿闭
肛脱	肛门两侧旁开 2 cm，左右侧各一穴	毫针向前下方刺入 3～5 cm，或电针、水针	直肠脱
后海	肛门上、尾根下的凹陷处，一穴	小宽针、圆利针或火针沿脊椎方向刺入 3～4.5 cm，毫针刺入 6～10 cm	久痢泄泻，胃肠热结，脱肛，不孕症
尾根	荐椎与尾椎棘突间的凹陷处，即上下摇动尾巴，在动与不动交界处，一穴	小宽针、圆利针或火针直刺 1～2 cm，毫针刺入 3 cm	便秘，热泻，脱肛，热性病
尾本	尾腹面正中，距尾基部 6 cm 处的血管上，一穴	中宽针直刺 1 cm，出血	腰风湿，尾神经麻痹，便秘
尾尖	尾末端，一穴	中宽针直刺 1 cm 或将尾尖十字劈开，出血	中暑，中毒，感冒，过劳，热性病

(三)前肢部穴位

见表 3-3。

表 3-3　前肢部穴位

穴名	定位	针法	主治
膊尖	肩胛骨前角与肩胛软骨结合处，左右侧各一穴	小宽针、圆利针或火针沿肩胛骨内侧向后下方斜刺 3～6 cm，毫针刺入 9 cm	失膊，前肢风湿
膊栏	肩胛骨后角与肩胛软骨结合处，左右侧各一穴	小宽针、圆利针或火针沿肩胛骨内侧向前下方斜刺 3 cm；毫针斜刺 6～9 cm	失膊，前肢风湿
肩井	肩关节前上缘，臂骨大结节外上缘的凹陷处，左右肢各一穴	小宽针、圆利针或火针向内下方斜刺 3～4.5 cm；毫针斜刺 6～9 cm	失膊，前肢风湿，肩胛上神经麻痹
抢风	肩关节后下方，三角肌后缘与臂三头肌长头、外头形成的凹陷处，左右肢各一穴	小宽针、圆利针或火针直刺 3～4.5 cm，毫针直刺 6 cm	失膊，前肢风湿、肿痛、神经麻痹
肘俞	臂骨外上髁与肘突之间的凹陷处，左右肢各一穴	小宽针、圆利针或火针向内下方斜刺 3 cm，毫针刺入 4.5 cm	肘部肿胀，前肢风湿、闪伤、麻痹

续表 3-3

穴名	定位	针法	主治
夹气	前肢与躯干相接处的腋窝正中，左右侧各一穴	先用大宽针向上刺破皮肤，然后以涂油的夹气针向同侧抢风穴方向刺入10～15 cm，达肩胛下肌与胸下锯肌之间的疏松结缔组织内，出针消毒后前后摇动患肢数次	肩胛痛，内夹气
膝眼	腕关节背外侧下缘的陷沟处，左右肢各一穴	中、小宽针向后上方刺入 1 cm，放出黄水	腕部肿痛，膝黄
膝脉	掌骨内侧，副腕骨下方 6 cm 处的血管上，左右肢各一穴	中、小宽针沿血管刺入 1 cm，出血	腕关节肿痛，攒筋肿痛
前缠腕	前肢球节上方两侧，掌内、外侧沟末端内的指内、外侧静脉上，每肢内外侧各一穴	中、小宽针沿血管刺入 1.5 cm，出血	蹄黄，球节肿痛，扭伤
涌泉	前蹄叉前缘正中稍上方的凹陷处，每肢一穴	中、小宽针沿血管刺入 1～1.5 cm，出血	蹄肿，扭伤，中暑，感冒
前蹄头	第三、第四指的蹄匣上缘正中，有毛与无毛交界处，每蹄内外侧各一穴	中宽针直刺 1 cm，出血	蹄黄，扭伤，便结，腹痛，感冒

（四）后肢部穴位

见表 3-4。

表 3-4　后肢部穴位

穴名	定位	针法	主治
居髎	髋结节后下方臀肌下缘凹陷处，左右侧各一穴	圆利针或火针直刺 3～4.5 cm，毫针直刺 6 cm	腰胯风湿，后肢麻木，不孕症
大转	髋关节前缘，股骨大转子前下方约 6 cm 处的凹陷处，左右侧各一穴	小宽针、圆利针或火针直刺 3～4.5 cm，毫针直刺 6 cm	后肢风湿、麻木，腰胯闪伤
小胯	髋关节下缘，股骨大转子正下方约 6 cm 处的凹陷处，左右侧各一穴	小宽针、圆利针或火针直刺 3～4.5 cm，毫针直刺 6 cm	后肢风湿、麻木，腰胯闪伤
邪气	股骨大转子和坐骨结节连线与股二头肌沟相交处，左右侧各一穴	小宽针、圆利针或火针直刺 3～4.5 cm，毫针直刺 6 cm	后肢风湿、闪伤、麻痹，胯部肿痛
仰瓦	邪气穴下 12 cm 处的同一肌沟中，左右侧各一穴	小宽针、圆利针或火针直刺 3～4.5 cm，毫针直刺 6 cm	后肢风湿、闪伤、麻痹，胯部肿痛
肾堂	股内侧，大腿褶下方约 9 cm 的血管上，左右肢各一穴	吊起对侧后肢，以中宽针顺血管刺入 1 cm，出血	外肾黄，五攒痛，后肢风湿
掠草	膝关节前外侧的凹陷处，左右肢各一穴	圆利针或火针向后上方斜刺 3～4.5 cm	掠草痛，后肢风湿
曲池	跗关节背侧稍偏外，中横韧带下方，趾长伸肌外侧的血管上，左右肢各一穴	中宽针直刺 1 cm，出血	跗骨肿痛，后肢风湿
后缠腕	后肢球节上方两侧，跖内、外侧沟末端内的血管上，每肢内外侧各一穴	中、小宽针沿血管刺入 1.5 cm，出血	蹄黄，球节肿痛，扭伤

续表 3-4

穴名	定位	针法	主治
滴水	后蹄叉前缘正中稍上方的凹陷处，每肢各一穴	中、小宽针沿血管刺入 1～1.5 cm，出血	蹄肿，扭伤，中暑，感冒
后蹄头	第三、第四趾的蹄匣上缘正中，有毛与无毛交界处，每蹄内外侧各一穴	中宽针直刺 1 cm，出血	蹄黄，扭伤，便结，腹痛，中暑，感冒

牛常发病针灸治疗简表见表 3-5。

表 3-5 牛常发病针灸治疗简表

病名（西兽医病名）	穴位及针法
风寒感冒	水针：百会为主穴，苏气、肺俞为配穴 血针：山根、耳尖、通关为主穴，尾尖、蹄头为配穴 白针：肺俞、苏气为主穴，睛明、百会、丹田为配穴
风热感冒	血针：鼻俞、山根为主穴，通关、尾尖、耳尖为配穴；重者放颈脉血 水针：丹田为主穴，苏气、肺俞为配穴 电针：天门为主穴，肺俞、百会为配穴
肺热咳喘（肺炎）	血针：鼻俞为主穴，胸堂、颈脉、耳尖、通关为配穴 水针：丹田为主穴，苏气、肺俞为配穴 白针：肺俞为主穴，百会、苏气为配穴
嗓黄（喉炎）	血针：颈脉为主穴，鼻俞、玉堂、通关、山根、蹄头为配穴 白针：喉门为主穴，肺俞为配穴 巧治：软肿者用火针刺核，出脓即愈；硬肿者，切开皮肤，割掉其核；有窒息危险时切开气管
脾虚慢草（消化不良）	白针：脾俞为主穴，六脉、关元俞、食胀、后三里为配穴 水针：健胃为主穴，脾俞、后三里为配穴 电针：百会为主穴，关元俞、脾俞为配穴 血针：通关、玉堂为主穴，山根、蹄头为配穴 巧治：顺气穴插枝
草噎（食道梗塞）	水针：健胃穴 巧治：肷俞穴，瘤胃臌气时，套管针穿刺放气 外治法：阻塞物在咽部或靠近咽部时，以开口器开口，用手直接取出；阻塞物靠近胃部食管时，用胃管推送法或结合打水、打气法；阻塞物较柔软时，用按摩法；阻塞物为细粉饲料时，用胃管灌水反复冲洗
肚胀（瘤胃臌气）	白针：脾俞、关元俞为主穴，百会、后海、苏气为配穴 血针：滴明、通关为主穴，山根、蹄头、尾尖、耳尖为配穴 电针：关元俞为主穴，食胀、后海为配穴
宿草不转（瘤胃积食）	电针：关元俞为主穴，食胀为配穴 白针：脾俞为主穴，百会、后海、关元俞为配穴 水针：健胃为主穴，关元俞为配穴 火针：脾俞为主穴，百会、后海、食胀为配穴 血针：通关为主穴，蹄头、滴明、耳尖、尾尖、山根为配穴 巧治：肷俞穴，瘤胃臌气时，用套管针穿刺放气

续表 3-5

病名 （西兽医病名）	穴位及针法
百叶干 （瓣胃秘结）	白针：脾俞为主穴，百会、后丹田为配穴 血针：通关为主穴，蹄头、耳尖、山根为配穴 水针：后海穴
泄泻	白针：后海为主穴，脾俞、关元俞、后三里为配穴 血针：带脉为主穴，蹄头、三江、通关、玉堂为配穴 水针：后海穴
肠黄（肠炎）	白针：脾俞为主穴，后三里为配穴 血针：带脉为主穴，玉堂、山根、尾尖为配穴 穴位埋线：脾俞为主穴，后海、膀胱俞为配穴
便秘	白针：脾俞、后海为主穴，后三里、尾根、睛明为配穴 水针：关元俞为主穴，后三里为配穴 电针：关元俞、脾俞，或两侧关元俞 巧治：谷道入手，隔肠轻轻按捏粪结处，使其变形软化后逐渐排出。如粪结在直肠，缓缓掏出
便血	白针：天平、脾俞为主穴，后海、后三里、百会、大肠俞、后丹田为配穴 水针：天平穴
心热舌疮 （舌炎）	血针：通关穴，放血后用食盐擦针眼
中暑	血针：颈脉为主穴，太阳、耳尖、尾尖、通关、山根为配穴，并用冷水浇头 白针：百会为主穴，尾根、丹田为配穴
肝热传眼 （角膜结膜炎）	血针：太阳为主穴，三江、睛俞、睛明（睑结膜散刺）为配穴 水针：睛明、睛俞 巧治：顺气穴插枝；瞬膜脱出者，用骨眼钩钩住，三棱针点刺出血
红眼病 （传染性角膜结膜炎）	血针：太阳为主穴，三江、颈脉为配穴 水针：太阳穴
胞转（尿闭）	白针：命门、云门为主穴，百会、肾俞、后海为配穴 血针：肾堂为主穴，三江、尾尖、尾本、滴明、山根为配穴 电针：百会为主穴，尾根、大胯为配穴 火针：百会为主穴，安肾为配穴
胞黄（膀胱炎）	血针：肾堂为主穴，尾本、尾尖为配穴 水针：百会为主穴，肾俞、命门为配穴
乳痈（乳房炎）	血针：滴明穴为主穴，颈脉、滴水为配穴 水针：阳明、百会 激光针：阳明穴 TDP：患区照射
不孕症	电针：百会为主穴，后海、雁翅、关元俞为配穴 激光针：阴蒂为主穴，后海为配穴 白针：后海为主穴，百会、雁翅为配穴 TDP 疗法：后海穴、阴门区照射 水针：百会为主穴，雁翅为配穴

续表 3-5

病名（西兽医病名）	穴位及针法
胎风（产后瘫痪）	电针：百会为主穴，气门、大胯、小胯为配穴 火针：百会为主穴，大胯、小胯、抢风、邪气、仰瓦为配穴 水针：抢风、大胯为主穴，肘俞、小胯、后三里为配穴
破伤风	水针：百会穴 火针：百会为主穴，锁口、开关为配穴 血针：颈脉为主穴，山根、蹄头、耳尖为配穴，初期应用 醋麸灸：背腰部
痹证（风湿证）	火针：全身性风湿，百会为主穴，安肾、抢风、气门为配穴；前肢风湿，抢风为主穴，冲天、肩外俞、肘俞为配穴；后肢风湿，气门为主穴，大胯、小胯、邪气、仰瓦、阳陵、掠草为配穴；腰部风湿，百会为主穴，肾俞为配穴 灸法：醋酒灸或醋麸灸；软烧法；艾灸 血针：缠腕、曲池、蹄头、涌泉、滴水，重者配胸堂、肾堂、尾本 TDP 疗法：病区照射
烂甘薯中毒	血针：颈脉为主穴，耳尖、山根为配穴 白针：百会为主穴，苏气、肺俞、脾俞为配穴 水针：百会穴
霉玉米中毒	血针：颈脉为主穴，通关、太阳为配穴 白针：百会为主穴，鬐甲为配穴

牛的肌肉及穴位见图 3-39。牛的骨骼及穴位见图 3-40。

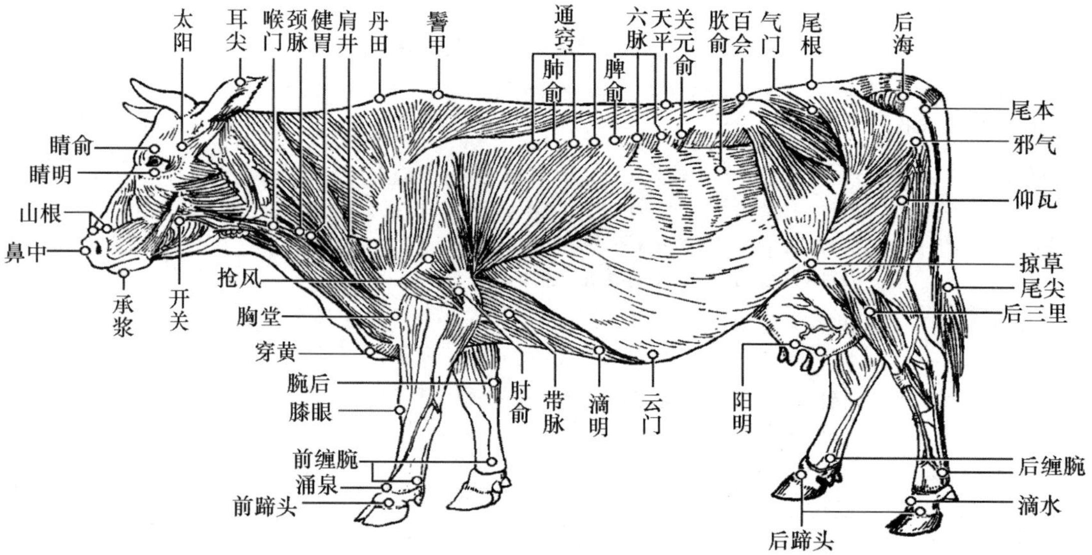

图 3-39 牛的肌肉及穴位

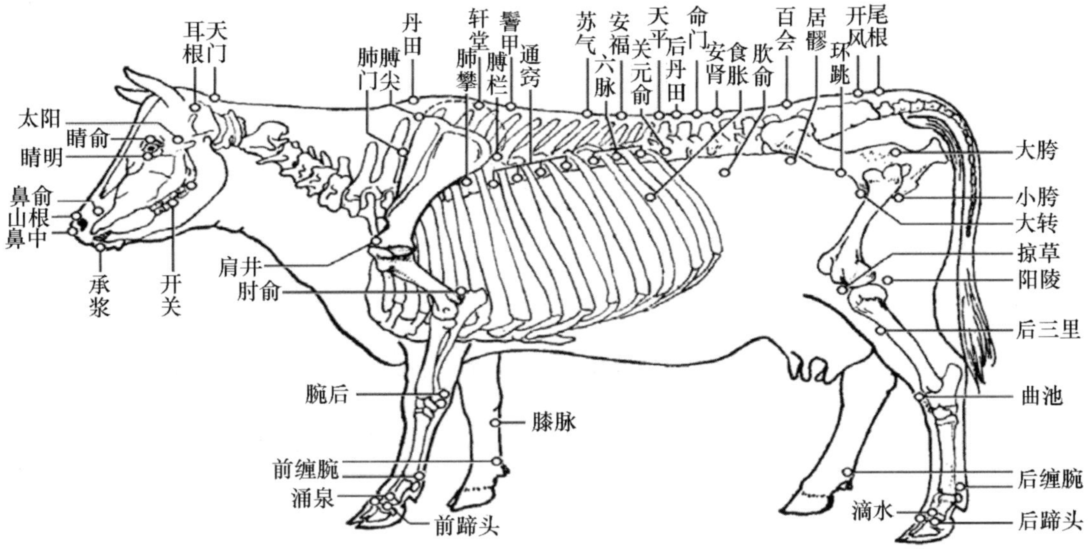

图 3-40　牛的骨骼及穴位

二、猪的针灸穴位及针治

(一)头部穴位

见表 3-6。

表 3-6　头部穴位

穴名	定位	针法	主治
山根	拱嘴上缘弯曲部向后第一条皱纹上,正中为主穴;两侧旁开 1.5 cm 处为副穴,共三穴	小宽针或三棱针直刺 0.5～1 cm,出血	中暑,感冒,消化不良,休克,热性病
鼻中	两鼻孔之间,鼻中隔正中处,一穴	小宽针或三棱针直刺 0.5 cm,出血	感冒,肺热等热性病
玉堂	口腔内,上腭第三棱正中线旁开 0.5 cm 处,左右侧各一穴	用木棒或开口器开口,以小宽针或三棱针从口角斜刺 0.5～1 cm,出血	胃火,食欲不振,舌疮,心肺积热
承浆	下唇正中,有毛与无毛交界处,一穴	小宽针或三棱针直刺 0.5～1 cm,出血;白针向上斜刺 1～2 cm	下唇肿,口疮,食欲不振,歪嘴风
锁口	口角后方约 2 cm 的口轮匝肌外缘处,左右侧各一穴	毫针或圆利针向内下方刺入 1～3 cm 或向后平刺 3～4 cm	破伤风,歪嘴风,中暑,感冒,热性病
开关	口角后方咬肌前缘,即从外眼角向下引一垂线与口角延长线的相交处,左右侧各一穴	毫针或圆利针向后上方刺入 1.5～3 cm,或灸烙	歪嘴风,破伤风,牙关紧闭,颊肿
睛明	下眼眶上缘,两眼角内、中 1/3 交界处,左右眼各一穴	上推眼球,毫针沿眼球与泪骨之间向内下方刺入 2～3 cm	肝热传眼,睛生翳膜,感冒
睛俞	上眼眶下缘正中的凹陷中,左右眼各一穴	下压眼球,毫针沿眼球与额骨之间内上方刺入 2～3 cm	肝热传眼,睛生翳膜,感冒

续表 3-6

穴名	定位	针法	主治
太阳	外眼角后上方、下颌关节前缘的凹陷处，左右侧各一穴	低头保定，使血管怒张，用小宽针刺入血管，出血；或避开血管，用毫针直刺 2～3 cm	肝热传眼，脑黄，感冒，中暑，癫痫
耳根	耳根正后方、寰椎翼前缘的凹陷处，左右侧各一穴	毫针或圆利针向内下方刺入 2～3 cm	中暑，感冒，热性病，歪嘴风
卡耳	耳郭中下部避开血管处(内外侧均可)，左右耳各一穴	用宽针刺入皮下成一皮囊，嵌入适量白砒或蟾酥，再滴入适量白酒，轻揉即可	感冒，热性病，猪丹毒，风湿症
耳尖	耳背侧，距耳尖约 2 cm 处的三条血管上，每耳任取一穴	小宽针刺破血管，出血，或在耳尖部剪口放血	中暑，感冒，中毒，热性病，消化不良
天门	两耳根后缘连线中点，即枕寰关节背侧正中点的凹陷中，一穴	毫针、圆利针或火针向后下方斜刺 3～6 cm	中暑，感冒，癫痫，脑黄，破伤风

(二)躯干部穴位

见表 3-7。

表 3-7　躯干部穴位

穴名	定位	针法	主治
大椎	第七颈椎与第一胸椎棘突间的凹陷处，一穴	毫针、圆利针或小宽针稍向前下方刺入 3～5 cm，或灸烙	感冒，肺热，脑黄，癫痫，血尿
苏气	第四、第五胸椎棘突间的凹陷中，一穴	毫针或圆利针顺棘突向前下方刺入 3～5 cm	肺热，咳嗽，气喘，感冒
断血	最后胸椎与第一腰椎棘突间的凹陷中，为主穴；向前、后移一脊椎为副穴，共三穴	毫针或圆利针直刺 2～3 cm	尿血，便血，衄血，阉割后出血
关元俞	最后肋骨后缘与第一腰椎横突之间的肌沟中，左右侧各一穴	毫针或圆利针向内下方刺入 2～4 cm	便秘，泄泻，积食，食欲不振，腰风湿
六脉	倒数第一、第二、第三肋间、距背中线约 6 cm 的肌沟中，左右侧各三穴	毫针、圆利针或小宽针向内下方刺入 2～3 cm	脾胃虚弱，便秘，泄泻，感冒，风湿症，腰麻痹，膈肌痉挛
脾俞	倒数第二肋间、距背中线 6 cm 的肌沟中，左右侧各一穴	毫针、圆利针或小宽针向内下方刺入 2～3 cm	脾胃虚弱，便秘，泄泻，膈肌痉挛，腹痛，腹胀
肺俞	倒数第六肋间、距背中线约 10 cm 的肌沟中，左右侧各一穴	毫针、圆利针或小宽针向内下方刺入 2～3 cm，或刮灸、拔火罐、艾灸	肺热，咳喘，感冒
肾门	第三、四腰椎棘突间的凹陷处，一穴	毫针或圆利针直刺 2～3 cm	腰胯风湿，尿闭，内肾黄
百会	腰荐十字部，即最后腰椎与第一荐椎棘突间的凹陷处，一穴	毫针、圆利针或小宽针直刺 3～5 cm，或灸烙	腰胯风湿，后肢麻木，二便闭结，脱肛，痉挛抽搐
肾俞	百会穴旁开 3～5 cm 处，左右侧各一穴	圆利针或毫针向内下方刺入 2～3 cm	后肢风湿，便秘，不孕症

续表 3-7

穴名	定位	针法	主治
膻中	两前肢正中，胸骨正中线上，一穴	毫针、圆利针或小宽针向前上方刺入 2～3 cm，或艾灸 5～10 min，或刮灸、埋线	肺火，咳嗽，气喘
三脘	胸骨后缘与脐的连线四等分，分点依次为上、中、下脘，共三穴	毫针或圆利针直刺 2～3 cm，或艾灸 3～5 min	胃寒，腹痛，泄泻，咳喘
肚口	肚脐正中，一穴	艾灸 3～5 min	胃寒，泄泻，肚痛
阳明	最后两对乳头基部外侧旁开 1.5 cm 处，左右侧各二穴	毫针或圆利针向内上方斜刺 2～3 cm，或激光灸	乳房炎，不孕症，乏情，乳闭
阴俞	肛门与阴门(♀)或阴囊(♂)中间的中心缝上，一穴	毫针、圆利针或火针直刺 1～2 cm	阴道脱，子宫脱(♀)；阴囊肿胀，垂缕不收(♂)
阴脱	母猪阴唇两侧，阴唇上下联合中点旁开 2 cm，左右侧各一穴	毫针或圆利针向前下方刺入 2～5 cm，或电针、水针	阴道脱，子宫脱
肛脱	肛门两侧旁开 1 cm，左右侧各一穴	毫针或圆利针向前下方刺入 2～6 cm，或电针、水针	直肠脱
莲花	脱出的直肠黏膜上	温水洗净，去除坏死皮膜，用 2% 明矾水、生理盐水冲洗，涂上植物油，缓缓整复	脱肛
后海	尾根与肛门间的凹陷处，一穴	毫针、圆利针或小宽针稍向前上方刺入 3～9 cm	泄泻，便秘，少食，脱肛
尾根	荐椎与尾椎棘突间的凹陷中，即摇动尾根时，动与不动交界处，一穴	毫针或圆利针直刺 1～2 cm	后肢风湿，便秘，少食，热性病
尾本	尾部腹侧正中，距尾根部 1.5 cm 处的血管上，一穴	将尾巴提起，以小宽针直刺 1 cm，出血	中暑，肠黄，腰胯风湿，热性病
尾尖	尾巴尖部，一穴	小宽针将尾尖部穿通，或十字切开放血	中暑，感冒，风湿症，肺热，少食，饲料中毒

(三)前肢部穴位

见表 3-8。

表 3-8　前肢部穴位

穴名	定位	针法	主治
膊尖	肩胛骨前角与肩胛软骨结合部的凹陷中，左右侧各一穴	毫针向后下方、肩胛骨内侧斜刺 6～7 cm，小宽针刺入 2～3 cm	前肢风湿，膊尖肿痛，闪伤
膊栏	肩胛骨后角与肩胛软骨结合部的凹陷中，左右侧各一穴	毫针、圆利针向前下方、肩胛骨内侧刺入 6～7 cm；小宽针斜刺 2～4 cm	肩膊麻木，闪伤跛行
抢风	肩关节与肘突连线近中点的凹陷中，左右侧各一穴	毫针、圆利针或小宽针直刺 2～4 cm	肩臂部及前肢风湿，前肢扭伤、麻木
肘俞	臂骨外上髁与肘突之间的凹陷中，左右肢各一穴	毫针或圆利针直刺 2～3 cm	肘部肿胀，前肢风湿

续表 3-8

穴名	定位	针法	主治
七星	腕后内侧的黑色小点上，取正中或近正中处一点为穴，左右肢各一穴	将前肢提起，毫针或圆利针刺入 1～1.5 cm，或刮灸	风湿症，前肢瘫痪，腕肿
前缠腕	前肢内外侧悬蹄稍上方的凹陷处，每肢内外侧各一穴	将术肢后曲，固定穴位，用小宽针直刺 1～2 cm	寸腕扭伤，风湿症，蹄黄，中暑
涌泉	前蹄叉正中上方约 2 cm 的凹陷处，每肢各一穴	小宽针向后上方刺入 1～1.5 cm，出血	蹄黄，前肢风湿，扭伤，中毒，中暑，感冒
前蹄叉	前蹄叉正上方顶端处，每肢各一穴	小宽针向后上方刺入 3 cm，圆利针或毫针向后上方刺入 9 cm，以针尖接近系关节为度	感冒，少食，肠黄，扭伤，瘫痪，跛行，热性病
前蹄头	前蹄甲背侧，蹄冠正中有毛与无毛交界处，每蹄内外各一穴	小宽针直刺 0.5～1 cm，出血	前肢风湿，扭伤，腹痛，感冒，中暑，中毒
前蹄门	前蹄后面，蹄球上缘、蹄软骨后端的凹陷处，每蹄左右侧各一穴	中宽针直刺 1 cm，出血	中暑，蹄黄，扭伤，腹痛

(四)后肢部穴位

见表 3-9。

表 3-9 后肢部穴位

穴名	定位	针法	主治
大胯	髋关节前缘，股骨大转子稍前下方 3 cm 处的凹陷处，左右侧各一穴	毫针或圆利针直刺 2～3 cm	后肢风湿，闪伤，瘫痪
小胯	大胯穴后下方，臀端到膝盖骨上缘连线的中点处，左右侧各一穴	毫针或圆利针直刺 2～3 cm	后肢风湿，闪伤，瘫痪
汗沟	股二头肌沟中，与坐骨弓水平线相交处，左右侧各一穴	毫针或圆利针直刺 3 cm	后肢风湿，麻木
掠草	膝关节前外侧的凹陷处，左右肢各一穴	毫针或圆利针向后上方斜刺 2 cm	膝关节肿痛，后肢风湿
后三里	髌骨外侧后下方约 6 cm 的肌沟内，左右肢各一穴	毫针、圆利针或小宽针向腓骨间隙刺入 3～4.5 cm，或艾灸 3～5 min	少食，肠黄，腹痛，仔猪泄泻，后肢瘫痪
曲池	跗关节前方稍偏内侧凹陷处的血管上，左右肢各一穴	小宽针直刺血管，出血；毫针或圆利针避开血管直刺 1～2 cm	风湿症，跗关节炎，少食，肠黄
后缠腕	后肢内外侧悬蹄稍上方的凹陷处，每肢内外侧各一穴	将术肢后曲，固定穴位，用小宽针直刺 1～2 cm	球节扭伤，风湿症，蹄黄，中暑
滴水	后蹄叉正中上方约 2 cm 的凹陷处，每肢各一穴	小宽针向后上方刺入 1～1.5 cm，出血	后肢风湿，扭伤，蹄黄，中毒，中暑，感冒
后蹄叉	后蹄叉正上方顶端处，每肢各一穴	同前蹄叉穴	同前蹄叉穴
后蹄头	后蹄甲背侧，蹄冠正中稍偏外有毛与无毛交界处，每蹄内外各一穴	小宽针直刺 0.5～1 cm，出血	后肢风湿，扭伤，腹痛，感冒，中暑，中毒
后蹄门	后蹄后面，蹄球上缘、蹄软骨后端的凹陷处，每蹄左右侧各一穴	中宽针直刺 1 cm，出血	中暑，蹄黄，扭伤，腹痛

猪常发病针灸治疗简表见表3-10。

表3-10 猪常发病针灸治疗简表

病名（西兽医病名）	穴位及针法
中暑	血针：尾尖、耳尖、山根为主穴，尾本、涌泉、滴水、蹄头为配穴；或剪耳、劈尾放血 白针：天门、百会、开关为主穴，蹄叉、尾根为配穴 水针：百会、苏气 刮灸：以旧铜钱或瓷碗片蘸清油，在病猪腕、膝及脊背两侧刮灸，刮至皮肤见紫红斑块为度
感冒	白针：百会、苏气为主穴，大椎、七星为配穴 血针：山根为主穴，耳尖、尾尖、涌泉、滴水为配穴 水针：大椎、苏气、百会 巧治：顺气穴插枝
肺热咳嗽（肺炎）	血针：山根为主穴，玉堂、耳尖、尾尖为配穴；或顺气穴快速插枝，使两鼻孔出血 白针：苏气、肺俞为主穴，百会、膻中、大椎为配穴 水针：苏气、肺俞
气喘病	水针：苏气、肺俞、膻中、六脉 埋植疗法：卡耳穴，或肺俞、苏气、膻中 白针：苏气、肺俞为主穴，膻中、睛明、六脉为配穴 血针：山根为主穴，尾尖、蹄头为配穴
脾胃虚弱（消化不良）	温针：百会、脾俞为主穴，海门、后三里为配穴 电针：两侧关元俞穴，或百会配脾俞穴，或后海配后三里，或左右蹄叉 水针：脾俞、耳根、后三里 血针：山根、玉堂为主穴，尾尖、耳尖或蹄头为配穴
伤食（胃食滞）	白针：后海、脾俞为主穴，后三里、七星为配穴 水针：关元俞、六脉 电针：关元俞为主穴，六脉为配穴 血针：玉堂、山根为主穴，蹄头、鼻中为配穴
便秘	电针：两侧关元俞穴，或百会配后三里穴，或后海配脾俞 白针：脾俞、后海为主穴，后三里、七星、六脉、关元俞为配穴 血针：山根、玉堂为主穴，蹄头、尾本、尾尖为配穴
泄泻	水针：后海穴 激光针：照射后海穴 艾灸：海门、脾俞、百会、后三里
仔猪下痢	白针：后海、脾俞、后三里为主穴，六脉、尾根、百会为配穴 水针：后海、后三里、脾俞 激光针：照射后海、后三里 埋线：后海为主穴，后三里、脾俞为配穴 艾灸：海门、三脘
不孕症	电针：两侧肾俞穴；或百会、后海 白针：百会为主穴，后海为配穴
产后瘫痪	电针：百会为主穴，大胯、小胯、抢风、开风、三台、肾门、脾俞、后三里、蹄叉等为配穴，根据病肢所在部位，选择相应穴位 火针：百会、风门、肾门为主穴，肩井、抢风或大胯、后三里为配穴 水针：百会、肾门、三台、开风、风门、肩井、抢风、大胯、后三里，根据病肢所在部位，选择相应穴位

猪的肌肉及穴位见图 3-41。猪的骨骼及穴位见图 3-42。

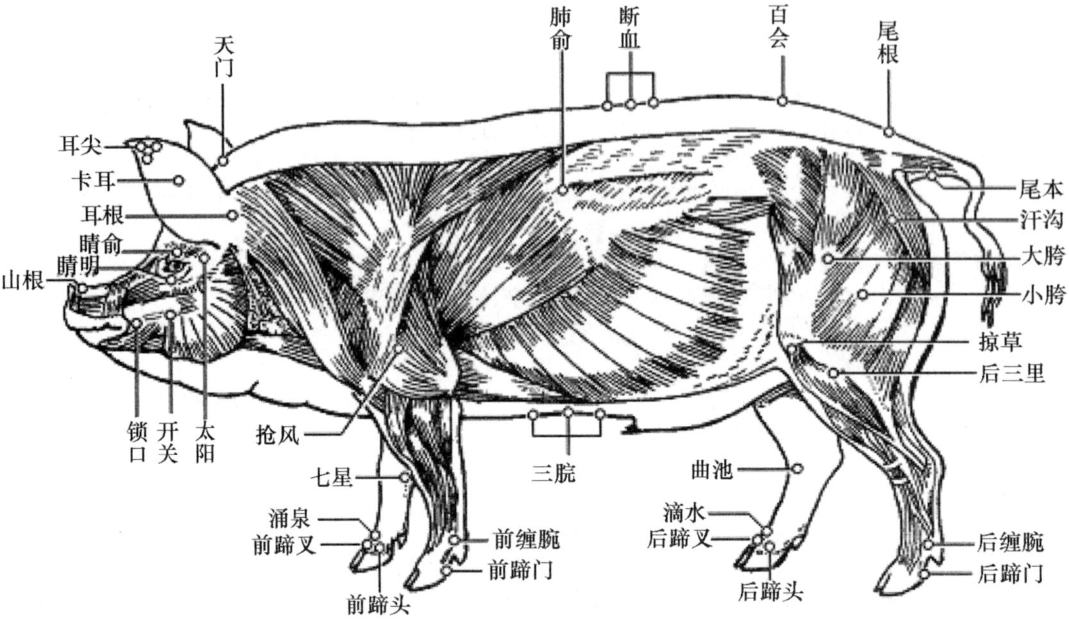

图 3-41　猪的肌肉及穴位

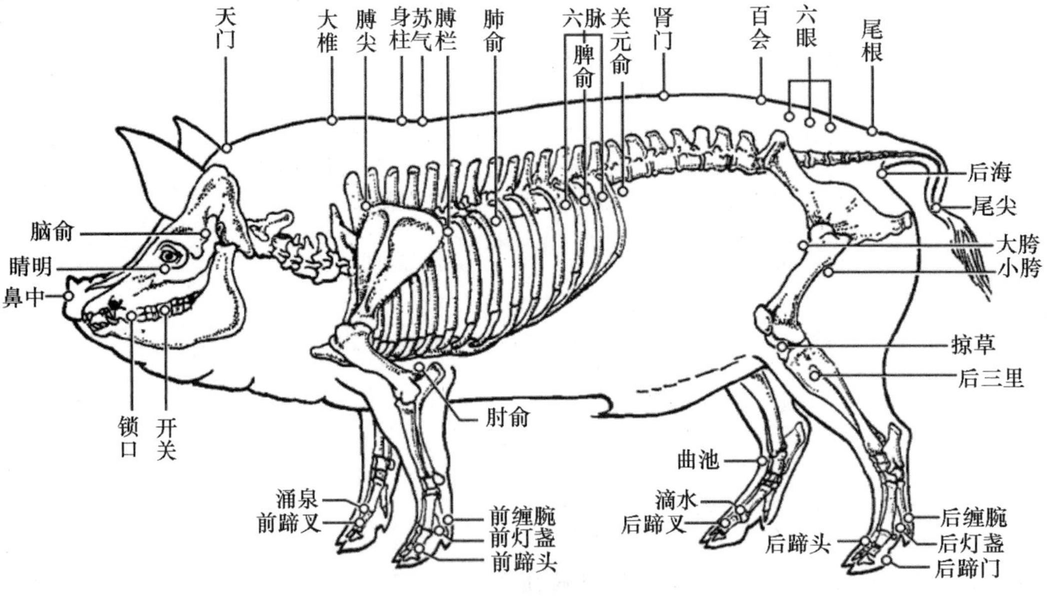

图 3-42　猪的骨骼及穴位

三、马的针灸穴位及针治

(一)头部穴位

见表 3-11。

表 3-11　头部穴位

穴名	定位	针法	主治
分水	上唇外面旋毛正中点，一穴	小宽针或三棱针直刺 1～2 cm，出血	中暑，冷痛，歪嘴风
唇内	上唇内面，正中线两侧约 2 cm 的血管上，左右侧各一穴	外翻上唇，三棱针直刺 1 cm，出血；也可在上唇黏膜肿胀处散刺	唇肿，口疮，慢草
玉堂	口内上腭第三棱上，正中线旁开 1.5 cm 处，左右侧各一穴	开口拉舌，以拇指顶住上腭，用玉堂钩钩破穴点，或用三棱针或小宽针向前上方斜刺 0.5～1 cm，出血，然后用盐擦之	胃热，舌疮，上腭肿胀
通关	舌体腹侧面，舌系带两旁的血管上，左右侧各一穴	将舌拉出，向上翻转，以三棱针或小宽针刺入 0.5～1 cm，出血	木舌，舌疮，胃热、慢草、黑汗风
承浆	下唇正中，距下唇边缘 3 cm 的凹陷处，一穴	小宽针或圆利针向上刺入 1 cm	歪嘴风，唇龈肿痛
锁口	口角后上方约 2 cm 处，左右侧各一穴	毫针向后上方透刺开关穴，火针斜刺 3 cm，或间接烧烙 3 cm 长	破伤风，歪嘴风，锁口黄
开关	口角向后的延长线与咬肌前缘相交处，左右侧各一穴	圆利针或火针向后上方斜刺 2～3 cm，毫针刺入 9 cm，或向前下方透刺锁口穴，或灸烙	破伤风，歪嘴风，面颊肿胀
抱腮	腮中部，口角向后的延长线与内眼角至下颌骨角连线的交点处，左右侧各一穴	毫针向前下方透刺开关穴，火针向后上方刺入 3 cm	破伤风，歪嘴风，腮肿胀
姜牙	鼻孔外侧缘下方，鼻翼软骨(姜牙骨)顶端处，左右侧各一穴	将上唇向另一侧拉紧，使姜牙骨充分显露，用大宽针挑破软骨端，或切开皮肤，用姜牙钩钩拉或割去软骨尖	冷痛及其他腹痛
抽筋	两鼻孔内侧之间，外唇阴上方 3 cm 处，一穴	拉紧上唇，以大宽针切开皮肤，用抽筋钩钩出上唇提肌腱，用力牵引数次	肺把低头难（颈肌风湿）
鼻俞	鼻梁两侧，距鼻孔上缘 3 cm 的鼻颌切迹内，左右侧各一穴	小宽针横穿鼻中隔，出血(如出血不止可高吊马头，用冷水、冰块冷敷或采取其他止血措施)	肺热，感冒，中暑，鼻肿痛
血堂	鼻俞上方 3 cm 处，左右侧各一穴	同鼻俞穴	同鼻俞穴，病重者用之
三江	内眼角下方约 3 cm 处的血管分叉处，左右侧各一穴	低拴马头，使血管怒张，用三棱针或小宽针顺血管刺入 1 cm，出血	冷痛，肚胀，月盲，肝热传眼
睛明	下眼眶上缘，两眼角连线的内、中 1/3 交界处，左右眼各一穴	上推眼球，毫针沿眼球与泪骨之间向内下方刺入 3 cm，或在下眼睑黏膜上点刺出血	肝经风热，肝热传眼，睛生翳膜
睛俞	上眼眶下缘正中，左右眼各一穴	下压眼球，毫针沿眼球与额骨之间向内后上方刺入 3 cm，或在上眼睑黏膜上点刺出血	肝经风热，肝热传眼，睛生翳膜

续表 3-11

穴名	定位	针法	主治
骨眼	内眼角，瞬膜外缘，左右眼各一穴	用骨眼钩钩破或割去瞬膜一角	骨眼症
开天	眼球角膜与巩膜交界处，一穴	将头牢固保定，冷水冲眼或滴表面麻醉剂使眼球不动，待虫体游至眼前房时，用三弯针轻手急刺 0.3 cm，虫随眼房水流出；也可用注射器吸取虫体或注入 3%精制敌百虫杀死虫体	浑睛虫病
太阳	外眼角后方约 3 cm 处的血管上，左右侧各一穴	低拴马头，使血管怒张，用小宽针或三棱针顺血管刺入 1 cm，出血；或用毫针避开血管直刺 5～7 cm	肝热传眼，肝经风热，中暑，脑黄
眼脉	太阳穴后方 1.5 cm 处的血管上，左右侧各一穴	同太阳穴	同太阳穴
垂睛	眶上突上缘上方 3 cm 的颞窝中，左右侧各一穴	小宽针向后下方刺入 2 cm，毫针刺入 3～6 cm	肝热传眼，肝经风热，睛生翳膜
上关	下颌关节后上方的凹陷处，左右侧各一穴	圆利针或火针向内下方刺入 3 cm，毫针刺入 4.5 cm	歪嘴风，破伤风，下颌脱臼
下关	下颌关节下方，外眼角后上方的凹陷处，左右侧各一穴	圆利针或火针向内上方刺入 2 cm，毫针刺入 2～3 cm	歪嘴风，破伤风
大风门	头顶部，门鬃下缘、顶骨嵴分叉处为主穴，沿顶骨外嵴向两侧各旁开 3 cm 为二副穴，共三穴	毫针、圆利针或火针沿皮下向上方平刺 3 cm，艾灸或烧烙	破伤风，脑黄，脾虚湿邪，心热风邪
耳尖	耳背侧尖端的血管上，左右耳各一穴	握紧耳根，使血管怒张，小宽针或三棱针刺入 1 cm，出血	冷痛，感冒，中暑
天门	两耳根连线正中，即枕寰关节背侧的凹陷处，一穴	圆利针或火针向后下方刺入 3 cm，毫针刺入 3～4.5 cm	脑黄，黑汗风，破伤风，感冒

(二)躯干部穴位

见表 3-12。

表 3-12 躯干部穴位

穴名	定位	针法	主治
风门	耳后 3 cm、寰椎翼前缘的凹陷处，左右侧各一穴	毫针向内下方刺入 6 cm，火针刺入 2～3 cm，或灸烙	破伤风，颈风湿，风邪证
伏兔	耳后 6 cm、寰椎翼后缘的凹陷处，左右侧各一穴	毫针向内下方刺入 6 cm，火针刺入 2～3 cm，或灸烙	破伤风，颈风湿，风邪证
九委	颈两侧弧形肌沟内，左右侧各九穴。伏兔穴后下方 3 cm、鬃下缘约 3.5 cm 为上上委，膊尖穴前方 4.5 cm、鬃下缘约 5 cm 为下下委，两穴之间八等分，分点处为其余七穴	毫针直刺 4.5～6 cm，火针刺入 2～3 cm	颈风湿，破伤风
颈脉	颈静脉沟上、中 1/3 交界处的颈静脉上，左右侧各一穴	高拴马头，颈基部拴一细绳，打活结，用装有大宽针的针锤，对准穴位急刺 1 cm，出血。术后松开绳扣，血流停止	脑黄，中暑，中毒，遍身黄，破伤风

续表 3-12

穴名	定位	针法	主治
迷交感	颈侧，颈静脉沟上缘的上、中 1/3 交界处，左右侧各一穴	水针，针头向对侧稍斜下方刺入 4～6 cm，针尖抵达气管轮后，再稍退针，连接注射器，回抽无血液时注入药液。也可毫针同法刺入，或电针	腹泻，便秘，少食
大椎	第七颈椎与第一胸椎棘突间的凹陷处，一穴	毫针或圆利针稍向前下方刺入 6～9 cm	感冒，咳嗽，发热，癫痫，腰背风湿
鬐甲	鬐甲最高点前方，第三、四胸椎棘突间的凹陷处，一穴	毫针向前下方刺入 6～9 cm，火针刺入 3～4 cm，治鬐甲肿胀时用宽针散刺	咳嗽，气喘，肚痛，腰背风湿，鬐甲痈肿
断血	最后胸椎与第一腰椎棘突间的凹陷处，为主穴；向前、后移一脊椎为副穴	毫针、圆利针或火针直刺 2.5～3 cm	阉割后出血，便血，尿血等各种出血症
关元俞	最后肋骨后缘，距背中线 12 cm 的髂肋肌沟中，左右侧各一穴	圆利针或火针直刺 2～3 cm，毫针直刺 6～8 cm，可达肾脂肪囊内，常用作电针治疗，也可上下透刺	结症，肚胀，泄泻，冷痛，腰脊疼痛
大肠俞	倒数第一肋间，距背中线 12 cm 的髂肋肌沟中，左右侧各一穴	圆利针或火针直刺 2～3 cm，毫针向上或向下斜刺 3～5 cm	结症，肚胀，肠黄，冷肠泄泻，腰脊疼痛
气海俞	倒数第二肋间，距背中线 12 cm 的髂肋肌沟中，左右侧各一穴	圆利针或火针直刺 2～3 cm，毫针向上或向下斜刺 3～5 cm	大肚结，气胀，便秘
脾俞	倒数第三肋间，距背中线 12 cm 的髂肋肌沟中，左右侧各一穴	圆利针或火针直刺 2～3 cm，毫针向上或向下斜刺 3～5 cm	胃冷吐涎，肚胀，结症，泄泻，冷痛
三焦俞	倒数第四肋间，距背中线 12 cm 的髂肋肌沟中，左右侧各一穴	圆利针或火针直刺 2～3 cm，毫针向上或向下斜刺 3～5 cm	脾胃不和，水草迟细，过劳，腰脊疼痛
肝俞	倒数第五肋间，距背中线 12 cm 的髂肋肌沟中，左右侧各一穴	圆利针或火针直刺 2～3 cm，毫针向上或向下斜刺 3～5 cm	黄疸，肝经风热，肝热传眼
胃俞	倒数第六肋间，距背中线 12 cm 的髂肋肌沟中，左右侧各一穴	圆利针或火针直刺 2～3 cm，毫针向上或向下斜刺 3～4 cm	胃寒，胃热，消化不良，肠臌气，大肚结
胆俞	倒数第七肋间，距背中线 12 cm 的髂肋肌沟中，左右侧各一穴	圆利针或火针直刺 2～3 cm，毫针向上或向下斜刺 3～4 cm	黄疸，脾胃虚弱
膈俞	倒数第八肋间，距背中线 12 cm 的髂肋肌沟中，左右侧各一穴	圆利针或火针直刺 2～3 cm，毫针向上或向下斜刺 3～4 cm	胸膈痛，跳肷，气喘
肺俞	倒数第九肋间，距背中线 12 cm 的髂肋肌沟中，左右侧各一穴	圆利针或火针直刺 2～3 cm，毫针向上或向下斜刺 3～5 cm	肺热咳嗽，胸膊痛，劳伤气喘
督俞	倒数第十肋间，距背中线 12 cm 的髂肋肌沟中，左右侧各一穴	圆利针或火针直刺 2～3 cm，毫针向上或向下斜刺 3～5 cm	过劳，跳肷，伤水起卧
厥阴俞	倒数第十一肋间，距背中线 12 cm 的髂肋肌沟中，左右侧各一穴	圆利针或火针直刺 2～3 cm，毫针向上或向下斜刺 3～5 cm	冷痛，多汗，中暑
命门	第二、第三腰椎棘突间的凹陷处，一穴	毫针、圆利针或火针直刺 3 cm	闪伤腰胯，寒伤腰胯，破伤风
阳关	第四、第五腰椎棘突间的凹陷处，一穴	毫针、圆利针或火针直刺 3 cm	闪伤腰胯，腰胯风湿，破伤风
腰前	第一、第二腰椎棘突之间旁开 6 cm 处，左右侧各一穴	圆利针或火针直刺 3～4.5 cm，毫针刺入 4.5～6 cm，也可透刺腰中、腰后穴	腰胯风湿、闪伤，腰痿

续表 3-12

穴名	定位	针法	主治
腰中	第二、第三腰椎棘突之间旁开 6 cm 处，左右侧各一穴	圆利针或火针直刺 3～4.5 cm，毫针刺入 4.5～6 cm，也可透刺腰前、腰后穴	腰胯风湿、闪伤，腰痿
腰后	第三、第四腰椎棘突之间旁开 6 cm 处，左右侧各一穴	圆利针或火针直刺 3～4.5 cm，毫针刺入 4.5～6 cm，也可透刺腰中、肾俞穴	腰胯风湿、闪伤，腰痿
小肠俞	第一、第二腰椎横突间，距背中线 12 cm 的髂肋肌沟中，左右侧各一穴	圆利针或火针直刺 2～3 cm，毫针刺入 3～6 cm	结症，肚胀，肠黄，腰痛
膀胱俞	第二、第三腰椎横突间，距背中线 12 cm 的髂肋肌沟中，左右侧各一穴	圆利针或火针直刺 2～3 cm，毫针刺入 3～6 cm	泌尿系统疾病，结症，肚胀，肠黄，泄泻
肷俞	肷窝中点处，左右侧各一穴	巧治，剖腹术（左侧），或穿肠放气（右侧）、用套管针穿入盲肠放气	盲肠臌气，急腹症手术
百会	腰荐十字部，即最后腰椎与第一荐椎棘突间的凹陷中，一穴	火针或圆利针直刺 3～4.5 cm，毫针刺入 6～7.5 cm	腰胯闪伤、风湿，破伤风，便秘，肚胀，泄泻，疝痛
肾俞	百会穴旁开 6 cm 处，左右侧各一穴	火针或圆利针直刺 3～4.5 cm，毫针刺入 6 cm，也可透刺肾棚、肾角穴	腰痿，腰胯风湿、闪伤
肾棚	肾俞穴前方 6 cm 处，左右侧各一穴	火针或圆利针直刺 3～4.5 cm，毫针刺入 6 cm，也可透刺腰后、肾俞穴	腰痿，腰胯风湿、闪伤
肾角	肾俞穴后方 6 cm 处，左右侧各一穴	火针或圆利针直刺 3～4.5 cm，毫针刺入 6 cm，也可透刺肾俞穴	腰痿，腰胯风湿、闪伤
雁翅	髋结节到背中线所作垂线的中、外 1/3 交界处，左右侧各一穴	圆利针或火针直刺 3～4.5 cm，毫针刺入 4～8 cm	腰胯痛，腰胯风湿，不孕症
丹田	髋结节前下方 4.5 cm 处凹陷处，左右侧各一穴	圆利针或火针直刺 2～3 cm，毫针刺入 3～4 cm	腰胯痛，雁翅痛，不孕症
尾根	尾背侧，第一、第二尾椎棘突间，一穴	火针或圆利针直刺 1～2 cm，毫针刺入 3 cm	腰胯闪伤、风湿，破伤风
巴山	百会穴与股骨大转子连线的中点处，左右侧各一穴	圆利针或火针直刺 3～4.5 cm，毫针刺入 10～12 cm	腰胯风湿、闪伤，后肢风湿、麻木
路股	荐结节与股骨大转子连线的中、后 1/3 交界处，左右侧各一穴	圆利针或火针直刺 3～4.5 cm，毫针刺入 8～10 cm	腰胯风湿、闪伤，后肢麻木
穿黄	胸前正中线旁开 2 cm，左右侧各一穴	拉起皮肤，用穿黄针穿上马尾穿通两穴，马尾两端拴上适当重物，引流黄水；或用宽针局部散刺	胸黄，胸部浮肿
胸堂	胸骨两旁，胸外侧沟下部的血管上，左右侧各一穴	拴高马头，用中宽针沿血管急刺 1 cm，出血（泻血量 500～1 000 mL）	心肺积热，胸膊痛，五攒痛，前肢闪伤
带脉	肘后 6 cm 的血管上，左右侧各一穴	大、中宽针顺血管刺入 1 cm，出血	肠黄，中暑，冷痛
黄水	胸骨后、包皮前，两侧带脉下方的胸腹下肿胀处	避开大血管和腹白线，用大宽针在局部散刺 1 cm	肚底黄，胸腹部浮肿
云门	脐前 9 cm，腹中线旁开 2 cm，任取一穴	以大宽针刺破皮肤及腹黄筋膜，插入宿水管放出腹水	宿水停脐（腹水）
阴俞	肛门与阴门（♀）或阴囊（♂）中点的中心缝上，一穴	火针或圆利针直刺 2～3 cm，毫针直刺 4～6 cm；或艾卷灸	阴道脱，子宫脱，带下（♀）；阴肾黄，垂缕不收（♂）

续表 3-12

穴名	定位	针法	主治
阴脱	阴唇两侧，阴唇上下联合中点旁开 2 cm，左右侧各一穴	毫针向前下方斜刺 6～9 cm，或电针、水针	阴道脱，子宫脱
肛脱	肛门两侧旁开 2 cm，左右侧各一穴	毫针向前下方刺入 4～6 cm，或电针、水针	直肠脱
莲花	脱出的直肠黏膜。脱肛时用此穴	巧治。用温水洗净，除去坏死风膜，以 2%明矾水和硼酸水冲洗，再涂以植物油，缓缓纳入	脱肛
后海	肛门上、尾根下的凹陷中，一穴	火针或圆利针沿脊椎方向刺入 6～10 cm，毫针刺入 12～18 cm	结症，泄泻，直肠麻痹，不孕症
尾本	尾腹面正中，距尾基部 6 cm 处血管上，一穴	中宽针向上顺血管刺入 1 cm，出血	腰胯闪伤、风湿，肠黄，尿闭
尾尖	尾末端，一穴	中宽针直刺 1～2 cm，或将尾尖十字劈开，出血	冷痛，感冒，中暑，过劳

(三)前肢部穴位

见表 3-13。

表 3-13　前肢部穴位

穴名	定位	针法	主治
膊尖	肩胛骨前角与肩胛软骨结合处，左右侧各一穴	圆利针或火针沿肩胛骨内侧向后下方刺入 3～6 cm，毫针刺入 12 cm	前肢风湿，肩膊闪伤、肿痛
膊栏	肩胛骨后角与肩胛软骨结合处，左右侧各一穴	圆利针或火针沿肩胛骨内侧向前下方刺入 3～5 cm，毫针刺入 10～12 cm	前肢风湿，肩膊闪伤、肿痛
肺门	膊尖穴与膊中穴连线中点，左右肢各一穴	圆利针或火针沿肩胛骨内侧向后下方刺入 3～5 cm，毫针刺入 8～10 cm	肺气把膊，寒伤肩膊痛，肩膊麻木
肺攀	膊栏穴前下方，肩胛骨后缘的上、中 1/3 交界处，左右侧各一穴	圆利针或火针沿肩胛骨内侧向前下方刺入 3～5 cm，毫针刺入 8～10 cm	肺气痛，咳嗽，肩膊风湿
弓子	肩胛冈后方，肩胛软骨（弓子骨）上缘中点直下方约 10 cm 处，左右侧各一穴	用大宽针刺破皮肤，再用两手提拉切口周围皮肤，让空气进入；或以 16 号注射针头刺入穴位皮下，用注射器注入滤过的空气，然后用手向周围推压，使空气扩散到所需范围	肩膊麻木，肩膊部肌肉萎缩
膊中	肺门穴前下方，膊尖穴与肩井穴连线的中点处，左右侧各一穴	圆利针或火针沿肩胛骨内侧向后下方刺入 3～5 cm，毫针刺入 8～10 cm	肺气把膊，寒伤肩膊痛，肩膊麻木，肺气痛
肩井	肩端，臂骨大结节外上缘的凹陷中，左右侧各一穴	火针或圆利针向后下方刺入 3～4.5 cm，毫针刺入 6～8 cm	抢风痛，前肢风湿，肩臂麻木
肩髃	肩关节前下缘、臂骨大结节下缘的凹陷中，左右侧各一穴	火针或圆利针向内上方刺入 2.5 cm，毫针刺入 3～4 cm	肩膊痛，抢风痛，前肢风湿
肩外髃	肩关节后缘、臂骨大结节后缘的凹陷中，左右侧各一穴	火针或圆利针向内下方刺入 3～4.5 cm，毫针刺入 6～7.5 cm	肩膊痛，抢风痛，前肢风湿

续表 3-13

穴名	定位	针法	主治
抢风	肩关节后下方,三角肌后缘与臂三头肌长头、外侧头形成的凹陷中,左右侧各一穴	圆利针或火针直刺 3～4 cm,毫针刺入 8～10 cm	闪伤夹气,前肢风湿,前肢麻木
冲天	肩胛骨后缘中部,抢风穴后上方 6 cm,三角肌后缘的凹陷处,左右侧各一穴	圆利针或火针直刺 3～4.5 cm,毫针刺入 8～10 cm	前肢风湿,前肢麻木,肺气把膊
肩贞	抢风穴前上方 6 cm 处,与冲天穴同一水平线上,左右侧各一穴	火针或圆利针直刺 3～4 cm,毫针刺入 6 cm	肩膊闪伤,抢风痛,肩膊风湿,肩膊麻木
天宗	抢风穴正上方约 10 cm 处,与抢风、冲天、肩贞呈菱形排列,左右侧各一穴	火针或圆利针直刺 3～4 cm,毫针刺入 6 cm	闪伤夹气痛,前肢风湿,前肢麻木
夹气	腋窝正中,左右侧各一穴	先用大宽针向上刺破皮肤,然后以涂油的夹气针向同侧抢风穴方向刺入 20～25 cm,达肩胛下肌与胸下锯肌之间的疏松结缔组织内,出针消毒后前后摇动患肢数次	里夹气痛
肘俞	臂骨外上髁与肘突之间的凹陷处,左右肢各一穴	火针或圆利针直刺 3～4 cm,毫针刺入 6 cm	肘部肿胀、风湿、麻痹
乘重	桡骨近端外侧韧带结节下部、指总伸肌与指外侧伸肌起始部的肌沟中,左右肢各一穴	火针或圆利针稍斜向前刺入 2～3 cm,毫针刺入 4.5～6 cm	乘重肿痛,前臂麻木、风湿
前三里	前臂外侧上部,桡骨上、中 1/3 交界处,腕桡侧伸肌与指总伸肌之间的肌沟中,左右肢各一穴	火针或圆利针向后上方刺入 3 cm,毫针刺入 4.5 cm	脾胃虚弱,前肢风湿
膝眼	腕关节背侧面正中,腕前黏液囊肿胀处最低位,左右肢各一穴	提起患肢,中宽针直刺 1 cm,放出水肿液	腕前黏液囊肿
膝脉	腕关节内侧下方约 6 cm 处的血管上,左右肢各一穴	小宽针顺血管刺入 1 cm,出血	腕关节肿痛,屈腱炎
前缠腕	前肢球节上方两侧,掌内、外侧沟末端内的血管上,每肢内外侧各一穴	小宽针沿血管刺入 1 cm,出血	球节肿痛,屈腱炎
前蹄头	前蹄背面,正中线外侧旁开 2 cm、蹄缘(毛边)上 1 cm 处,每蹄各一穴	中宽针向蹄内刺入 1 cm,出血	五攒痛,球节痛,蹄头痛,冷痛,结症
前蹄臼(天平)	前蹄后面蹄球上方正中陷窝中,每蹄各一穴	中宽针向蹄尖方向直刺 1 cm,出血;圆利针或火针刺入 2～3 cm,毫针刺入 4.5 cm	蹄臼痛,蹄胎痛,前肢风湿
前蹄门	前蹄后面,蹄球上缘、蹄软骨后端的凹陷处,每蹄左右侧各一穴	中宽针直刺 1 cm,出血	蹄门肿痛,系凹痛,蹄胎痛
前垂泉	前蹄底正中间,蹄叉尖部,每蹄一穴	巧治。首先挖净坏死组织,然后用烙铁或激光烧烙;或用沸油浇灌、塞上碘酊棉,或用酒精冲洗、融化血竭填塞,最后以黄蜡封闭,包扎蹄绷带或盖上铁皮,装钉蹄铁	漏蹄

(四)后肢部穴位

见表 3-14。

表 3-14　后肢部穴位

穴名	定位	针法	主治
居髎	髋结节后下方的凹陷处，左右侧各一穴	圆利针或火针直刺 3～4.5 cm，毫针刺入 6～8 cm	雁翅痛，后肢风湿、麻木
环跳	髋关节前缘，股骨大转子前方约 6 cm 的凹陷处，左右侧各一穴	圆利针或火针直刺 3～4.5 cm，毫针刺入 6～8 cm	雁翅肿痛，后肢风湿、麻木
大胯	髋关节前下缘，股骨大转子前下方约 6 cm 的凹陷处，左右侧各一穴	圆利针或火针沿股骨前缘向后下方斜刺 3～4.5 cm，毫针刺入 6～8 cm	后肢风湿，闪伤腰胯
小胯	股骨第三转子后下方的凹陷处，左右侧各一穴	圆利针或火针直刺 3～4.5 cm，毫针刺入 6～8 cm	后肢风湿，闪伤腰胯
邪气	与肛门水平线相交处的股二头肌沟中，左右侧各一穴	圆利针或火针直刺 4.5 cm，毫针刺入 6～8 cm	后肢风湿、麻木，股胯闪伤
汗沟	邪气穴下 6 cm 处的同一肌沟中，左右侧各一穴	圆利针或火针直刺 4.5 cm，毫针刺入 6～8 cm	后肢风湿、麻木，股胯闪伤
仰瓦	汗沟穴下 6 cm 处的同一肌沟中，左右侧各一穴	圆利针或火针直刺 4.5 cm，毫针刺入 6～8 cm	后肢风湿、麻木，股胯闪伤
牵肾	仰瓦穴下 6 cm 处的同一肌沟中，约在膝盖骨上方水平线上，左右侧各一穴	圆利针或火针直刺 4.5 cm，毫针刺入 6～8 cm	后肢风湿、麻木，股胯闪伤
肾堂	股内侧，大腿褶下 12 cm 处的血管上，左右肢各一穴	吊起对侧后肢，以中宽针沿血管刺入 1 cm，出血	外肾黄，五攒痛，闪伤腰胯，后肢风湿
掠草	膝关节前外侧的凹陷处，左右肢各一穴	圆利针或火针向后上方斜刺 3～4.5 cm，毫针刺入 6 cm	掠草痛，后肢风湿
后三里	小腿外侧，腓骨小头下方的肌沟中，左右肢各一穴	圆利针或火针直刺 2～4 cm，毫针直刺 4～6 cm	脾胃虚弱，后肢风湿，体质虚弱
曲池	跗关节背侧稍偏内的血管上，左右肢各一穴	小宽针直刺 1 cm，出血	胃热不食，跗关节肿痛
后缠腕	后肢球节上方两侧，跖内、外侧沟末端内的血管上，每肢内外侧各一穴	小宽针沿血管刺入 1 cm，出血	球节肿痛，屈腱炎
后蹄门	后蹄后面，蹄球上缘、蹄软骨后端的凹陷处，每蹄左右侧各一穴	同前蹄门穴	同前蹄门穴
后垂泉	后蹄底正中间，蹄叉尖部，每蹄一穴	同前垂泉穴	漏蹄
滚蹄	前、后肢系部，掌/跖侧正中凹陷中，出现滚蹄时用此穴	横卧保定，患蹄推磨式固定于木桩，局部剪毛消毒，大宽针针刃平行于系骨刺入，轻症劈开屈肌腱，重症横转针刃，推动“磨杆”至蹄伸直，被动切断部分屈肌腱	滚蹄(屈肌腱挛缩)

马常发病针灸治疗简表见表 3-15。

表 3-15 马常发病针灸治疗简表

病名（西兽医病名）	穴位及针法
风寒感冒	白针：天门为主穴，伏兔、肺俞为配穴 血针：鼻俞或玉堂、血堂为主穴，耳尖、尾尖、蹄头为配穴 电针：大椎为主穴，百会为配穴；或风门为主穴，百会或尾根为配穴；或天门为主穴，鬐甲为配穴
风热感冒	白针：大椎、天门或鼻前为主穴，风门、肺俞、鼻俞为配穴 血针：鼻俞或血堂为主穴，耳尖、玉堂、颈脉为配穴 电针：大椎为主穴，百会、肺俞为配穴
肺热咳喘（肺炎）	血针：轻者以血堂为主穴，玉堂或胸堂为配穴；重者以颈脉穴，放血 500～1 000 mL 白针：大椎为主穴，肺俞、鼻前为配穴
黑汗风（中暑）	血针：颈脉为主穴，放血 1 000～2 000 mL，分水、尾尖、蹄头、太阳、三江、带脉、通关等为配穴
肝热传眼（火眼、结膜角膜炎）	血针：太阳为主穴，眼脉、三江为配穴 白针：睛俞、肝俞 水针：垂睛，或睛俞、睛明 白针：睛俞为主穴，睛明、肝俞、垂睛等为配穴
混睛虫病	巧治：开天穴
脾虚慢草（消化不良）	白针：脾俞、后三里 电针：脾俞、胃俞，每次 15～20 min，隔日 1 次
伤食纳呆	血针：玉堂、通关 白针：后海为主穴，关元俞、脾俞为配穴
胃热	血针：玉堂或通关为主穴，唇内为配穴 白针：脾俞为主穴，关元俞、后三里、小肠俞、大肠俞、后海等为配穴 水针：关元俞、后三里或脾俞
胃寒	火针：脾俞为主穴，百会、后三里等为配穴 电针：脾俞为主穴，后三里为配穴 血针：玉堂为主穴，唇内为配穴 白针：脾俞、后海为主穴，迷交感、百会为配穴
肚胀	火针：脾俞为主穴，后海、百会、关元俞为配穴 血针：三江为主穴，蹄头为配穴 电针：两侧关元俞，弱刺激 20 min 白针：肷俞为主穴，脾俞为配穴 巧治：肷俞穴，急症放气
肠黄（急性胃肠炎、痢疾）	血针：带脉为主穴，三江、蹄头、尾尖为配穴 水针：大肠俞、百会为主穴，脾俞、后三里为配穴
冷痛（痉挛疝）	血针：三江为主穴，分水、耳尖、尾尖、蹄头为配穴 巧治：姜牙穴 火针：脾俞为主穴，百会、后海为配穴 电针：两侧关元俞、脾俞、后海、百会等穴
结症（便秘疝）	电针：两侧关元俞穴，每次 30 min 水针：后海穴 血针：三江为主穴，蹄头为配穴 巧治：捶结术，掏结术
脾虚泄泻	白针：脾俞为主穴，百会、胃俞、肝俞、后海、后三里为配穴 电针：脾俞或百会为主穴，胃俞或大肠俞，或后三里、后海为配穴 水针：脾俞、双侧膀胱俞 埋线：后海、双侧膀胱俞

续表 3-15

病名（西兽医病名）	穴位及针法
脱肛	巧治：莲花穴 电针：后海为主穴，肛脱为配穴，首次通电 2～4 h，以后每次 1 h，7 d 为一疗程 水针：两侧肛脱穴，各注入 95％酒精 10 mL
尿血	白针或水针：断血穴
不孕症	电针：催情，选命门、阳关、百会、雁翅、后海等穴；胚泡萎缩，选阳关、百会；子宫弛缓，选后海、雁翅、百会；卵巢囊肿，选同侧肾棚为主穴，雁翅、肾俞为配穴 激光照射：阴蒂、阴俞、后海等穴
阴道脱和子宫脱	巧治：整复脱出的子宫或阴道 电针：阴脱穴为主穴，后海为配穴 水针：阴脱穴
破伤风	火针：大风门、风门、伏兔、百会，张口困难者加开关、锁口穴 血针：颈脉穴 烧烙：大风门、风门、伏兔、百会 电针：锁口、开关、抱腮、下关、风门、伏兔、九委等穴 水针：百会穴 醋麸灸：腰胯部
四肢风湿	血针：前肢，胸堂穴；后肢，肾堂穴 火针：前肢，抢风为主穴，其他肩臀部穴位为配穴；后肢，巴山为主穴，其他臀、腰部穴位为配穴 电针、白针：前肢，抢风为主穴，其他肩臀部穴位为配穴；后肢，巴山为主穴，其他臀、腰部穴位为配穴 水针：患部穴位或肌肉起止点
五攒痛（蹄叶炎）	血针：蹄头为主穴，玉堂、通关为配穴，前肢病重配胸堂穴，后肢病重配肾堂穴

马的肌肉及穴位见图 3-43。马的骨骼及穴位见图 3-44。

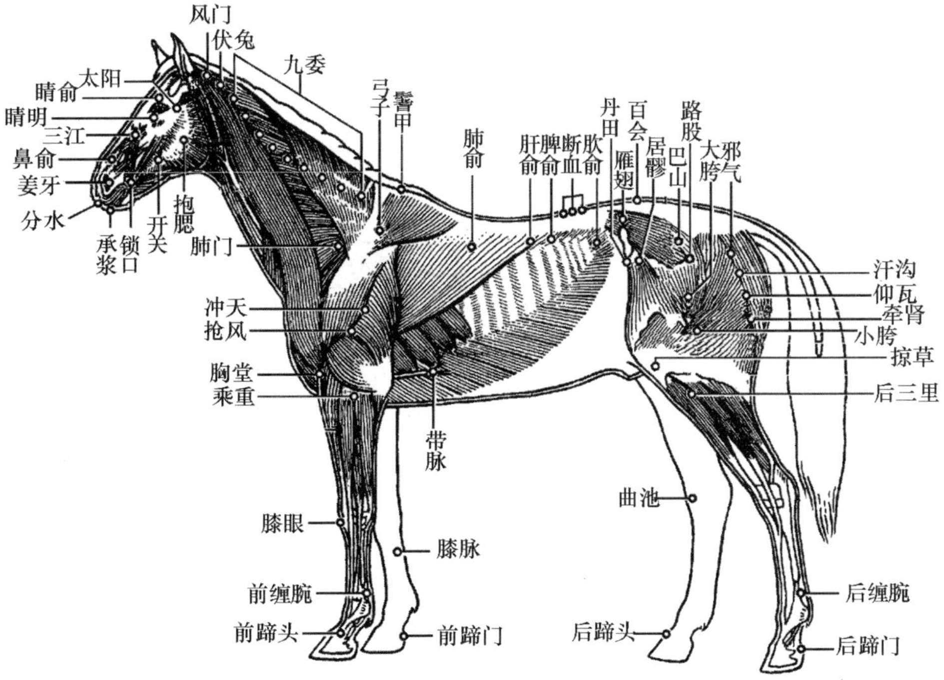

图 3-43　马的肌肉及穴位

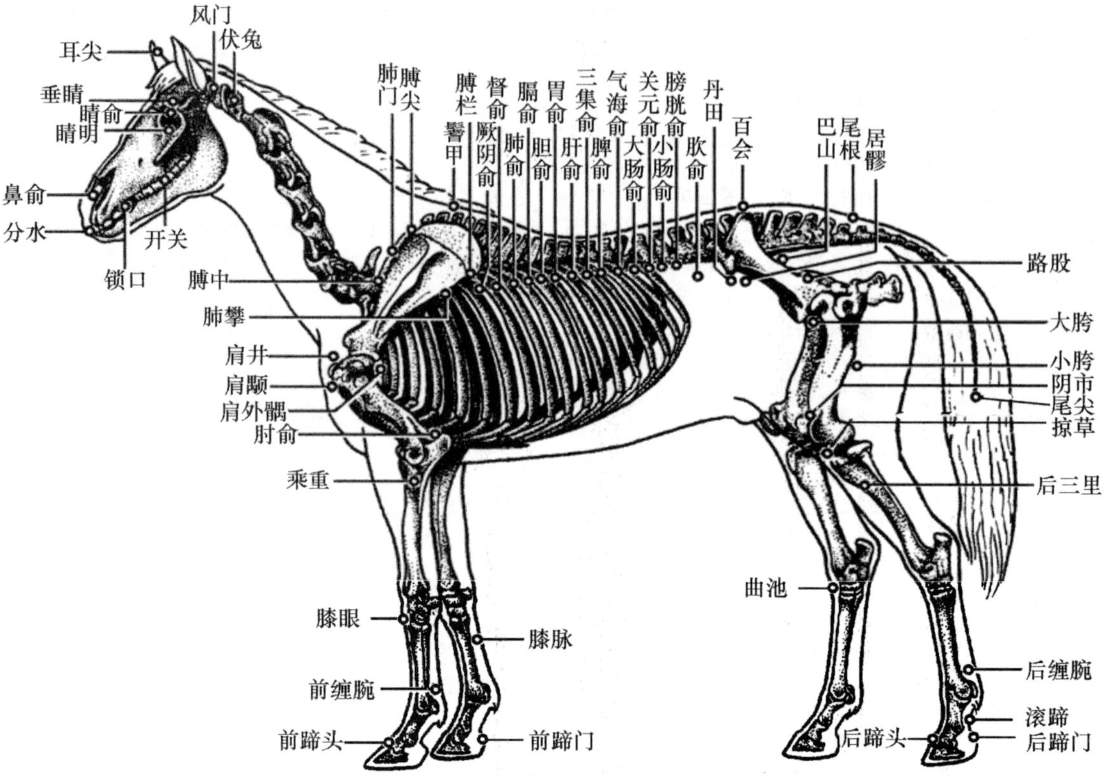

图 3-44　马的骨骼及穴位

四、羊的针灸穴位及针治

(一)头部穴位

见表 3-16。

表 3-16　头部穴位

穴名	定位	针法	主治
山根	鼻镜正中有毛无毛交界处,一穴	小宽针点刺出血,或毫针直刺 1 cm	感冒,中暑,腹痛
外唇阴	山根穴下,鼻唇沟正中,一穴	小宽针直刺 0.5 cm	口炎,慢草
鼻俞	鼻孔稍上方凹陷处,左右侧各一穴	掐紧鼻梁,用圆利针或三棱针迅速横刺,穿通鼻中隔,出血	感冒,肺热
开关	口角后上方 6 cm 处,左右侧各一穴	圆利针或火针直刺 1 cm,毫针向后上方斜刺 2～3 cm	破伤风,歪嘴风,颊部肿胀
三江	内眼角下方约 1.5 cm 处的血管分叉处,左右侧各一穴	小宽针顺血管刺入 1 cm,出血	腹痛
睛明	下眼眶上缘皮肤褶正中处,左右眼各一穴	上推眼球,毫针向内下方刺入 2～3 cm,或三棱针在下眼睑黏膜上散刺,出血	肝经风热,睛生翳膜

续表 3-16

穴名	定位	针法	主治
睛俞	上眼眶下缘正中的凹陷中，左右眼各一穴	下压眼球，毫针沿眶上突下缘向内上方刺入 2～3 cm	肝经风热，睛生翳膜
太阳	外眼角后方约 1.5 cm 处的凹陷中，左右侧各一穴	毫针直刺 2～3 cm，或小宽针直刺出血	暴发火眼，肝经风热，睛生翳膜
龙会	两眶上突前缘连线正中处，一穴	艾灸 10～15 min	感冒，癫痫
耳尖	耳背侧距尖端 1.5 cm 的血管上，左右耳各三穴	捏紧耳根，使血管怒张，小宽针或三棱针速刺血管，出血	中暑，感冒，腹痛
天门	两角根连线正中后方，即枕寰关节背侧的凹陷处，一穴	圆利针或火针向后下方斜刺 1～2 cm，毫针刺入 2～3 cm，或艾炷灸 10～15 min	感冒，癫痫
风门	耳后 1.5 cm、寰椎翼前缘的凹陷处，左右侧各一穴	毫针、圆利针或火针向后下方刺入 1～1.5 cm	感冒，偏头风，癫痫

(二)躯干部穴位

见表 3-17。

表 3-17　躯干部穴位

穴名	定位	针法	主治
颈脉	颈静脉沟上、中 1/3 交界处的血管上，左右侧各一穴	小宽针顺血管刺入 1 cm，出血	脑黄，咳嗽，发热，中暑
鬐甲	第三、第四胸椎棘突间的凹陷处，一穴	毫针或圆利针向前下方刺入 2～3 cm	肚胀，脑黄，咳嗽，感冒
苏气	第八、第九胸椎棘突之间的凹陷处，一穴	毫针、圆利针向前下方刺入 3～5 cm，火针刺入 2～3 cm	肺热，咳嗽，气喘
关元俞	最后肋骨后缘，距背中线 6 cm 的凹陷处，左右侧各一穴	小宽针或圆利针向椎体方向刺入 2～4.5 cm，毫针刺入 3～6 cm	肚胀，泄泻，少食
六脉	倒数第一、第二、第三肋间，距背中线 6 cm 的凹陷处，左右侧各三穴	小宽针、圆利针或火针斜向内下方刺入 2 cm，毫针刺入 3～5 cm	便秘，肚胀，积食，泄泻，慢草
脾俞	倒数第三肋间，距背中线 6 cm 的凹陷处，左右侧各一穴	同六脉穴	同六脉穴
肺俞	倒数第六肋间，距背中线 6 cm 的凹陷处，左右侧各一穴	毫针、圆利针或小宽针斜向内下方刺入 3～5 cm，火针刺入 1.5 cm	感冒，肺火，咳嗽
肷俞	左侧肷窝中部，即肋骨后、腰椎下与髂骨翼前形成的三角区内，一穴	套管针向内下方迅速刺入瘤胃内，徐徐放气	急性瘤胃臌气
百会	腰荐十字部，即最后腰椎与第一荐椎棘突间的凹陷处，一穴	小宽针或火针直刺 1.5 cm，毫针刺入 3 cm，或艾灸	后躯风湿、泄泻，尿闭
肾俞	百会穴旁开 3 cm 处，左右侧各一穴	毫针或圆利针直刺 2～3 cm，火针刺入 1.5 cm	腰风湿，腰痿，肾经痛
肾棚	肾俞穴前 3 cm 处，左右侧各一穴	同肾俞穴	同肾俞穴
肾角	肾俞穴后 3 cm 处，左右侧各一穴	同肾俞穴	同肾俞穴

续表 3-17

穴名	定位	针法	主治
胸堂	胸骨两旁，胸外侧沟下部的血管上，左右侧各一穴	小宽针沿血管急刺 0.5～1 cm，出血	中暑，热性病，前肢闪伤
脐前	肚脐前 3 cm，正中一穴	毫针或圆利针直刺 1 cm，或艾灸 10～15 min	羔羊寒泻，胃寒慢草
脐中	肚脐正中，一穴	禁针，艾炷灸或隔盐灸、隔姜灸 10～15 min	羔羊寒泻，肚痛，胃寒慢草
脐旁	肚脐旁开 3 cm，左右侧各一穴	毫针直刺 1～1.5 cm，或艾灸 10～15 min	羔羊泄泻，肚胀
脐后	肚脐后 3 cm，正中一穴	毫针直刺 0.5～1 cm，或艾灸 10～15 min	羔羊泄泻，肚胀
后海	肛门上、尾根下的凹陷处，一穴	毫针、圆利针沿脊椎方向刺入 5～6 cm，火针刺入 3 cm	便秘，泄泻，肚胀
尾根	荐椎与尾椎棘突间的凹陷处，一穴	毫针、圆利针向前斜刺 0.5～1 cm，或艾灸	便秘，泄泻，肚胀，肚痛
尾尖	尾末端，一穴	小宽针直刺 0.5 cm，出血	肚痛，臌气，中暑，感冒

(三)前肢部穴位

见表 3-18。

表 3-18 前肢部穴位

穴名	定位	针法	主治
膊尖	肩胛骨前角与肩胛软骨结合处的凹陷处，左右侧各一穴	毫针向后下方刺入 4～5 cm，小宽针或火针刺入 2～4 cm	闪伤，脱膊，前肢风湿
膊栏	肩胛骨后角与肩胛软骨结合处的凹陷处，左右侧各一穴	毫针向前下方刺入 4～5 cm，小宽针或火针刺入 2～4 cm	同膊尖穴
肩井	肩关节前上缘，臂骨大结节上缘的凹陷处，左右肢各一穴	小宽针、圆利针或火针向内下方斜刺 4～6 cm，火针刺入 1.5～3 cm	闪伤，前肢风湿，肩膊麻木
抢风	肩关节后下方约 9 cm 的凹陷处，左右肢各一穴	小宽针、圆利针或毫针直刺 3～5 cm，火针直刺 2 cm	闪伤，前肢风湿，外夹气
肘俞	臂骨外上髁与肘突之间的凹陷处，左右肢各一穴	毫针、圆利针或小宽针直刺 1.5～2.5 cm，火针刺入 1 cm	肘部肿胀，肘关节扭伤
前三里	前臂外侧，桡骨上、中 1/3 交界处的肌沟中，左右肢各一穴	毫针直刺 2～3 cm	脾胃虚弱，前肢风湿
膝眼	腕关节背外侧下缘的陷沟中，左右肢各一穴	小宽针向后上方刺入 0.5～1 cm	腕部肿胀
前缠腕	前肢球节上方两侧，掌内、外侧沟末端内的血管上，每肢内外侧各一穴	小宽针沿血管刺入 0.5～1 cm，出血	风湿，球节扭伤
涌泉	前蹄叉背侧正中稍上方的凹陷处，每肢各一穴	小宽针向后下方斜刺 0.5～1 cm，出血	热性病，少食，蹄叶炎，感冒

续表 3-18

穴名	定位	针法	主治
前灯盏	前肢两悬蹄之间后下方正中的凹陷处，左右肢各一穴	小宽针向前下方刺入 0.5～1 cm，出血	蹄黄，扭伤
前蹄头	第三、第四趾的蹄冠缘背侧正中，有毛与无毛交界处稍上方，每蹄内外侧各一穴	小宽针向后下方斜刺 0.5 cm，出血	慢草，腹痛，臌气，蹄黄

(四)后肢部穴位

见表 3-19。

表 3-19　后肢部穴位

穴名	定位	针法	主治
大胯	股骨大转子前下方的凹陷处，左右侧各一穴	毫针直刺 4 cm，圆利针或火针直刺 2 cm	后肢风湿，腰胯闪伤
小胯	髋关节下缘，股骨大转子正下方约 3 cm 处的凹陷处，左右侧各一穴	同大胯穴	后肢风湿，腰胯闪伤
邪气	尾根旁开 3 cm 的凹陷处，左右侧各一穴	毫针、圆利针或火针直刺 2 cm	后肢风湿，腰胯风湿
汗沟	邪气穴下 4.5 cm 处的同一肌沟中，左右侧各一穴	同邪气穴	同邪气穴
仰瓦	汗沟穴下 4.5 cm 处的同一肌沟中，左右侧各一穴	同邪气穴	同邪气穴
肾堂	股内侧，大腿褶下 6 cm 处的血管上，左右肢各一穴	小宽针顺血管刺入 1 cm，出血	闪伤腰胯，肾经积热
掠草	膝关节背外侧的凹陷处，左右肢各一穴	圆利针或火针向后上方斜刺 1～2 cm	膝盖肿痛，后肢风湿
后三里	小腿外侧上部，腓骨小头下方的肌沟中，左右肢各一穴	毫针或圆利针向内后下方刺入 2～3 cm	脾胃虚弱，后肢风湿
曲池	跗关节骨侧稍偏内，趾长伸肌外侧凹陷内的血管上，左右肢各一穴	小宽针直刺 0.5～1 cm，出血	跗关节肿痛，后肢风湿
后缠腕	后肢球节上方两侧，跖内、外侧沟末端内的血管上，每肢内外侧各一穴	小宽针沿血管刺入 0.5～1 cm，出血	风湿，球节扭伤
滴水	后蹄叉背侧正中稍上方的凹陷处，每肢各一穴	小宽针向后下方斜刺 0.5～1 cm，出血	热性病，少食，蹄叶炎，感冒
后灯盏	后肢两悬蹄之间后下方正中的凹陷处，左右肢各一穴	同前灯盏穴	同前灯盏穴
后蹄头	第三、第四趾的蹄冠缘背侧正中，有毛与无毛交界处稍上方，每蹄内外侧各一穴	小宽针向后下方斜刺 0.5 cm，出血	慢草，腹痛，臌气，蹄黄

羊常发病针灸治疗简表见表3-20。

表3-20 羊常发病针灸治疗简表

病名（西兽医病名）	穴位及针法
感冒	血针：鼻俞为主穴，耳尖、通关、山根、涌泉、滴水为配穴 水针：百会为主穴，肺俞为配穴 白针：苏气为主穴，肺俞、百会为配穴 电针：风门为主穴，肺俞、鬐甲、苏气、百会、大胯为配穴 巧治：顺气穴，插枝
肚胀	电针：两侧关元俞穴 巧治：顺气穴，插枝；或肷俞穴，套管针穿刺放气 白针：百会、脾俞为主穴，后海、关元俞、苏气为配穴 血针：尾尖为主穴，蹄头、涌泉、滴水、通关为配穴
宿草不转	电针：脾俞、后三里为主穴，百会、六脉、关元俞为配穴 白针：脾俞为主穴，后三里为配穴 水针：后三里为主穴，六脉、关元俞为配穴 血针：通关为主穴，涌泉、滴水、蹄头为配穴
冷肠泄泻	电针：脾俞为主穴，百会、后海、后三里为配穴 火针：脾俞为主穴，百会、后海为配穴 白针：脾俞为主穴，百会、后海、后三里、脐旁、脐前、脐后为配穴 水针：后三里为主穴，后海、脾俞为配穴 TDP疗法：照射后海穴
羔羊拉稀	白针、温针：脐前、脐后、脐旁为主穴，脾俞、后海为配穴；耳鼻四肢冰凉者，针柄加艾绒施温针灸 水针：百会为主穴，后海为配穴 激光针：后海穴
羔羊痢疾	白针：后海为主穴，脾俞、后三里为配穴 水针：百会为主穴，后海为配穴 血针：山根为主穴，涌泉、滴水、尾尖为配穴 激光针：后海穴
破伤风	水针：百会、天门为主穴，开关为配穴 血针：颈脉穴
产后风（产后瘫痪）	电针：百会为主穴，尾根、腰中、肾俞、肾棚为配穴 白针：百会、抢风、后三里为主穴，前三里、灯盏、脾俞为配穴 激光针：后海穴 水针：百会为主穴，前三里、后三里为配穴 火针、艾灸：百会为主穴，肾俞、肾棚、肾角为配穴 血针：通关为主穴，山根、蹄头、尾尖为配穴

羊的肌肉及穴位见图 3-45。羊的骨骼及穴位见图 3-46。

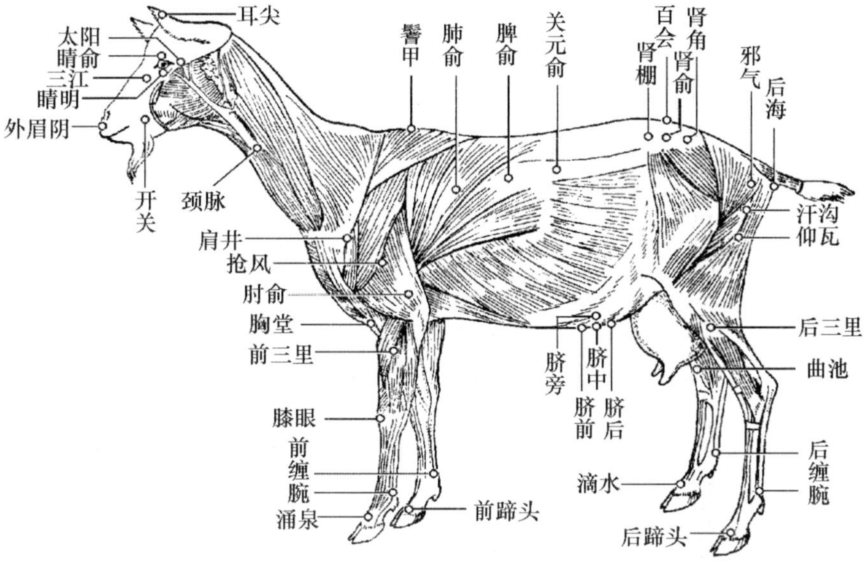

图 3-45　羊的肌肉及穴位

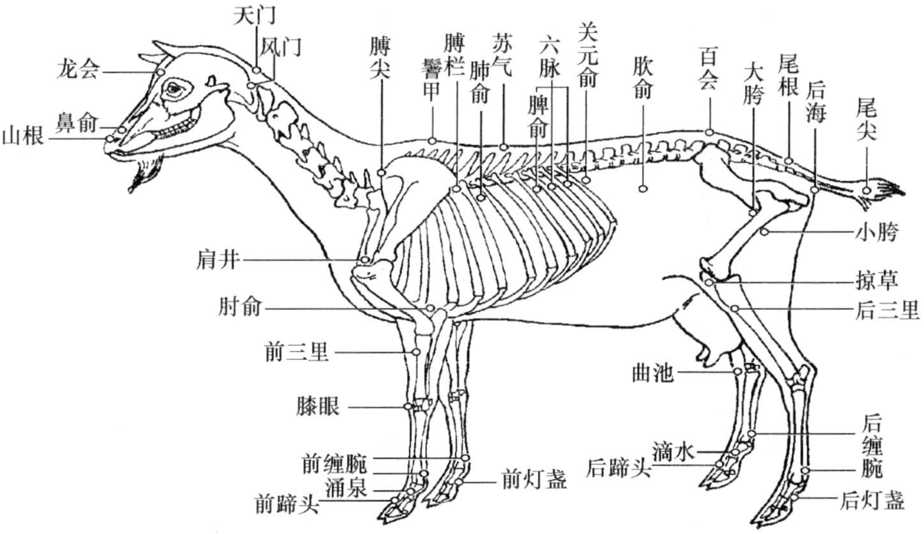

图 3-46　羊的骨骼及穴位

五、犬的针灸穴位及针治

(一)头部穴位

见表3-21。

表3-21 头部穴位

穴名	定位	针法	主治
水沟	上唇唇沟上、中1/3交界处,一穴	毫针或三棱针直刺0.5 cm	中风,中暑,支气管炎
山根	鼻背正中有毛与无毛交界处,一穴	三棱针点刺0.2～0.5 cm,出血	中风,中暑,感冒,发热
三江	内眼角下的血管上,左右侧各一穴	三棱针点刺0.2～0.5 cm,出血	便秘,腹痛,目赤肿痛
承泣	下眼眶上缘中部,左右侧各一穴	上推眼球,毫针沿眼球与眼眶之间刺入2～3 cm	目赤肿痛,睛生云翳,白内障
睛明	内眼角上下眼睑交界处,左右眼各一穴	外推眼球,毫针直刺0.2～0.3 cm	目赤肿痛,眵泪,云翳
上关	下颌关节后上方,下颌骨关节突与颧弓之间,张口时出现的凹陷处,左右侧各一穴	毫针直刺3 cm	歪嘴风,耳聋
下关	下颌关节前下方,颧弓与下颌骨角之间的凹陷处,左右侧各一穴	毫针直刺3 cm	歪嘴风,耳聋
翳风	耳基部,下颌关节后下方的凹陷处,左右侧各一穴	毫针直刺3 cm	歪嘴风,耳聋
耳尖	耳郭尖端背面的血管上,左右耳各一穴	三棱针或小宽针点刺,出血	中暑,感冒,腹痛
天门	枕寰关节背侧正中点的凹陷处,一穴	毫针直刺1～3 cm,或艾灸	发热,脑炎,抽风,惊厥

(二)躯干部穴位

见表3-22。

表3-22 躯干部穴位

穴名	定位	针法	主治
大椎	第七颈椎与第一胸椎棘突间的凹陷处,一穴	毫针直刺2～4 cm,或艾灸	发热,咳嗽,风湿症,癫痫
身柱	第三、第四胸椎棘突间的凹陷处,一穴	毫针向前下方刺入2～4 cm,或艾灸	肺热,咳嗽,肩扭伤
灵台	第六、第七胸椎棘突间的凹陷处,一穴	毫针稍向前下方刺入1～3 cm,或艾灸	胃痛,肝胆湿热,肺热咳嗽
悬枢	最后(第十三)胸椎与第一腰椎棘突间的凹陷处,一穴	毫针斜向后下方刺入1～2 cm,或艾灸	风湿病,腰部扭伤,消化不良,腹泻
脾俞	倒数第二肋间、距背中线6 cm的髂肋肌沟中,左右侧各一穴	毫针沿肋间向下方斜刺1～2 cm,或艾灸	食欲不振,消化不良,呕吐,贫血

续表 3-22

穴名	定位	针法	主治
肺俞	倒数第十肋间、距背中线约 6 cm 的肌沟中，左右侧各一穴	毫针沿肋间向下方斜刺 1～2 cm，或艾灸	咳嗽，气喘，支气管炎
命门	第二、第三腰椎棘突间的凹陷处，一穴	毫针斜向后下方刺入 1～2 cm，或艾灸	风湿症，泄泻，腰痿，水肿，中风
阳关	第四、第五腰椎棘突间的凹陷处，一穴	毫针斜向后下方刺入 1～2 cm，或艾灸	性机能减退，子宫内膜炎，风湿症，腰扭伤
百会	腰荐十字部，即最后(第七)腰椎与第一荐椎棘突间的凹陷处，一穴	毫针直刺 1～2 cm，或艾灸	腰胯疼痛，瘫痪，泄泻，脱肛
三焦俞	第一腰椎横突末端相对的肌沟中，左右侧各一穴	毫针直刺 1～3 cm，或艾灸	食欲不振，消化不良，呕吐，贫血
肾俞	第二腰椎横突末端相对的肌沟中，左右侧各一穴	毫针直刺 1～3 cm，或艾灸	肾炎，多尿症，不孕症，腰部风湿、扭伤
大肠俞	第四腰椎横突末端相对的肌沟中，左右侧各一穴	毫针直刺 1～3 cm，或艾灸	消化不良，肠炎，便秘
关元俞	第五腰椎横突末端相对的肌沟中，左右侧各一穴	毫针直刺 1～3 cm，或艾灸	消化不良，便秘，泄泻
小肠俞	第六腰椎横突末端相对的肌沟中，左右侧各一穴	毫针直刺 1～2 cm，或艾灸	肠炎，肠痉挛，腰痛
膀胱俞	第七腰椎横突末端相对的肌沟中，左右侧各一穴	毫针直刺 1～2 cm，或艾灸	膀胱炎，尿血，膀胱痉挛，尿潴留，腰痛
胸堂	胸前，胸外侧沟中的血管上，左右侧各一穴	头高位，小宽针或三棱针顺血管急刺 1 cm，出血	中暑，肩肘扭伤，风湿症
中脘	胸骨后缘与脐的连线中点，一穴	毫针向前斜刺 0.5～1 cm，或艾灸	消化不良，呕吐，泄泻，胃痛
天枢	脐眼旁开 3 cm，左右侧各一穴	毫针直刺 0.5 cm，或艾灸	腹痛，泄泻，便秘，带证
后海	尾根与肛门间的凹陷处，一穴	毫针稍沿脊椎方向刺入 3～5 cm	泄泻，便秘，脱肛，阳痿
尾根	最后荐椎与第一尾椎棘突间的凹陷处，一穴	毫针直刺 0.5～1 cm	瘫痪，尾麻痹，脱肛，便秘，腹泻
尾本	尾部腹侧正中，距尾根部 1 cm 处的血管上，一穴	三棱针直刺 0.5～1 cm，出血	腹痛，尾麻痹，腰风湿
尾尖	尾末端，一穴	毫针或三棱针从末端刺入 0.5～0.8 cm	中风，中暑，泄泻

(三)前肢部穴位

见表 3-23。

表 3-23 前肢部穴位

穴名	定位	针法	主治
肩井	肩峰前下方、臂骨大结节上缘的凹陷处，左右肢各一穴	毫针直刺 1～3 cm	肩部神经麻痹，扭伤
肩外髃	肩峰后下方、臂骨大结节后上缘的凹陷处，左右肢各一穴	毫针直刺 2～4 cm，或艾灸	肩部神经麻痹，扭伤
抢风	肩关节后方，三角肌后缘、臂三头肌长头和外头形成的凹陷处，左右肢各一穴	毫针直刺 2～4 cm，或艾灸	前肢神经麻痹，扭伤，风湿症
郗上	肩外髃与肘俞连线的下 1/4 处，左右肢各一穴	毫针直刺 2～4 cm，或艾灸	前肢神经麻痹，扭伤，风湿症
肘俞	臂骨外上髁与肘突之间的凹陷处，左右肢各一穴	毫针直刺 2～4 cm，或艾灸	前肢及肘部疼痛，神经麻痹
曲池	肘关节前外侧，肘横纹外端凹陷处，左右肢各一穴	毫针直刺 3 cm，或艾灸	前肢及肘部疼痛，神经麻痹
前三里	前臂外侧上 1/4 处肌沟中，左右肢各一穴	毫针直刺 2～4 cm，或艾灸	桡、尺神经麻痹，前肢神经痛，风湿症
外关	前臂外侧下 1/4 处的桡、尺骨间隙中，左右肢各一穴	毫针直刺 1～3 cm，或艾灸	桡、尺神经麻痹，前肢风湿，便秘，缺乳
内关	前臂内侧下 1/4 处的桡、尺骨间隙处，左右肢各一穴	毫针直刺 1～2 cm，或艾灸	桡、尺神经麻痹，肚痛，中风
涌泉	第三、第四掌骨间的血管上，每肢各一穴	三棱针直刺 1 cm，出血	风湿症，感冒
指间	前足背指间，掌指关节水平线上，每足三穴	毫针斜刺 1～2 cm，或三棱针点刺	指扭伤或麻痹

(四)后肢部穴位

见表 3-24。

表 3-24 后肢部穴位

穴名	定位	针法	主治
环跳	股骨大转子前方，髋关节前缘的凹陷处，左右侧各一穴	毫针直刺 2～4 cm，或艾灸	后肢风湿，腰胯疼痛
肾堂	股内侧上部的血管上，左右肢各一穴	三棱针或小宽针顺血管刺入 0.5～1 cm，出血	腰胯闪伤、疼痛
膝上	髌骨上缘外侧 0.5 cm 处，左右肢各一穴	毫针直刺 0.5～1 cm	膝关节炎
膝下	膝关节前外侧的凹陷处，左右肢各一穴	毫针直刺 1～2 cm，或艾灸	膝关节炎，扭伤，神经痛

续表 3-24

穴名	定位	针法	主治
后三里	小腿外侧上 1/4 处的胫、腓骨间隙内，左右肢各一穴	毫针直刺 1～2 cm，或艾灸	消化不良，腹痛，泄泻，胃肠炎，后肢疼痛、麻痹
阳辅	小腿外侧下 1/4 处的腓骨前缘，左右肢各一穴	毫针直刺 1 cm，或艾灸	后肢疼痛、麻痹，发热，消化不良
解溪	跗关节背侧横纹中点、两筋之间，左右肢各一穴	毫针直刺 1 cm，或艾灸	后肢扭伤，跗关节炎，麻痹
后跟	跟骨与腓骨远端之间的凹陷处，左右肢各一穴	毫针直刺 1 cm，或艾灸	扭伤，后肢麻痹
滴水	第三、第四跖骨间的血管上，每肢各一穴	三棱针直刺 1 cm，出血	风湿症，感冒
趾间	后足背趾间，跖趾关节水平线上，每足三穴	毫针斜刺 1～2 cm，或三棱针点刺	趾扭伤或麻痹

犬常发病针灸治疗简表见表 3-25。

表 3-25　犬常发病针灸治疗简表

病名 （西兽医病名）	穴位及针法
中暑	血针：耳尖、尾尖为主穴，山根、胸堂、涌泉、滴水为配穴 白针：水沟、大椎为主穴，天门、指间、趾间为配穴
感冒	白针：大椎为主穴，肺俞、百会、睛明、阳池为配穴 血针：山根、耳尖为主穴，膝脉、涌滴为配穴
嗓黄 （咽喉炎）	水针：喉俞 白针：大椎、肺俞为主穴，身柱、灵台为配穴
肺炎	白针：肺俞、大椎为主穴，身柱、灵台、水沟为配穴 血针：耳尖、尾尖为主穴，涌泉、滴水为配穴 水针：喉俞
呕吐	白针：内关、外关、后三里为主穴，脾俞、三焦俞、中枢为配穴 艾灸：中脘、天枢
幼犬消化不良	白针：后三里、后海、脾俞为主穴，百会、大肠俞、小肠俞、三焦俞为配穴 艾灸：中脘、关元俞、天枢
肚胀	白针、电针：后三里、后海为主穴，百会、大肠俞、外关、内关为配穴 艾灸：中脘、后海、后三里、天枢
腹泻	白针：后三里、后海、脾俞为主穴，百会、大肠俞、胃俞、悬枢、中枢为配穴 艾灸：中脘、脾俞、后三里、天枢 水针：后三里、后海、关元俞、百会 血针：尾尖为主穴，涌泉、滴水为配穴
便秘	电针：双侧关元俞穴 白针：关元俞、大肠俞、脾俞为主穴，百会、后三里、外关、后海为配穴 血针：三江为主穴，尾尖、耳尖为配穴
风湿症	白针或电针：颈部风湿，选大椎、陶道、灵台、身柱等穴；腰背部风湿，选中枢、悬枢、命门、百会、肾俞、二眼、尾根、后海等穴；前肢风湿，选抢风、肩井、肩外髃、肘俞、郗上、前三里、外关、内关、指间等穴；后肢风湿，选百会、环跳、膝上、膝下、后三里、阳辅、解蹊、后跟、趾间等穴

犬的肌肉及穴位见图 3-47。犬的骨骼及穴位见图 3-48。

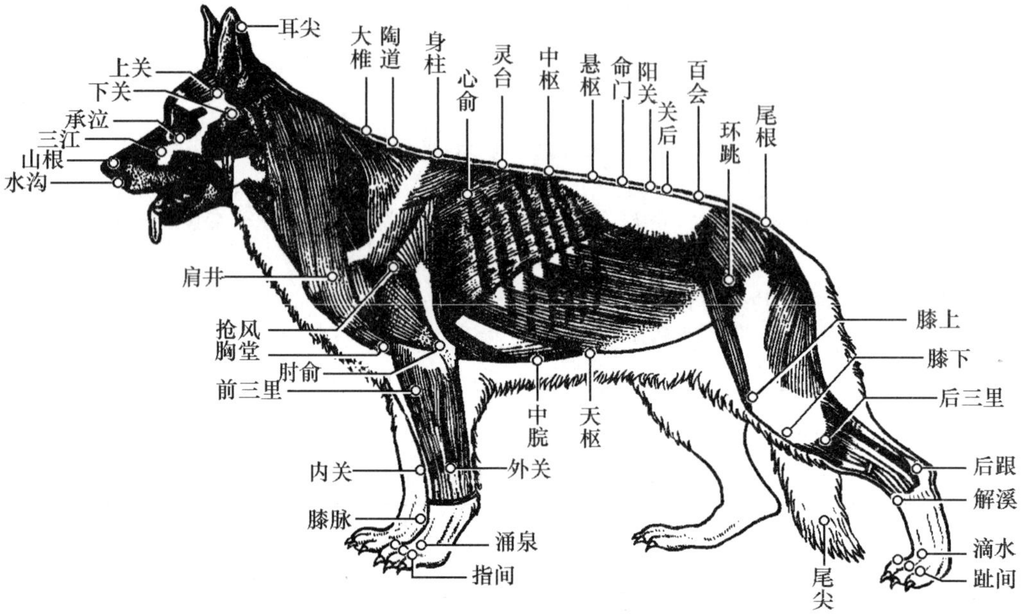

图 3-47 犬的肌肉及穴位

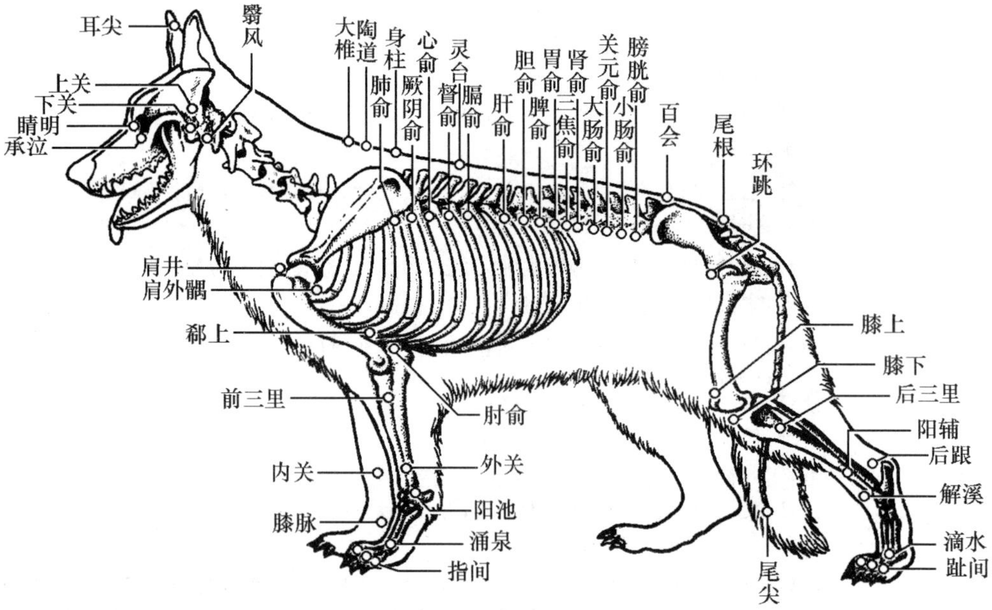

图 3-48 犬的骨骼及穴位

任务三十二　针灸技术

一、白针疗法

用毫针、圆利针、毫针或小宽针等，在白针穴位上施针，借以调整机体功能活动，治疗动物各种病证的一种方法，是在临诊应用最为广泛的针法。

【术前准备】

先将动物妥善保定，根据病情选好施针穴位，剪毛消毒。然后，根据针刺穴位选取适当长度的针具，检查并消毒针具。

【操作方法】

1. 圆利针术

(1)缓刺法。术者的刺手以拇、食指夹持针柄，中指、无名指抵住针体。押手，根据穴位的不同，采取不同的方法。一般先将针尖刺至皮下，然后调整好针刺角度，捻转进针达所需深度，并施以补泻方法使之出现针感(图 3-49)。一般需留针 10～20 min，在留针过程中，每隔 3～5 min 可行针 1 次，加强刺激强度。

(2)急刺法。术者采用执笔式或全握式持针，瞄准穴位按穴位要求的针刺角度迅速刺入或以飞针法刺入穴位至所需深度。

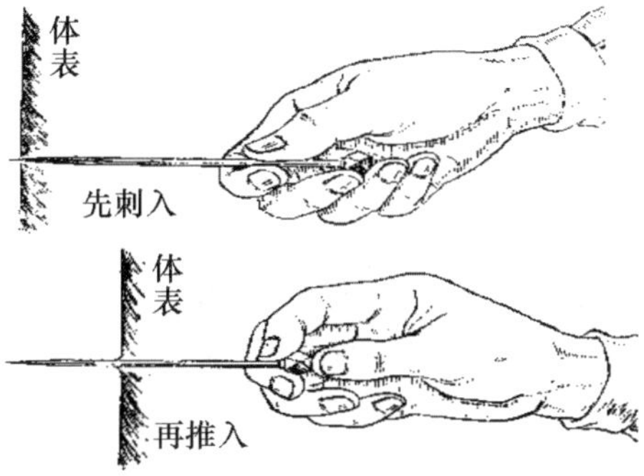

图 3-49　圆利针缓刺法

2. 毫针术

与圆利针缓刺法相似，与其他白针术相比操作有以下特点：由于针体细、对组织损伤小、不易感染，故同一穴位可反复多次施针；进针较深，同一穴位，入针均深于圆利针、宽针、火针等，且可一针透数穴；行针可运用插、捻、捣、搓、摇等手法。

3. 小宽针术

因其有锐利的针尖和针刃，故易于快速进针，又有“箭针法”之称。施针时，常规消毒，左手按穴，右手持针，以拇、食指固定入针深度，速刺速拔，不留针，不行针，出针后严格消毒，防止感染。适用于肌肉丰满的穴位，如抢风、巴山等穴。尤以牛体穴位多用。

二、血针疗法

使用宽针和三棱针等针具在动物的血针穴位上施针，刺破穴部浅表静脉(丛)，使之出血，从而达到泻热排毒、活血消肿，防治疾病的目的，称为血针疗法。

【术前准备】

为了快速准确地刺破穴部血管并达到适宜的出血量，动物的保定非常关键。应根据施针穴位采取不同保定体位，以使血管怒张。如针三江、太阳等穴宜用低头保定法，针刺胸堂穴宜用昂头保定法，所谓“低头看三江，抬头看胸堂”。针刺颈脉穴宜在穴后方按压或系上颈绳使颈静脉显露(图 3-50)。四肢下部施血针时,宜用提肢保定法。血针因针孔较大,且在血管上施术,容易感染,因此术前应严格消毒,穴位剪毛、涂以碘酊,针具和术者手指,也应严格消毒。此外,还应备有止血器具和药品。

【操作方法】

1. 宽针术

根据不同穴位,选取规格不同的针具。血管较粗、需出血量大,可用大、中宽针;血管细,需出血量小,可用小宽针或眉刀针。宽针持针法多用拳握式、手代针锤式或用针锤、针杖持针法。一般多垂直刺入 1 cm 左右,以出血为准。

2. 三棱针术

多用于体表浅刺,如三江、分水;或口腔内穴位,如通关、玉堂。根据不同穴位的针刺要求和持针方法,确定针刺深度,一般以刺破穴位血管出血为度。针刺出血后,多能自行止血,或待其达到适当的出血量后,用酒精棉球轻压穴位,即可止血(图 3-51)。

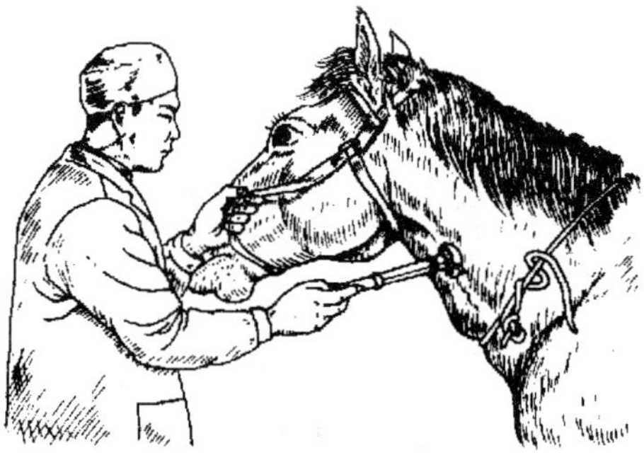

图 3-50　颈脉穴针刺法

图 3-51　通关穴针刺法

【注意事项】

(1)施宽针术时,针刃必须与血管的长轴平行,以防切断血管。如出血不止可压迫止血,或采取其他止血措施。

(2)施三棱针术时,应谨防折针。

(3)血针穴位以刺破血管为度,不宜过深,以免刺穿血管,造成血肿。掌握好泻血量,血针后,术部宜保持清洁,以防感染。

三、火针疗法

火针疗法是用特制的针具烧热后刺入穴位,以治疗疾病的一种方法。火针具有温经通络、祛风散寒、壮阳止泻等作用。主要用于各种风寒湿痹、慢性跛行、阳虚泄泻等证。

【术前准备】

准备烧针器材,封闭针孔用橡皮膏。其他同白针术。

【操作方法】

先根据穴位选择适宜长度的火针。

1. 烧针法

有油火烧针法和直接烧针法两种。

(1)油火烧针法。先检查针体并擦拭干净，用棉花将针尖及针身的一部分缠成枣核形，长度依针刺深度而定，一般稍长于入针的深度，粗 1～1.5 cm，外紧内松；然后浸入植物油或石蜡油中(一般浸 2/3，太深时点燃后热油会流到针柄部而烫手)，油浸透后取出，将尖部的油略挤掉一些，便于点燃，点燃后针尖先向下、后向上倾斜，始终保持针尖在火焰中，并不断转动，使针体受热均匀。待油尽棉花收缩变黑将要燃尽时，甩掉或用镊子刮脱棉花，即可进针(图 3-52)。

图 3-52　油火烧针法

(2)直接烧针法。常用酒精灯直接烧红针尖及部分针体，立即刺入穴位。

2. 进针法

烧针前先选定穴位，剪毛，消毒，待针烧透时，术者以左手按压穴旁，右手持针迅速刺入穴位中，刺入后可留针(5 min 左右)或不留针。留针期间轻微捻转行针。

3. 起针法

起针时先将针体轻轻地左右捻转一下(以防将组织带出)，然后用一手按压穴部皮肤，另一手将针拔出。针孔用 5%碘酊消毒，并用橡皮膏封闭针孔，以防止感染。

【注意事项】

(1)火针穴位与白针穴位基本相同，但穴下有大的血管、神经干或位于关节囊处的穴位一般不得施火针。

(2)施针时动物应保定确实，针具应烧透，刺穴要准确。

(3)针后必须严格消毒，并封闭针孔，保持术部清洁，要防止雨淋、水浸和患畜啃咬。

(4)火针对动物的刺激性较强，一般能持续 1 周以上，10 d 之后方可在同一穴位重复施针，故针刺前应有全面的计划，每次可选 3～5 个穴位，轮换交替进行。

四、电针疗法

电针疗法是将毫针、圆利针刺入穴位产生针感后，通过针体导入适量的电流，利用电刺激来加强或代替手捻针刺激以治疗疾病的一种疗法。这种疗法的优点是：①节省人力，可长时间持续通电刺激，减轻术者的劳累；②刺激强度可控，可通过调整电流、电压、频率、波形等选择不同强度的刺激；③治疗范围广，对多种病证如神经麻痹、肌肉萎缩、急性跛行、风湿症、马骡结症、牛前胃病、消化不良、寒虚泄泻、风寒感冒、垂脱证、不孕症、胎衣不下等，均有较好的疗效；④无副作用，方法简便、经济安全。

【术前准备】

圆利针或毫针，电针机及其附属用具(导线、金属夹子)，剪毛剪、消毒药品等。

【操作方法】

1. 选穴扎针

根据病情，选定穴位(每组 2 穴)，常规剪毛消毒，将圆利针或毫针刺入穴位，行针使之出现针感。

2. 接通电针机

先将电针机调至治疗挡，各种旋钮调至“0”位，将正负极导线分别夹在针柄上；然后打开电源开关，根据病情和治疗需要，以及患病动物对电流的耐受程度来调节电针机的各项参数。

(1)频率。电针机的频率范围在 50～105 Hz。一般治疗时频率不必太高，只在针麻时才应用较高的频率。治疗软组织损伤，频率可稍高；治疗结症则频率要低。

(2)输出强度。电流输出强度的调节一般应由弱到强，逐渐进行，以患病动物能够安静接受治疗的最大耐受量为度。

(3)波形。多用方波治疗神经麻痹、肌肉萎缩。密波、疏密波可降低神经肌肉的兴奋性，止痛作用明显。间断波可提高肌肉紧张度，对神经麻痹、肌肉萎缩有效。

各种参数调整妥当后，继续通电治疗。通电时间，一般为 15～30 min。也可根据病性和动物体质适当调整，对体弱而敏感的动物，治疗时间宜短些；对某些慢性且不易收效的疾病，时间可长些。在治疗过程中，为避免动物对刺激的适应，应经常变换波形、频率和电流。治疗结束前，频率调节应该由高到低，输出电流由强到弱。治疗完毕，应先将各挡旋钮调回“0”位，再关闭电源开关，除去导线夹，起针消毒。

电针治疗一般每日或隔日 1 次，5～7 d 为 1 疗程，每个疗程间隔 3～5 d。

【注意事项】

(1)针刺靠近心脏或延脑的穴位时，必须掌握好深度和刺激强度，防止伤及心、脑导致猝死。动物也必须保定确实，防止因动物骚动而将针体刺入深部。

(2)针柄应由经氧化处理的铝丝绕制，因氧化铝为电绝缘体，电疗机的导线夹应夹在针体上。

(3)通电期间，注意金属夹与导线是否固定妥当，若因骚动而金属夹脱落，必须先将电流及频率调至零位或低挡，再连接导线。

(4)在通电过程中，有时针体会随着肌肉的振颤渐渐向外退出，需注意及时将针体复位。

(5)有些穴位，在电针过程中，呈现渐进性出血或形成皮下血肿，不需处理，几日后即可自行消散。

五、水针疗法

水针疗法也称穴位注射疗法，它是将某些中西药液注入穴位或患部痛点、肌肉起止点来防治疾病的方法。这种疗法将针刺与药物疗法相结合，具有方法简便、提高疗效并节省药量的特点。适用于眼病、脾胃病、风湿症、损伤性跛行、神经麻痹、瘫痪等多种疾病。若注射麻醉性药液，称穴位封闭疗法；注射抗原性物质，称穴位免疫。

【术前准备】

根据病情可选取穴位并剪毛消毒。临诊可根据病情，酌情选用药物。例如，治疗肌肉萎缩、功能减退的病证，可选用具有兴奋营养作用的药物；治疗各种炎性疾病、风湿症等，可选用各种抗生素、镇静止痛剂、抗风湿药等；治疗各种跛行、外伤性瘀血肿痛等，可选用红花注射液、复方当归注射液等；穴位封闭，可选用 0.5%～2%盐酸普鲁卡因注射液；穴位免疫，可选用各种特异性抗原、疫苗等。

【操作方法】

基本同于普通肌内注射，将注射针头刺入，待出现针感后再注射药物。

【注射剂量】

通常依药物的性质、注射的部位、注射点的多少、动物的种类、体形的大小、体质的强弱以及病情而定，一般来说，每次注射的总量均小于该药的普通临诊治疗用量。

六、激光针灸疗法

应用医用激光器发射的激光束照射穴位或灸烙患部以防治疾病的方法，称为激光针灸疗法。前者称为激光针术，后者称为激光灸术。激光针灸疗法具有操作简便、疗效显著、强度可调、无痛、无菌等特点，而且以光代针，无滞针、折针之忧，减少了针灸意外事故的发生，是安全可靠的新型治疗方法。

【术前准备】

医用激光器，动物妥善保定，暴露针灸部位。

【操作方法】

1. 激光针术

应用激光束直接照射穴位，简称光针疗法，或激光穴位照射。适用于各种动物多种疾病的治疗，如肢蹄闪伤捻挫、神经麻痹、便秘、结症、腹泻、消化不良、前胃病、不孕症和乳房炎等。一般采用低功率氦氖激光器，波长 632.8 nm，输出功率 2～30 mW。施针时，根据病情选配穴位，每次 1～4 穴，每穴照射 2～5 min，每天或隔天照射 1 次，5～10 次为一疗程。穴位部剪毛消毒，用龙胆紫或碘酊标记穴位，然后打开激光器电源开关，出光后激光照头距离穴位 5～30 cm 进行照射，一次治疗照射总时间一般为 10～20 min。

2. 激光灸术

根据灸烙的程度可分为激光灸灼、激光灸熨和激光烧烙 3 种。

(1)激光灸灼。它也称二氧化碳激光穴位照射，适应证与氦氖激光穴位照射相同。选定穴位，打开激光器预热 10 min，使用聚焦照头，距离穴位 5～15 cm，用聚焦原光束直接灸灼穴位，每穴灸灼 3～5 s，以穴位皮肤烧灼至黄褐色为度。一般每隔 3～5 d 灸灼 1 次，总计 1～3 次即可。

(2)激光灸熨。使用输出功率 30 mW 的氦氖激光器，或 5 W 以上的二氧化碳激光器，以激光散焦照射穴区或患部。适用于大面积烧伤、创伤、肌肉风湿、肌肉萎缩、神经麻痹、肾虚腰胯痛、阴道脱、子宫脱和虚寒泄泻等病证。治疗时，装上散焦镜头，打开激光器，照头距离穴区 20～30 cm，照射至穴区皮肤温度升高，动物能够耐受为度。每区辐照 5～10 min，每次治疗总时间为 20～30 min，每天或隔天照射 1 次，5～7 次为一疗程。

(3)激光烧烙。应用输出功率 30 W 以上的二氧化碳激光器发出的聚焦光束代替传统烙铁进行烧烙。适用于慢性肌肉萎缩、外周神经麻痹、慢性骨关节炎、慢性屈腱炎、骨瘤、肿瘤等。施术时，打开激光器，手持激光烧烙头，直接渐次烧烙术部，随时小心地用毛刷清除烧烙线上的碳化物，边烧烙边喷洒醋液，烧烙至皮肤呈黄褐色为度。烧烙完毕，关闭电源，烧烙部再喷洒醋液一遍，涂以消炎油膏。一般每次烧烙时间为 40～50 min。

【注意事项】

(1)所有参加治疗的人员应佩戴激光防护眼镜，防止激光及其强反射光伤害眼睛。

(2)开机严格按照操作规程，防止漏电、短路和意外事故的发生。

(3)随时注意患病动物的反应，及时调节激光刺激强度。灸熨范围一般要大于病变组织的面积。若照射腔、道和瘘管等深部组织时，要均匀而充分。

(4)激光照射具有累积效应，应掌握好疗程和间隔时间。

(5)做好术后护理，防止动物摩擦或啃咬灸烙部位，预防水浸或冻伤的发生。

激光治疗常见疾病及参数见表 3-26。

表 3-26　激光治疗常见疾病及参数

疾病名称	照射部位	激光种类和功率	照射时间和距离
卵巢机能不全	后海穴，阴蒂	氦氖，7～8 mW	10 min，40～60 cm
子宫内膜炎	阴俞	氦氖，30 mW	8 min，50～60 cm
奶牛乳房炎	滴明、阳明、通乳	氦氖，2～6 mW	15 min，10～20 cm
仔猪白痢	后海、后三里、脾俞	氦氖，2～6 mW 二氧化碳，30 mW(聚焦)	10 min，5～20 cm 2 s，5～10 cm
犊牛白痢	后海、关元俞、脾俞	氦氖，10～30 mW	15 min，10～15 cm
消化不良、腹泻	后海、后三里、大肠俞、脾俞	氦氖，20～30 mW	20 min，10～20 cm
翻胃吐草(骨软症)	脾俞、巴山、百会、肾俞、肾棚、肾角	二氧化碳，30 mW(聚焦)	5 s，5～10 cm
前胃弛缓	百会、脾俞、肷俞	氦氖，40 mW	20 min，40 cm
便秘	关元俞、百会	氦氖，40 mW	15 min，40 cm
创伤、脓肿	炎灶及病灶扫描	氦氖，10 mW	10 min，20～40 cm
蜂窝织炎、齿槽炎	病灶照射	氦氖，30 mW	30 min，50～70 cm
关节炎、腱鞘炎、蹄叶炎	炎灶周围扫描	氦氖，10 mW	30 min，30 cm
睾丸炎	炎灶周围扫描	氦氖，10 mW	30 min，30 cm
颈风湿	九委	二氧化碳，30 mW(聚焦)	10 min，20～25 cm
后躯瘫痪	百会、巴山、尾根	氦氖，7 mW	10 min，1～5 cm
颜面神经麻痹	锁口、分水、承浆	氦氖，2 mW	20 min，1～5 cm
骨折	患部扫描	氦氖，7 mW	10 min，40～60 cm

七、灸烙术

(一)艾灸

用点燃的艾绒在患畜的一定穴位上熏灼，借以疏通经络，驱散寒邪，达到治疗疾病目的所采用的方法。艾灸主要有艾炷灸和艾卷灸两种(图 3-53)。

1. 艾炷灸

艾炷是用艾绒制成的圆锥形的艾绒团，直接或间接置于穴位皮肤上点燃。治疗时，根据动物的体质、病情以及施术的穴位不同，选择艾炷的大小和数量。一般来说，初病、体质强壮者，艾炷宜大，壮数宜多；久病、体质虚弱者艾炷宜小，壮数宜少；直接灸时艾炷宜小，间接灸时艾炷宜大。

(1)直接灸。将艾炷直接置于穴位上，在其顶端点燃，待烧到接近底部时，再换一个艾炷。根据灸灼皮肤的程度又分为无瘢痕灸和有瘢痕灸两种。

(2)间接灸。在艾炷与穴位皮肤之间放置生姜片、大蒜片、附子片，用针穿透数孔，上置艾炷，放在穴位上点燃，灸至局部皮肤温热潮红为度(图 3-54)。利用姜的温里作用，来加强艾灸的祛风散寒作用；利用大蒜的清热作用，治疗痈疽肿毒症；利用附子的温补肾阳作用，治疗多种阳虚证。

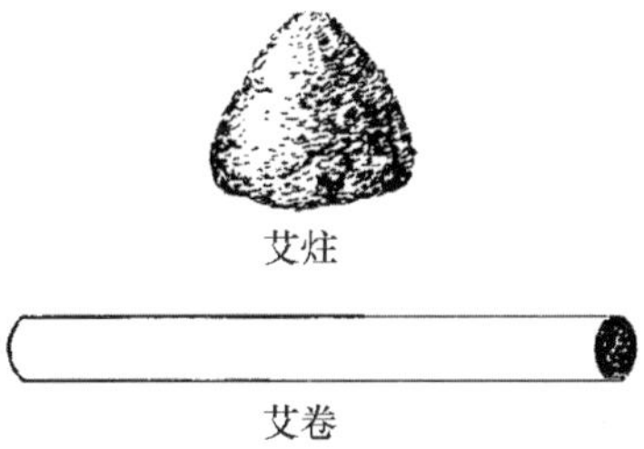

图 3-53　艾炷和艾卷

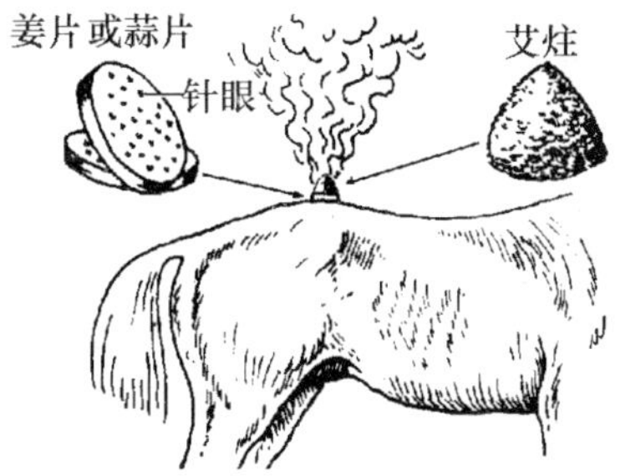

图 3-54　隔姜灸、隔蒜灸

2. 艾卷灸

用点燃的艾卷在穴位上熏烤来治疗疾病的方法，操作方法有以下 3 种。

(1)温和灸。将艾卷的一端点燃后，在距穴位 0.5～2 cm 处持续熏灼，给穴位一种温和的刺激，每穴灸 5～10 min(图 3-55)。适用于风湿痹痛等病证。

(2)回旋灸。将燃着的艾卷在患部的皮肤上往返、回旋熏灼，用于病变范围较大的肌肉风湿等病证。

(3)雀啄灸。将艾卷点燃后，对准穴位，接触一下穴位皮肤，马上拿开，再接触再拿开，如雀啄食，反复进行 2～5 min(图 3-56)。多用于需较强火力施灸的慢性疾病。

3. 温针灸

温针灸是针刺和艾灸相结合的一种疗法，又称烧针柄灸法。即在针刺留针期间，将艾卷或艾绒裹到针柄上点燃，使艾火之温热通过针体传入穴位深层，而起到针和灸的双重作用(图 3-57)。适用于既需留针，又需施灸的疾病。

图 3-55　温和灸

图 3-56　雀啄灸

图 3-57　温针灸

(二)温熨

(1)醋麸灸。醋麸灸是用醋拌炒麦麸热敷患部的一种疗法,主治背部及腰胯风湿等证。用于马、牛等大动物时,需准备麦麸 10 kg(也可用醋糟、酒糟代替),食醋 3～4 kg,布袋(或麻袋)2 条。先将一半麦麸放在铁锅中炒,随炒随加醋,至手握麦麸成团、放手即散为度。炒至温度达 40～60 ℃时即可装入布袋中,平坦地搭于患病动物腰背部进行热敷。此时再炒另一半麦麸,两袋交替使用。当患部微有汗出时,除去麸袋,以干麻袋或毛毯覆盖患部,调养于暖厩,勿受风寒。本法可 1 次/d,连续数日。

(2)醋酒灸。醋酒灸又称火鞍法,俗称火烧战船,是用醋和酒直接灸熨患部的一种疗法。主治背部及腰胯风湿,也可用于破伤风的辅助治疗,但忌用于瘦弱衰老、高热及妊娠动物。施术时,先将患病动物保定于六柱栏内,用毛刷蘸醋刷湿背腰部被毛,面积略大于灸熨部位,以 1 m 见方的白布或双层纱布浸透醋液,铺于背腰部;然后以橡皮球或注射器吸取 60 ℃的白酒或 70%以上的酒精均匀地喷洒在白布上,点燃;反复地喷酒浇醋,维持火力,即火小喷酒,火大浇醋,直至动物耳根和肘后出汗为止。在施术过程中,切勿使敷布及被毛烧干。施术完毕,以干麻袋压熄火焰,抽出白布,再换搭毡被,用绳缚牢,将患畜置暖厩内休养,勿受风寒(图 3-58)。

此外,尚有单用酒灸法,即以面团捏成边厚底薄的面碗,黏着在穴位(如百会穴)部皮肤表面,碗内加入白酒或酒精,点燃,燃尽再加,每次灸 20～30 min(图 3-59),适应证同上。

图 3-58　醋酒灸

图 3-59　酒灸

(三)烧烙

1. 烧烙用具

烙铁头部形状有刀形、方块形、圆柱形、锥形、球形等多种。刀形又有尖头、方头之分,长约 10 cm。柄长约 40 cm,有木质把手(图 3-60)。

2. 烧烙方法

(1)直接烧烙。直接烧烙又称画烙术,即用烧红的烙铁,按一定图形直接在患部烧烙的方法。常用的画烙图形如图 3-61 所示。适用于慢性屈腱炎、慢性关节炎、慢性骨化性关节炎、骨瘤、外周神经麻痹、肌肉萎缩等。

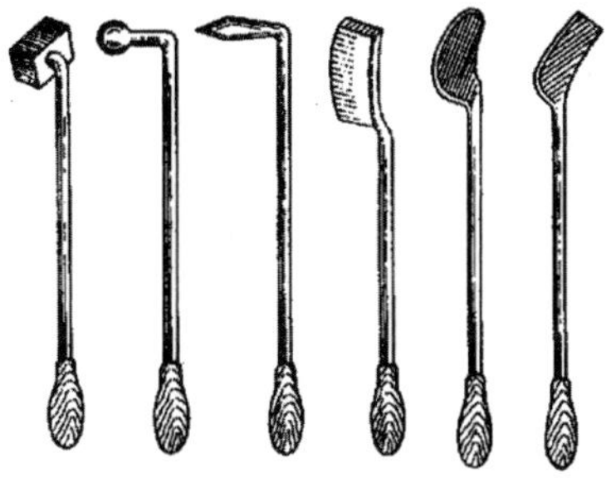

图 3-60　各种烙铁

图 3-61　常用的画烙图形

①术前准备。尖头刀状烙铁和方头烙铁各数把,陈醋 1 500 mL,消炎软膏 1 瓶。患病动物术前禁食 8 h,根据烧烙部位不同,可选用二柱栏站立保定,或用缠缚式倒马保定法横卧保定。

②操作方法。将烙铁在火炉内烧红,先取尖头烙铁画出图形,再用方头烙铁加大火力继续烧烙。开始宜轻烙,逐渐加重,且边烙边喷洒醋。烙铁必须均匀平稳地单方向拉动,严禁拉锯式来回运动。烧烙的顺序一般是先内侧、后外侧,先上部、后下部。如保定绳妨碍操作,也可先烙下部,再烙上部,以施术方便为宜。烧烙程度分轻度、中度、重度三种。烙线皮肤呈浅黄色,无渗出液为轻度;烙线呈金黄色,并有渗出液渗出为中度;达中度再将渗出液烙干为重度。一般烙至中度即可,对慢性骨化性关节炎可烙至重度。烙至所需程度后,再喷洒一遍醋,轻轻画烙一遍,涂擦薄薄一层消炎软膏,动物解除保定。

③注意事项。幼龄、老年、妊娠后期不宜施术。严冬、酷暑、大风、阴雨气候不宜烧烙。烧烙部位要避开重要器官和较大的神经和血管。同一形状的烙铁要同时烧 2～3 把,以便交替使用。烙铁烧至杏黄色为宜,过热呈黄白色则易烙伤皮肤;火力小呈黑红色,不仅达不到烧烙要求,且极易黏带皮肤发生烙伤。烧烙时严禁重力按压皮肤或来回拉动烙铁,以免烙伤患部。烧烙后应擦拭患畜身上的汗液,以防感冒。有条件的可注射破伤风抗毒素,以防发生破伤风。术后不能立即饮喂,注意防寒保暖,保持术部的清洁卫生,防止患畜啃咬或磨蹭,并适当牵遛运动。同一患病动物需多处画烙治疗时,可先烙一处,待烙面愈合后,再烙别处。同一部位若需再次烧烙,也须在烙面愈合后进行,且尽可能避开上次烙线。

(2)间接烧烙。间接烧烙是用大方形烙铁在覆盖有用醋浸透的棉花纱布垫的穴位或患部上进行熨烙的一种治疗方法，又称熨烙法(图 3-62)。适用于破伤风、歪嘴风、脑黄、癫痫、脾虚湿邪、寒伤腰胯、颈部风湿、筋腱硬肿和关节僵硬等病患的治疗。

①术前准备。方形烙铁数把，方形棉花纱布垫数个等。患畜妥善保定在二柱栏或四柱栏内，必要时可横卧保定。

②操作方法。将浸透醋液的方形棉纱垫固定在穴位或患部。若患部较大，可将棉纱垫缠于该部并固定。术者手持烧红的方形烙铁，在棉纱垫上熨烙，手法由轻到重，烙铁不热及时更换，并不断向棉垫上加醋，勿让棉垫烧焦。熨烙至术部皮肤温热，或其周围微汗时(大约需 10 min)即可。施术完毕，撤去棉纱垫，擦干皮肤，解除保定。若病未愈，可隔 1 周后，再次施术。

图 3-62 间接烧烙

③注意事项。烙铁以烧至红褐色为宜，过热易烫伤术部皮肤。熨烙时，烙铁宜不断离开术部棉垫，不应长时间用力强压熨烙，以免发生烫伤。术后应加强护理，防止风寒侵袭，并经常牵遛运动。

(四)拔火罐

借助火焰排出罐内部分空气，造成负压吸附在动物穴位皮肤上来治疗疾病的一种方法。负压可造成局部瘀血，具有温经通络、活血逐痹的作用。适用于各种疼痛性病患，如肌肉风湿，关节风湿，胃肠冷痛，急、慢性消化不良，风寒感冒，寒性喘证，阴寒疮疽，跌打损伤以及疮疡的吸毒、排脓等。

1. 拔火罐用具

火罐用竹、陶瓷、玻璃等制成，呈圆筒形或半球形，也可以用大口罐头瓶代替(图 3-63)。

竹罐 陶瓷罐 玻璃罐

图 3-63 拔火罐用具

2. 拔火罐方法

(1)术前准备。准备火罐 1 至数个，患畜妥善保定，术部剪毛，或在火罐吸着点上涂以不易燃烧的黏糊剂。

(2)操作方法。

①拔罐法。根据排气的方法，常用的方法有以下 3 种。

闪火法：用镊子夹一块酒精棉点燃后，伸入罐内烧一下再迅速抽出，立即将罐扣在术部，火罐即可吸附在皮肤上(图 3-64)。此法火不接触患病动物，故无烧伤之弊。

投火法：将纸片或酒精棉球点燃后，投入罐内，不等纸片烧完或火势正旺时，迅速将罐扣在术部(图 3-65)。此法宜从侧面横扣，以免烧伤皮肤。

架火法：用一块不易燃烧而导热性很差的片状物(如姜片等)，放在术部，上面放一小块酒精棉，点燃后，将罐口烧一下，迅速连火扣住(图 3-66)。

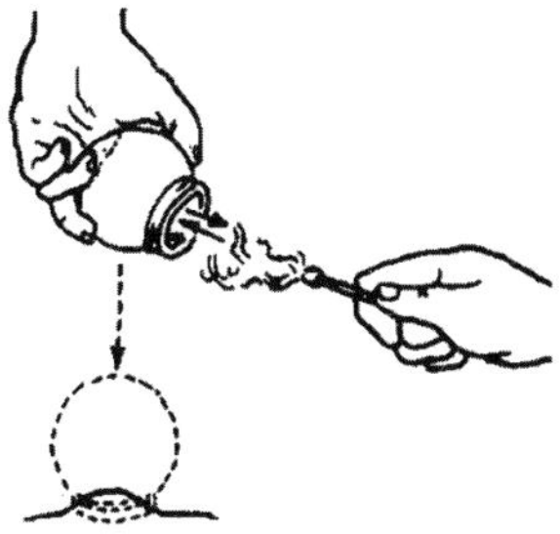

图 3-64　闪火法

图 3-65　投火法

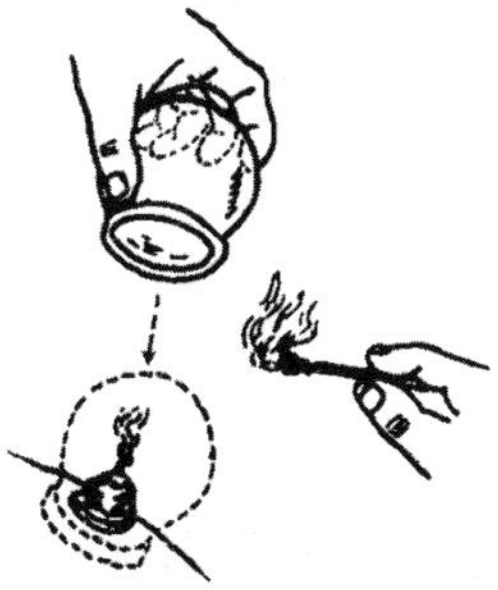

图 3-66　架火法

贴棉法:用酒精棉一块贴在罐内壁接近底部,点燃,待其烧到最旺时,扣在术部,即可吸附在皮肤上。

滴酒法:往罐内滴入少量的白酒或酒精,转动火罐,使酒或酒精均匀地布于罐的内壁,用火点燃后,速将罐扣在术部。

②复合拔罐法。拔罐疗法可单独应用,也可与针刺等疗法配合应用。常用的有以下3种。

走罐法:先在施术部位或火罐口涂一层润滑油,将罐拔住后,向上下或左右推动,至皮肤充血为止(图3-67)。适用于面积较大的施术部位。

针罐法:即白针疗法与拔罐法的结合。先在穴位上施白针,留针期间,以针为中心,再拔上火罐,可提高疗效(图3-68)。

刺血拔罐法:即血针疗法与拔罐法的结合。先用三棱针在穴位局部浅刺出血,再行拔罐,以加强刺血疗法的作用。可使局部的瘀血消散,或将积脓、毒液吸出,常用于疮疡初期吸除瘘管脓液、毒蛇咬伤排毒。

③留罐和起罐法。留罐时间的长短依病情和部位而定,一般为10～20 min,病情较重、患部肌肤丰厚者可长,病情较轻、局部肌肤瘦薄者可短。起罐时,术者一手扶住罐体,使罐底稍倾斜,另一手下按罐口边缘的皮肤,使空气缓缓进入罐内,即可将罐起下(图3-69)。起罐后,若该部皮肤破损,可涂布消炎软膏,以防止感染。

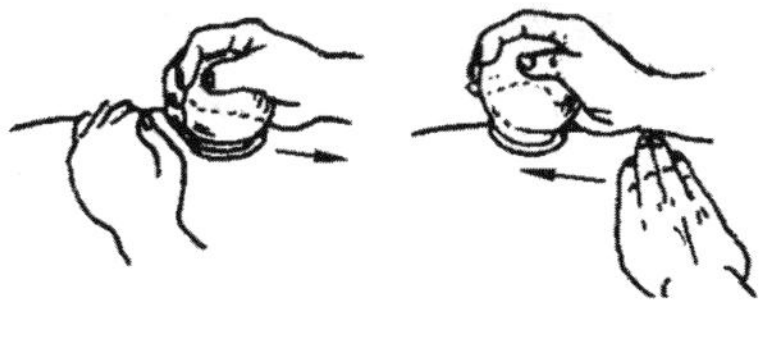

图 3-67　走罐法

图 3-68　针罐法

图 3-69　起罐法

3. 注意事项

(1)局部有溃疡、水肿及大血管均不宜施术。患病动物敏感,肌肤振颤不安,火罐不能吸牢者,应改用其他疗法。

(2)根据不同部位选用大小合适的火罐,并检查罐口是否平整、罐壁是否牢固无损。凡罐口不平、罐壁有裂隙者皆不能使用。

(3)拔罐动作要做到稳、准、轻、快。使用贴棉法时，罐壁内的棉花不应吸收过多的酒精；使用滴酒法时，勿使酒精流附于罐口，以免火随酒精流下而灼伤皮肤。起罐时，切不可硬拉或旋动，以免损伤皮肤。

(4)术中若患病动物感到灼痛而不安时，应提早起罐。拔罐后局部发绀为正常现象，可自行消退。如留罐时间过长，皮肤会起水泡，泡小的不需处理，泡大的可用针刺破，流出泡内液体，并涂以龙胆紫，以防感染。

八、特定电磁波谱疗法

TDP是特定电磁波谱治疗器的汉语拼音简称，它是利用TDP发出的特定电磁波刺激穴位或患部，来治疗疾病的一种方法(表3-27)。适用于各种炎症，如关节炎、腱鞘炎、炎性肿胀、扭挫伤等；产科疾病，如子宫脱、阴道脱、胎衣不下、子宫炎及卵巢机能障碍性疾病所致的不孕症、阳痿等；对幼龄动物疾病也有较好的疗效。

表3-27　TDP治疗常见疾病及照射方法

疾病名称	照射部位	照射距离、时间及方法
仔猪白痢(治疗)	后海穴	40 cm,30 min,2次/d,连用2 d
仔猪白痢(预防)	全身	25 cm,30 min,1次/d,连用3 d
雏鸡白痢(预防)	全身	30～40 cm,30 min,1次/d,连用7 d
羔羊下痢(治疗)	百会穴	30～40 cm,40 min,1次/d,连用3 d
犊牛腹泻(治疗)	两侧肷部	20～30 cm,40 min,2次/d,连用4 d
胎衣滞留	两侧肷部、会阴穴	40 cm,1 h,1次/d,连用3 d
奶牛不孕	百会穴、后海穴	40 cm,1 h,1次/d,连用7 d
奶牛乳房炎	乳区	30～40 cm,40 min,1次/d,连用4 d
慢性子宫内膜炎	后海穴、阴蒂	30 cm,1 h,1次/d,连用4 d
公猪阳痿	睾丸	40 cm,40 min,1次/d,连用7 d

【操作方法】

施术前先打开TDP治疗器预热5～10 min，动物妥善保定，暴露治疗部位。然后将机器定时器调整到所需照射的时间，照射头对准患区进行照射。照射距离一般为15～40 cm，照射时间每次30～60 min。照射次数视病情而定，一般每天或隔天1～2次，7 d为1疗程。隔2～3 d后，可进行第二个疗程。

【注意事项】

严格按照操作规程进行操作，避免触电等意外事故的发生。照射时，应随时注意动物的反应，如动物骚动不安，应及时调整照射距离，避免烧伤。

知识拓展

一、经络穴位的现代研究

经络学说的创立，已有两千多年的历史，由于受历史条件的限制，没有得到应有的发展。

近年来,许多医务人员和兽医科技工作者运用现代科技方法,对经络和穴位进行了大量的研究,取得了一定的成果,简要介绍如下。

(一)经络穴位的形态学观察

经络穴位的解剖形态观察,主要在于说明经络穴位与已知的机体某些结构的关系,借此来探讨经络的实质。

1. 经络穴位与神经的关系

在所有组织中,以神经与经络穴位的关系最为密切。有资料表明,十四经脉的穴位,大约有半数分布在神经上,其余少数在其周围 0.5 cm 内有神经通过。另外,经络在四肢的走向,与四肢神经的分布非常接近。

2. 经络穴位与血管、淋巴管的关系

有关资料表明,除血针穴位外,白针和火针穴位分布在血管干者占少数,但穴位旁有血管干者却占 2/3 以上。有人观察到,有的穴位有一条至数条淋巴管通过,而有的穴位则未见有淋巴管通过。

(二)穴位特异性的研究

穴位特异性是指穴位与非穴位,此穴位与彼穴位,在功能上的不同特点。研究穴位特异性,对阐明经络的作用规律和指导临诊实践有重要意义。大多数研究资料证明,穴位的作用明显,非穴位多无作用或作用较差。

实验证明,刺激穴位对不同的机能状态起不同作用,即有双向调节作用。此外,从穴位表面电阻值的测定,也可以看出穴位的相对特异性。对马、骡常用穴位和它们周围 3～5 cm 处分别测试,发现穴位点的电阻平均值都较非穴位点低,并且差异显著。

(三)经络实质的研究现状

1. 经络与周围神经系统相关

从形态与功能方面观察,认为经络穴位与周围神经的关系最为密切。其作用也与周围神经的分布及其与自主神经的衔接有关。用现代解剖学的知识来看动、静脉等组织,无非是被神经纤维所包绕的神经领域。因此,这些组织,特别是周围神经就是经络在外周的物质基础。实验证明,针刺作用原理是神经反射活动。针刺穴位,有的刺在神经干上,有的刺于皮肤感受器,有的刺到肌肉和肌腱的感受器或血管感受器,这是反射活动的感受器部分;传入神经有躯干神经和自主神经;中枢神经部分有皮层的兴奋抑制过程,也有皮层下各级中枢的躯体内脏反射活动。穴位与内脏的反射性联系也是在自主神经的参与下实现的。

2. 经络与神经节段相关

从经络与神经系统的分布来看,经络主要是纵行分布,而神经是横行分布,特别是躯干部分,这种差异更为明显。不少研究者从经络所属的穴位进行分析,认为穴位主治性能的分区情况符合神经节段的划分,并由此说明经络与神经节段的一致性。这种分节的重要性说明,针刺的某一部位虽然与要治的脏器可以距离很远,但却同属一个体节。

3. 经络与中枢神经功能相关

有人认为,经络就是中枢神经系统内特殊功能排列在机体局部的投射。机体上任何一点受到刺激都可以在中枢发生一个兴奋点,在中枢内可能存在一些功能上相互关联的细胞,只要其中一点兴奋,就会波及其他细胞,由此来解释针刺一个穴位能够引起一条感应线路的原因。

4. 经络与神经-体液调节机能相关

较多的研究认为，经络的实质是神经-体液的综合调节功能。实验证明，针灸能促进垂体前叶分泌卵泡刺激素和黄体生成素，影响排卵等。同时有人对实验动物采取交叉循环的方法证明，针刺供血者，可使受血动物的痛阈提高。以上均说明经络与神经-体液调节功能有着密切联系。

5. 经络与生物电相关

实验发现，当器官活动增强时，相应经络原穴电位增高；器官摘除或经络经过地方的组织破坏，则相应经络原穴电位降低甚至为零。从组织器官发出的电源，依其强度和量等特性，沿着特殊导电通路行走，纵横交叉，遍布全身形成了独立经络系统，它与神经系统有紧密联系，但不等于就是神经系统。

6. 经络是生物场

近年来，有学者提出了经络是生物场的新颖观点。现代物理学告诉我们，电有电场，磁有磁场，虽然这些"场"我们看不见摸不着，但它们是客观存在的物质。有研究者用现代科技方法对人体进行试验，已证明经络不同于神经、血管等而独立存在，于是将"场"的概念引入，能很好地解释中（兽）医学中"经络"这一明显异于解剖学的概念。

二、针灸的作用原理

经络学说是针灸治疗疾病的理论基础。经络内属于脏腑，外络于肢节，通达表里，运行气血，使动物体各脏腑之间以及动物体与外界环境之间构成一个有机整体，以维持动物体正常生理功能。在经络的径路上分布有许多经气输注、出入、聚集的穴位，与相应的脏腑有着密切的联系。

传统学说认为，疾病的本质是体内邪正交争，阴阳失调，伴随经络阻塞，气血瘀滞，清浊不分，营卫不和等一系列病理变化。针刺疗法就是通过刺激穴位，激发经络功能，发挥扶正祛邪，调和阴阳，疏通经络，调和营卫，活血散瘀，宣通理气，升清降浊等治疗作用。

现代研究证明，动物体的一切生命活动，都受神经系统的支配与调节，针灸疗法的作用在于激发与调节神经机能，从而达到治疗目的。主要有以下几个方面。

（一）针灸的止痛作用

针灸具有良好的止痛效果，已被大量的临床资料和实验结果所证实。如针刺家兔两侧的"内庭穴""合谷穴"，以电极击烧兔的鼻中隔前部，以头部的躲避性移动为指标，结果30只家兔中有15只的痛阈较针前提高。据此，有人提出这是由于针刺穴位的传入信号传入中枢后，可在中枢段水平抑制或干扰痛觉传入信号。这种抑制或干扰的物质，能降低或阻止缓激肽和5-羟色胺对神经感受器的刺激，这是外周反应。

又有研究证明，针刺或电针后能使脑内释放出一种内啡肽的物质，由于这种物质的存在，抑制了丘脑和大脑痛觉中枢的兴奋性，从而产生镇痛作用，这是中枢反应。并证实这种内啡肽物质存在于脑脊液中，并可进入血液。通过甲、乙、丙动物的交叉循环试验，不仅受针刺的甲动物可呈现镇痛作用，接受甲血的未受针刺的乙动物也可产生镇痛作用。内啡肽物质通过针刺产生后，要经过1～2 h才能完全在血液中消失，故起针后1～2 h内仍有镇痛作用。有人把这种现象称作"后效应"。

由于针灸具有良好的止痛效果，所以被广泛应用于治疗风湿性关节炎、肌肉疼痛、胃肠痉挛性疼痛、气胀性疼痛和食滞性疼痛、肠道梗阻性疼痛、膀胱尿路炎性疼痛、产后宫缩性疼痛，以及手术后疼痛等，针刺麻醉就是在针刺止痛的基础之上发展起来的。

(二)针灸的防卫作用(防御作用)

针灸不仅有效地治疗许多疾病，而且还有增强体质，预防疾病的作用。

实验表明，针刺家兔一侧足三里，针刺后 2～3 h 白细胞总数增加，中性粒细胞增加，淋巴细胞减少，24 h 后恢复正常。针对某些慢性疾病，针刺足三里出现杆状核比例增多的白细胞左移现象。针刺足三里和合谷穴，观察到血液白细胞吞噬能力显著增强。

有报道，激光照射家兔交巢穴对白细胞总数有显著影响，照射后白细胞总数增多，照射前后对比差异非常显著。电针可提高和调整淋巴细胞转化率、活性 E-玫瑰花和辅助性 T 淋巴细胞的绝对值和百分率。说明针刺能调动机体免疫功能，防御外界致病因素的侵袭。

(三)针灸的双向调节作用

同一穴位，对处于不同病理状态的脏腑和不同性质的疾病有不同的治疗作用。如针灸后海穴，对腹泻的动物可以止泻，对便秘的动物则可通便；针刺马三江、大脉、蹄头等穴，既可治疗脾胃虚寒的冷痛，也可治疗肠腑结实的便秘结症；针刺对各种急、慢性实验性高血压有良好效果，对休克治疗，针刺素髎、内关等穴，有升压作用。

针刺对呼吸也有调节作用。针刺对治疗支气管哮喘有较好效果，针刺可使迷走神经的紧张度降低，交感神经兴奋性增高，解除支气管痉挛，收缩支气管黏膜血管，减少渗出，使气管通气功能改善。

同样，针灸既能使各类炎症的白细胞过多症减少，又能使各类白细胞减少性疾患的白细胞增多；对各类贫血可使红细胞增多，血红蛋白也上升；而对红细胞过多症又可使之下降等。这种良性的双向性调节作用，使失衡的阴阳趋于平衡，从而达到治疗目的。

案例分析

针灸疗法在兽医临床上的应用

(侯海锋，包永占，李茜，等)

中兽医学在我国源远流长，内容丰富，是中华民族的瑰宝。人类利用针灸治疗动物疾病已有悠久的历史，早期针灸主要用来治疗马的疾病，也经常治疗其他动物疾病。其中，家畜针灸疗法在临床应用上有许多独特之处。它具有治疗范围广泛，疗效迅速，安全，节省药品，携带方便，操作简单，便于推广的优点。

(一)针灸疗法的作用机理

传统中医包括中药疗法、营养疗法、锻炼疗法和针灸等许多治疗方法。其主要观点是平衡理论不仅包括机体内的平衡，还包括机体与外界环境的平衡。认为健康与疾病、各器官之间、机体与外界环境之间通常保持着一种动态平衡。

针灸疗法就是运用各种针具或艾灸熨烙等方法，对动物体表的一些穴位或特定的部位施以适当的刺激，以疏通经络、宣导气血、扶正祛邪，从而达到治疗的目的。目前，用来解释针灸治疗作用的理论主要有神经学理论、神经体液理论和局部机理，动物临床常用的针术有白针疗法、血针疗法、水针疗法、电针疗法、埋植法等。

(二)针灸在兽医临床上的应用

1. 针灸麻醉

针刺疗法的作用极为广泛，尤其是为满足外科手术时的麻醉，主要是利用其镇痛作用，然后再考虑其对血液循环、免疫等方面的调节作用。针麻的方式有体外麻醉、电针麻醉、穴位注射麻醉、耳针麻醉、针药复合麻醉等，以针药复合麻醉最为常用。

针刺麻醉的关键是镇痛，但其不能完全消除手术痛，因此采用针麻和药麻结合不仅可减少术后痛，而且具有生理干扰少，缩短术后苏醒时间，还能调节机体内环境，提高防御能力、减少麻醉药用量和并发症等诸多优点。针麻在人医临床上被广泛用于胃切开、肾移植、开胸术等手术中，但兽医临床上相关报道较少。针麻在兽医临床上同样具有很大的发展优势，应更好地重视和开发利用。

2. 穴位注射疗法

(1)四肢疾病。治疗球节、蹄关节闪伤选缠腕穴，上部闪伤选抢风穴、乘重、前三里，后肢闪伤选百会、汗沟、曲池等。

(2)腰、颈部疾病。根据患病部位的不同，在胸腰部选取身柱、悬枢、命门、百会、尾根、夹脊为主穴，阳关、关后、尾尖、后三里、后跟、六缝为辅穴。有大便排出困难、尿失禁患犬配合针刺膀胱俞、肾俞、气海俞等穴位，必要时选取患部阿是穴。针灸后可对病犬腰背部和后肢足底进行按摩。已调整瘫痪肌群的肌张力，但以静卧保养为宜。治疗后动物恢复运动功能，站立、行走、跑跳不受影响，有效率达 90%以上。

报道采用针刺大椎穴、命门和百会，同时对以上穴位注射 2 mL 的复方当归注射液可有效治疗犬颈风湿症。

(3)麻痹和瘫痪。针对不同病因选用不同药物和穴位治疗犬麻痹症。选百会、二眼、环跳为主穴，配后三里、尾根、六缝等穴位。用 95%酒精棉球包裹针柄，点燃针灸针柄进行温针治疗由难产引起的后肢麻痹症。选用以上主穴、配后三里、后跟进行先温针治疗，再腰背部冷敷，醋糠灸，内服云南白药治疗玩赏犬脊髓炎引起的后肢麻痹症，治疗均取得较好的疗效。

(4)垂脱性疾病。据报道，选白针脾俞、百会、后海、会阴、章门穴，注射维生素 B_{12}，可治愈犬直肠不完全脱。另据报道，普鲁卡因交巢穴注射治疗猪直肠脱。普鲁卡因配合 95%的酒精注入阴门两侧治疗阴道脱均取得良好的疗效。

(5)其他疾病。采用垂睛穴注射药物治疗家畜结膜炎、角膜炎、角膜浑浊、虹膜炎，花椒水穴位注射治疗猪破伤风，利用针灸治疗犬的囊肿、肘关节扭伤、角膜炎、关节炎、软骨病等都取得了良好的疗效。

(三)疗效与禁忌

针灸后有时出现虚弱、疼痛加剧、肌肉强直等现象，病情可能恶化，这种现象的持续时间一般不超过 24 h，但不能据此否定针灸的作用效果。针灸后一些明显的生理变化经多次治疗后就会消失，这些现象常见于老年动物、慢性病患畜及针灸过于频繁的动物。如果针灸 2～6 次效果不明显，就应该考虑动物的适应性、操作方法、所选穴位是否正确等因素。

在诊断之前就用针灸是不可取的。因为针灸后可能掩盖一些症状，从而给诊断造成困难，延误病情;急性病、生命垂危的病畜不能运用针灸治疗;另外,妊娠动物、心脏病及心律失常的动物也不适合用针灸疗法。

(四)应用与展望

针灸疗法是起源于我国的一种古老而奇特的传统医疗技术,是中兽医的一个重要组成部分,在临床上应用具有独特的疗效,而针灸用于治疗动物疾病,尤其是在宠物疾病的防治上,具有其独特的优越性。在寻求低污染、药物低残留的今天,针灸无疑是个很好的开发途径,它不仅具有无毒、无害、无残留,更重要的是它激发了机体自身的平衡机制,从而达到治疗疾病的目的。

针灸疗法用于兽医临床不仅可以降低风险、加快疾病痊愈,而且对特定的疾病(包括慢性疾病)是一种有效的治疗方法。在小动物临床上,针灸已成功地应用于治疗肌肉骨骼性疾病、神经性疾病、皮肤性疾病、心血管疾病、生殖系统疾病及镇痛。

但是,目前还存在着针灸的基础研究进展较快,而临床研究相对滞后,缺乏高素质的针灸临床工作者等问题。为更好地应用针灸和充分发挥针灸的优势,还需要做大量的工作,国内广大兽医工作者应向这一方面努力,力争把中国的瑰宝——针灸技术推向一个更高的发展阶段。

技能训练

技能训练一　穴位的认定

【技能目标】

进一步掌握取穴的方法及常用针灸穴位的部位。

【材料用具】

不同种类的实训动物各 4 头,保定栏具按实训动物配备,动物针灸挂图、消毒液、脸盆、毛巾等各 1 件,笔记本人手 1 本,技能单人手 1 份。

【内容方法】

(一)猪的常用穴位

(1)山根。拱嘴上缘弯曲部向后第一条皱纹上,正中为主穴;两侧旁开 1.5 cm 处为副穴,共三穴。

(2)鼻中。两鼻孔之间,鼻中隔正中处,一穴。

(3)玉堂。口腔内,上腭第三棱正中线旁开 0.5 cm 处,左右侧各一穴。

(4)耳尖。耳背侧,距耳尖约 2 cm 处的三条血管上,每耳任取一穴。

(5)太阳。外眼角后上方、下颌关节前缘的凹陷处,左右侧各一穴。

(6)大椎。第七颈椎与第一胸椎棘突间的凹陷中,一穴。

(7)断血。最后胸椎与第一腰椎棘突间的凹陷中,为主穴;向前、后移一脊椎为副穴,共三穴。

(8)百会。腰荐十字部,即最后腰椎与第一荐椎棘突间的凹陷中,一穴。

(9)后海。尾根与肛门间的凹陷中,一穴。

(10)尾尖。尾巴尖部,一穴。

(11)肛脱。肛门两侧旁开 1 cm,左右侧各一穴。

(12)三脘。胸骨后缘与脐的连线四等份,分点依次为上、中、下脘,共三穴。

(13)抢风。肩关节与肘突连线近中点的凹陷中,左右侧各一穴。

(14)涌泉。前蹄叉正中上方约 2 cm 的凹陷中,每肢各一穴。

(15)后三里。髌骨外侧后下方约 6 cm 的肌沟内,左右肢各一穴。

(二)牛的常用穴位

(1)耳尖。耳背侧距尖端 3 cm 的血管上,左右耳各三穴。

(2)山根。主穴在鼻唇镜上缘正中有毛与无毛交界处,两副穴在左右两鼻孔背角处,共三穴。

(3)顺气。口内硬腭前端,齿板后切齿乳头上的两个鼻腭管开口处,左右侧各一穴。

(4)通关。舌体腹侧面,舌系带两旁的血管上,左右侧各一穴。

(5)承浆。下唇下缘正中,有毛与无毛交界处,一穴。

(6)颈脉。颈静脉沟上、中 1/3 交界处的血管上,左右侧各一穴。

(7)天平。最后胸椎与第一腰椎棘突间的凹陷中,一穴。

(8)百会。腰荐十字部,即最后腰椎与第一荐椎棘突间的凹陷中,一穴。

(9)后海。肛门上、尾根下的凹陷中,一穴。

(10)尾尖。尾末端,一穴。

(11)肛脱。肛门两侧旁开 2 cm,左右侧各一穴。

(12)脾俞。倒数第三肋间,髂骨翼上角水平线上的髂肋肌沟中,左右侧各一穴。

(13)抢风。肩关节后下方,三角肌后缘与臂三头肌长头、外头形成的凹陷中,左右肢各一穴。

(14)涌泉。前蹄叉前缘正中稍上方的凹陷中,每肢一穴。

(15)蹄头。第三、第四指的蹄匣上缘正中,有毛与无毛交界处,每蹄内外侧各一穴。

(16)后三里。小腿外侧上部,腓骨小头下部的肌沟中,左右肢各一穴。

(三)犬的常用穴位

(1)水沟。唇沟上、中 1/3 交界处,一穴。

(2)山根。鼻背正中有毛与无毛交界处,一穴。

(3)耳尖。耳郭尖端背面的血管上,左右耳各一穴。

(4)大椎。第七颈椎与第一胸椎棘突间的凹陷中,一穴。

(5)身柱。第三、第四胸椎棘突间的凹陷中,一穴。

(6)悬枢。最后(第十三)胸椎与第一腰椎棘突间的凹陷中,一穴。

(7)脾俞。倒数第二肋间、距背中线 6 cm 的髂肋肌沟中,左右侧各一穴。

(8)百会。腰荐十字部,即最后(第七)腰椎与第一荐椎棘突间的凹陷中,一穴。

(9)二眼。荐椎两旁,第一、第二背荐孔处,每侧各二穴。

(10)中脘。胸骨后缘与脐的连线中点,一穴。

(11)后海。尾根与肛门间的凹陷中,一穴。

(12)尾尖。尾部腹侧正中,距尾根部 1 cm 处的血管上,一穴。

(13)抢风。肩关节后方,三角肌后缘、臂三头肌长头和外头形成的凹陷中,左右肢各一穴。

(14)环跳。股骨大转子前方,髋关节前缘的凹陷中,左右侧各一穴。

(15)后三里。小腿外侧上 1/4 处的胫、腓骨间隙内,左右肢各一穴。

实施时，先由指导教师示范，在穴位处涂上颜料，然后由学生分组轮流进行定穴实践，使每位学生都能掌握上述穴位的定穴方法。实训过程中，教师要随时加以指导，使学生掌握定穴要领。

【分析讨论】

猪、牛、犬常用穴位的取穴认定方法有哪些，其常用穴位有什么分布规律?

【作业】

写出与填画猪的 14 个穴位、牛的 16 个穴位和犬的 15 个穴位。

技能训练二　针灸技术(一)

【技能目标】

初步掌握常用针具的使用方法及针刺要领。

【材料用具】

不同种类的实训动物各 4 头，保定栏具按实训动物配备，兽用针具 4 套，针锥 4 个，剪毛剪 4 把，镊子 8 把，酒精灯 4 盏，脱脂棉 500 g，植物油 250 mL，酒精棉球和碘酒棉球各 4 瓶，消毒液、脸盆、毛巾等各 1 件，笔记本人手 1 本，技能单人手 1 份。

【内容方法】

(一)术前准备

妥善保定动物，认真检查针具，进行穴位剪毛，术者手指、针具和术部消毒。

(二)白针针法

针具为圆利针、毫针，也可用小宽针。圆利针和毫针的进针方法:右手拇指、食指夹持针柄，左手拇指、食指、中指持酒精棉球包裹针身，以针尖对准穴位，右手旋转针柄急刺。左手把持针身协同向刺入方向用力。针尖刺入皮下之后，两手再协同旋转加压，缓缓进针，直至“得气”或所要求的深度时留针，视需要刮拨或振动针柄，或作捻转、提插，以增大刺激量。退针时，左手持酒精棉球包裹针身，按在穴位上右手持针柄捻转抽出，消毒针孔。毫针还可作深刺和透穴用，但必须在特定穴位上按要求运用。

(三)火针针法

按针刺深度选择好火针，用脱脂棉将针尖和针身裹成枣核形状，浸入植物油中并迅速取出，稍待片刻，使油浸透脱脂棉。火上点燃，待火快熄灭时，针即烧透(或者在酒精灯上直接烧针，待针尖烧红即可)。轻轻搓动后甩掉燃烧的棉球，迅速刺入选定穴位。留针 5 min，中间捻转醒针 1 次。退针时，以酒精棉球压住穴位，在捻转中迅速抽出。出针后以药膏封闭针眼。

火针穴位与白针穴位基本相同，但在血管和四肢关节上不得使用火针。

(四)血针针法

持针方法可根据实际情况选用执笔式、拳握式、手代针锤持针法等。进针时，针刃必须与血管走向平行，不得切断血管。刺入要迅速、准确，一次穿透皮肤和血管，做到针到血出。退针也要迅速，泻血量则可根据疾病性质、畜体强弱、季节、地域、针穴部位等因素灵活决定。

本实训在于使学生掌握基本针法，指导教师应先示范，并随时指导。学生分组轮流进行前述三种针法的实训，做到持针、针法均无错误。

【分析讨论】

(1)谈谈个人对练习针法的体会。

(2)分析讨论几种常用针法的优缺点。

【作业】

(1)简述白针、火针、血针的针法。

(2)写出通关、蹄头的具体位置。

实训训练三　针灸技术(二)

【技能目标】

掌握艾灸、醋酒灸、水针、电针的操作技能。

【材料用具】

不同种类的实训动物各 4 头,保定栏具按实训动物配备,艾灸条 4 根,兽用电针治疗仪 4 台,兽用针具 4 套,剪毛剪 4 把,镊子 8 把,脱脂棉 500 g,粗白布 4 m,麻袋 4 条,陈醋 3 kg,花椒 0.5 kg,酒精 4 kg,小木棒 4 根,纱布 1 kg,细铁丝若干,小扫帚 4 把,封闭针头 4 支,20 mL 注射器 4 支,5%葡萄糖注射液 4 瓶,酒精棉球和碘酒棉球各 4 瓶,消毒液、脸盆、毛巾等各 1 件,笔记本人手 1 本,技能单人手 1 份。

【内容方法】

(一)艾灸

将牛、马保定于四柱栏内,将艾炷直接置于百会穴上,在其顶端点燃,待烧到接近底部时,再换一个艾炷。根据实际情况可采用无瘢痕灸和有瘢痕灸两种。

体侧部穴位用艾卷代替艾炷,可施温和灸、回旋灸和雀啄灸。

(二)醋酒灸

实训动物确实保定后,用温醋将其腰背部皮毛充分润湿,盖上一块用温醋浸过的粗白布,用注射器均匀而适量地洒上 70%酒精(或 60°白酒),点火燃烧。火大时用注射器加醋,火小则加酒精,控制火势,至耳根、腋下汗出之后灭火,覆以麻袋保温,切不可感受风寒。

(三)软烧法

动物在六柱栏内保定,健肢固定于栏柱侧。用小扫帚蘸醋椒液(醋 20∶花椒 1,共煮沸 30 min),在患部周围上下大面积地涂擦,使被毛湿透。取预先制好的软烧棒(先用脱脂棉适量,缠绕木棒的一端头部,再用 2 层脱脂纱布缠盖于脱脂棉之上,形成纺锤状,外用细铁丝扎紧),蘸醋后用手攥干,用注射器洒上酒精,点燃,先用文火对患部缓慢燎烧,待皮温增高后,改用武火有节律地将火焰直线地甩于患部及其周围,每次 30~40 min。软烧过程中要不断涂刷醋椒液,以防灼伤。

(四)水针疗法

确定穴位后(选抢风、前三里、肘俞、大胯、小胯、后三里等肌肉丰满部位的穴位),剪毛消毒。取 18 号针头按要求深度进针,回血后再按治疗要求减量注入药液,注射宜慢。一般药液的用量,马、牛为每穴 5~10 mL,猪、羊为每穴 3~5 mL,犬为每穴 1~2 mL(实训时用 5%葡萄糖注射液)。

（五）电针

根据实训要求，选取2～4个穴位，剪毛消毒。取毫针刺入得气后，把电疗机的正负极导线分别夹在针柄上，在输出调节刻度为“0”时接通电源。把输出由弱到强、频率由低到高，逐渐调至所需强度，以动物能安静接受治疗为宜。通电15～30 min，治疗完毕时，将输出和频率两个旋钮均调至“0”，关闭电源，去夹退针，消毒针孔。

【观察结果】

观察醋酒灸后的效果，并将其结果填入病历。

【分析讨论】

(1)水针注射应注意哪些问题？谈谈你对水针疗法作用原理的看法。

(2)分析讨论电针的效果及操作注意事项。

【作业】

写出艾灸、水针、电针等疗法的操作过程和技术要领。

思政关联·名医轶事

李时珍为什么尝百草？

四百多年前的一天，一个医生看着案头的一摞医药书籍直叹气：药名错误不少，还语焉不详，这对病人来说，实在不是什么好事。

他决心重新写一部书：订正谬误，收集药材资料、有效的方剂。之后几十年的时间里，他走遍万水千山，尝遍百草，耗尽心血后，终于完成了一部拯救无数人生命的医药学巨作。它叫《本草纲目》，被誉为“东方医学巨典”。

这个人，就是“药圣”李时珍。

一

1518年，李时珍出生于一个医学世家。

他的父亲叫李闻言，是当地一位名医。平时，李家的庭院就种植着许多草药，忙不过来的时候，李闻言会把李时珍兄弟带到自己的小诊所里，一面教子读书，一面行医，偶尔还让孩子们帮着誊抄一下药方。

耳濡目染，李时珍越来越喜欢学医。平时闷声不响看父亲如何给人治病，父亲出诊时，他会偷偷翻开医书细心揣摩，常常忘了时间；在《尔雅》里，有许多关于动植物的解释，李时珍也读得津津有味。

有一天，李闻言带着长子出门看病，诊所里只剩下李时珍一个人。突然，来了一位腹泻不止的病人求诊。看着病人痛苦的样子，李时珍大着胆子开方取药，为他治病。

等李闻言回来听说了，刚开始还怕儿子惹祸，看完方子后却又惊又喜：儿子不光读了许多医书，还能对症下药，如果做大夫，也许正好能发挥他的天赋。

古代，医生的社会地位不怎么高。李闻言原本不希望儿子学医，而是能遍读典籍，通过科举考试求取功名。李时珍在14岁时，也考中了秀才，但之后再去应试，屡试不中。

大约20岁那年，他还生了一场大病，被折磨得死去活来，吃尽苦头才保住一条命。原本就无心仕途的李时珍决心从医，不让别人再经受自己的痛苦。

为了得到父亲的支持，他写下一首诗表明决心："身如逆流船，心比铁石坚。望父全儿志，至死不怕难。"

选定了学医的目标，就要竭尽全力治病救人，此志终生不渝。往后余生，李时珍一直都在实践自己的誓言。

二

由于医术精湛、医德高尚，李时珍很快名扬四方。但他很快发现，古代一些医药书中存在谬误，给医生和百姓带来许多不必要的麻烦。

他想重新编写一部医药典籍。1552年，李时珍动笔了，得益于曾在太医院任职的经历，之前得以鉴别各地的药材，收集了大量资料。

不过，让李时珍头痛的问题很快就来了：那些医药书里药名混杂，由于作者并未实地调查，只是抄来抄去，最后解释了个稀里糊涂，令人莫衷一是。

例如有一种药材叫"远志"，陶弘景说它外形像麻黄，但颜色青，开白花，宋代马志却认为它像大青，还说陶弘景根本不了解这味药……类似情况，还有很多很多。

李时珍决心去亲眼看一看到底是什么情况。他一边收集各种药物资料，一边展开考察。此后，他多次离开家乡，先后到安徽、河南、河北等地收集药物标本和处方，仔细记录下每一种药材的特性。

无论是杳无人烟的深山，还是深不见底的湖泽，只要有需要的药材资料，李时珍都会毫不犹豫地跑过去，不畏艰险。

三

在整个考察过程中，为了辨明药性、药理，他不惜以身试药，尝遍百草。

有人说，有一种"曼陀罗花"，独茎直上高有四五尺，花很像牵牛花，采来酿酒喝会令人不自觉地手舞足蹈。他对此半信半疑，便跑了很多地方去找曼陀罗花，还决心亲自尝试，看看它的功效。

于是，李时珍准备好曼陀罗花酒，喊来徒弟同饮。刚喝了一点，他已经颇有醉意，徒弟看着师父的样子也忍不住笑起来，最后两人亦笑亦舞，验证了民间说法的真实性。

他把这番情景写进《本草纲目》，并介绍了曼陀罗花的麻醉作用，"割疮炙火，宜先服此，则不觉苦也。"把老百姓用曼陀罗花作外科麻醉的经验做了简明的阐述。

旅途中，渔翁、农夫、皮匠、猎户等都是他的老师。比如，白花蛇是蕲州特产，牙尖有剧毒，主治风痹、惊搐等疾病。李时珍就冒险跟着捕蛇人跑到深山，捉到一条白花蛇后仔细分辨，详细记录下来。

相传，他还一路考察，一路为老百姓治病，不求报酬。有位女子鼻腔出血，一昼夜都止不住，身边人束手无策。李时珍详细了解病况后，教她的家人用大蒜切片敷贴在患者足心，很快血就不流了。这个偏方，就是他从民间收集到的。

四

大约历经27载寒暑，李时珍终于初步完成了自己心目中的医药典籍，就是后来举世闻名的《本草纲目》。这一年，他61岁。

这部旷世巨作一共有190多万字，每一个字都浸透着李时珍的心血。

他打破了自《神农本草经》以来，沿袭了一千多年的上、中、下三品分类法，在《本草纲目》中把药物分为水、火、土、金、石等共16部，系统记述了各种药物的知识，有校正、释名，也有主治、附方等项，详略得当。

从内容上说，书中编入药物1 892种，并附有药方一万余个，插图1 100余幅。其规模之大，超越之前任何一部本草学著述。

此外，书中首创按药物自然属性逐级分类的纲目体系，也是现代生物分类学的重要方法之一，比现代植物分类学创始人林奈的《自然系统》早了一个半世纪。

或许，对这部巨作出现的意义，也不需使用太多华美的辞藻。我们只需要知道，它出现后拯救了无数人的生命，而且还在继续发挥作用，这就够了。

"东方医学巨典"的赞誉，《本草纲目》当之无愧。

五

《本草纲目》定稿后，为了能尽快刊刻此书，李时珍不顾年老体弱，四处奔波，并恳请明代著名文学家王世贞作序，也最终找到了应允刻印的书商。

他没能亲眼看到这部巨作印行。1593年初秋，李时珍撒手人寰，此时《本草纲目》还在由胡承龙等人主持刻版，3年后才正式刊行。

王世贞给了《本草纲目》一个很高的评价，"性理之精蕴，格物之通典，帝王之秘籍，臣民之重宝"。人们感念李时珍的品德和功劳，尊称他为"药圣"。

李时珍严谨的治学态度，也被传颂至今。他研究每味药，总是先参考诸家本草典籍，考核其中异同，再亲自观察试验，加以参证，"发前人未到之处"，这就是他做研究的精神。

人生能有几个27年？为了完成《本草纲目》，已是名医的李时珍，放弃唾手可得的安稳生活，过得像个流浪汉：去过荒山，住过破庙，好几次差点因为以身试药而中毒。

但他始终坚信一点，如果能编写好《本草纲目》，万民得福，吃多少苦都值得。

许多年后，1948年医学《日内瓦宣言》中说，"在我被吸收为医学事业中的一员时，我严肃地保证将我的一生奉献于为人类服务。"李时珍没看到过这段话，但他做到了。

医者仁心，他的一生，就是对这四个字一种最好的诠释。

（摘自中国新闻网）

考核评价

【考核项目】

常用针灸穴位的识别，取穴、针刺方法等。

【考核方法】

在实训场地选择动物进行，学生独立完成操作后，教师做出评判。

【考核内容】

(1)猪。玉堂、鼻中、耳尖、中脘、后海、后三里、尾尖、太阳、百会的识别。

(2)牛。耳尖、山根、顺气、通关、颈脉、百会、后海、尾尖、肛脱、脾俞、抢风、涌泉的识别。

(3)马。耳尖、太阳、玉堂、通关、鼻前、颈脉、大椎、断血、百会、尾尖、脾俞、关元俞、后海、抢风、蹄头、缠腕、大胯、后三里的识别。

(4)羊。耳尖、太阳、百会、关元俞、后海、后三里、前三里、滴水、曲池、涌泉的识别。

(5)犬。水沟、山根、耳尖、大椎、身柱、脾俞、百会、二眼、中脘、后海、尾尖、抢风、环跳、后三里的识别。

(6)毫针的持针方法。

(7)取穴的方法。

(8)选穴、配穴方法。

(9)水针马或牛大胯穴。

(10)毫针针刺猪抢风穴。

(11)火针猪大胯穴。

(12)水针羊百会穴、后海穴。

(13)软烧牛前肢腕关节部位。

(14)醋酒灸牛或马腰背部。

(15)电针牛或马两侧关元穴,或断血穴、关元穴。

(16)针刺猪或犬耳尖穴。

(17)针刺马或牛的蹄头穴。

(18)牛顺气穴插枝。

【评分标准】

能正确完成全部考核内容者评 90 分或优;能正确完成 2/3 考核内容者评 80 分或良;能正确完成 1/2 考核内容者评 60 分;正确完成不足 1/2 考核内容者评不及格。

执业兽医资格考试真题精选

(1~2 题共用备选答案)(2009 年真题 134~135)

A.翳风　　B.大椎　　B.百会　　D.抢风　　E.环跳

1.位于犬最后颈椎与第一胸椎棘突之间的穴位是(　　)

2.某犬,肩臂部受到冲撞后发病。证见站立时肘关节外展,运步时前脚尖着地,触诊前臂前外侧面反应迟钝。针刺治疗可选用的穴位是(　　)

3.血针治疗马中暑的主穴是(　　)(2011 年真题 121)

A.三江　　B.太阳　　C.通关　　D.颈脉　　E.尾尖

4.犬腰背风湿病针刺的穴位是(　　)(2011 年真题 127)

A.天门　　B.大椎　　C.百会　　D.前三里　　E.后三里

5.位于犬尾根与肛门之间的穴位是(　　)(2012 年真题 127)

A.尾根　　B.尾本　　C.后海　　D.肾俞　　E.脾俞

6.电针治疗马结症常用的穴位是(　　)(2012 年真题 128)

A.抢风　　B.前三里　　C.关元俞　　D.后三里　　E.邪气

7.治疗马热喘适宜的针灸穴位是(　　)(2013 年真题 60)

A.开天　　B.鼻俞　　C.睛俞　　D.肷俞　　E.阴俞

8. 位于犬最后腰椎与第一荐椎之间的穴位是(　　)(2013 年真题 127)

A. 大椎　　B. 悬枢　　C. 百会　　D. 命门　　E. 阳关

9. 巧治马脱肛的穴位是(　　)(2013 年真题 128)

A. 百会　　B. 阴脱　　C. 莲花　　D. 尾根　　E. 尾尖

10. 下列穴位中，施巧治术的穴位是(　　)(2014 年真题 128)

A. 风门　　B. 夹气　　C. 开关　　D. 睛俞　　E. 鼻俞

11. 血针治疗马中暑的主穴是(　　)(2014 年真题 129)

A. 三江　　B. 太阳　　C. 通关　　D. 颈脉　　E. 尾尖

(12～13 题共备选答案)(2016 年真题 69～70)

A. 脾俞、胃俞、后三里　　B. 三江、关元俞、迷交感

C. 蹄头、玉堂、通关　　D. 肺俞、大椎、耳尖

E. 抢风、胸堂、肾堂

12. 马，过食精料后发病，证见站立时腰曲低头，四肢攒于腹下，运步困难，气促喘粗，卧多立少，粪稀带水，有酸臭味，口色鲜红，脉象洪大。针灸治疗宜选用的穴位是(　　)

13. 犬，3 岁，证见呼吸喘促，粪干燥，尿短赤，口色红燥，脉象洪数。针灸治疗宜选用的穴位是(　　)

14. 犬上唇唇沟上、中 1/3 交界处的穴位是(　　)(2017 年真题 52)

A. 水沟　　B. 山根　　C. 承浆　　D. 承泣　　E. 三江

15. 具有疏通经络、驱散寒邪功效的外治法是(　　)(2018 年真题 53)

A. 白针　　B. 血针　　C. 电针　　D. 气针　　E. 艾灸

项目三真题参考答案

知识链接

1. 内蒙古自治区兽医工作站.《兽医针灸图册》. 内蒙古人民出版社，1977.

2. 北京市畜牧兽医站.《兽医针灸挂图》. 北京人民出版社，1973.

3. 孙丙阳，孙国治.《中兽医经络与针灸》. 山东人民出版社，1963.

项目四
辨证论治

学习目标

知识目标

理解证、症、病的概念及关系；基本掌握望诊、闻诊、问诊、切诊的操作技术，重点掌握察口色的基本技能，会用四诊方法诊断动物疾病；掌握八纲辨证、脏腑辨证的基本方法，初步掌握卫气营血辨证的基本知识；明确预防动物疾病的基本原则，初步掌握防治法则的基本特点和方法。

能力目标

熟练运用望诊、闻诊、问诊、切诊的操作技术诊断动物疾病；具备运用八纲辨证、脏腑辨证的基本方法，客观、准确、系统地收集和分析动物疾病的各种信息，为辨证论治提供依据。

思政目标

树立专业自信，培养敬业精神，养成高尚的职业品德；激发学生的学习兴趣和探索中(兽)医知识的欲望；培养灵活多变的辨证论治思维。

学习内容

项目四辨证论治 PPT

任务三十三 四诊技术

中兽医诊察疾病的方法主要有望诊、闻诊、问诊、切诊四种，简称四诊。通过“望其形，闻其声，问其病，切其脉”，以掌握症状和病情，从而为判断和预防疾病提供依据。

一、望诊

望诊，就是运用视觉有目的地观察患病动物全身和局部的一切情况及其分泌物、排泄物的变化,以获得有关病情资料的一种诊断方法。望诊时,一般不要急于接近动物,可先站在离动物适当的地方(1.5～2 m),对动物全身状况进行观察,获得初步印象后,再接近动物做重点深入的观察。

(一)望整体

1. 望精神

精神是动物生命活动的外在表现,主要从眼、耳及神态上进行观察。

动物精神正常则目光灵活,两耳灵活,人一接近马上就有反应,称为有神,一般为无病状态,即使有病,也属正气未衰,病情较轻。

(1)兴奋。烦躁不安,肉颤头摇,左右乱跌,浑身出汗,气促喘粗等。多见于心热风邪、黑汗风等。

(2)狂躁。狂奔乱走或转圈,向前猛冲,撞墙冲壁,攀登饲槽,咬物伤人,急吃骤停等。多见于脑黄、心黄、狂犬病等。

(3)沉郁。反应迟钝,耳耷头低,四肢倦怠,行动迟缓,离群独居,两眼半睁半闭等。多见于热证初期,脾虚泄泻,或中毒、中暑等。

(4)昏迷。意识模糊或消失,神昏似醉,反应失灵,卧地不起,眼不见物,瞳孔散大,四肢划动等。多见于重症、脑炎后期,或中毒病、产后瘫痪等。

2. 望形态

(1)形。形是指动物体格的肥瘦强弱。健康动物发育正常,气血旺盛,皮毛光润,皮肤富有弹性,肌肉丰满,四肢轻健。

(2)态。态是指动物的动作和姿态。正常情况下,猪性情活泼,鼻盘湿润,不时拱地,行走时不断摇尾,喂食时常应声而来,饱后多睡卧;牛常蜷肢侧卧,鼻镜上有汗珠,眯眼,两耳扇动,不时反刍;羊富于合群性,采食或休息时常喜聚在一起,休息时亦为侧卧;马习惯于多立少卧,轮歇后蹄,稍有声响即竖耳静听,劳役后喜卧地翻转打滚,起立后抖动被毛。

患病以后,不同的病证有不同的动态表现。

①痛证。起卧不安,拱背缩腰,回头顾腹,蹲腰踏地,后肢踢腹等。

②寒证。形体蜷缩,避寒就温,二便频繁,行走拘束,两肷战抖等。

③热证。头低耳耷,口渴贪饮,避热就荫,张口掀鼻,呼吸喘促等。

④风证。痉挛抽搐,狂走乱奔,咬人踢人;或牙关紧闭,尾紧耳直,四肢僵硬,角弓反张等。

3. 望皮毛

观察皮肤和被毛的色泽、状态,可以了解动物营养状况,气血盈亏和肺气的强弱。健康动物皮肤柔软而有弹性,被毛平顺而有光泽。若皮肤焦枯,被毛粗乱无光,换毛迟滞,多为气血不足;若皮肤紧缩,被毛逆立,常见于风寒束肺;若皮肤瘙痒,或起风疹块,多为肺经风热;若浑身瘙痒,鬃毛脱落,多为肺风毛燥;若被毛成片脱落,脱毛处结成痂皮,揩树擦桩,多见于疥癣。

(二)望局部

(1)望眼。若两目红肿,羞明流泪,眵盛难睁,多为肝热传眼;若一侧红肿,羞明流泪,常为外伤或摩擦所致;两目干涩,视物不清或夜盲者,多为肝血不足;眼睑浮肿,多为水肿;眼窝凹陷,多为津液耗伤;眼睑懒睁,头低耳耷,多为慢性疾病或重病;若瞳孔散大,多见于脱证、中毒或其他危证。

(2)望鼻和鼻镜。若鼻流清涕,多为外感风寒;若鼻液黏稠,多系外感风热;若一侧久流黄白色浊涕,味道腥臭,多为脑颡黄;若两侧流出脓性鼻液,下颌淋巴结肿大,多见于腺疫。若牛的鼻镜过湿,汗成片状或如水珠下滴者,多为寒湿之证;若汗不成珠,时有时无者,多为感冒或温热病的初期;若鼻镜干燥龟裂,触之冰冷似铁者,多为重证危候。

(3)望口唇。蹇唇似笑(上唇揭举),多见于冷痛;下唇松弛不收,多为脾虚;嘴唇歪斜,多见于歪嘴风;口舌糜烂或口内生疮,多为心经积热。津液黏稠牵丝,唇内黏膜红黄而干者,多为脾胃积热;口流清涎,口色青白滑利者,多为脾胃虚寒。

(4)望反刍。反刍,俗称"倒嚼"。健康牛采食后 0.5～1.5 h 开始反刍,每次持续时间 0.5～1 h,每个食团咀嚼 40～60 次,每昼夜反刍 4～8 次。很多疾病如感冒、发热、宿草不转、百叶干等,都可引起反刍减少或停止。若反刍逐渐恢复,表示预后良好,若反刍一直停止,则表示预后不良。

(5)望呼吸。健康动物呼吸均匀,胸腹部随呼吸动作而稍有起伏。健康动物每分钟的呼吸次数为:马、驴、骡 8～16 次/min,牛 10～30 次/min,水牛 10～40 次/min,猪 10～20 次/min,羊 12～20 次/min,骆驼 5～12 次/min,犬 10～30 次/min,猫 10～30 次/min。

呼吸缓慢而低微,或动则喘息者,多为虚证、寒证;气促喘急,呼吸粗大亢盛,多为实证、热证。呼吸时,腹部起伏明显,多见于胸部疼痛;若胸部起伏明显,多为腹部疼痛。

(6)望二便。胃肠有热,则粪臭而干燥,色呈黄黑,外包黏液;胃肠有寒,则粪稀软带水,颜色淡黄;脾胃虚弱,则粪渣粗糙,完谷不化,稀软带水,稍有酸臭;胃肠湿热,则泻粪如浆,气味腥臭,色黄污秽,脓血混杂,或呈灰白色糊状;排粪少而干小,颜色较深,腹痛不安,则为结症。

排尿失禁,多为肾气虚;尿液短少、色深黄或赤黄且有臊味者,多为热证或实热证;尿液清长色淡而多且无异常气味者,多为寒证或虚寒证;若排尿赤涩淋痛,常见于膀胱积热、尿结等;久不排尿,或突然排不出尿,时作排尿姿势,且见腹痛不安者,多为尿闭或尿结石;尿液色红带血,若先排血后排尿,多为尿道出血,先排尿而后尿中带血者,多属膀胱内伤。

(三)察口色

察口色是指观察口腔各有关部位的色泽,以及舌苔、口津、舌形等变化,以诊断病证的方法。口色是气血的外荣,其变化反映了体内气血盛衰和脏腑虚实,在辨证论治和判断疾病的预后上有重要意义。

1. 察口色的部位

察口色的部位包括望唇、舌、口角、排齿(齿龈)和卧蚕(舌下方,颌下腺开口处的舌下肉阜),其中以望舌为主。脏腑在口色上各有其相应部位,即舌色应心,唇色应脾,金关(左卧蚕)应肝,玉户(右卧蚕)应肺,排齿应肾,口角应三焦。

动物种类不同,察口色的部位应有所侧重。马、驴、骡主要看唇、舌、卧蚕和排齿,牛、羊主要看仰池(卧蚕周围的凹陷部)、舌底和口角,猪主要看舌,骆驼主要看仰池及上唇内侧正中两旁黏膜的颜色。

2. 察口色的方法

察口色一般应在动物来诊稍事歇息,待气血平静后进行。检查时应敏捷、仔细,将舌拉出口外的时间不能过长，不宜紧握，以免人为地引起舌色的变化(图 4-1、图 4-2)。猪、羊、犬、猫等中、小动物可用开口器或棍棒将口撬开进行观察，但不得施以暴力，最好使其自然张开。

图 4-1　望马口色

图 4-2　望牛口色

3. 口色的变化及临诊意义

动物正常口色为舌质淡红，鲜明光润，舌体不肥不瘦，灵活自如，微有薄白苔，稀疏均匀，不滑不燥。由于季节及动物种类和年龄等不同，正常口色也有一定的差异。有病口色，又称病色，应从舌色、舌苔、舌津和舌形等方面进行综合观察。

(1)舌色。

①白色：主虚、寒、失血。多为气血不足的表现。淡白为血虚，苍白是气血极度虚弱的反映，见于严重的虫积或内脏出血等。

②赤色：主热证。常见于热性感染性疾病。

③黄色：主湿证。多为肝、胆、脾的湿热引起。黄色鲜明如橘色者，为阳黄；黄色晦暗如烟熏色者，为阴黄。

④青色：主寒、主痛、主风。见于外感风寒、脾胃虚寒、血滞、血不养筋等。

⑤黑色：主热极或寒极。黑而无津者为热极，黑而津多者为寒极，皆属危重病症。

(2)舌苔。健康动物舌苔薄白或稍黄，稀疏分布，干湿适中。舌苔变化主要包括苔色和苔质两个方面。

①苔色。

白苔：主表证、寒证。苔白而润，表明津液未伤；苔白而燥，表明津液已伤；苔白而滑，表明寒湿内停。

黄苔：主里证、热证。淡黄苔而润者，为表热；苔黄而干者，为里热耗伤津液；苔黄而焦裂者，多为热极。

灰黑苔：主热证、寒湿证。灰黑而润滑者，多为阳虚寒甚；灰黑而干燥者，多为热炽伤津。

②苔质。苔质是指舌苔的有无、厚薄、润燥等。

有无：舌苔从无到有，说明胃气渐复，病情好转；舌苔从有到无，说明胃气虚衰，预后不良。

厚薄：苔薄，表示病邪较浅，病情轻，常见于外感表证；苔厚，表示病邪深重或内有积滞。

润燥：苔润表明津液未伤；苔滑多主水湿内停；舌苔干燥，表明津液已伤，多为热证伤津或久病阴液耗亏。

③口津。口津黏稠或干燥，多为燥热伤阴；口干，舌面有皱褶，则为阴虚津亏，严重的脱水

征兆;口津多而清稀,口腔滑利,多为寒证或水湿内停;口内湿滑、黏腻,口温高,则为湿热内盛;口内垂涎,多为脾阳虚、水湿过盛或口腔疾病。

④舌形。舌质纹理粗糙苍老,主实证、热证;舌质纹理细腻娇嫩,主虚证、寒证;舌淡白胖嫩,属脾肾阳虚;舌赤红肿胀,多属热毒亢盛;舌肿满口,板硬不灵,多为心火太盛,见于木舌症;舌瘦薄而色淡者,多为气血两虚;舌瘦薄而色红干燥者,多为阴虚火旺;舌淡绵软,伸缩无力,甚至拉出口外无力缩回,多为气血两虚。

二、闻诊

闻诊是通过耳听、鼻嗅,以了解患病动物声音和气味变异的诊察方法。

(一)听声音

(1)呼叫声。健康动物在求偶、呼群、唤仔等情况下,可发出洪亮而有节奏的叫声。叫声高亢,多属阳证、实证或病轻;叫声低微无力,多属阴证、虚证或病重;不时发出呻吟,并伴有空口咀嚼或磨牙者,多为疼痛或病重之证。

(2)呼吸声。呼吸气粗者,为实证、热证;气息微弱者,多见于内伤虚劳。呼吸时气息急促称为喘。喘气声长,张口掀鼻者,为实喘;喘息声低,气短而不能接续者,为虚喘。

(3)咳嗽声。咳嗽洪亮有力,多为实证,常见于外感风寒或外感风热的初期;咳声低微无力,多为虚证,常见于劳伤久咳;咳而有痰者为湿咳,多见于肺寒或肺痨;咳而无痰者为干咳,常见于阴虚肺燥或肺热初期;如咳嗽连声,低微无力,鼻流浓涕,气如拉锯者,多为重症。

(4)胃肠声。肠音响亮,连绵不断,甚至如雷鸣者,常见于冷痛、冷肠泄泻等证;肠音稀少,短促微弱,多为胃肠滞塞不通,常见于胃肠积滞便秘等;肠音完全消失,常见于结症、肠变位的后期。

(5)咀嚼声。咀嚼缓慢小心,声音低,多为牙齿松动、疼痛、胃热等证;若口内无食物而磨牙,多为疼痛所致。

(二)嗅气味

(1)口腔气味。口气秽臭,口热,食欲废绝者,多为胃肠积热;口气酸臭,多为胃内积滞;口内腐臭,见于口舌生疮糜烂、牙根或齿槽脓肿等证。

(2)粪尿气味。粪便清稀,臭味不重,多属脾虚泄泻;粪便粗糙,气味酸臭者,多为伤食;粪便带血或夹杂黏液,泻下如浆,气味恶臭,多见于湿热证。

尿液清长,无异常臭味,多属虚证、寒证;尿液短赤浑浊,臊臭刺鼻,多为实证、热证。

三、问诊

问诊,是通过询问畜主或饲养管理人员以了解病情的诊断方法。主要包括以下几个方面。

(一)问发病情况

发病情况主要包括发病时间、病情发展快慢、患病动物的数目及有无死亡等,由此推测疾病新久、病情轻重和正邪盛衰、预后好坏、有无时疫和中毒等。如初病者,多为感受外邪,病在表多属实;病久者,多为内伤杂证,病在里多属虚;如发病快,患病动物数目较多,病后症状基本相似,并伴有高热者,则可能为时疫流行;若无热,且为饲喂后发病,平时食欲好的病情重、死亡快,可疑为中毒;如发病较慢,数目较多,症状基本相同,无误食有毒饲料者,则应考虑可能为某种营养缺乏症。

(二)问发病及诊疗经过

主要包括发病后的症状、发病过程和治疗情况。要着重询问发病后的食欲、饮水、反刍、排粪、排尿、咳嗽、跛行、疼痛、恶寒与发热、出汗与无汗等情况。如食欲尚好,表示病情较轻;食欲废绝,表示病情较重;若咳嗽气喘,昼轻夜重,多属虚寒;昼重夜轻,多属实火;若病程较长,饮食时好时坏,排粪时干时稀,日渐消瘦,多为脾胃虚弱;若排粪困难,次数减少,粪球干小,多为便秘;若刚运步时步态强拘,随运动量增加而证候减轻者,多为四肢寒湿痹证。

如来就诊前已经过治疗,要问清曾诊断为何种病证,采用何种方法、何种药物治疗,治疗的时间、次数和效果等,这对确诊疾病,合理用药,提高疗效,避免发生医疗事故有重要作用。如患结症动物,已用过大量泻下药物,在短时间内尚未发挥疗效,若不询问清楚,盲目再用大量泻下剂,必致过量,产生攻下过度的不良后果。

(三)问饲养管理及使役情况

在饲养管理方面,应了解草料的种类、品质、配合比例,饲养方法以及近期有无改变,饮水的多少、方法和水质情况,圈舍的防寒、保暖、通风、光照等情况。如草料霉败、腐烂,容易引起腹泻,甚至中毒;过食冰冻草料,空腹过饮冷水,常致冷痛;厩舍潮湿,光照不足,日久可发生痹证;暑热炎天,厩舍密度过高,通风不良,易患中暑等。

在使役方面,应了解使役的轻重、方法,以及鞍具、挽具等情况。如长期使役过重,奔走太急,易患劳伤、喘症和腰肢疼痛等;鞍具、挽具不合身,易发生鞍伤、背疮等。使役后带汗卸鞍,或拴于当风之处,易引起感冒、寒伤腰胯等。

(四)问既往病史和防疫情况

了解既往疾病发生情况,有助于现病诊断。如患过马腺疫、猪丹毒、羊痘等疾病,一般情况下,以后不再患此病。做过预防注射的动物,在一定时间内可免患相应的疾病。有些疾病可以继发其他疾病,如结症可继发肠黄,料伤可继发五攒痛等。

(五)问繁殖配种情况

公畜采精、配种次数过于频繁,易使肾阳虚弱,导致阳痿、滑精等证;母畜在胎前产后,容易发生产前不食、妊娠浮肿、胎衣不下、难产等证;母畜在怀孕期间出现不安、腹痛起卧甚或阴门有分泌物流出,则为胎动不安之证,常可发生流产和早产;一些高产乳牛和饲养失宜的母猪,易患产后瘫痪。询问胎前产后情况,不仅有助于诊断疾病,而且对选方用药也有指导意义。如对妊娠动物,应慎用或禁用妊娠禁忌药。

四、切诊

切诊是依靠手指的感觉,在动物体的一定部位上进行切、按、触、叩,以获得有关病情资料的一种诊察方法。分为切脉和触诊两部分。

(一)切脉

1. 切脉的部位及方法

因动物种类不同,切脉的部位也不同。马属动物切双凫脉(颈基部前方,颈静脉沟下1/3处)或颌外动脉(图4-3、图4-4);牛切尾动脉(图4-5);猪、羊、犬等切股内动脉(图4-6)。以上脉位,除动脉外都是左右对称的,由远心端至近心端,把手指(食指、中指、无名指)按压的部位分别命名为寸、关、尺,双凫脉命名为左凫上、中、下三部,右凫风、气、命三关,并且分别配应五脏六腑(左:心、小肠、肝、胆、肾;右:肺、大肠、脾、胃、命门),尾脉只分别配应上、中、下三焦。

诊脉时,一只手切脉,另一只手协助保定。应注意环境安静,待动物停立安静,呼吸平稳,气血调匀后再行切脉。医者也应使自己的呼吸保持稳定,全神贯注,仔细体会。每次诊脉时间,一般不应少于3 min。

切脉时常用3种指力,如轻用力,按在皮肤,为浮取(举);中度用力,按于肌肉,为中取(寻);重用力,按于筋骨,为沉取(按)。浮、中、沉3种指力可反复运用,前后推寻,以感觉脉搏幅度的大小、流利的程度等,对脉象做出一个完整的判断。

图4-3 马的双凫脉诊脉部位和方法

图4-4 马的颌下脉诊脉部位和方法

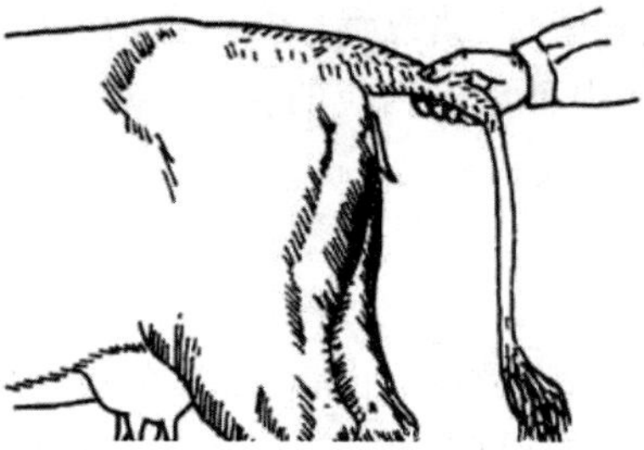

图4-5 牛的诊脉部位和方法

图4-6 猪的诊脉部位和方法

2. 脉象

脉象是指脉搏应指的形象,包括动脉波动的显现部位、速率、强度、节律、流利度及波幅等。

(1)平脉。平脉即健康之脉。平脉不浮不沉,不快不慢,不大不小,节律均匀,连绵不断。平脉受季节变化的影响而发生变化,前人总结为春弦、夏洪、秋毛(浮)、冬石(沉)。此外,还因动物的种类、年龄、性别、体质、劳役、饥饱等不同而略有差异。一般来说，幼龄动物脉多偏数，老弱动物脉多偏虚，瘦弱者脉多浮，肥胖者脉多沉，骑行、劳役后脉多数，久饿脉多虚，饱后脉多洪等。怀孕动物见滑脉，亦为正常现象。

正常动物脉搏数：通常是以诊者一息（即呼-吸）来计量的（表4-1）。

表4-1 正常动物脉搏数

动物类别	每息次数	每分钟次数
马、骡	3	36～44
驼	4	32～52
牛	4	40～60
猪	3	60～80
羊	5	70～80
犬	5～6	70～120

(2)反脉。反脉即反常有病之脉。由于疾病的复杂，脉象表现也相当复杂。

①浮脉与沉脉。浮脉与沉脉是脉搏显现部位深浅的脉象。

浮脉：脉位较浅，轻按即得，重按反觉脉减，如触水中浮木。主表证。常见于外感初起。浮数为表热证，浮迟为表寒证，浮而有力为表实证，浮而无力为表虚证。

沉脉：脉位较深，轻取不应，重按始得，如触水中沉石。主里证。常见于脏腑病证。沉数为里热证，沉迟为里寒证，沉而有力为里实证，沉而无力为里虚证。

②迟脉与数脉。迟脉与数脉是脉搏快慢相反的两种脉象。

迟脉：脉搏减慢，马、骡少于30次/min，牛少于40次/min，猪、羊少于60次/min者。迟脉主寒证，迟而有力为实寒证，迟而无力为虚寒证，浮迟为表寒证，沉迟为里寒证。

数脉：脉来急促，马、骡超过45次/min，牛、猪、羊超过80次/min者。主热证。数而有力为实热证，数而无力为虚热证，浮数为表热证，沉数为里热证。

③虚脉与实脉。虚脉与实脉是脉搏力量强弱相反的两种脉象。

虚脉：主虚证。浮、中、沉取时均感无力，按之虚软。多见于气血两虚。

实脉：主实证。浮、中、沉取时均感有力。多见于高热、便秘、气滞、血瘀等。

④滑脉与涩脉。滑脉与涩脉是脉搏势态相反的两种脉象。

滑脉：脉跳来去流利，应指圆滑，常见于痰湿、食滞、实热等病证。孕畜也可见滑脉，属生理现象。

涩脉：脉搏往来涩滞，欲来而未即来，欲去而未即去。涩而有力见于气滞血瘀，涩而无力见于贫血、泄泻。

⑤洪脉与细脉。洪脉与细脉是脉搏幅度和脉势均相反的两种脉象。

洪脉：脉幅大而有力，满溢指下，浮取即很明显。常见于热盛病证。如三焦积热。

细脉：脉幅细小无力，需重按才能感到。主虚证。常见于气血两虚、贫血、虚劳等病证。

⑥促脉、结脉、代脉。此三种脉象是节律不整齐或有间歇的脉象。不同的是：促脉和结脉都是间歇不规律，但促脉脉数，结脉脉缓；代脉缓弱而呈有规律的间歇。促脉主阳盛实热或气滞血瘀。结脉主阴盛气结、水湿内停。代脉主气血虚弱、痛症。

上述脉象中，浮、数、实、滑、洪、促等脉属阳，沉、迟、虚、涩、细、结、代等脉属阴。

(二)触诊

触诊就是用手对动物体一定部位进行触摸按压,以探察疾病的一种诊断方法。

1.触凉热

以手的感觉为标准,触摸动物体表有关部位的凉热,以判断其寒热虚实。一般从口温、鼻温、耳温、角温、体表温、四肢温等方面进行检查。

(1)口温。健康动物口腔温和而湿润。若口温低,口腔滑利,多为阳虚寒湿;口温低,口津干燥,多为气血虚弱;口温高,口津干燥,多为实热证。

(2)鼻温。用手掌遮于动物鼻头(或鼻镜下方),感觉鼻端和呼出气体的温度。健康动物呼出气均匀和缓,鼻头温和湿润。若鼻头热,呼出气也热,多为热证;鼻冷气凉,多属寒证。

(3)耳温。健康动物耳根部较温,耳尖部较凉。若耳根、耳尖均热多属热证,相反则多属寒证;耳尖时冷时热者,为半表半里证。

(4)角温。健康牛、羊角尖凉,角根温热。检查时四指并拢,小拇指靠近角基部有毛处握住牛、羊角,如小拇指和无名指感热,体温一般正常;如中指也感热,则体温偏高;食指也感热,则属发热。若角根冰凉,多属危证。

(5)体表和四肢温。健康动物体表和四肢不热不凉,温湿无汗。若体表和四肢有灼热感,乃属热证;皮温不整,多为外感风寒;体表和四肢温度低者,多为阳气不足;若四肢凉至腕(前肢)、跗(后肢)关节以上,称为四肢厥冷,为阳气衰微之证。

现在一般用体温计测定直肠温度,较为准确。动物的正常体温(直肠)是:

马、骡 37.5～38.5 ℃	牛 37.5～39.5 ℃	猪、羊 38.0～39.5 ℃
骆驼 36.0～38.5 ℃	犬 37.5～39.0 ℃	猫 38.5～39.5 ℃

2.谷道(直肠)入手

主要用于马、牛等大动物,包括直肠检查和按压破结,既是诊察手法,又是治疗措施。直肠入手,除用于结症的诊断和治疗外,还可用于其他疾患的诊断,如公畜的肠入阴,骨盆和腰椎骨折,肾脏、膀胱、子宫、卵巢等脏器的疾病。

(1)谷道入手准备。四柱栏站立保定,为防卧下及跳跃,在腹下用吊绳及鬐甲部用压绳保定。术者指甲剪短、磨光,戴上一次性长臂薄膜手套,涂肥皂水或液状石蜡润滑。腹胀者应先行盲肠穿刺或瘤胃穿刺放气,以降低腹压;腹痛剧烈者,应使用止痛剂。用适量温肥皂水灌肠,可排出直肠内积粪,松弛、润滑肠壁,便于检查。

(2)操作方法。术者站于动物的左后方,右手五指并拢成圆锥形,旋转插入肛门,如遇粪球可纳入手掌心取出。如动物骚动不安或努责剧烈时,应暂停伸入,待安静后继续伸入。待手到达玉女关(直肠狭窄部)后,要小心谨慎,用作锥形的手指探索肠腔的方向,同时用手臂轻压肛门,诱使动物做排粪反应,使肠管逐渐套在手上。一旦检手通过玉女关后,即可向各个方向进行检查。在整个检查过程中,术者手臂一定要伸直,手指始终保持圆锥状,不能叉开,以免划伤肠壁。检查结束后,将手缓缓退出。

任务三十四　辨证论治

辨证论治是中兽医认识和分析疾病，确定治疗措施的法则和依据，是指导临诊实践的原则，又是认识和诊疗疾病的具体方法。

"证"是证候的简称，是疾病发展过程中病因、病机、病位、病性、正邪双方力量的对比等方面情况的概括，也是对与其相适应的疾病本身所反映的各种症状的概括。"症"是指疾病的单个症状，乃疾病的外部现象。"病"是对疾病全过程的特点与规律所做的概括。可见，三者的概念是不能混同的。辨证，就是从整体观念出发，运用中兽医理论，将四诊所收集的病史、症状、体征等资料进行综合分析，判断疾病的病因及病变的部位、性质、正邪盛衰等情况以及各种病变间的关系，从而做出诊断的过程。论治是根据辨证时对疾病性质的判断，再结合动物所在地区、气候、年龄、体质等具体情况，制定相应的治疗原则和选用合适的方药。

中兽医的辨证方法，主要包括八纲辨证、脏腑辨证、卫气营血辨证等。就其内容来说，八纲辨证为总纲，是从各种辨证方法的个性中概括出来的共性；脏腑辨证是各种辨证的基础，主要应用于内伤杂症，以辨别患病的脏腑；而卫气营血辨证，则主要针对外感热性病，用于确定病邪属于哪个阶段。这些辨证方法，各有其特点和侧重，但在临诊实践中又互相联系、互相补充。

一、八纲辨证

八证表、里、寒、热、虚、实、阴、阳。八纲辨证就是将四诊所获得的各种病情资料进行综合分析，对疾病的部位、性质、正邪盛衰等加以概括，归纳为8个具有普遍性的证候类型。

尽管疾病的表现错综复杂，但都可以用八纲来归纳。用表证、里证确定病位的深浅，以寒证、热证归纳疾病的性质，以虚证、实证划分邪正的盛衰，以阴证、阳证区别疾病的类型。其中表、热、实证为阳证，里、寒、虚证为阴证，所以阴阳又是八纲中的总纲。

（一）表证与里证

表证与里证是辨别疾病的病位及病势深浅的两个纲领。病邪在表（皮肤、肌肉、经络）而病位浅，病情较轻为表证；邪入脏腑、血脉、骨髓，病位深，病情较重为里证。

表证与里证不只是单纯根据病变的解剖部位来划分，而应根据证候特点加以区别。如有一些皮肤病和疮黄肿毒等，由于伴有内脏病变或由内脏发病而产生，属于里证的外在反映，故不能称为表证。

1. 表证

表证是六淫外邪从皮毛、口鼻侵入机体所致的证候。多见于外感病的初期，主要有风寒表证和风热表证两种（详见脏腑辨证之肺与大肠的辨证）。表证常具有起病急、病程短、病位浅的特点。

表证的一般症状表现是发热，恶寒，舌苔薄白，脉浮等。常伴有肢体疼痛、咳嗽、流鼻涕等症。表证的治疗宜采用汗法，又称解表法，根据寒热轻重的不同，或辛温解表，或辛凉解表。

（1）表寒证。证见发热轻，恶寒重，咳嗽，被毛逆立，耳鼻发凉，四肢强拘，口色青白，口腔湿润，舌苔薄白，脉浮紧等。治宜辛温解表。

（2）表热证。证见发热重，恶寒轻，咳嗽，被毛逆立，耳鼻俱温，口干喜饮，口色偏红，舌苔薄白或潮红，脉浮数等。治宜辛凉解表。

2. 里证

相对表证而言，里证病变部位在脏腑，病位较深。多见于外感病的中、后期或内伤诸病。里证的形成有3种情况：一是表邪不解，内传入里；二是外邪直接侵犯脏腑；三是内伤及情志因素影响气血的运行，使脏腑功能失调。

里证的证候极为复杂，范围甚广，多以脏腑证候为主，可分为寒、热、虚、实4种不同类型。临诊时，应进一步辨别疾病所在的脏腑，病情的寒热，病势的盛衰（虚实），具体内容在脏腑辨证中介绍。

里证的治疗，需根据病证的寒热虚实，分别采用温、清、补、消、泻等法。

（二）寒证与热证

寒热是辨别疾病性质的一对纲领，“阴盛则寒，阳盛则热”。

1. 寒证

由阴盛所致者称为寒实证，由阳衰形成的称为虚寒证。

寒证的一般症状是口色淡白或淡青，口津滑利，舌苔白，脉迟，尿清长，粪稀，鼻寒耳冷，四肢发凉等。常见的寒证有外感风寒、寒滞经脉、寒伤脾胃等。

“寒者热之”，故治疗寒证宜采用温法，根据病情，或辛温解表，或温中散寒，或温肾壮阳。

2. 热证

由阳盛所致的热证为实热证，由阴虚形成的热证为虚热证。

热证的一般症状表现是口色红，口津少或干黏，舌苔黄，脉数，尿短赤，粪干或泻痢腥臭，呼出气热，身热。有时还有目赤、气促喘粗、贪饮、恶热等症状。常见的热证有燥热、湿热、虚热、火毒疮痈等。临诊时，须辨清其为表热还是里热、实热还是虚热、气分热还是血分热等。

“热者寒之”，故治疗热证宜采用清法，根据病情，或辛凉解表，或清热泻火，或壮水滋阴。

（三）虚证与实证

虚实是辨别邪正盛衰的两个纲领。虚证是正气不足的证候，实证是邪气亢盛有余的证候。

1. 虚证

虚证是对机体正气虚弱所出现的各种证候的概括。原因有饲养管理不当，劳役过度，饮喂不足，或久病，虫积，失血，或年老体弱，使动物的阳气、阴精受损而形成。此外，先天不足的动物，其体质也往往虚弱。

虚证的一般症状表现是口色淡白，舌质如绵，无舌苔，脉虚无力，头低耳奋，体瘦毛焦，四肢无力。有时还表现出虚汗、虚喘、粪稀或完谷不化等症状。常将虚证分为气虚、血虚、阴虚、阳虚等类型。

“虚则补之”。故治疗虚证宜采用补法，或补气，或补血，或气血双补，或滋阴，或助阳，或阴阳相济。

2. 实证

凡邪气亢盛而正气未衰，正邪斗争比较激烈而反映出来的亢奋证候，均属于实证。多因感受外邪或脏腑机能活动障碍以致食积、痰饮、水湿、瘀血等实邪结滞在体内而成。实证多为急、暴、新病。常见于体壮的动物。

实证的具体症状表现因病位和病情的不同,有很大差异。就一般症状而言,常见高热,烦躁,喘息气粗,腹胀疼痛,拒按,大便秘结,小便短少或淋漓不通,舌红苔厚,脉实有力等。

"实则泻之"。故治疗实证采用泻法,除攻里泻下之外,还包括活血化瘀、软坚散结、理气消导、平喘降逆等。

(四)阴证与阳证

一切病证,总不外乎阴阳两大类型。阴阳是概括疾病类别的一对纲领,即里证、虚证、寒证,多属于阴证,而表证、实证、热证,多属于阳证。因此,阴阳又是八纲辨证的总纲。

1. 阴证

凡表现抑制、沉郁、衰退、晦暗、具有寒象的均为阴证。阴证的形成见于阳虚阴盛,机能衰减,脏腑功能下降,多见于里证的虚寒证。阴证的主要临诊表现是无热畏寒,四肢厥冷,身瘦乏力,倦怠喜卧,气短声低,下痢清谷,尿液清长,口津滑利,或流清涎,舌淡胖嫩,脉沉迟无力等。在外科疮黄方面,凡无红、肿、热、痛或不明显,脓液稀薄而少臭者,则属阴证。

2. 阳证

凡表现为兴奋、亢进、鲜明,且具有热象的均为阳证。阳证的形成,多由于邪气盛而正气未衰,正邪相争处于亢奋阶段,所以常见于里证的实热证。阳证的主要临诊表现是身热恶热,或发热恶寒,躁动不安,呼吸气粗,口渴贪饮,粪便秘结,尿液短赤,舌质红绛,苔黄而干,脉象洪大或浮数。在外科疮黄方面,凡红、肿、热、痛明显,脓液黏稠发臭者,则属阳证。

二、脏腑辨证

脏腑辨证是根据脏腑生理功能的变化,对疾病证候进行分析归纳,借以探究病因、病机,判断病位、病性和正邪盛衰等状况的一种辨证方法。

(一)心与小肠病证

1. 心气虚与心阳虚

多由久病体虚、过劳或汗下太过等,使心气不足而成。

【主证】心悸,自汗,气短乏力,运动后加重,舌淡苔白,脉虚。心阳虚者兼有形寒肢冷,耳鼻四肢不温,脉细弱或结代。

【治则】益气养心,安神定悸。心阳虚者,则温心阳,安心神。多用党参、黄芪、当归、川芎、肉桂、茯神、柏子仁、五味子等治之。

2. 心血虚与心阴虚

多因热病伤阴或大失血,或慢性疾病、劳伤过度等,使营血亏损、血的化源不足所致。

【主证】心悸,躁动,易惊,口色淡白,脉细弱。心阴虚者兼有午后潮热,低热不退,盗汗,舌红少津,脉细数。

【治则】心血虚者,宜补血养心,镇惊安神;心阴虚者,宜养心阴,安心神。多用党参、当归、丹参、生地、麦冬、茯神、远志、柏子仁、五味子等治之。

3. 心热内盛(心火亢盛)

多因暑热炎天，管理不当，致使热邪积于胸中，或六淫内郁化热所致。

【主证】高热，大汗，气促喘粗，精神沉郁，粪干尿少，口渴舌红，脉洪数。

【治则】清心泻火，养阴安神。多用石膏、知母、黄芩、黄连、天花粉、栀子等治之。

4. 小肠中寒

多因外感寒邪或内伤阴冷所致。

【主证】腹痛起卧，肠鸣，粪便稀薄，口内湿滑，口流清涎，口色青白，脉沉迟。

【治则】温阳散寒，行气止痛。多用青皮、厚朴、桂心、细辛、茴香、当归等治之。

(二)肝与胆病证

1. 肝血虚与肝阴虚

多因久病，耗伤肝阴，或饲喂不当，脾胃虚弱，肾水不足，肝失涵养所致。

【主证】眼目干涩，视力减退，夜盲。肝血虚可见蹄爪干枯，痉挛抽搐，口色白，脉弦细。肝阴虚除上述证候外，尚可见低热盗汗，舌红少苔，脉弦细数。

【治则】养肝阴，补肝血。多用当归、白芍、枸杞子、菊花等治之。

2. 肝火上炎(肝热传眼)

多由外感风热或肝气郁结化火而成病。

【主证】目赤肿痛，羞明流泪，眵盛难睁，翳膜遮睛，视力障碍，躁动不安，粪干尿黄，口干舌红，脉弦数。

【治则】清肝泻火，明目退翳。多用决明子、龙胆草、黄芩、车前子等治之。

3. 热动肝风(热极生风)

多由外感风热之邪，引起肝火过旺，热极风从内动。

【主证】高热抽搐，四肢痉挛，角弓反张，躁动不安，冲墙撞壁，甚至神志昏迷，舌红，脉弦数。

【治则】清热息风，镇痉安神。多用羚羊角片、生地、钩藤、茯神等治之。

4. 寒滞肝经

多因外感寒邪，滞留后肢厥阴肝经，致使气血凝滞而成病。

【主证】形寒怕冷，耳鼻俱冷，睾丸、阴囊冰冷紧硬，后肢运步困难，口色青白，苔白而滑，脉沉弦。

【治则】温肝散寒，理气软坚。多用小茴香、肉桂、白术、巴戟天等治之。

5. 肝胆湿热

多因湿热之邪蕴结肝胆，肝胆疏泄失常，胆汁不能外泄所致。

【主证】黏膜黄染，色泽鲜明，尿少而黄，发热口渴，精神倦怠，食欲不振，口色红黄，舌苔黄腻，脉弦数。

【治则】清热利湿。多用茵陈、栀子、大黄等治之。

(三)脾与胃病证

1. 脾气虚

多因素体虚弱,劳役过度,或饲养失调,或泄泻太过,或其他慢性疾患,病程较久,损伤脾气,以致形成脾气虚弱。

【主证】食欲减少,体瘦毛焦,倦怠无力,粪稀带渣,尿少而清,肠鸣,肚胀或肢体浮肿,舌淡苔白,脉缓而弱;牛则反刍减少或停止。脾气下陷者,兼见久泻不止,脱肛,子宫脱或阴道脱,排尿淋漓难尽等证。脾不统血者,兼见各种慢性出血,如便血、尿血或皮下出血等,以及血色淡红,口色淡白或苍白,脉象细弱等证。

【治则】脾虚不运,宜健脾和胃;脾气下陷,宜补气升阳;脾不统血,宜益气摄血,引血归经。多用黄芪、白术、党参、茯苓等治之。

2. 脾阳虚

脾阳虚又称脾胃虚寒,多由脾气虚发展而来,或因过食冰冻草料,暴饮冷水,或苦寒药物服用过多,损伤脾阳所致。

【主证】形寒怕冷,耳鼻四肢不温,食少腹胀,慢性腹痛,肠鸣泄泻,甚者久泻不止,食欲大减或废绝,口垂清涎,口色青白,脉象沉迟无力等。

【治则】温中健脾。多用党参、干姜、甘草、白术、桂心等治之。

3. 寒湿困脾

多因过食冰冻草料,或久卧湿地,或暴饮冷水,外感寒湿,内伤阴冷,寒湿停于中焦,困遏脾阳所致。

【主证】神疲倦怠,耳耷头低,四肢沉重,不欲饮食,腹胀粪稀,排尿不利,或见浮肿,口内黏滑或流清涎,口色青白,舌苔厚腻,脉象迟细。

【治则】温中健脾化湿。多用茯苓、桂枝、陈皮、厚朴等治之。

4. 胃热(胃火)

多因外感邪热犯胃,或外邪传内化热,或急性高热病中热邪波及胃脘等所致。

【主证】耳鼻温热,食欲减少,粪球干小,尿少色黄,口干舌燥,渴而多饮,牙龈肿胀,口腔腐臭,口色鲜红,舌苔黄厚,脉象洪数或滑数。

【治则】清泻胃火。多用知母、生石膏、大黄、甘草等治之。

5. 胃寒

多由外感风寒,或饮喂失调,如过食冰冻草料、暴饮冷水等引起。见于消化不良中。

【主证】形寒怕冷,耳鼻发凉,食欲减少,口腔滑利或口垂青涎,粪稀尿清,口色淡或青白,舌苔白润,脉象沉迟。

【治则】温胃散寒。多用党参、桂心、干姜、良姜、甘草等治之。

6. 胃实(胃食滞)

多因暴饮暴食,或采食粗硬草料,宿食停滞胃脘所致。

【主证】不食,肚腹胀满,嗳气酸臭,腹痛起卧,粪干或泄泻,口色深红而燥,苔厚腻,脉象滑实。

【治则】消食导滞。多用山楂、神曲、厚朴、枳实等治之。

(四)肺与大肠病证

1. 风寒束肺

多因风寒之邪侵袭肺脏,肺气闭郁而不得宣降所致。见于感冒、急性支气管炎等。

【主证】咳嗽,气喘,发热轻而恶寒重,鼻流清涕,口色青白,舌苔薄白,脉浮紧。

【治则】清肺化痰,止咳平喘。多用麻黄、杏仁、甘草等治之。

2. 风热犯肺

多因外感风热之邪,肺气宣降失常所致。见于风热感冒、咽喉炎、急性支气管炎等病程中。

【主证】咳嗽,鼻流黄涕,咽喉肿痛,耳鼻温热,身热,口干贪饮,口色偏红,舌苔薄白或黄白相兼,脉浮数。

【治则】疏风散热,宣通肺气。多用金银花、连翘、薄荷、桑叶等治之。

3. 肺热咳喘(肺实热)

多因外感风热或风寒之邪郁而化热,致使肺气宣降失常而成。见于咽喉炎、急性支气管炎、肺炎等病。

【主证】发病急,高热,咳声洪亮,气喘息粗,呼吸浅快,出汗,口渴贪饮,耳鼻、四肢、呼吸俱热,鼻液黄黏腥臭,粪干尿赤,口色红燥,苔黄燥,脉洪数。

【治则】清肺化痰,止咳平喘。多用麻黄、石膏、黄芩、甘草等治之。

4. 大肠燥结(食积大肠)

多因过饥暴食,或草料突换,或久渴失饮,草料结滞,阻塞肠道所致。见结症。

【主证】粪便不通,肚腹胀满,回头顾腹,不时起卧,口内酸臭,食欲废绝,口色赤红,舌苔黄厚,脉象沉而有力。

【治则】攻下通便,行气消痞。多用大黄、芒硝、枳实等治之。

5. 大肠湿热

外感暑热或疫疠,或喂霉败秽浊的或有毒的草料,以致湿热或疫毒蕴结,下注大肠,损伤气血而成。见于急性胃肠炎、菌痢等的病程中。

【主证】发热,腹痛起卧,泻痢腥臭甚至脓血混杂,排粪不畅,尿液短赤,口舌干燥,口色红黄或赤紫,舌苔黄腻或干黄,脉象滑数。

【治则】清热利湿,调和气机。多用黄连、栀子、白头翁、郁金等治之。

(五)肾与膀胱病证

1. 肾阴虚

饲养管理不当,劳役过度,配种次数过频,日久亏损肾精;久病或急性热性病耗伤肾阴所致。或出现在某些慢性传染病过程中。

【主证】精神沉郁,体瘦形弱,腰胯四肢无力,被毛干燥易脱落,午后低热,盗汗,粪便干燥,尿频而黄,视力减退,不孕、不育,口干、色红、少苔,脉细数。

【治则】滋补肾阴。多用山药、枸杞子、茯苓、泽泻等治之。

2. 肾阳虚

多因素体阳虚,或久病伤肾,或劳损过度,或年老体弱,下元亏损,导致肾阳虚衰。

【主证】神倦身瘦，形寒怕冷，耳鼻四肢不温，腰腿不灵，难起难卧；性欲减退，重者阳痿，甚至垂缕不收，宫寒不孕，或白带清稀；慢草，粪便稀软，泄泻不止或五更泄；舌淡苔白，脉象沉细无力。

【治则】温补肾阳。多用山茱萸、山药、熟地黄、肉桂等治之。

3. 膀胱湿热

多因湿热下注膀胱所致。

【主证】尿频而急，淋漓不畅，排尿困难，常做排尿姿势，痛苦不安，尿液短赤、浑浊，或带有脓血、砂石。口色红，苔黄腻，脉滑数。

【治则】清热利湿。多用滑石、木通、泽泻、茵陈、猪苓、车前子等治之。

三、卫气营血辨证

卫气营血辨证，是用于外感温热病的一种辨证方法。由清代叶天士创立，在六经辨证的基础上发展形成。温热病是由温热病邪引起的急性热性病的总称。特点是发病较急，发展迅速，热势偏盛，易于化燥伤阴、伤津和伤血，多流行传播。

卫、气、营、血是对温热病四类证候的概括，又代表着温热病过程中由浅入深、由轻转重的四个阶段。它说明了温热病发展过程中病位深浅、病情轻重、发展趋势和传变规律，从而为治疗提供可靠的依据。温热病邪从口鼻而入，先犯肺，由卫及气，由气入营，由营入血，病邪步步深入，病情逐渐加重。就其病变部位来说，卫分证主表，病在肺和皮毛，治宜辛凉解表；气分证主里，病在胸膈、胃肠和胆等脏腑，治宜清热生津；营分证是邪热入于心营，病在心与心包络，治宜清营透热；血分证则热已深入肝肾，重在动血(血热妄行的出血、发斑)、耗血(血不养筋之动风、津水乏竭之亡阴)，治宜凉血散瘀。温热病四个阶段的病理变化见表 4-2。

表 4-2　温热病四个阶段的病理变化

项目	恶风期	化热期	入营期	伤阴期
八纲辨证	表、实、热	里、实、热	里、实、热	里、虚、热
卫气营血辨证	卫	气	营	血
脏腑辨证	肺	肺、胃、肠	心、心包	肝、肾
主要症状	恶寒、发热、咳嗽	发热、便秘、津伤	神昏、斑疹隐隐	出血、惊厥
主要病理变化	相当于急性传染病的前驱期及症状明显期的早期，此期以上呼吸道炎症及体表神经—血管反应为主	相当于急性传染病的症状明显期，以毒血症引起的症状及高热引起的体液和电解质代谢紊乱为主，实质脏器出现浑浊肿胀及功能紊乱，此期可见各种传染病的示病征候和特异性病理变化	相当于急性传染病的极盛期，除各种传染病的特殊病变进一步加深外，中枢神经系统的变性、坏死较为突出，凝血功能紊乱，血管的中毒性损害进一步发展	相当于急性传染病的衰竭期，各重要脏器如中枢神经、心、肺、肾、肝等的损害更为严重，机体反应性及抵抗力下降。暴发型往往可见急性肾上腺皮质机能不全、弥散性血管内凝血和休克等
治疗法则	辛凉解表	清热泻火	透热养阴	清热、凉血、滋阴
代表方剂	银翘散	白虎汤	清营汤	青蒿鳖甲汤

任务三十五 防治法则

防治法则是指预防、治疗动物疾病的基本方法和原则。动物疾病防治，要贯彻“预防为主，预防与控制、净化、消灭相结合”的方针，并把预防工作放在首位。

一、预防

预防是指采取一定的措施，防止动物疾病的发生和传变。中兽医历来重视预防，早在《黄帝内经》中就提出了“治未病”的预防思想。

1. 未病先防

未病先防就是在疾病未发生之前，做好各种预防工作，以防止疾病的发生。

疾病的发生，关系到邪正两个方面的因素。正气不足是疾病发生的内在因素，邪气侵犯是疾病发生的重要条件，外邪通过内因而起作用。因此，未病先防，主要包括以下四个方面的原则和方法。

(1)加强饲养管理。加强饲养管理，合理使役，是提高动物机体抵抗力，预防疾病发生的一个重要环节。在这方面前人为我们留下了许多宝贵经验。如在饲养上，渴不急饮，饥不暴食，使役前后不饮喂过饱；饮水和草料要新鲜，不得混有杂物与霉败饲料；休闲马、膘大马炎热季节要减料；出大汗和喂料后不能立即饮水等。在管理上，厩舍温度要冬暖夏凉，空气要流通，并应保持清洁，建设地址宜高爽干燥，四周环境清新，水源洁净，水质优良，水量充足；使役时要先慢后快和快慢交替使用，役后不立即卸鞍和饮喂；久闲不重役，久役不聚闲，母畜初配不使役，母畜临产不闲拴等。这些都是行之有效预防疾病的措施。

(2)针药预防。运用针刺和药物预防动物疾病，是中兽医的传统方法。

①放六脉血。六脉指眼脉、鹘脉、带脉、胸堂、肾堂、尾本等穴位。春夏两季，根据需要选择1～2个穴位，针刺适量放血，以起到调理气血，疏通经络，预防疾病和治疗疾病的作用。

②灌四季药。春季用茵陈散，夏季用消毒散，秋季用理肺散，冬季用茴香散，以起到调整阴阳，扶正祛邪预防疾病的作用。我国南方称为灌太平药，炎热季节多用清热祛暑之品，寒凉季节则用散寒祛风之药，由于地域、气候、动物的不同，用药也有一定的差异。

③添加药物。在动物日粮中，添加一定量的中草药，以防止动物发生某些疾病或提高动物的生产性能，古已有之。《淮南子·万毕术》载有麻子捣碎煮羹加盐拌糠喂猪；《蕃牧纂验方》有四时喂马法，用贯众、皂角二味加入饲料中。近年来，中草药饲料添加剂的应用，更是中兽医学术界研究的热点之一，并取得了一些可喜的成果。如以黄芪、贯众二味为主药的饲料添加剂等许多方剂的开发应用就是最好的证明，尤其是禁抗政策实施以后。

(3)疫病预防。古人对预防动物疫病就非常重视。许多中兽医古籍中就提出过病畜、健畜隔离以及药熏、药敷和灌药预防的理论与方法。特别是现代的规模养殖，必须树立“预防为主”的宗旨，严格按国家防疫法规法令认真操作。搞好清洁卫生工作，定期检疫、消毒，定期预防接种或药物预防，提高动物机体免疫力。疾病发生后，尽早报告疫情，及时正确诊断，立即隔离发病动物，迅速封锁疫区，全面彻底消毒，对患病动物及时治疗或捕杀，病死尸及捕杀动物尸体要焚烧、深埋。

(4)防范各种外伤及中毒。包括金刃伤、跌打损伤、虫兽蜇咬以及动物争斗等，都属于外伤性致病因素。在日常饲养管理活动中，必须经常留心防范。另外，草食动物以植物性饲料为主。因此，植物中毒较常见。其他中毒还有矿物性毒物、化学性毒物、动物性毒物、农药中毒等以及治疗时的药物过敏和有毒药物用量过大等，都可能发生中毒，要精心预防。

2. 既病防变

未病先防是最理想的积极措施。但是当疾病已经发生，应该及早进行诊断和治疗，以期取得早期痊愈，防止疾病进一步的发展和传变。

(1)早期诊治。在疾病防治过程中，一定要掌握疾病的发生和发展规律，才能做到早期正确诊断，及时恰当治疗，控制疾病传变。

(2)控制传变。任何疾病都有自身的发展变化规律。在诊治疾病的过程中，只有掌握其规律，才能更好地控制其发展传变。如外感病之六经传变，卫气营血传变，三焦传变；内伤病的五脏传变，脏与腑表里传变，经络传变等。

二、治则

治则，即治疗疾病的原则。它是在整体观念和辨证论治基本理论指导下制定的，对临诊立法、处方具有普遍指导意义的治疗学理论。

治疗原则与治疗方法不同。治疗原则是治疗疾病的共同原则，是确立治疗方法的依据。治疗方法是在治疗原则指导下所确立的具体治疗措施，它直接关系到处方、用药、取穴等。如扶正和祛邪都属于治疗原则，而在扶正原则指导下的益气、养血、滋阴、助阳等，就是治疗方法；在祛邪原则指导下的发汗、涌吐、泻下等，也是治疗方法。

1. 扶正与祛邪

扶正与祛邪是指导临诊治疗的两个基本原则。疾病的过程，主要是正气与邪气相互斗争的过程。邪正斗争的消长盛衰，便形成了虚证或实证。虚证治以扶正，实证治以祛邪，也即“虚则补之”“实则泻之”的意思。所以扶正祛邪就是针对虚证和实证所确定的治疗原则。

扶正，即扶助正气。扶正就是使用补益正气的方药及加强病畜护养等方法，以扶助机体正气，提高机体抵抗力，达到祛除邪气、战胜疾病、恢复健康的目的。祛邪，就是使用祛除邪气的方药，或采用针灸、手术等方法，以祛除病邪，达到邪去正复的目的。

扶正治则，适用于以正气虚弱为主而邪气轻微或邪气已除而正气尚虚的虚证。虚证一般分为气虚、血虚、阴虚和阳虚四类。气虚用益气法，血虚用养血法，阴虚用滋阴法，阳虚用助阳法，这些都是属于扶正治疗原则的范围。扶正不仅能治疗虚证，而且还能增强体质，提高机体抗病能力。因此，扶正治则除以药物疗法补虚以外，还包括针灸、加强营养等，这些方法对于扶正也具有重要意义。

祛邪治则，适用于邪气亢盛而正气未衰的实证。祛邪的具体方法很多，不同的邪气以及病位不同，其治疗方法都是不一样的。如表邪盛者，用发汗解表法；邪在胸脘上部，如痰涎壅塞、宿食停滞，或食物中毒等，宜用吐法；邪在肠胃下部，如热邪与肠中糟粕互结，应采取泻下法；实热实火，宜用清热泻火之法；寒证宜用温中祛寒之法；湿证宜用化湿、利湿之法；食积胀满，则宜用消导之法；有痰的应祛痰，有瘀血的应活血化瘀。这些均属于祛邪治疗原则的范围。

扶正与祛邪，需要根据具体病证灵活运用。具体如下。

(1)祛邪兼扶正。适用于邪盛为主，兼有正衰的病证。在处方用药时，应在祛邪的方剂中，稍加一些补益药。如治疗年老体虚、久病或产后津枯肠燥便秘的当归苁蓉汤就是一个实例。

(2)扶正兼祛邪。适用于正虚为主,兼有留邪的病证。在处方用药时应在补养的方剂中,稍加一些祛邪药。如治疗牛前胃弛缓而有食滞时就应采用此法。

(3)先扶正后祛邪。适用于正虚邪不盛,或正虚邪盛而以正虚为主的病证。如此时兼以祛邪,反而更伤正气,只有先扶正,待正气增加后再祛邪。

(4)先祛邪后扶正。适用于邪盛不太虚,或邪盛正虚而以邪胜为主的病证。如此时兼以扶正,反而会有留邪的弊端,故只能先祛邪,然后再扶正。如热结肠腑,便闭不通,导致化燥化热伤阴,则须急下存阴,以免热结愈至而阴津更伤,故应先施以大承气汤泻下热结,待结去后再以养阴生津的药物进行调理。

2. 治标与治本

本与标是一对概念,它常用以说明疾病的本质和现象以及病变过程中各种矛盾的主次、先后关系。本是指疾病的本质或疾病的主要矛盾或矛盾的主要方面,起着主导和决定的作用;标是指疾病的现象或病变的次要矛盾或矛盾的次要方面,处于从属和次要的地位。治病求本是指在治疗疾病时,必须寻求出疾病的本质,针对本质进行治疗,既"治病必求于本"。由于疾病过程是错综复杂的,并在一定条件下标本是可能转化的,因而标本有主次轻重的不同,治疗也就相应有了先后缓急的区分。

(1)缓则治其本。缓则治本是在"治病求本"的根本治则指导下,针对标症不急的病证进行治疗的常用治疗原则。一般情况下,凡病势缓而不急的,皆需从本论治。如脾虚泄泻之证,若泄泻不甚,无伤津脱液的严重症状,只需健脾补虚,使脾虚之本得治,则泄泻之标自除。

(2)急则治其标。急则治标是在标症紧急的情况下,有可能危及生命,或后发之标病(症)影响先发之本病治疗时的一种治疗原则。《医论三十篇》说:"病有标,有本,不可偏废,而危急之际,则必先治其标。"但在标症或标病治疗以后,还必须及时治疗本病,《素问·标本病传论》说:"标而本之,先治其标,后治其本。"

例如,大出血动物,出血量很多,甚至危及生命时,无论属于何种出血,均应采取紧急措施,先止血以治标,或止血与固脱同用,待血止而病情缓解后,再治其本病。又如患畜原有某种慢性病,又复感外邪发生外感病,后发之外感病属于标而较急,应先予治疗,待外感病愈后,再治其宿疾本病。再如,结症继发肠臌气,以及饲喂不当等引起的瘤胃臌气时,若臌气严重,病势急剧,如不能快速解除,就会危及患畜的生命,当务之急就是穿刺放气或用其他方法解除气胀以治标,待气胀缓解后再治其本。

总之,"急则治标"属于一种应急性的治则,治标以后一定还要治本,它与"治病必求于本"并不矛盾。

(3)标本兼治。标本兼治是在标病与本病并重时所采用的一种治疗原则。即单治本病而不顾其标病,或单治标病而不顾其本病,则不能适应该病证的治疗要求时,就必须标本兼顾而同治。

例如,气虚感冒时,先病正气虚为本,后感外邪为标,单纯益气则表邪难去,仅用发汗解表则更伤正气,所以常采用益气为主兼以解表,标本同治的原则。

3. 正治与反治

正治与反治是在"治病求本"的根本原则指导下,针对疾病有无假象所制定的两种治疗原则。

疾病所反映的现象是很复杂的。大多数疾病，其本质与所反映的现象是一致的；而有些疾病，其本质与所反映的现象却不一致（假象）。所谓正治反治，是指所用治法性质的寒热、补泻，与疾病现象之间的逆从关系而言的。《素问·至真要大论》说："逆者正治，从者反治"，意思是说，治法与病象相反（逆）者是正治，治法与病象一致（从）者是反治。《景岳全书》说："治法有逆从，以寒热有真假也。此《内经》之旨也，……夫以寒治热，以热治寒，此正治也，正即逆也；以热治热，以寒治寒，此反治也，反即从也。"

（1）正治。正治是逆其病证性质而治的一种治疗原则，故又称为"逆治"。它适用于疾病的本质与现象相一致的病证。因此，针对疾病的本质进行治疗，则病象即可消除。临诊上大多数病证的本质与现象是一致的，如寒病即见寒象，热病即见热象，虚证即见虚象，实证即见实象。如"寒者热之""热者寒之""虚则补之""实则泻之"等治疗方法都属于正治范围。

①寒者热之。寒指证候的属性；热指治法和方药的性质。寒者热之，即寒证用温热性质的方药治疗。所以，用温热性质的方药去治疗寒性病证是一个原则。在具体运用时，则还要分清寒证的表、里、虚、实，分别制订出具体的治疗方法。如表寒证用辛温解表法；里寒证用温里祛寒、回阳救逆或温经散寒法；虚寒证用温补法；实寒证用祛寒攻里法治疗。

②热者寒之。热指证候的属性；寒指治法和方药的性质。热者寒之，即热证用寒凉性质的方药治疗。所以，用寒凉性质的方药去治疗热性的病证是一个原则。在具体运用时，也要分清热证的表、里、虚、实，分别制订出具体的治疗方法。如表热证用辛凉解表法；里热证用清气分热、清营分热或清脏腑热等方法；虚热证用滋阴清热法；实热证用清热泻火解毒或凉血清热等法。

③虚则补之。虚指证候的属性；补指治疗的原则。虚则补之，即虚证用补法治疗。在具体运用这一治则时，要区分气虚、血虚、阴虚、阳虚等不同证候，分别给予补气、补血、补阴、补阳的治疗方法。

《素问》说："形不足者，温之以气；精不足者，补之以味"，"劳者温之，损者益之"。这些论述，都是补法使用的原则。

④实则泻之。实指证候的属性；泻指治疗的原则。实则泻之，即实证用祛邪法治疗。在具体运用这一治则时，要分清邪气所在部位和邪气的性质，分别制订出具体的治疗方法。如里热积滞用寒下法，瘀阻经脉用化瘀通经法，痰热蕴肺用清肺化痰法等。

（2）反治。反治是顺从病证假象而治的一种治疗原则，故又称为"从治"。它适用于本质与现象不相一致的病证。如果从治法性质与病之本质而言，则仍属于正治，故实质上还是"治病求本"。

临诊有些疾病的本质与现象是不相一致的，即出现了假象。此时在辨证时应特别注意，更要透过现象去寻求本质，不可被假象所迷惑，而造成诊断和治疗的错误。如真寒假热、真热假寒、真虚假实、真实假虚等证，所以就有"热因热用""寒因寒用""塞因塞用""通因通用"等治法。

①热因热用。即以热治热的意思。前一"热"指治法和方药性质，后一"热"指病证的假象属性。所以热因热用，就是用温热方药治疗具有假热现象的病证。它适用于阴寒内盛，格阳于外，反见热象的真寒假热证。

②寒因寒用。即用寒凉性药物治疗具有假寒性病证的方法。适用于真热假寒证。

③塞因塞用。即以补法治闭塞病证的意思。前一"塞"指补益治则，后一"塞"指虚性闭塞不通的现象。所以塞因塞用，就是用补益方药治疗虚性闭塞不通的病证。它适用于真虚假实证。

④通因通用。即以泻法治通利病证的意思。前一“通”指泻下治则，后一“通”指实性通泄下痢的现象。所以通因通用，就是用泻下通利方药治疗实性通泄下痢的病证。

4. 同治与异治

同治与异治，就是“同病异治”与“异病同治”。“同病异治”是指同一种疾病，由于病因、病理以及发展阶段的不同，采用不同的治法。感冒是由于有风寒证与风热证的不同病因病理，故有辛温解表和辛凉解表治疗之分。外感温热病，由于卫、气、营、血四个病变阶段（证候）的不同，故治疗时有了解表、清气、清营、凉血的不同治法。“异病同治”是指不同的疾病，由于病理相同或处于同一性质的病变阶段（证候相同）而采用相同的治法。如泻痢脱垂等病症，凡属气虚下陷，都可用补中益气的治法。许多传染病的卫分证，都可用解表治法进行治疗。

5. 三因制宜

三因制宜，即因畜因地因时制宜，是指临诊治病要根据患病动物、地理环境、时令等具体情况制订适宜的治疗方法。它是在各种基本治则指导下的一种知常达变的治疗原则。临诊治疗时，除掌握疾病的一般规律外，还必须考虑到多方面的因素，对具体情况作具体分析，知常达变，灵活处理，以制订出适宜于病情的治疗方法。

(1)因畜制宜。因畜制宜是根据动物的种类、体质、年龄、性别等不同特点，来制订适宜的方法和方药。

动物的体质有强弱和阴阳之偏，所以在治疗上就有一定的区别。又如偏于阳盛或阴虚之体质，宜寒凉而慎用温热之剂；偏于阴盛或阳虚之体质，宜温热而慎用寒凉之剂。

动物的种类、年龄不同，其生理状况和气血盈亏有异，所以治疗用药也应有所区别。成年动物，生理机能强盛，用药量宜大；幼小动物，生理机能较弱，用药量宜小。年老动物生机减退，气血阴阳亏虚，患病多虚证或虚实夹杂，治疗虚证宜补，有实邪的要慎重，用药量应比青壮年较轻。幼小动物生机旺盛，但气血阴阳未充，脏腑娇嫩，易寒易热，易虚易实，病情变化较快，故治幼小动物之病，忌投峻攻，少用补益，用药量宜轻。

动物性别不同，各有其生理特点，如雌性动物有胎、产等情况，治疗用药应加以考虑。若适逢妊娠、分娩等情况，则治疗用药时应特别注意，对于峻下、破血、滑利、走窜伤胎或有毒药物，当禁用或慎用。

(2)因地制宜。因地制宜是根据不同地区的自然地理环境特点，来制订适宜的治法和方药的治疗原则。我国西北高原山区，气候寒冷、干燥少雨，病多内伤或外寒里热；东南滨海平原，气候温热、潮湿多雨，病多外感或生内寒。因此，在治疗方法和药量上当有所区别。例如，外感风寒证，西北严寒地区，用辛温解表药较重，常用麻黄、桂枝等；东南温热地区，用辛温解表药较轻，多用荆芥、防风等。这是地理气候不同的缘故，所以治病必须因地制宜。

(3)因时制宜。因时制宜是根据时令气候的特点，来制订适宜的治法和方药的治疗原则。四时气候的变化，对机体的生理能力、病理变化均可产生一定的影响，所以在治疗疾病时，必须注意到时令气候的特点。

一般来说，春夏季节，气候由温转热，阳气升发，机体腠理疏松开泄，即使患外感风寒，也不宜过用辛温发散药物，以免开泄过大，耗伤气血；而秋冬季节，气候由凉转寒，阴盛阳衰，机体腠理致密，阳气内敛，此时若非大热之症，当慎用寒凉药物，以防伤阳。《素问·六元正纪大论》说：“用寒远寒，用凉远凉，用温远温，用热远热。”食宜同法，正是这个道理。暑邪致病有明显的季节性，且暑多兼湿，故暑天治病要注意解暑化湿；秋天气候干燥，外感秋燥，则宜辛凉润燥。此与春季风温、冬季风寒外感用药亦不甚相同，风温应辛凉解表，风寒应辛温解表，所以治疗用药必须因时制宜。

综上所述，治疗原则是治疗疾病的准则，为确立治疗方法的依据，对于临床具有普遍指导意义。治病求本是中兽医治疗疾病的根本原则，它强调临床时寻求和治疗病证本质的重要性。扶正祛邪是针对虚证、实证施治的两个基本原则，也即“虚则补之”“实则泻之”的原则。标本治疗先后是突出临床应从复杂多变的病证中，分辨其标本缓急，来确定治疗时的先后主次。正治反治是针对疾病有无假象所制订的两种治疗原则，即无假象者用正治，有假象者用反治。因畜因地因时制宜是指出治疗疾病必须考虑到动物的种类、体质、年龄、性别，以及地理环境、时令气候等因素，对具体情况做具体分析，它是一种知常达变的治疗原则。临诊应用时，应综合考虑中兽医治病的整体观念和辨证论治在实际应用上的原则性和灵活性。只有全面地看问题，具体情况具体分析，善于因畜、因地、因时制宜，才能取得较好的治疗效果。

治则中还有调整阴阳、调理脏腑、调补气血等方法。临诊具体运用时，遵循原则，灵活适度，不能千篇一律，生搬硬套。另外，中兽医治疗方法概括为“汗、吐、下、和、温、清、补、消”八种方法，简称为“内治八法”。

6. 八法

(1)汗法，又称解表法，是用发汗解表的方药开泄腠理，驱邪外出，用以治疗表证的治疗方法。主要适用于外感表证初起阶段。由于表证有表寒、表热两种证型，汗法亦分为辛温解表和辛凉解表两种。

辛温解表：用味辛性温的解表药如麻黄、桂枝、防风、紫苏、生姜等，常用方剂如麻黄汤、荆防败毒散等。

辛凉解表：用味辛性凉的解表药如薄荷、菊花、柴胡、桑叶、牛蒡子等，常用方剂如银翘散等。

(2)吐法，又称涌吐法或催吐法，是用涌吐作用的药物使病邪或有毒物质从口中吐出的一种治疗方法。吐法是一种急救法，适用于食物中毒和食物积滞的实证。由于生理特点，马属动物不能使用。吐法易伤元气，耗损胃津，故怀孕母畜、产后母畜、老弱体衰病畜应忌用或慎用。

(3)下法，又称泻下法，是用泻下通便作用的药物攻逐实邪，以排除胃肠积滞和体内积水的一种治疗方法。主要适用于结症、便秘、胃肠实热、虫积、积水等里实证。

根据病性的寒热、病畜体质的强弱、病势的轻重缓急以及积滞、积水等不同情况，下法可分为攻下、润下、逐水等三类。

攻下法：也称峻下法，是运用泻下作用猛烈的药物，以攻逐体内积滞的一种治疗方法。适用于膘肥体壮、病情紧急的大肠热结病证。常用药如大黄、芒硝、番泻叶等，代表方剂为大承气汤。

润下法：也称缓下法，是运用泻下作用缓和的药物，治疗老弱病畜、孕畜、产后母畜的粪便秘结。常用药如火麻仁、郁李仁、麻油等，代表方剂为当归苁蓉汤。

逐水法：是运用具有攻逐水湿功能的药物，以治疗水液聚集的实证，常用于胸水、腹水、粪尿不通等。常用药如牵牛子、大戟、甘遂、芫花等，代表方剂为大戟散。

(4)和法，又称和解法，是用具有和解作用的药物，以和解表里、调和肝脾、调和肝胃，使机体内外脏腑之间的关系恢复平衡，达到扶正祛邪、使病邪不致入里的一种治疗方法。适用于半表半里证。代表方剂为小柴胡汤。

(5)温法,又称祛寒法,是用温热性质的药物,以祛除体内寒邪,温补阳气的一种治疗方法。适用于里寒证或里虚寒证。温法按照中寒部位和程度不同,可分为以下三种。

温中散寒:适用于脾胃虚寒证。常用药如吴茱萸、小茴香、高良姜等,代表方剂为理中汤。

回阳救逆:适用于阳气衰微,亡阳危证。常用药如附子、干姜、肉桂等,代表方剂为四逆汤。

温经散寒:适用于阳虚,寒邪凝滞经脉所致的痹痛证。常用药如艾叶、桂枝等,代表方剂为黄芪桂枝五物汤(黄芪、桂枝、白芍、生姜、大枣)。

(6)清法,又称清热法,是用寒凉性药物以清除体内热邪,治疗热证的方法。主要适用于里热证。根据热的程度、热邪所在部位以及畜体虚实的不同,清法可分为以下五种。

清热泻火:适用于热在气分,多见于高热、多汗、口渴、脉洪大而数的里热证。常用药如石膏、知母、栀子等。代表方剂为龙胆泻肝汤、清肺散、白虎汤等。

清热解毒:适用于因热毒引起的病证,如疮黄肿毒等。常用药如金银花、连翘、紫花地丁、蒲公英等,代表方剂为消黄散、清瘟败毒饮。

清热凉血:适用于热入营分、血分的病证,多见于高热神昏、斑疹、血热妄行的出血症等。常用药如生地黄、牡丹皮、地骨皮、白头翁等,代表方剂为清营汤、犀角地黄汤。

清热燥湿:适用于因湿热引起的病证,如痢疾、肠黄等。常用药如黄连、黄芩、黄柏、秦皮等,代表方剂为白头翁汤、郁金散。

清热解暑:适用于夏季暑热证。常用药如香薷、荷叶等,代表方剂为香薷散。

(7)补法,又称补益法或补虚法,是用具有补养作用的药物,对病畜阴阳气血不足进行补益的治疗方法。主要适用于虚证。临床上虚证有气虚、血虚、阴虚、阳虚四类,因此补法亦分补气、补血、滋阴、助阳四种。

补气:适用于气虚证,临床上以肺气虚和脾气虚较为常见。常用药如党参、白术、黄芪等,代表方剂为四君子汤、补中益气汤。

补血:适用于血虚证。常用药如当归、白芍、熟地、阿胶等,代表方剂为四物汤。

滋阴:适用于阴虚证,临床上以肺阴虚、胃阴虚和肾阴虚较为常见。常用药如沙参、龟板、麦冬、石斛等,代表方剂为六味地黄汤。

助阳:适用于阳虚证,临床上常见的有肾阳虚和脾阳虚。常用药如葫芦巴、补骨脂、肉苁蓉等,代表方剂为巴戟散、肾气丸。

(8)消法,又称消导法或消散法,是用消散破积的药物以消散体内气滞、血瘀、食积等病证的治疗方法。临床上常用的有以下三种。

消食导滞:是用消食化滞的方药使胃肠内积滞逐渐消散的治疗方法。常用药如山楂、麦芽、神曲、鸡内金等,代表方剂为曲麦散。

理气止痛:是用顺气宽中、行气止痛的方药治疗胃肠气滞的治疗方法。常用药如砂仁、木香、香附子等,代表方剂为橘皮散。

活血化瘀:是用活血化瘀作用的药物消除血瘀、血滞的治疗方法。适用于因血瘀引起的局部肿胀,以及母畜产后恶露不止等病证。常用药如川芎、红花、丹参等,代表方剂为生化汤、当归散。

知识拓展

中西兽医结合防治疾病现状

（夏春峰，王忠红，刘德福）

一、中西兽医结合诊断

中西兽医理论体系不同，各自从不同角度认识动物的生理病理现象，因此，其诊断疾病的方法也不同。主要表现在：中兽医“辨证”，西兽医“辨病”。

“辨证”是以阴阳、脏腑、经络、气血津液、病因等理论为基础，以四诊所收集的病情资料为依据，对四诊收集的资料加以综合分析而做出诊断的过程，中兽医的“证”是疾病过程的病因、病性、病位、正邪斗争等情况的概括，是“论治”的依据。“辨病”是用西兽医的诊断方法，包括用物理、化学、生化等先进的现代科技手段检查病畜，对疾病做出较准确的定性和定位，并较确切的阐明疾病发生的病理变化、组织细胞损害的程度、组织器官的功能变化及疾病的发展趋势，为用药物治疗提供依据。

辨证与辨病各有优缺点：中兽医“辨证”，从整体全局着眼，辨证地看待一切，注重内因，但是，笼统抽象，而对局部的病理实质了解不够；西兽医的“辨病”诊断较具体，准确性高，但是往往忽视整体，偏重于疾病的局部和致病的因素，过分强调外因，而对内因注重不够。因此，把辨证和辨病结合起来，既注重整体与局部，又注重内因与外因，使诊断的结果更能全面地认识和揭示疾病的本质。中兽医的“证”是对病畜整体机能状态的概括；而西兽医的“病”是对局部病变及功能变化的判断。因此，中兽医的一个“证”可能包括几个西兽医的“病”，如慢性前胃弛缓、慢性胃肠卡他、直肠脱、子宫脱、阴道脱等均属中气不足（下陷）证；而西兽医的一个“病”，也可能有几个证型，如胃肠卡他，就有胃热型、湿热型、寒湿型、气滞型、气虚型等。因而，目前中西兽医结合诊断——辨证与辨病相结合的方法主要有以下几种。

（一）在辨病的基础上辨证

这是中西兽医常见的结合方式。即在西兽医辨病的前提下，中兽医进行辨证，根据疾病不同阶段临床上的主要表现区分证型。如根据病因和临床症状，用西兽医的诊断方法诊断为前胃弛缓，然后再用中兽医的诊断方法进行辨证分型。若耳鼻不温，四肢发凉，口流清涎，鼻汗成片而不成珠，粪便稀软或泄泻如水，口色青白，脉象沉迟等症状者，为虚寒型；若有口腔气味酸臭，口津黏少，口色赤红，舌面黄干，粪便稀黏，气味腥臭，脉象滑数等症状者，为湿热型；若有精神不振，欲食青草，但采食很少，反刍几乎停止，口色灰黄或青黄，脉象弦长等症状者，为肝脾不和型。

（二）在辨证的基础上辨病

即在中兽医辨证的基础上，进行西兽医辨病，使诊断更准确。如“发热”，中兽医根据病因可为外感发热和内伤发热。以里热证的气分热为例，气分热的主证为高热不退，出汗，口渴喜饮，头低耳耷，食欲废绝，粪干燥，尿短赤，口色赤红，苔黄燥，脉洪数。从西兽医角度看，气分热的特点与西兽医的高热稽留很相似。但引起动物高热稽留的疾病很多，如内科病的大叶性肺炎、急性胸膜炎、牛出血性败血证等；寄生虫病的梨形虫病等。如果只用中兽医进行辨证，对上述疾病的病位、病性、局部病理变化及致病因素等认识的局限性，会使诊断不准确而延误病情。若在中兽医辨证的基础上，再用西兽医的诊断方法明确其病位、病性、局部病理变化及致病因素等，则对疾病的认识更深刻，使辨证更准确，遣方用药更有针对性。

（三）舍病从证

在西兽医对某些疾病不能确诊，临床上又出现诸多症状时，则以中兽医辨证为主，舍病从证。例如，某些疾病西兽医检查的各项指标均正常，诊断不出疾病，这时用中兽医进行辨证论治常能取得意想不到的效果。

二、中西兽医结合治疗

（一）中西兽医结合治疗的方法

(1)中兽医治疗为主，西兽医治疗为辅。对中兽医治疗效果好的疾病，在中兽医辨证的指导下进行论治，适当辅以西兽医治疗。例如，由于种种原因引起的肠道菌群失调或由于产生耐药菌株而引起的慢性腹泻等，用西兽医治疗往往效果不太好，甚至越治越重。而中兽医从脾气虚弱或肾阳火衰诊治往往会取得很好治疗效果。若病畜伴有脱水或酸中毒的情况，可配合输液，其疗效更佳。

(2)西兽医治疗为主，中兽医治疗为辅。对西兽医治疗效果好的疾病，以西兽医治疗为主，适当辅以中兽医治疗。如牛的梨形虫病，中兽药治疗效果不理想，西兽药贝尼尔等治疗则佳，但治疗后往往有食欲不振的症状，这时可用健脾和胃的方剂进行调理。有些西兽药在治疗的同时往往有较大的毒副作用，这时在辨证的前提下可与中兽药同用，以减轻其毒副作用，促进病畜健康。

(3)中西兽医联合治疗。对中西兽医治疗效果都不理想的疾病，可中西兽药同用，以便取其捷效。临床上经常见到这种情况，某些单用西兽药治疗或单用中兽药治疗的治愈率均不高，而中西兽药同用时其治愈率明显提高。这是充分发挥了中西兽药优势的结果。如犬瘟热是由犬瘟热病毒引起的犬的急性烈性传染病，其发病率和死亡率都很高，单用西兽药或单用中兽药治疗效果都不理想。若在发病的初、中期应用高免血清、免疫球蛋白、抗生素和输液等对症疗法，防止继发感染，改善微循环，同时应用清热解毒为主，并随症加减的中兽药治疗，其治愈率显著提高，且病程缩短。中西兽医结合治疗包括药物和针灸两个方面。

（二）中西兽药结合使用的方法

1. 中西兽药结合使用的方法

由于中西兽药结合治疗病畜，中西兽药的联用或合用就成为必然。中西兽药联用，是最常见的中西兽药结合使用方法，即在中西兽医结合诊断的前提下，将中药和西药组合在一个处方中，制成中西兽药合方制剂。

2. 中西兽药结合使用的注意事项

在中西兽药结合使用时，中兽药与西兽药之间和通常的药物配伍一样，既可能互相促进而提高疗效，也可能互相制约而降低疗效，有的可能减低疗效，有的可能产生毒副作用。因此，在中西兽药结合使用时，要充分了解各自的药性药理，以及可能产生的各种配伍效应，谨慎组方，并进行严密的药效观察。目前，关于中兽药与西兽药的配伍关系了解的并不多，只是初步了解到，大多数清热解毒中药与某些抗生素合用，可显现出优于任何单独一方的药效。常见的配伍禁忌如下。

含有机酸的中药，如乌梅、山茱萸、陈皮、木瓜、青皮、山楂、女贞子、五味子等与碱性西药，如碳酸氢钠、氨茶碱等同服，会产生酸碱中和，减少吸收，降低疗效。上述中药与溶解度较低的磺胺类药同服，会加重尿结晶的形成，损害肾脏功能。

含鞣酸的中药如五倍子、诃子、石榴皮、大黄等与四环素类抗生素、灰黄霉素、铁制剂、钙制剂等同服，因能产生鞣酸盐沉淀物，而使药物失去活性。

含碱性物质的中药和制剂，如槟榔、硼砂、元胡等不宜与呋喃妥因、四环素类合用，在碱性环境中可减少这些药物的吸收，使疗效降低。

3. 中西兽医结合预防

中西兽医结合预防的研究与应用时间不长，目前常用的结合方法有下列几种。

(1)中西兽医结合预防。这是目前常用的结合中西兽药预防疾病的方法。具体做法和中西兽医结合治疗相似，只是目的不同：一个是治疗，一个是预防。其形式是：中药预防为主，西药预防为辅；西兽药预防为主，中兽药预防为辅；中西兽药联合预防。应用的注意事项也相同。本法常用于预防禽大肠杆菌病、禽沙门杆菌病、禽巴氏杆菌病、仔猪白痢、仔猪黄痢、仔猪水肿病、仔猪断乳腹泻综合征等。

(2)中兽药与疫(菌)苗结合预防。中兽药与疫(菌)苗结合预防畜禽疫病是近几年出现的一种新的中西兽医结合形式。其方法有两种：一是在接种疫(菌)苗的同时，(或提前)应用中兽药；二是提取中兽药的某种成分(如蜂胶、黄芪多糖)作为疫(菌)苗的佐剂应用。

与疫(菌)苗结合使用的中药，主要是“扶正固本，补中益气”类和清热解毒类，如黄芪、人参、党参、甘草、枸杞子、灵芝、淫羊藿、黄连、金银花、穿心莲等。中兽药与疫(菌)苗结合使用，能显著提高疫(菌)苗的保护率，且无毒副作用。其机理是：某些中兽药与方剂(如小柴胡汤、四君子汤、六味地黄汤)具有明显的免疫增强作用，并对免疫抑制因素有对抗作用。如增加细胞免疫功能、提高T淋巴细胞花环形成率，并可使受HCT抑制的花环形成率逆转，诱导形成干扰素；增强非特异性免疫功能，使网状内皮细胞的吞噬机能明显提高。

(3)穴位免疫。这也是近几年来出现的一种新的中西兽医结合形式。其方法是将疫(菌)苗注入一定穴位内(如后海穴)，以期获得比常规的免疫接种途径更好的免疫效果。

穴位免疫是对穴位注射疗法(也称水针疗法)的发展。习惯上认为，针灸学与传染病的防治无缘。而近几十年来中国农业科学院组织有关单位开展的“动物穴位免疫及机理研究”，发现采用疫(菌)苗穴位注射不仅较传统的免疫接种途径节约疫苗用量50%以上，提高疫苗保护率20%左右，而且使免疫坚持时间有所提前。在防治猪传染性胃肠炎、猪传染性腹泻、猪轮状病毒病、仔猪大肠杆菌性腹泻、猪旋毛虫病、羊衣原体病、鸡传染性法氏囊病等方面应用15万多头次，取得了令人满意的效果。

案例分析

幼畜低热证的临床辨证施治

(陈功义，何志生)

一、案例简介

低热指发热时间长，常持续数日或数周，体温不高，多超出正常体温1 ℃之内，患畜症状轻微，西药抗生素治疗效果不明显。通过临床长期治疗观察，幼畜低热证常见以下几种类型。

1. 阴虚型

主证：患畜长期低热，夜热早凉，盗汗，口渴尿赤，体质较弱，少苔或无苔，舌红，脉细数。

治法：滋阴清热。

方药：青蒿鳖甲汤加减（青蒿 20 g、鳖甲 20 g、地骨皮 20 g、玄参 20 g、丹参 15 g、银柴胡 15 g、白药子 15 g、白薇 10 g）。

案例：2003 年 5 月 10 日，学校牧场一头 45 日龄母犊牛就诊。主诉：最近几天，这头小牛精神不振，食欲大减，夜间出汗。临床所见：患畜皮温不整，被毛时乍时顺。体温 39.5 ℃，尿黄，舌红，脉细数。诊断为阴虚型低热证。用上方药水煎服，1 剂病情大减，继服 1 剂而愈。

症候分析：阴虚发热属于虚热证，由于阴不足，阳相对过盛所致，故治疗应滋阴以平衡阴阳。同时津、血同源，均属阴。因此，在滋阴清热的同时，佐以凉血药，以提高疗效。方中鳖甲、玄参、白薇滋阴清热；青蒿、地骨皮、银柴胡退虚热；丹皮、白药子凉血，诸药合用，达到滋阴、凉血而清热，治疗阴虚发热患畜效果显著。

2. 热毒不尽型

主证：此类低温患畜，常见于有高热转化而来，并久久不退，热无定时，苔黄或白腻，脉细滑略数。

治法：清热解毒。

方药：青蒿 30 g、板蓝根 30 g、黄芩 15 g、花粉 20 g、赤芍 25 g。

案例：2004 年 3 月 5 日，某万头猪场，一头 3 月龄 40 kg 种公猪就诊。主诉：该猪 5 d 前高热，诊断为病毒性感冒，用西药治疗几次后，热不太甚，现仍食欲不振。临床所见：患猪精神不振。体温 39.3 ℃，皮温不整，苔黄，脉滑数。诊断为热毒不尽型低热症。即用上方药水煎服，1 日 1 剂，连服 2 剂而愈。

症候分析：热毒不尽，余热未解，但热邪久恋而伤阴，引起发热的原因主要是热毒。因此，治疗时主要以清热解毒为主，兼以滋阴清热。方中板蓝根、花粉、黄芩清热解毒，赤芍清热凉血；青蒿清热透邪。因此，对热毒不尽型低热证疗效较好。

3. 滞热型

主证：临床表现低热长久不退，以午后较甚，食减腹胀，呕吐，大便干燥，苔厚腻，脉滑数。

治法：清热化滞

方药：青蒿 10 g、地骨皮 6 g、知母 5 g、鸡内金 5 g、胡黄连 5 g、焦三仙 20 g、郁金 5 g、熟大黄 3 g。

案例：2004 年 2 月 7 日，尉氏县庄头村张某，一头 4 月龄猎犬就诊。主诉：几天前，该犬食入较多的鸡骨头，食后食欲不振，肚胀并伴有呕吐。曾用西药酵母片、甲氧氯普胺治疗几次，效果欠佳。临床所见：患犬被毛粗乱，肚胀，大便干燥，体温 39.1 ℃，舌苔厚腻，脉滑数。诊断为滞热型低热症。即用上方药水煎服，1 日 1 剂，连服 3 剂而愈。

4. 湿热型

主证：低热，口不渴或不喜饮，呕吐，便溏，苔白腻或黄腻，脉细滑而濡。

治法：清热化湿。

方药：甘露消毒丹加减（茵陈 30 g、薄荷 15 g、藿香 20 g、连翘 20 g、白豆蔻 10 g、滑石 50 g）。

案例：2003 年 10 月 2 日，尉氏县新庄村刘某，一头 2 日龄母犊牛就诊。主诉：该犊牛昨天夜卧舍外，翌日出现食欲不振，毛乍，大便溏稀。后用安乃近、磺胺甲唑、酵母片治疗2次，效果不明显。临床所见：患畜大便溏稀，气味腥臭，体温39.3℃，舌苔黄腻，脉滑细。诊断为湿热型低热证。用上方药水煎服，1日1剂，连服2剂而愈。

症候分析：此患畜低热，主要是湿热内蕴所致，治宜清热化湿为主，方中茵陈、滑石清热利湿；黄芩、连翘清热燥湿；薄荷、白豆蔻、藿香化湿透热。诸药合用对湿热型低热证疗效较满意。

二、案例分析

幼畜低热，临床常见，病因较多，病情较复杂，故临床治疗时，应辨证求因，方能奏效。

技能训练

技能训练一　问诊与望诊

【技能目标】

(1)进一步明确问诊和望诊的基本内容。

(2)掌握问诊和望诊的基本操作技能。

【材料用具】

患病动物4头(匹)或实训动物4头(匹)，动物保定栏4个，保定绳索4套，听诊器4具，体温计4支，工作服每人1件，病历表4份。消毒药液及洗涤用具4份，笔记本人手1本，技能单人手1份。

【内容方法】

1. 问诊

首先应问一般情况，如畜主姓名、住址，患畜类别、年龄、性别、品种、毛色、用途。然后在认真听取主诉的基础上，进一步询问现病史、现在病状、既往病史、动物个体史和种群史、饲养管理、生产使役及母畜怀胎产仔情况，当地气候与社会环境条件等。

问诊时应做到恰当准确，简要无遗。诊者对畜主的态度要和蔼诚挚，语言要通俗易懂，抓住畜主陈述的主要问题，从整体着眼，边询问边分析。

2. 望诊

应先望整体，后看局部，依次进行。若系前来就诊的患病动物，应让其先休息片刻，体态自然后，诊者在距患畜数步远的地方，围绕其前后左右进行审视。如果需要可请畜主牵行患畜作前行后退、左向、右向转圈(根据问诊获得的情况有侧重地望诊)。察口色应注意观察口腔，特别是舌的色泽、舌苔、口津、舌形四个方面的变化。

(1)马属动物。诊者站在患畜头侧，一手握住笼头，另一手轻翻上唇，即可看到唇和排齿的色泽。然后用食指和中指从口角伸进口腔，以感觉其温凉润燥；随即两指上下撑开口腔，舌体就可自然暴露。如果仍不张口，可用食指刺激一下上腭。最后以两指钳住舌体，拉出口外，仔细观察舌苔、舌质及卧蚕等的变化。

(2)牛。一手握住鼻环或鼻攥，另一手食指和中指从口角伸进口腔，在感知其温凉润燥后，将上下腭轻轻撑开。如果口紧难以撑开的，则可将手掌从舌下插入，并横向竖起，把舌体推向口内，即可将口打开。注意观察其口角、舌体、草刺等的变化。

察口色时应做到：①打开患畜口腔的动作应尽可能轻柔，牵拉舌体的时间不宜过久，以免引起颜色的改变。②应在充足而柔和的自然光线下观察。③养成按一定顺序进行观察的习惯。一般先看舌苔，次看舌质，再看卧蚕。无论看到何处，都要注意其色泽、润燥。④注意排除各种物理的、化学的因素，如过冷过热的饮水饲料、带色药物等对口色、苔色的影响。⑤注意季节、年龄、体质等因素对口色的影响。

技能训练二　闻诊与触诊

【技能目标】

(1)进一步明确闻诊和触诊的要领。

(2)初步掌握闻诊和触诊的基本操作技能。

【材料用具】

同技能训练一。

【内容方法】

(一)闻诊

闻诊包括耳听声音、鼻嗅气味两个方面的内容。

(1)听声音。在安静环境中，听取患畜的叫声、呼吸音、咳嗽声、喘息声、呻吟声、肠鸣声、嗳气声、磨牙声以及运步时的蹄声等。

(2)嗅气味。结合局部望诊，对患畜的口气、鼻气、粪便、尿液、体气、痰涕、脓汁等气味进行认真的区别。

听声音时，周围环境一定要保持安静。听内脏器官运动音时，可借助听诊器，以进一步察其病理变化。嗅气味时，要靠近病变部位，或用棉签蘸取分泌物或排泄物，或用手掌扇动着去嗅取。

(二)触诊

触按：应仔细而有重点地触按官窍、肌肤、胸腹等部位，以判别口腔、鼻端或鼻镜、耳角、体表和四肢的寒热润燥；有无肿胀，以及肿胀的寒热、软硬、大小；咽喉和槽口有无异常变化；左侧肘后心区胸壁振动的强度和频率有无异常；腹部特别是肷部的寒热、软硬、胀满、肿块、压痛等情况；腧穴所在部位有无敏感反应等。

触按的手法，可以分为触、摸、按 3 种。触是用手指或手掌轻轻接触患部；摸是以手抚摸，力度稍重；按是适度用力按压，故其力度有轻重不同。操作时，要求手法轻巧，综合运用。

思政关联·名医轶事

华佗辨证巧用药

华佗精通内、外、妇、儿、针灸各科，医术高明，诊断准确，在我国医学史上享有很高的声望。华佗给患者诊疗时，能够根据不同情况，开出不同的处方。

一日，州官倪寻和李延一同问疾于华佗，两人诉说的主要症状相同：头痛发热。

华佗分别给两人诊脉后，给倪寻开了通泻的药，给李延开了发汗的药。两人看了药方，感到非常奇怪，问："我们两个人的症状相同，病情一样，为什么吃的药却不一样呢？"华佗解释说："你俩相同的，只是病证的表象，倪寻的病是由于饮食过多引起的，病在内，应当服泻下药，将积滞泻去，病就好了。李延的病是受凉感冒引起的，病在外，应当吃解表药，风寒之邪随汗而去，头痛也就好了。你们两人的病因不同，我当然得对证下药，给你们用不同的药治疗了。"倪寻和李延听后佩服不已，回去服药后，没过多久，两人的病就全好了。

中医强调辨证论治，症状虽然相同，但引起疾病的原因不同，故治疗方法也不一样。

（摘自《三国志》，陈寿. 北京：中华书局，1975.）

考核评价

【考核项目】

问诊与望诊。

【考核要点】

问诊语言准确，方法恰当，并能做出初步的分析判断；望诊从整体到局部都能有次序地进行，并能识别正常与异常的口色。

【考核方法】

在动物医院或实训场地选择典型病例，现场进行。学生独立完成操作后，教师做出评判。

【考核评价】

能正确完成全部考核内容者评 100 分或优秀；能正确完成 2/3 的考核内容者评 85 分或良好；能正确完成 1/2 考核内容者评 60 分或及格；正确完成不足 1/2 考核内容者评不及格。

执业兽医资格考试真题精选

1. 久泻不止、脱肛或子宫阴道脱出的证候见于（　　）（2009 年真题 50）

A. 脾虚不运　　B. 脾不统血　　C. 脾胃虚寒　　D. 脾气下陷　　E. 寒湿困脾

（2～3 题共用备选答案）（2010 年真题 72～73）

A. 肝血虚　　B. 肝胆湿热　　C. 肝火上炎　　D. 肝阳化风　　E. 阴虚生风

2. 犬，眼目红肿，羞明流泪，视物不清，粪便干燥，尿浓赤黄，口色鲜红，脉数，对于该病证，给予辨证分型是（　　）

3. 牛，精神沉郁，食欲减退，粪便稀软，尿黄浑浊，可视黏膜发黄，鲜明如橘，口色红黄，舌苔黄腻，脉数，对于该病证，给予辨证分型是（　　）

4. 马，耳鼻温热，泄泻，泻粪腥臭，尿液短赤，口津干黏，口渴贪饮，口色红黄，舌苔黄腻，脉象滑数。该病中兽医辨证属于（　　）（2012 年真题 84）

A. 食积大肠　　B. 大肠冷泻　　C. 大肠湿热　　D. 大肠液亏　　E. 热结肠道

(5～7 题共用题干)(2010 年真题 198～200)

马,证见发热,肠燥便秘,腹痛,尿短赤,口津干燥,口色深红,舌苔黄厚,脉沉实有力。

5. 该病证可辨证为(　　)

A. 邪热犯肺　B. 热入心包　C. 热结肠道　D. 肝胆湿热　E. 膀胱湿热

6. 该病证的治法为(　　)

A. 清肺化痰　B. 清心开窍　C. 通便泄热　D. 清肝利胆　E. 清热利湿

7. 该病证最适宜的基础方剂是(　　)

A. 八正散　B. 清营汤　C. 茵陈蒿汤

D. 增液承气汤　E. 麻杏石甘汤

8. 沉脉的主证是(　　)(2011 年真题 51)

A. 表证　B. 里证　C. 热证　D. 寒证　E. 虚证

(9～10 题共用备选答案)(2014 年真题 71～72)

A. 大肠湿热　B. 大肠冷泻　B. 胃食滞　D. 脾气下陷　E. 食积大肠

9. 犬,9 月龄,食欲减退,久泻不止,肛门松弛,消瘦,被毛凌乱,口色淡白,舌苔薄白,脉虚无力。该症候对应证型为(　　)

10. 犬,3 月龄,食欲减退,不时呻吟,腹泻,粪便黏腻腥臭,带有脓血,口色红,舌苔黄腻,脉象滑数,该症候对应证型为(　　)

11. 病牛证见便血,尿血,皮下出血,体瘦毛焦,倦怠喜卧,口色淡白,脉细弱,可辨证为(　　)(2011 年真题下 84)

A. 脾虚不运　B. 脾气下陷　C. 脾不统血　D. 心血虚　E. 肝血虚

12. 马,耳鼻温热,泄泻,泻粪腥臭,尿短赤,口津干黏,口渴贪饮,口色红黄,舌苔黄腻,脉象滑数。该病可辨证为(　　)(2012 年真题 84)

A. 食积大肠　B. 大肠冷泻　C. 大肠湿热　D. 大肠液亏　E. 寒湿困脾

(13～14 题共用备选答案)(2013 年真题 72～73)

A. 肝血虚　B. 肝胆湿热　C. 肝火上炎　D. 肝阳化风　E. 阴虚生风

13. 某牛,精神沉郁,食欲减退,眼结膜黄染,黄色鲜明如橘,粪便稀软,尿黄浑浊,口色红黄,舌苔黄腻,脉弦数。该病可辨证为(　　)

14. 某犬,眼目红肿,羞明流泪,视物不清,粪便干燥,口色鲜红,脉象弦数,该病可辨证为(　　)

15. 犬,2 岁,证见尿频,尿急,尿痛,尿液浑浊、淋漓不畅,口色红,舌苔黄腻,脉滑数。该病可辨证为(　　)(2013 年真题 84)

A. 肾阳虚　B. 肾阴虚　C. 肾气不固　D. 肾虚水泛　E. 膀胱湿热

(16～18 题共用题干)(2013 年真题 193～195)

马,高热,大汗,呼吸喘粗,口渴贪饮,尿短赤,口色鲜红,舌苔黄燥,脉洪大。

16. 该病可辨证为(　　)

A. 太阳伤寒　B. 太阳中风　C. 阳明经证　D. 阳明腑证　E. 少阳病症

17. 该病证的治则是(　　)

A. 发汗解表　B. 清热生津　C. 清热泻下　D. 温中散寒　E. 利水渗湿

18. 若该病畜粪便燥结不通，可辨证为(　　)

A. 太阳伤寒　B. 太阳中风　C. 阳明经证　D. 阳明腑证　E. 少阳病症

(19～20 题共用题干)(2013 年真题 196～197)

牛，证见粪便不通，肚腹胀满，回头观腹，不时起卧，饮食欲废绝，口腔酸臭，尿少色浓，口色赤红，舌苔黄厚，脉象沉而有力。

19. 该病可辨证为(　　)

A. 大肠湿热　B. 大肠液亏　C. 食积大肠　D. 脾胃虚寒　E. 肝脾不调

20. 治疗该病证宜选用的基础方剂是(　　)

A. 郁金散　B. 曲蘖散　C. 保和丸　D. 理中汤　E. 大承气汤

(21～22 题共用备选答案)(2011 年真题 73～74)

A. 大肠湿热　B. 大肠冷泻　C. 胃食滞　D. 脾气下陷　E. 食积大肠

21. 犬，9 月龄，食欲减退，久泻不止，肛门松弛，消瘦，被毛凌乱，口色淡白，舌苔薄白，脉虚无力。该症候对应证型为(　　)

22. 犬，3 月龄，食欲减退，不时呻吟，腹泻，粪便黏腻腥臭，带有脓血，口色红，舌苔黄腻，脉滑数，该症候对应证型为(　　)

23. 病牛证见便血、尿血、皮下出血，体瘦毛焦，倦怠喜卧，口色淡白，脉细弱，可辨证为(　　)(2014 年真题下 84)

A. 脾虚不运　B. 脾气下陷　C. 脾不统血　D. 心血虚　E. 肝血虚

(24～26 题共用题干)(2014 年真题 195～197)

马，尿少色浓，频频干咳，昼轻夜重，痰少津干，低热不退，舌红少苔，脉细数。

24. 该病可辨证为(　　)

A. 肺气虚　B. 肺阴虚　C. 痰饮阻肺　D. 风寒束肺　E. 风热犯肺

25. 该病可能治疗原则是(　　)

A. 补肺益气，止咳定喘　B. 滋阴生津，润肺止咳

C. 疏风散热，宣肺通气　D. 宣肺散寒，祛痰止咳

E. 清肺化痰，止咳平喘

26. 该病证最适宜的方剂是(　　)

A. 百合固金汤　B. 二陈汤　C. 麻黄汤

D. 麻杏石甘汤　E. 银翘散

(27～28 题共用备选答案)(2015 年真题 71～72)

A. 肺气虚　B. 肺阴虚　C. 痰饮阻肺　D. 风热犯肺　E. 肺热咳喘

27. 牛，精神沉郁，咳嗽，气喘，鼻液量多，色白而黏稠，苔白腻，脉滑。该病可辨证为(　　)

28. 牛，耳鼻温热，咳嗽，咽喉肿痛，鼻流黄涕，口干色红，舌苔薄白，脉浮数。该病可辨证为(　　)

29. 马，粪便不通，腹痛起卧，回头观腹，食欲废绝，口腔酸臭，口色赤红，舌苔黄厚，脉沉实有力。该病可辨证为(　　)(2015 年真题 84)

A. 大肠湿热　B. 大肠冷泻　C. 大肠液亏　D. 食积大肠　E. 脾虚不运

30.马,10岁,发病1日,精神尚可,证见鼻寒耳冷,四肢发凉,粪便稀薄,口色淡白,口津滑利,舌苔白,脉迟。该病可辨证为(　　)(2016年真题84)

A.虚症　B.正证　C.寒证　D.热证　E.表证

31.热入心包证宜选用的方剂是(　　)(2017年真题45)

A.清宫汤　B.镇肝息风汤　C.清肺散

D.清瘟败毒饮　E.清燥救肺汤

32.下列措施中,不属于"治未病"的是(　　)(2017年真题46)

A.合理使役　B.针药调理　C.疫病预防　D.治病求本　E.防止传变

(33～35题共用备选答案)(2017年真题68～70)

A.邪热入肺　B.气虚发热　C.血热妄行　D.阴虚发热　E.热在气分

33.马,3岁,证见身热,气喘,咳嗽,鼻液黄稠,苔黄燥,脉洪数。可辨证为(　　)

34.牛,6岁,神疲乏力,易汗,体表稍热,食欲减退,拉稀,卧下时肛门脱出。可辨证为(　　)

35.牛,6岁,证见午后发热,但发热不甚,口干尿少,皮肤弹性降低,舌红少苔,脉细数。可辨证为(　　)

(36～39题共用题干)(2017年真题191～194)

7月,马使役后突然发病,证见高热,大汗,口渴喜饮,口津干燥,口红眼赤,舌苔黄燥,脉洪大。

36.该病可辨证为(　　)

A.热入阳明　B.热结肠道　C.热入心包　D.热入营分　E.热入血分

37.该病的治法是(　　)

A.清气泄热,生津止渴　B.攻下通便,滋阴清热

C.清心泻火,养阴安神　D.清营解毒,透热养阴

E.清热解毒,凉血散瘀

38.治疗该病首选的方剂是(　　)

A.白虎汤　B.大承气汤　C.清宫汤　D.清营汤　E.犀角地黄汤

39.【假设信息】若大汗不止,伴有神昏,可配合血针治疗,首选的穴位是(　　)

A.颈脉　B.膝脉　C.玉堂　D.胸堂　E.肾堂

40.口色中,黄色的主证是(　　)(2018年真题45)

A.虚证　B.热证　C.寒证　D.湿证　E.风证

(41～43题共用题干)(2018年真题198～200)

病马,证见粪便不通,肚腹胀满,回头观腹,不时起卧,食欲废绝,嗳气酸臭,口色赤红,舌苔黄厚,脉沉有力。

41.该病可辨证为(　　)

A.大肠湿热　B.大肠冷痛　C.肝脾不和　D.食积大肠　E.脾虚不运

42.该病的治则是(　　)

A.清热利湿,行气止痛　B.通便攻下,行气止痛

C.疏肝健脾,行气止痛　D.温中散寒,行气止痛

E.益气健脾,行气止痛

43.本病可选用的基础方剂是(　　)

A.大承气汤　　B.白头翁汤　　C.曲蘖散　　D.四君子汤　　E.桂心散

项目四真题参考答案

知识链接

1.唐文红,黄忠,赵洪进,等.浅谈中兽医理论对宠物临床实践的指导作用.华东区第十七次中兽医科研协作与学术研讨会,2006.

2.张克家,许剑琴.现代中兽医诊疗体系.中兽医学杂志,2004.

项目五
疾病防治

学习目标

知识目标

了解猪、禽、牛、羊、犬等各种动物常见疾病的病因病理；基本掌握其辨证方法；重点掌握其中药及针灸治法。

能力目标

用四诊的方法，收集各种症状并加以综合分析、归纳，做出诊断；结合中兽医治疗疾病的基本特点和方法，并能应用于具体疾病的防治中。

思政目标

培养见微知著的整体分析能力和敏锐的洞察力；培养实事求是、精益求精的工作作风。

学习内容

项目五疾病防治 PPT

任务三十六 常见猪病防治

感冒

本病是猪体感受风寒、风热之邪，引起发热、恶寒、咳嗽，流涕的病证。一年四季均可发生，但风寒感冒多见于秋冬，风热感冒多见于春夏。

【病因病理】多因猪圈阴暗潮湿、猪只拥挤或长途运输，致使猪体虚弱，卫阳不固。此时若遇天气突然变化，风寒风热之邪便乘虚而入，邪束肌表，腠理不通，内热不得外泄而发本病。

【辨证】常见风寒感冒和风热感冒两种证型。风寒感冒：恶寒重，发热轻，低头拱腰，毛乍尾垂，周身振颤，喜阳光或钻草堆，无汗或微汗，运步不灵，呼吸不畅，咳喘流清涕，尤其是早晚受冷空气刺激或驱赶时，咳嗽更厉害。口色无明显变化，舌苔薄白。风热感冒：精神沉郁，食少纳差，发热微恶寒或不恶寒，喜卧阴凉处，鼻端发干，咳嗽流涕，气促喘粗，口红苔黄。

【治法】

(1)风寒感冒宜辛温解表，疏风散寒。方用荆防败毒散：荆芥、防风、羌活、独活、柴胡、前胡各 20～40 g，甘草 10～15 g。煎汤，候温灌服(《摄生众妙方》)。

(2)风热感冒宜辛凉解表，发散风热。方药：①银翘散(金银花 50～75 g，连翘、荆芥、薄荷各 25～50 g，牛蒡子、淡豆豉各 20～40 g，竹叶、桔梗各 25～30 g，芦根 50 g)。煎汤，候温灌服(《温病条辨》)。②银翘柴芩汤(银花、连翘、柴胡、黄芩、荆芥、薄荷、桔梗、甘草，芦根为引)。煎水拌少许精料内服或直接灌服，可辨证加减(《兽医中草药大全》)。

咳嗽

咳嗽是肺经疾病的主要证候。由于外感、内伤，致使肺气壅塞，宣降失常而发生，故临证中常见的有外感咳嗽和肺虚咳嗽两种。

【病因病理】外感咳嗽：风寒风热之邪侵犯猪体，束其肌表，肌表与肺气相通，肌表受束则致肺气失宣，肃降失常，发生咳嗽。肺虚咳嗽：肺热喘咳，病程迁延，使肺气逐渐虚弱而成气虚咳嗽；外感久咳不愈，伤及肺津，或管理不善，猪体瘦弱，气虚不能输布津液，虚热内生，灼津为痰，致使肺失宣降而引起阴虚咳嗽。

【辨证】以咳嗽为主要症状。外感咳嗽：咳嗽声音洪亮，气出有力，或阵发性的连续咳嗽。若兼见肌表、耳、四肢发凉，鼻流清涕，发热轻而恶寒重等症状者，为风寒咳嗽。若兼见发热重而恶寒轻、少食鼻塞等症状者，为风热咳嗽。肺虚咳嗽：咳声低哑，气出无力，体瘦毛焦。若兼见动则咳甚，鼻流清涕，倦怠无力，畏寒喜暖，易感冒、易出汗，舌淡者，为气虚咳嗽。若兼见咳嗽日轻夜重，口干舌燥，低热盗汗，鼻液黏稠，粪干尿少，舌红、苔少者，为阴虚咳嗽。

【治法】

1. 方药

风寒咳嗽，宜辛温解表、宣肺止咳。方用荆防败毒散(见感冒)。风热咳嗽，宜辛凉解表、宣肺止咳。方用桑菊饮：桑叶 12 g，菊花 10 g，杏仁、桔梗、芦根各 10 g，连翘 7 g，薄荷、甘草各 5 g。煎汤内服(《温病条辨》)。气虚咳嗽宜补益肺气、祛痰止咳。方用补肺汤：党参 10 g、黄芪 15 g、熟地 15 g、五味子 10 g、紫菀 10 g、桑白皮 10 g。水煎温服(《永类钤方》)。阴虚咳嗽，宜滋阴润肺、宣肺止咳。方用百合固金汤：百合 15 g、麦冬 15 g、生地 20 g、熟地 20 g、川贝母 10 g、当归 10 g、白芍 10 g、生甘草 10 g、玄参 5 g、桔梗 5 g。水煎温服(《医方集解》)。

2. 针治

以天门、耳尖、尾尖、大椎、涌泉为主穴，配以山根、苏气穴。

脾胃虚弱

脾胃虚弱，类似于现代兽医学的消化不良。它是胃肠功能衰退或紊乱引起的少食或不食为特征的一种常见病证。

【病因病理】主要由于饲养管理不良，饮喂失宜。或喂以霉败变质、粗糙的饲料；或喂过冷过热的饲料，或突然喂较好的饲料而采食过多，均能伤及脾胃。胃弱则不能受纳，脾虚则不能运化,脾胃功能失常而导致本病的发生。此外,也有的继发于胃肠炎、感冒、蛔虫病等病证。

【主证】主要表现为少食或不食,粪便干燥或腹泻,精神大多沉郁,体温正常。因脾胃功能虚弱所致者,多伴有体瘦毛焦,神倦,口色淡,粪中混有未消化的谷料等;因过食引起者,多伴有腹痛、腹胀、呕吐等;若继发于他病,伴有原发病症状。

【治法】健脾消食理气。

1. 方药

脾胃虚弱引起的,选用参苓白术散:莲子肉、薏苡仁、砂仁、炒桔梗各 15 g,白扁豆 20 g,茯苓、党参、甘草、白术、山药各 30 g。为末,开水冲调,候温灌服(《太平惠民和剂局方》)。因过食引起者,选用验方:山楂 30 g、麦芽 30 g、神曲 60 g、莱菔子 30 g、大黄 15 g、陈皮 15 g。水煎灌服(《中兽医治疗学》)。

2. 针治

针脾俞、玉堂、后三里等穴。

胃积食

胃积食,又名猪食胀、胃食滞,现代兽医学称消化不良。它是大量饲料积于胃内不能运转,导致肚腹胀满、疼痛的病证。

【病因病理】多因饥后饲喂过多,贪食过饱以致胃内食物积聚而发病。此外,饲料突然更换,运动不足也是诱发因素。

【主证】食欲大减或废绝,时有呕吐,吐出物酸臭。腹围膨大,触压腹壁坚硬有痛感。重者腹痛不安,前蹄刨地。痛苦呻吟,口臭,色红,苔黄。

【治法】消积导滞,泻下通便。

1. 方药

消滞汤:山楂(炒)30 g、麦芽 60 g、神曲 30 g、莱菔子 30 g、大黄 20 g、芒硝 30 g。水煎分 2 次灌服(《中兽医学》)。

2. 针治

针脾俞、六脉、后三里等穴。

呕吐

呕吐多为中毒、胃肠病证以及虫积所致的食物由胃吐出的一种病证。

【病因病理】多因猪过食,或饲料霉败变质,胃腑停滞不化;或因暑湿热燥内侵,伤及胃腑,均使胃失和降,气逆于上而呕吐。

【辨证】伤食呕吐:患猪不食,肚腹饱满,呕吐物酸臭,呕后病减。湿热呕吐:猪只体热,口渴欲饮,遇热即吐,吐势剧烈,吐出物腐臭,清稀而色黄。吐后稍安,食欲大减,粪便干涩,尿液短黄。

【治法】

1. 方药

伤食呕吐宜消积导滞、和胃止呕。方用保和丸:山楂 50 g,神曲 25 g,半夏、茯苓、陈皮、连翘、莱菔子各 10 g。共为末，开水冲调，候温灌服(《丹溪心法》)。湿热呕吐宜清利湿热，和胃止呕。方用清胃散：当归 10 g、黄连 15 g、生地黄 10 g、牡丹皮 5 g、升麻 5 g、石膏 20 g(打碎先煎)，水煎温服(《中兽医学》)。

2. 针治

针玉堂、脾俞、三脘等穴。

便秘

便秘是粪便干硬，停滞肠间，排出困难的一种常见病证。一年四季均可发生。

【病因病理】多因饲养失宜，长期饲喂粗硬不易消化的饲料，又饮水不足，饲料不易腐熟与运化，致使糟粕停滞，秘结于大肠而发生；或因热性病，热邪伤于脏腑，灼伤津液，肠液亏乏，导致继发性粪便燥结。

【主证】精神沉郁，少食喜饮，腹痛不安，排粪困难，拱腰努责，始排少量干小粪球，听诊肠音减弱或消失，触摸腹部，可以摸到肠中干硬粪球，体温一般正常，继发于热性病的常伴有原发病的主要症状。

【治法】通肠导滞。

1. 方药

大黄、麻仁、桃仁、郁李仁各 15～30 g，煎成浓汁后去渣，加食用油 60 mL 灌服，结合肥皂水灌肠(《中兽医学》)。

2. 针治

针穴脉、百会、尾尖、山根等穴。

泄泻

泄泻是排粪次数增多，粪便稀薄，甚至泻粪如水的病证。因常伴有肠鸣腹痛，故又称为腹泻、拉稀，现代兽医学称胃肠卡他。

【病因病理】泄泻的主要病变部位在脾胃及大小肠。但其他脏腑疾患，也能导致脾胃功能失常而发生泄泻。常见的原因主要有过食或偷食饲料，使脾胃负担过重，伤害脾胃，运化失常，水谷并走大肠，混杂而下，成为伤食泻；饲养不良，时饱时饥，脾胃受损，造成脾胃虚弱，运化失常，成为脾虚泻；采食冰冷的饲料，急饮冷水，寒湿之邪积于肠胃，而发生冷泻；暑热炎天，饲喂霉败饲料，渴饮污浊脏水，湿热之邪随之侵犯，郁结脾胃，发生热泻。

【辨证】大便稀薄，排粪次数增加，在尾及肛门附近有稀粪，为其主证。兼见腹满少食，舌苔厚腻，粪稀黏稠，多为伤食泻；体瘦毛焦，神倦少食，口色淡白，粪稀而气味不腥，多为脾虚泻；肠鸣腹痛，肢寒耳冷，恶寒战抖，多为冷泻；泻粪如浆，赤浊腥臭，拱嘴干燥，口渴喜饮，多为热泻。

【治法】清热解毒，燥湿止泻。

1. 方药

伤食泻宜健脾消食，选用保和丸：山楂 20 g、六曲 20 g、半夏 10 g、茯苓 10 g、陈皮 10 g、连翘 10 g、莱菔子 10 g。共为末，开水冲调，候温灌服(《丹溪心法》)。热盛者加黄芩、黄连。脾虚泻宜补脾益气。方用补中益气汤：炙黄芪 30 g，党参、白术、当归、陈皮各 20 g，炙甘草、升麻、柴胡各 10 g。共为末，开水冲调，候温灌服(《脾胃论》)。水泻重者加茯苓、猪苓；完谷不化的加山楂、麦芽、六曲。冷泻宜温中散寒。方用五苓散加味：猪苓 10 g，茯苓、白术各 15 g，泽泻 20 g，桂枝、干姜、茴香各 10 g。共为末，开水冲调，候温灌服。水泻重者加诃子、乌梅、天仙子（《中兽医学》）。热泻宜清热燥湿，利水止泻。方①：黄连、大黄、陈皮、猪苓、车前子各 15 g，白芍、泽泻各 20 g。水煎，分 2 次喂（《中兽医学》）。方②：白头翁汤（白头翁 100 g，黄连、黄柏、秦皮各 150 g），水煎，分 2 次温服（《伤寒论》）。

2. 针治

伤食泻、热泻针玉堂、耳尖；冷泻火针脾俞、后海；脾虚泻针脾俞、后海。

异食癖

异食癖是由于新陈代谢障碍和营养缺乏所引起的一种偶然性或习惯性恶癖，又称异嗜癖或异嗜病。多见于母猪，常发生在怀孕期间或产后断乳前。

【病因病理】多因饲料配合不当，缺乏矿物质、维生素和蛋白质，或因胃肠病、骨软病、寄生虫病等，伤害脾胃，受纳失常而发本病。此外，母猪乳房发炎或有创伤，饲料中含有肉残物，或母猪吞食老鼠、胎衣、死小猪后，或母猪过分凶暴等易得此病。

【主证】幼猪喜啃泥土、粪尿、砂石或带有咸味的异物。食欲减退，发育迟缓或停止。母猪除上述表现外，在产后还吃胎衣，吞食乳猪，不让接近。

【治法】健脾开胃。针对具体病因而治。

1. 方药

白术 5 g、陈皮 10 g、茯苓 10 g、陈曲 10 g、麦芽 10 g、山楂 10 g、泽泻 5 g、白芍 5 g、青皮 5 g、甘草 5 g，水煎服（《猪犬疾病辨证施治》）。如果缺乏维生素可补充些青菜类的青饲料，缺无机盐类可按饲料总量给予 0.5%～0.9%食盐，或给予骨粉、贝壳粉 20～50 g。缺乏铜、铁等微量元素，可在圈内撒些红土，任其采食。妊娠母猪要喂给蛋白质饲料，以满足胎儿生长发育的需要。

2. 针治

脾俞、肝俞为主穴，耳尖、尾尖、玉堂、八字为配穴。

尿血

尿血是下焦积热，传入膀胱，迫血外溢，使尿中带血的一种病证。

【病因病理】多因气候炎热，急赶猪只奔跑，或长途运输、过度拥挤，热邪内侵，导致心火壅盛，下移小肠，流注膀胱，迫使血离经络而外溢，故成尿血。也有因腰部受到硬物碰撞、棍棒打压等损伤而成本病。

【主证】病初精神不振，食欲减退，行动迟怠，结膜红赤，尿色淡红。随着病情加重，尿液转至鲜红、暗红或黄红色，甚至混有血块。排尿困难，拱腰努责，尿时有痛感，尿液淋漓难下。日久则口色淡白，低头拱背，行走无力，体瘦毛焦。

【治法】清热利尿，凉血止血。

1. 方药

木通 10 g、灯芯草一撮、瞿麦 15 g、车前子 25 g、生栀子 15 g、生大黄 15 g、萹蓄 25 g、甘草梢 5 g。水煎，分 2 次服（《猪经大全》）。

2. 针治

主穴取百会、断血、尾本；配穴取人中、血印、苏气、六脉。

尿闭

尿闭又称胞转，是膀胱运化失常，使尿液在膀胱内潴留而小便不通的病证。根据病因的不同，常见的有石结尿闭、损伤尿闭和实热尿闭。

【病因病理】多因暑湿热毒内侵膀胱，或尿石阻塞尿道，或外力打击直接损伤腰肾，均使膀胱气化受阻，水道不得通利而成其患。

【辨证】石结尿闭：见尿道结石。损伤尿闭：站立困难，腰胯及后躯知觉部分或全部消失，肚腹胀满，肛门松弛，尿液难出。若卧地不起，后躯麻痹，则属危症，难以治愈。实热尿闭：站卧不安，频做排尿状，尿涩不畅，点滴而下，尿色黄赤，甚至闭塞不通。

【治法】

1. 方药

石结尿闭宜消石利尿。方用金钱草 20 g、海金砂 10 g、滑石 10 g、穿山甲 10 g、牛膝 10 g、川楝子 5 g。水煎温服（《中兽医学》）。损伤尿闭轻症者宜活血散瘀、理气止痛。方用血府逐瘀汤：当归、牛膝、红花、生地各 15 g，桃仁 20 g，枳壳、赤芍各 10 g，柴胡、甘草各 5 g，桔梗、川芎各 8 g。水煎服（《医林改错》）。实热尿闭清热利湿、通调水道。方用八正散（见淋病）。

2. 针治

以命门、海门、百会穴为主穴，配大椎、开风等穴。

胎衣不下

胎衣不下又名胎衣滞留，多为饲养管理不良，畜体虚弱，元气不足，产后较长时间胎衣不能排出的一种病证。

【病因病理】多因饲养管理失调，母体瘦弱，气血亏损，元气不足，产后无力排出胎衣；或分娩时间过长，母畜倦怠，子宫收缩乏力，故不能正常排出胎衣。此外，流产及难产等，也可引起本病。

【主证】分娩后胎衣部分或全部滞留于子宫或阴道内，也有部分脱出于阴门外。患猪不时努责，行动迟怠，沉郁伏卧，食欲减退，呼吸增快，时久胎衣腐败，阴道流出红白夹杂而带恶臭的污物。

【治法】补气养血，散瘀止痛。

(1)当归 10 g、川芎 10 g、桃仁 7 g、红花 10 g、香附 10 g、黑荆芥 10 g、炮姜 10 g、瞿麦 10 g、急性子（凤仙花子）10 g、酒军 30 g、甘草 7 g、芡实叶 16 g 煎汤，候温灌服（《中兽医治疗学》）。

(2)当归 16 g、川芎 16 g、没药 16 g、干姜 16 g、白芍 16 g、红花 10 g、荆三棱 16 g、莪术 16 g、香附 60 g、甘草 7 g。煎汤，候温灌服（《全国中兽医经验选编》）。

(3)药液灌入子宫振荡法。荆芥 10 g、防风 10 g、白矾 10 g、蛇床子 10 g、艾叶 16 g。煎汤去渣，得药液约 2.5 kg，候温至 45 ℃左右，用灌肠器注入患猪子宫内，然后在患猪腹底贴靠大搪瓷盆底，两人分站患猪两侧，用手有节奏地向上抬瓷盆，使灌入子宫内的液体振荡，促使胎衣脱下排出（《全国中兽医经验选编》）。

产后瘫痪

产后瘫痪又名产后风，多为母猪体质虚弱，产后感受风寒，以瘫痪为特征的一种病证。

【病因病理】多因产前营养不良，母体虚弱，产后护理不当，风、寒、湿邪乘虚侵入肌肤，继传肾经，肾受寒邪传于腰肢，致使气滞血瘀，发生腰腿疼痛。现代兽医学认为血中缺钙、缺糖与本病的发生有密切关系。

【主证】初期食欲缺乏，精神倦怠，泌乳量减少。两后肢无力，站立不稳，走路摇晃，肌肉战抖，继则两后肢麻木，卧地不起，前肢爬行，或两后肢呈“八”字形分开，严重者，全身瘫痪。

【治法】活血祛风，除湿散寒。

1. 方药

(1)麻黄 10 g、细辛 7 g、煨附子 7 g、桂枝 10 g、秦艽 10 g、防己 7 g、苍术 10 g、赤芍 10 g、官桂 16 g、钩藤 7 g、姜黄 10 g、甘草 7 g，大血藤引。煎汤，候温灌服(《中兽医治疗学》)。

(2)独活 10 g、桑寄生 10 g、威灵仙 10 g、防风 13 g、杜仲 3 g、当归 13 g、行骨风 13 g。煎汤，候温灌服(《中兽医猪病诊疗经验》)。

2. 针治

火针百会、风门等穴。

缺乳

母猪因气血不足，产后无乳或乳汁甚少的一种病证。常见于老弱和初产母猪。

【病因病理】多因饲养管理不良，猪体瘦弱，气血双虚，不能生化乳汁；或因过肥气虚，经脉壅滞，气血流通不畅，血不化乳。此外，母猪发育不全，过早配种，初胎母体较小，而又产仔过多，或患其他疾病等，也可引起本病发生。

【主证】一般精神、食欲、粪便均无异常，仅产后乳房松弛或干瘪，乳汁缺乏或无乳，不能供养仔猪。

【治法】补气养血，行滞通乳。

(1)王不留行 24 g、通草 9 g、穿山甲 9 g、白术 9 g、白芍 12 g、当归 12 g、黄芪 12 g、党参 12 g。共研细末，一次拌入饲料自食，连喂 2～3 剂，乳汁即逐渐增多(《中兽医治疗学》)。

(2)当归补血汤加减。当归 30 g、黄芪 60 g、穿山甲 16 g、王不留行 16 g、通草 10 g、红糖 60 g 为引。煎汤，候温灌服(《中兽医学初编》)。

乳痈

乳痈又名乳黄，是以乳房发生红、肿、热、痛，甚至溃烂化脓为特征的一种病证。常见于产后的母猪。现代兽医学称为乳房炎。

【病因病理】多因仔猪吃奶时咬破乳头，或母猪卧地时擦伤乳房，加之猪舍积粪潮湿，疫毒从伤口侵入而生痈；或乳孔闭塞而乳汁蓄积过多，阻塞脉络，气血运行不畅，乳房发生硬肿；或产后护理不当，外感暑热邪气等，均可引起本病。

【主证】患猪乳房红肿、发热、疼痛，不让仔猪哺乳。病初泌乳量减少，乳汁清淡，或混有豆渣样小乳块，甚至乳孔闭塞，挤出乳汁呈黄色，有的混有脓血，最后乳房化脓溃烂。病重时，全身发热，食欲减退。

【治法】清热解毒，散瘀通经。

1. 方药

(1)公英散：蒲公英 30 g、金银花 25 g、连翘 20 g、丝瓜络 30 g、通草 13 g、芙蓉花 16 g、穿山甲 13 g。煎汤，候温灌服(《中兽医治疗学》)。

(2)蒲公英 60 g、连翘 60 g、金银花 30 g。共为细末，混入食中饲喂(《全国中兽医经验选编》)。

2. 手术疗法

如乳孔闭塞可用探针或开水泡过的猪鬃顺乳孔通至乳池，反复挤出蓄积的乳汁和乳块，再配合药物治疗。

仔猪白痢

仔猪白痢又称迟发性大肠杆菌病，其疫毒为致病性大肠杆菌。它是 2～3 周龄仔猪的一种急性肠道传染病。临床上以排灰白色、带有腥臭味的糨糊样稀粪为特征。一年四季均有发生，但以冬季及炎热的夏季发生较多。一窝仔猪有一头发生后，其余的往往同时或相继发生。仔猪白痢比仔猪黄痢发生普遍，发病率也比较高，但致死率较低。

【病因病理】当猪舍阴冷、潮湿、闷热，吃食粪尿、脏水等污物；气候骤变，感受寒热；母猪乳汁过浓，仔猪食乳过多；母猪吃食营养不全或霉败饲料，以及年老、瘦弱、泌乳不足，致使仔猪先天发育不良，后天营养不足等，均可导致仔猪脾胃虚弱和抵抗力降低，暑湿热毒乘虚侵入肠胃，引起脾胃的消化吸收功能障碍，清浊不分，混杂而下，而成泄泻。毒滞肠中，使肠道气血阻滞，化为脓血，故下痢色白或带脓血。此外，健康仔猪吃了被猪粪便污染的食物，也可引起本病。

【辨证】可分为热痢与寒痢两种，以热痢为多。病初体质较强，正邪相搏，多为热痢；如果病久不愈，体瘦肌冷，正虚邪留，转为寒痢。热痢：精神沉郁，被毛粗乱，食欲正常或减少，同窝仔猪多数相继下痢，粪便呈乳白色、灰白色或淡黄绿色，稀糊状，腥臭难闻，混有黏液，有时带血或小泡沫。寒痢：体瘦毛焦，食欲减退，畏寒肢冷，卧地难起，粪呈灰白色而恶臭，后期，肛门松弛，粪便失禁，阴液亏耗，眼窝下陷，四肢厥冷，极度衰弱而死亡。

【治法】热痢宜清热解毒，寒痢宜温中健脾。

1. 方药

热痢选用白龙散：白头翁 6 g、龙胆草 3 g、黄连 1 g。共为末，米汤调成糊状做成舔剂或水煎去渣灌服(《中兽医治疗学》)。寒痢选用参苓白术散加减：党参、白术、茯苓、山药、白扁豆各 9 g，砂仁、肉豆蔻、木香、炙甘草各 3 g，石榴皮 6 g。为末冲服或煎汤内服，2 次/d，每次用药 9～12 g(5 kg 重左右小猪)。寒象明显者酌加干姜、肉桂；大便失禁者酌加升麻、柴胡、黄芪(《新编中兽医学》)。

2. 针治

以后海、后三里、脾俞为主穴；六脉、尾干、尾本为配穴。

仔猪黄痢

仔猪黄痢又称早发性大肠杆菌病，其疫毒为致病性大肠杆菌，是初生仔猪的一种急性、高度致死性疾病。临床上以腹泻，排黄色或黄白色液体粪便为特征。一般发生在 3 日龄左右的乳猪，最迟不超过 7 d。第 1 胎仔猪常比其他胎次仔猪较多发生，发病率与致死率，随年龄的增长而减少。

【病因病理】多因在产仔季节，仔猪密集，环境卫生不良，仔猪正气亏损，抵抗力下降，加之初乳的摄入量不足或初乳质量不良（缺乏或没有本病的抗体），疫毒在肠内（小肠前段）大量滋生，积聚，造成严重腹泻而遂发本病。

【主证】多在生后 2～3 d 发病，排出黄色带有黏液的稀便，重者肛门松弛，排便失禁。口渴，精神不振，不吃奶，很快消瘦，眼球下陷，肛门、阴门呈红色。经过最急者，生后数小时即见后躯麻痹，不见下痢就急剧死亡。

【治法】清热解毒止痢。

1. 方药

白头翁汤：白头翁 9 g、黄柏 6 g、黄连 3 g、秦皮 9 g，为末或煎汤内服，2 次/d，每次用药 6 g（《伤寒论》）。

2. 针治

参见仔猪白痢。

任务三十七 常见禽病防治

鸡感冒

感冒是由于机体突然受到寒冷袭击而表现流涕、流泪、呼吸加快、打喷嚏等一系列症状的病证。一年四季均可发生，雏鸡较易发病。

【病因病理】气温骤变，寒风侵袭，热天淋雨，寒天露宿，久卧冷地，风寒之邪束表；或长途运输（特别是小鸡），损伤正气，风寒之邪乘虚而入均可引起发病。

【主证】病鸡鼻流清涕或黏稠涕，眼结膜发红、流泪、咳嗽、打喷嚏、呼吸困难、不爱活动、精神沉郁、行动迟缓、羽毛蓬松。严重时也可死亡。

【治法】温通解表，清热止咳。

(1)蒲公英 18 g、鱼腥草 12 g、桉树叶 18 g，为 100 只雏鸡 1 d 量，加水煎汁，拌在饲料中喂服，连用 3 d（《常见鸡病防治》）。

(2)陈艾 60 g、皂角 10 g、旧棉花 60 g（《实用中兽医诊疗学》）。

(3)复方柴胡汤。柴胡 50 g、知母 50 g、金银花 50 g、连翘 50 g、枇杷叶 50 g、莱菔子 50 g，水煎，去渣，成汤 1 000 mL，分早、晚 2 次拌入饲料中喂 1 000 只雏鸡（《鸡病中药防治》）。

嗉囊阻塞

嗉囊阻塞又叫硬嗉症、嗉囊扩张、嗉囊弛缓，是嗉囊内的食物不能向胃肠运行，积于嗉囊，致嗉囊膨大坚实。任何年龄的鸡都可发生，以幼禽为多见。轻者影响营养物质的消化和吸收，使生长发育迟缓，成年母鸡则产蛋下降或停产。重者则造成死亡。

【病因病理】饲料搭配不当，或突然改变，饥饱不均，损伤脾胃，运化失常；饲料粗糙变质，或采食过量干硬谷物，如玉米、高粱、大麦等；由于鸡有异食癖，吃了难以消化的杂物，如头发、鸡毛、橡皮、麻绳、金属片等。均可使嗉囊内的积物不能正常向胃肠运行，积于嗉囊而发病。

【主证】病禽精神沉郁，倦怠无力，翅膀下垂，不愿走动，但又不安，鸡冠发紫。食欲减退或废绝。嗉囊膨大，触诊坚硬，用手触摸，有时能感到内有异物。有时由于嗉囊内产生气体，从口腔中吐出酸败难闻的气味。如不及时采取有效措施，可引起死亡。

【治法】

(1)阻塞不太严重时，可采取冲洗法。即将温热的生理盐水或1.5%小苏打溶液，用一种长嘴球形注射器，从喙部进入咽内，或用注射器接一细橡胶管，直接注入嗉囊内，使嗉囊膨胀为止。然后将头朝下，用手轻轻按压嗉囊，将嗉囊内的积食和水一起排出，如此反复至阻塞物排尽为止。嗉囊排空后，投喂食用油2～4 mL，通常第2天即可恢复。

(2)嗉囊积食坚硬，可采取手术疗法。方法是先将手术部的毛拔掉。冲洗干净，用碘酊消毒后避开血管将皮肤切开2～3 cm，然后与皮肤切口错开位置行嗉囊切开，取出堵塞物，用0.1%高锰酸钾溶液冲洗。最后用丝线以连续缝合法将嗉囊缝合，皮肤作结节缝合，创口涂以2%碘酊。术后禁食、禁水12 h，以后喂少量易消化的饲料，适当多喂点青绿饲料，经5 d可拆除缝线。

(3)保和丸(市售成药)，大鸡8～10粒，中鸡6～8粒，小鸡4粒，送服后，喂少量水，1次/d，连用1～3 d。本法适用于食滞性阻塞(杨全光.《兽医科技杂志》，1984，7:63)。

鸡白痢

鸡白痢是由鸡白痢沙门菌引起的以下痢色白为特征的传染病。2～3周龄的雏鸡发病最多，3～4日龄时病鸡多为突然死亡，随着日龄增加，死亡率逐渐下降，4周后发病和死亡急剧减少。成年鸡多为隐性感染。鸭、雏鹅也有自然发病的报道。

【病因病理】雏鸡出生不久，正气不足，御邪力弱，或因气候骤变，温度过低，或因鸡舍潮湿，过分拥挤，环境不洁，饮食失调等，均可损伤正气，致寒湿、湿瘟之邪乘虚经口鼻而入，引起发病，也有先天带有病邪而发病的。由于雏鸡正气尚弱无力与邪气抗争，多很快死亡；随着正气日长，抗病力日增，则死亡减少。

【主证】发病雏鸡呈急性者，尚无症状则迅速死亡。病程稍长者表现精神委顿，绒毛松乱，尾翼下垂，缩头颈，闭目昏睡，不愿走动，常挤在一起。病初食欲减少，而后废绝，多数出现软嗉囊症状，同时排稀薄如白色糨糊状粪便，污染肛门周围绒毛，有的因粪便秘结封住肛门，影响排粪，排粪时常发出尖锐的叫声。雏鸡卵黄吸收不良。最后因呼吸困难，心脏衰竭而死亡。成年鸡患病后一般不表现临床症状而成为带菌者，母鸡产蛋减少，未受精蛋和死胚蛋增加。

【治法】

(1)血见愁40 g、马齿苋25 g、地锦草25 g、墨旱莲32 g，为100只鸡药量。煎汁喂鸡，连服3 d(《畜禽饲养管理新技术》)。

(2)辣蓼150 g，加水3 000 mL，煎至1 500 mL，供1 000只雏鸡喂服，1剂/d，煎服2次，连服3～5 d，也可将煎汁拌在饲料中，不食者可用滴管喂服，3次/d，每次10 mL(《常见猪鸡疾病的防治》)。

(3)将大蒜头洗净捣碎，1份大蒜加5份洁净清水制成大蒜汁，每只病雏滴服0.5～1 mL，3～4次/d。鸡群治疗时，也可把大蒜汁拌在饲料中喂服(《鸡鸭鹅病防治》)。

鸡传染性法氏囊病

鸡传染性法氏囊病又称鸡传染性腔上囊病，是由病毒引起的一种高度传染的急性疾病，以法氏囊明显肿大、瘀血，拉水样稀便为特征。本病主要侵害2～15周龄的小鸡，3～6周龄发病最多。一年四季均可发生。

【病因病理】疫毒湿热之邪主要经口鼻进入体内，损伤血脉，致脏腑肌腠出斑；遏制气机，损伤正气，使抗病力降低；湿热下注，则泄泻如水。病鸡可直接接触或通过饲料、饮水、垫草、粪便、尘土、用具、昆虫和种蛋等间接传播本病。

【主证】突然发病，病鸡羽毛蓬乱，精神不振，两翅下垂，缩颈闭眼，发热战栗，喜饮，拉黄白色水样稀粪，重者脱水，极度虚弱，卧地不起，最后抽搐而死。发病后3～4 d死亡达到高峰，7～8 d死亡停止。死亡鸡只最大特征是部检可见法氏囊肿大、出血，另外，消化道出血，许多部位的肌肉出血。

【治法】清热解毒，祛湿止泻。

(1)蒲公英200 g、大青叶200 g、板蓝根200 g、双花100 g、黄芩100 g、黄柏1000 g、甘草100 g、藿香50 g、石膏50 g，水煎2次，合并药汁得3 000～5 000 mL，为300～500只鸡1 d用量，1剂/d，连用3～4剂。预防：让鸡自饮；治疗：每羽5～10 mL/d，分4次灌服(《湖南畜牧兽医》，1991，1:24)。

(2)盐酸吗啉胍(每片0.1 g)8片，拌料1 000 g，板蓝根冲剂15 g，溶于饮水中，供半日饮用，以上为20～25只鸡1 d量，3 d为1疗程。

鸡传染性喉气管炎

传染性喉气管炎是由病毒引起的鸡的一种急性呼吸道传染病。其特征是呼吸困难，咳嗽和咳出含有血液的渗出物，喉部和气管黏膜肿胀、出血并形成糜烂。各种年龄的鸡均可感染，但以成年鸡症状最具特征。本病传播快、死亡率高。

【病因病理】疫毒之邪经口、鼻、眼侵入机体，阻于肺经，导致肺气不宣，酿液成痰，痰阻气逆，肺失肃降，则咳嗽、喘气；喉为肺之门户，邪阻肺系，郁而化热，热结咽喉，则咽喉肿胀糜烂。鸡舍拥挤，通风不良，维生素A缺乏，寄生虫感染等都可诱发或促进本病的发生和传播。病鸡和康复后的带毒鸡是本病的主要传染源。

【主证】本病最明显的症状是病鸡咳嗽、喘气、流涕，呼吸时发出湿性啰音。病鸡食欲缺乏，精神委顿，常伏卧地上，头下垂。吸气时头、颈往往高举，张嘴极力吸气，同时发出一种喘鸣声。严重病例常咳出带血黏液，有时突然窒息死亡。检查口腔，可见喉部周围的黏膜有淡黄色的凝固物附着，不易擦掉。病鸡迅速消瘦，极度虚弱，冠色变紫，有时排绿色粪便，最后衰竭死亡。病程一般7～15 d或更长。本病在易感鸡群中传播很快，耐过病鸡成为本病的带毒者。本病还有一种轻微型，其症状只限于生长不良、产蛋减少、流泪、结膜发炎、眶下窦肿胀、鼻持续流稠涕。

【治法】清肺利咽，化痰止咳，平喘。

(1)知母25 g、石膏25 g、双花35 g、连翘30 g、豆根25 g、射干25 g、桔梗25 g、半夏13 g、黄芩40 g、生地30 g、栀子25 g、麻黄13 g、薄荷20 g、苏子25 g、陈皮30 g、板蓝根40 g、款冬花25 g。为100只成年鸡1 d量。共为末，水煎1 h，连渣带汁拌料，分上、下午2次喂服(《陕西畜牧兽医科技》,1977,2:3)。

(2)滴服"枇杷止咳露"2～3 mL,同时服甘草片 2 片,每日 3 次,连用 3～4 d(《畜禽疾病防治验方选》)。

(3)大叶桉树叶 500 g,加水 5 000 mL 煎汁,为 1 000 只鸡 1 d 量,雏鸡代水让其自饮,大鸡、中鸡拌料内服(《畜禽饲养管理新技术》)。

禽大肠杆菌病

禽大肠杆菌病是由不同血清型的大肠埃希菌感染家禽而引起的多种病型的传染病。其主要的病型有胚胎和幼雏死亡、气囊病、败血症、肉芽肿、腹膜炎等。鸡、鸭、鹅均可发生。

【病因病理】大肠杆菌在自然界普遍存在,在健康禽的肠道中,也常有致病性血清型的大肠杆菌栖居,正常情况下一般不引起发病。当机体患有其他疾病,或因饲养管理不善,过冷、过热和母禽产蛋紊乱时,正气虚弱,病菌可乘虚而入引起发病。病原体的毒力在病禽体内可逐渐增强,病禽的粪便污染饲料、饮水和空气,引起本病广泛传播。病禽粪便污染种蛋,可造成死胚和雏禽出壳后的早期死亡。

【主证】胚胎及幼雏死亡:除病禽粪便污染种蛋外,患有大肠杆菌性卵巢炎和输卵管炎也可引发此种病型。胚胎多在孵化后期死亡,卵黄变为黄绿色黏稠以至干酪样物质。孵出的弱雏卵黄吸收不良,有的发生脐周炎(俗称大脐病),多在 6 日龄内死亡。呼吸道感染(又称气囊病):是灰尘中的大肠杆菌进入呼吸系统与其他病原微生物合并感染所致。主要发生于 5～12 周龄的雏禽,6～9 周龄为发病高峰。本病使气囊壁增厚,呼吸表面有干酪样物质沉积,也往往继发心包炎和肝周炎,偶尔见到眼炎和输卵管炎。大肠杆菌性肉芽肿:常见于鸡和火鸡,多发于产蛋期将结束的母禽。以肝、肠和肠系膜上出现典型的肉芽肿(椰菜花状的结节)为特征。鸡急性败血症:症状与鸡霍乱相似,在成年鸡和生长鸡为急性过程,最具特征的病变是肝脏呈绿色,胸肌充血。本病也易产生心包炎、腹膜炎、眼炎和滑膜炎。鸭大肠杆菌败血症:雏鸭表现下痢,粪稀恶臭,带有白色黏液或混有血丝、气泡。呼吸困难,因窒息而死亡,常有心包炎、肝周炎和气囊炎的病变。另外,大肠杆菌病在母鸭常表现为输卵管炎、卵巢炎,易发生卵黄性腹膜炎。公鸭阴茎严重充血,螺旋状的精沟难以看清,阴茎上有芝麻至黄豆大的干酪样结节,有的 1/3～3/4 的阴茎垂出体外,不能缩回去,一般不致死亡,但失去交配能力。母鹅卵黄性腹膜炎(又称蛋子瘟):病鹅精神委顿,食欲缺乏,产蛋停止,肛门周围羽毛上黏有蛋白或蛋黄状物,排泄物中有黏性蛋白状物和白色或黄色碎片状凝块。病鹅一般在 1 周内死亡;最急性者当发现时已经死亡,极少有自愈的,幸存者丧失产蛋能力,逐渐消瘦。病变主要是卵黄性腹膜炎,卵巢中有不少卵子发生变形、变质和色泽变化。本病的传播可能和公鹅的配种有关,发病群中的公鹅 1/3 交配器上有脓性或干酪样结节。

【治法】清热,解毒,燥湿。

(1)三黄汤加减。黄连 100 g、黄柏 100 g、大黄 50 g、龙胆草 50 g、大青叶 100 g、穿心莲 100 g。加水 3 000 mL,文火煎至 2 000 mL(大黄、大青叶后下),稀释 10 倍,供 2 000 只鸡 1 d 饮用,连用 5 d(王寿斌.《山东中兽医》,1990,1:48)。

(2)用禽菌灵(中药制剂,由广东省茂名市兽药厂生产)治疗,散剂按 0.75%拌入饲料,连服 2～3 d;片剂每千克体重 2 片,口服 2 次,连服 2～3 d。预防量减半,每 15 d 服 1 次。

禽霍乱

禽霍乱又称禽巴氏杆菌病、禽出血性败血症，简称禽出败，是由巴氏杆菌引起的以呼吸困难和剧烈下痢为特征的一种急性败血性传染病。一般急性病例发病率和致死率都很高。慢性病例的特征为呼吸道发炎、肉髯水肿和关节炎，发病率和致死率都较低。本病发病季节不明显，但以夏末秋初发病最多。鸡、鸭、火鸡和鹅都可发病。

【病因病理】湿热疫毒之邪（巴氏杆菌）污染环境、饲料、饮水后，在禽体正气不足的情况下，经口鼻而入引起本病，或因禽舍不洁、潮湿拥挤、气候突变、饲养失调、长途运输等，损伤正气，邪毒乘虚而入引起本病暴发。

【主证】最急性型：常在流行初期，几乎看不到任何症状突然死亡，多发生于产蛋多的鸡。

急性型：精神不振，羽毛松乱，缩颈闭眼，离群呆立。少食或不食，口渴，发热（43～44 ℃）腹泻，排黄色、灰白色或绿色稀粪。呼吸困难，口鼻分泌物增多。鸡冠和肉髯变成青紫色，有的病鸡肉髯肿胀，有热痛感。最后衰竭昏迷而死亡或转为慢性，病程 1～3 d。

慢性型：由急性病例转变而来，多见于流行后期。病鸡经常腹泻、消瘦、鼻流黏液、鼻窦肿大、喉部常积有分泌物而影响呼吸。有些病鸡则一侧或两侧肉髯显著肿大，有些病鸡关节肿大化脓，出现跛行。病程可拖至 1 个月以上。鸭、鹅和火鸡发生霍乱的主证与鸡基本相似。

【治法】清热解毒，燥湿止泻。

（1）穿心莲 15 g、大黄 30 g、厚朴 15 g、双花 30 g、胡黄连 30 g、黄柏 30 g、苍术 30 g、白芷 30 g、乌梅肉 30 g，为 100 只 500～1 000 g 体重鸡 1 d 量。煎汁拌料或灌服，连服 2～3 d（《怎样防治畜禽疾病》）。

（2）龙胆末 500 g、绒线花 500 g，混合拌料可喂 350～400 只鸡（《常见鸡病防治》）。

（3）自然铜 30 g、藿香 60 g、苍术 60 g、厚朴 30 g、白芷 45 g、乌梅 45 g、大黄 30 g。加水 1 000 mL，自然铜要捣碎先煎 30 min，然后放其他药煎 1 h，取汁，可供 100 只鸡服用 1 d（《常见猪鸡疾病的防治》）。

（4）黄芩 90 g、大青叶 80 g、黄连须 70 g、穿心莲、火炭母各 120 g，银花藤 150 g，桔梗 80 g，甘草 30 g。为 100 只鸭 1 d 量，每天 1 剂，煎汁拌料，连用 2 d（《养禽与禽病防治》）。

鸡球虫病

鸡球虫病是由一种或多种球虫寄生于鸡的小肠或盲肠的寄生虫病。本病主要发生在 28～40 日龄的雏鸡，病鸡表现为缩颈呆立，羽毛蓬乱，不食或少食，粪便带血或血便。鸡冠苍白，有的站立不稳，昏迷，抽搐死亡，发病率和死亡率都很高。

【病因病理】鸡直接接触或间接接触本病原时，疫邪经口而入引发本病。病邪在表则见精神不振，羽毛蓬乱，缩颈垂翅，食欲减少，饮欲增加：病邪入里则见腹泻，粪中带血。

【主证】

（1）鸡盲肠球虫病：病初精神不振，羽毛蓬乱，常缩颈闭目呆立；食欲减退或停止，但饮欲增强，嗉囊内充满液体；特征症状是腹泻，粪中带血，甚至全为血粪，可视黏膜和冠髯苍白，消瘦，怕冷；后期衰竭，昏迷，运动失调。病后 1～2 d 死亡。

（2）鸡小肠型球虫病：由于本型主要发生于 2.5～7 月龄的中鸡，其特征虽与盲肠球虫病的症状基本相似，但经过较缓，发病率和死亡率都低一些，且无排鲜血的表现。

【治法】清热燥湿，杀虫止痢、止血。

(1)常山 120 g，柴胡 30 g。加水 1.5～2 kg，煎汁，供 150 羽鸡饮水。

(2)青蒿、常山各 80 g，地榆、白芍各 60 g，茵陈、黄柏各 50 g。研末，按 1.5%比例拌料投服。

(3)白头翁苦参散。白头翁、苦参、鸦胆子各等份，共为细末，混匀。每只每次 0.5～1.0 g，拌料饲喂，3 次/d。病重者，煎汤或开水调后，灌服，连用 3～5 d。

(4)白头翁 20 g，黄连 10 g，秦皮 10 g，苦参 10 g，金银花 12 g，白芍 15 g，郁金 15 g，乌梅 20 g，甘草 15 g，为 56 只雏鸡 1 d 量，粉碎，拌料饲喂，连用 4 d。

鸡蛔虫病

鸡蛔虫病是蛔虫寄生于鸡肠道引起的一种常见肠道寄生虫病。雏鸡特别是 3 月龄以下的雏鸡最易感染。病鸡生长发育受阻，严重者可造成死亡。随着年龄的增大，鸡对蛔虫的抵抗力逐渐增强，成年鸡常为带虫者。

【病因病理】本病是因饲养管理不善，环境卫生不洁，鸡食入感染性虫卵而引起的。蛔虫卵随鸡粪被排出体外，在适宜的温度和湿度条件下，经一段时间发育成感染性虫卵，鸡啄食后，幼虫钻出卵壳，在十二指肠内生长发育(鸡 9 d)，以后又钻进肠黏膜深处进一步发育，经 18 d 左右又返回肠腔生长发育，并定居下来。幼虫寄生可引起肠黏膜水肿、充血、出血；成虫大量寄生可造成肠管阻塞、破裂。蛔虫寄生于鸡肠道，使脾胃运化失常，气血生化无源，而表现出一系列症状。

【主证】幼鸡蛔虫病表现出食欲减退，生长发育受阻，羽毛松乱，两翅下垂，黏膜苍白，体质衰弱，逐渐消瘦，下痢和便血交替发生，有时粪便中有带血的黏液。成年鸡一般无临床症状，个别严重感染者，表现出下痢，日渐消瘦，产蛋量下降。鸡蛔虫病单从临床症状较难诊断，必须采取粪便检查虫卵。卵呈椭圆形，大小为(0.07～0.09) mm×(0.047～0.051)mm，卵壳光滑较厚，内含单个的卵细胞。或剖杀 1～2 只病鸡，检查肠道中的虫体(虫体呈黄白色，雄虫长 26～76 mm，雌虫长 60～116 mm)，结合临床症状进行确诊。

【治法】杀虫消积。

(1)在饲料中加入 2%烟草粉末，充分拌匀，每天上下午各喂 1 次，连喂 1 周，驱虫率极高。但不能杀死钻在肠黏膜内的幼虫，过 25～30 d 再驱虫 1 次，效果很好(《怎样防治畜禽疾病》)。

(2)苦楝树二层皮 1 份，使君子 2 份，研细末，加面粉适量，水调，做成黄豆大丸子，每只服 1 丸(《畜禽疾病防治验方选》)。

(3)牵牛子 9 g、使君子 6 g、槟榔 6 g、苦楝树根皮 9 g，可供 10 只鸡使用，将上药研细，拌料一次喂服(《实用中兽医诊疗学》)。

(4)汽油，每千克体重 2～4 mL，用注射器接细胶管经口灌服，投药前鸡要停食 10～12 h。

鸡绦虫病

绦虫病是鸡常见的肠道寄生虫病。放养的鸡吃到绦虫中间宿主的概率较大，故感染本病也较容易。本病影响鸡的生长发育和产蛋，严重感染可引起大量死亡。

【病因病理】引起鸡绦虫病的原虫为扁平、分节、带状、白色的肠道寄生虫。鸡肠道的绦虫成虫脱落，充满虫卵的孕卵节片，随其粪便排出体外，污染环境，虫卵被中间宿主食入，在中间宿主体内发育成有侵袭力的似囊尾蚴。若饲养管理不善，环境卫生不洁，鸡啄食含有似囊尾蚴的中间宿主，在胃肠被消化，逸出幼虫进入小肠引起发病。绦虫依靠头节附在肠黏膜上，破坏鸡的肠壁，引起肠道发炎、肠黏膜出血，影响消化机能。绦虫的代谢产物能引起鸡中毒等神经症状。大量寄生时堵塞肠道而引起死亡。

【主证】成年鸡症状不太明显，但产蛋母鸡有时会引起产蛋量下降。雏鸡在严重感染时，可有明显症状，生长发育受阻，食欲减退，羽毛松乱，翅下垂，消瘦贫血，下痢，喜饮，站立困难，瘫痪，最后全身衰竭死亡。通过检查粪便发现节片或虫卵，剖检病鸡或死亡鸡找寻虫体，结合临床症状可做出诊断。

【治法】驱虫、杀虫。

(1)槟榔煎剂。槟榔片或槟榔粉，每千克体重 1～1.5 g，加水煎汁，用细橡皮管直接灌入嗉囊。早晨空腹时灌服，供给充足饮水。服药后 2～5 d 内有虫体排出(《鸡鸭鹅病防治》)。

(2)雷丸 1 份、石榴皮 1 份、槟榔 2 份，共研细末，每鸡每次喂 2～3 g，早晨喂服，每日 1 次，共喂 2～3 次(《畜禽疾病防治验方选》)。

(3)黄烟 500 g，加水 2 500 mL，煎至 500 mL，冷凉备用。病鸡绝食 14 h，每鸡每次灌服 4 mL，投药 3 h 后喂食。间隔 1 周再重复用药 1 次，效果更好(《畜禽疾病防治验方选》)。

任务三十八 常见牛病防治

口疮

口疮又称烂口、口炎，以口腔黏膜出现溃烂、红肿及口内流涎为特征。多发生于夏秋季节。现代兽医学中的口膜炎属此范畴。

【病因病理】气候炎热，劳役过重，饲喂热料，热邪郁遏于脾。脾开窍于口，脾热则生痰，痰热互结循经上炎于口；又脾胃为表里关系，胃热蒸于口而发疮；诸经实热皆应于心，心火上炎则口舌生疮。此外，脾又为后天之本，脾气虚，气血化生无源，口失濡养，或肾虚不能制阳，则虚火上炎也可成疮。机械性损伤，如草料的芒刺、尖锐硬物以及疫毒感染等，也是引起本病的重要原因。

【辨证】心脾积热，证见精神欠佳，不敢采食，咀嚼小心，口温升高，流涎，舌体微肿，口舌生疮，口中时有鲜血，口臭，粪便干燥，脉洪数。脾胃湿热，则见内唇、口腔两颊、舌下呈豆状溃烂，周围红晕，表面凹陷，局部灼痛，齿龈发红、肿胀，采食和咀嚼困难，纳少慢草。虚火上泛则畜体消瘦，精神不振，口舌生疮，口色淡白，无明显的肿胀，常反复发作，屡治不愈，纳差，倦怠无力，脉虚。外伤引起的口疮，多限于局部病变，有时在疮面可看到芒刺，或金属和其他坚硬物体造成的机械损伤。一般均无全身症状。病菌、疫毒引起者，应注意原发病。

【治法】心脾积热者，宜清心泻火；脾胃湿热者，宜清热化湿；虚火上炎者，宜滋阴降火；外伤所致者，宜清除异物，消毒生肌。

1. 内治

(1)心脾积热用泻心散，药用黄连 30 g、大黄 45 g、石膏 200 g、黄芩 45 g、赤芍 45 g、竹茹 15 g、灯芯草 10 g、车前 16 g。共为末，开水冲调，候凉灌服(《活兽慈舟》)。

(2)脾胃湿热用泻黄散(又名泻脾散)(《小儿药证直诀》)加味，药用藿香叶 30 g、山栀仁

30 g、石膏 150 g、甘草 30 g、防风 30 g、黄连 20 g。研末开水冲调，候温灌服，或适当加大药量煎汤灌服。

(3)虚火上炎用知柏地黄丸，药用知母 150 g，黄柏 150 g，熟地 200 g，山萸肉、山药各 120 g，泽泻、牡丹皮各 90 g。研末，每次投服 50～150 g，开水冲调，候温灌服。

(4)外伤者宜清除异物，口腔消毒，用冰硼散撒布，严重者也可内服泻黄散加减。

2. 外治

(1)青黛散，药用青黛、黄柏、薄荷、黄连、桔梗、儿茶各等份。共研细末，每用适量，装纱布袋内口噙，或吹撒于患处(《元亨疗马集》)。

(2)冰硼散，药用冰片 50 g、硼砂 500 g、元明粉 500 g、朱砂 60 g。共为细末，装瓶备用。每次取药少许，用竹管或纸管吹入患部(《外科正宗》)。

3. 针治

针刺知甘、承浆、三关。

翻胃吐草

翻胃吐草是由多种致病因素损伤胃气，致使胃气不降，反胃吐食的一种代谢性疾病。老弱、舍饲、妊娠、泌乳牛多发。

【病因病理】胃气以降为顺。六淫之气，寒风阴雨，暑热湿浊，久卧湿地，过饮冷水，损伤脾胃，致使脾阳不升，运化失常，胃虚不降，浊气草谷上逆而成本病；或因饲养不当，营养失调，劳役过重，使脾虚胃弱，痰湿内存，阻塞中焦气机而上逆。从现代医学来看，脾胃机能障碍，可导致机体钙、磷和微量元素比例失调，维生素 D 缺乏等，均可造成代谢紊乱，骨质松软，遂成翻胃吐草症。

【辨证】根据病因、病性，分胃热吐草、伤寒吐草、虚寒吐草，临床上以脾胃虚寒吐草最多见。

(1)胃热吐草。身热不食或食后即吐，反复发作，口渴喜饮，口色红，齿龈肿或口糜烂，口津少，苔厚黄，尿少粪干，脉沉数。

(2)伤食吐草。食欲减退或废绝，肚腹胀满，嗳气酸臭，吐后病减，口色微红，脉沉实。

(3)虚寒吐草。毛焦体瘦，精神不振，四肢倦怠，起卧、行走缓慢，水草迟细或有异嗜，耳鼻俱凉，鼻汗不成珠，食后吐草，口涎多，口色淡白，脉弱无力。

【治法】胃热者宜清泻胃火，调和胃气；伤食者，消食导滞，降逆止呕；虚寒者宜健脾暖胃，和中止呕。

1. 方药

(1)胃热吐草。选用：①凉胃散。藿香 50 g、厚朴 40 g、枳壳 40 g、陈皮 40 g、白术 45 g、竹茹 30 g、桔梗 35 g、大白 30 g、香薷 45 g、扁豆 50 g、车前 35 g、木通 35 g、砂仁 45 g、甘草 40 g、石膏 150 g。煎水，冲服。②白虎汤。石膏(打碎先煎)250 g、知母 69 g、甘草 45 g、粳米 100 g，加半夏、陈皮、茯苓。粪干者加大黄、芒硝；伤津者加沙参、麦冬(《中兽医学》下册)。

(2)伤食吐草。选用：①曲麦散。六曲 60 g、麦芽 45 g、山楂 45 g、厚朴 30 g、枳壳 30 g、陈皮 30 g、青皮 30 g、苍术 30 g、甘草 15 g。共研末，开水冲调，候温加生油 60 g、白萝卜 1 个，同调灌服(《元亨疗马集》)。②平胃散。苍术 60 g、厚朴 45 g、陈皮 45 g、甘草 20 g、生姜 20 g、大枣 90 g，加山楂、六曲、麦芽(《元亨疗马集》)。

(3)虚寒吐草。选用:①平胃散。苍术 40 g、甘草 30 g、前胡 35 g、陈皮 40 g、厚朴 40 g、砂仁 35 g、草果 35 g、山楂肉 45 g、枳实 45 g、山药 50 g、扁豆 50 g、青皮 40 g、车前 15 g、木通 30 g、生姜 35 g、牵牛子 35 g。水煎,候温灌服(《抱犊集》)。无粪干、便秘者去牵牛子。②暖胃温脾散。益智仁 12 g、白术(炒)15 g、陈皮 5 g、厚朴 15 g、肉豆蔻 12 g、砂仁 12 g、腹毛 15 g、当归 15 g、山药 15 g、炮姜 15 g、法半夏 24 g、公丁香 9 g、甘草 3 g、食盐 60 g。共为末,加大枣 10 枚,煎水冲灌(《中兽医治疗学》)。③理中汤。党参 60 g、干姜 60 g、炙甘草 60 g、白术 60 g。呕吐者加半夏、陈皮;寒甚者加小茴香、肉桂(《中兽医学》下册)。

2. 针治

针脾俞、后三里,属胃热者加刺耳尖、尾尖、八字。

冷痛

冷痛又称伤水起卧、脾气痛。它是受寒冷刺激后突然发生的一种腹痛症,特点是遇寒冷刺激后突然发生。起病为短时间内剧烈疼痛,不久即转为间歇性的腹痛。现代兽医学的痉挛疝属此病之范畴。

【病因病理】暑热天气或烈日劳役后,喘气未定,渴极而暴饮冷水,或风寒夜露,空肠暴饮冷水,饲喂冰冻草料,伤脾传胃,不能转输膀胱,冷积肠中,气机阻滞而导致气滞血凝,不通则痛,遂成本病。

【主证】突然发病,剧烈腹痛,后肢踢腹,甚者打滚,食欲减少或废绝,反刍停止,耳鼻俱冷,被毛逆立,全身肉颤,故《元亨疗马集》中说"牛患伤水鼻如冰……浑身肉颤不安宁。"口色青白,口津湿滑,脉沉迟。

【治法】温中散寒,行气止痛。

1. 方药

(1)温脾散。茴香 30 g、苍术 30 g、厚朴 20 g、防风 20 g、枳壳 20 g、乌药 30 g、细辛 10 g、陈皮 20 g、甘草 20 g、当归 25 g、青皮 20 g、白芍 25 g。研末,开水冲调或水煎,候温加姜汁、酒灌服(《元亨疗马集》)。

(2)用干姜 12 g、肉桂 12 g、茴香 12 g、白术 12 g、茯苓 12 g、枳壳 12 g、泽泻 12 g、陈皮 9 g、吴茱萸 9 g、木通 9 g、神曲 15 g、山楂 18 g。研末开水冲调,灌服,连服 2～3 剂(《中兽医治疗学》)。

(3)橘皮散去槟榔。青皮 24 g、陈皮 24 g、厚朴 30 g、桂心 30 g、细辛 12 g、茴香 24 g、当归 30 g、白芷 12 g。寒重者加炮姜、附子,痛剧者加延胡索、醋香附。共为细末,大葱 3 根,炒盐 15 g,烧酒 60 mL 为引,开水冲调,候温灌服(《新编中兽医学》)。

2. 针治

针山根、三江、脾俞、八字、垂珠、百会。

肚胀

肚胀又称气胀。它是草料在瘤胃内发酵产生大量气体,致使瘤胃体积迅速增大,胃壁扩张并出现反刍、嗳气障碍为特征的一种疾病。现代兽医学称瘤胃臌气,多发于夏季青草繁茂季节。

【病因病理】多采食容易发酵产气的多汁饲料,如苜蓿、豆料、腐败变质的饲料、有毒植物以及带露水、雨水的青草。在瘤胃内微生物的作用下，迅速发酵，产生大量气体，致使肚腹短时间内急剧胀大。或管理不善，长期劳役过重，饲养失宜，饥饱不均，导致脾虚胃弱，运化失常，水谷精微不能输布，湿浊不能排出，清浊相混，滞留于胃，食物中的黏胶物质与气体相合，形成泡沫，或其他病症使气体排出受阻等。上述致病因素，直接影响反刍及脾胃的正常生理功能，使脾气不升，反刍、嗳气障碍，气体不能排出；胃气不降，食物和气体不能往后传送，积聚瘤胃，进而使循环扰乱，降低胃壁对气体和有害物质的吸收和排泄，甚至使胃壁麻痹，加速了瘤胃臌气。

【主证】根据病因和病理不同，分为气滞腹胀、脾胃虚弱和水湿困脾 3 型。

(1)气滞腹胀。突然发病，常在采食容易发酵的饲料之后，或放牧过程中突然发病，腹部急剧膨大，严重者左肷部高于背脊。病牛食欲、反刍、嗳气均停止，回头观腹或后肢踢腹，有时起卧不安，叩诊瘤胃，声音似鼓，按压则皮肤紧张，不留压痕。严重时，精神沉郁，头颈伸直，四肢张开站立，呼吸困难，张口伸舌，口内垂涎，结膜充血，甚则全身大汗，眼球突出，共济失调，呻吟，最后倒地抽搐而死。与现代兽医学中的急性瘤胃臌气相似。

(2)脾胃虚弱。轻症瘤胃蠕动减弱，反刍减少，病程较长，臌气时胀时消，反复发作，畜体消瘦。重症瘤胃蠕动完全停止，常于食后发生，瘤胃按压不甚坚硬，精神不振，口色淡白。与现代兽医学中慢性、继发性瘤胃臌气类似。

(3)水湿困脾。精神倦怠，反刍停止，食欲废绝，肷部胀满，按压瘤胃似粥状。穿刺时，气体很难排出，水草与气体同出，且水多气少，或仅有泡沫外溢，水湿困脾应利水化湿，消积导滞。

1. 方药

(1)气滞肚胀。选用：①生二丑 15 g、烟叶 300 g，煎水，加醋 500 mL，一次灌服(《新编中兽医学》)。②丁香散：丁香 30 g、木香 9 g、青皮 15 g、藿香 15 g、陈皮 15 g、槟榔 15 g，共为细末，开水冲调，加麻油 250 mL 灌服(《马牛病例汇集》)。③木香 30 g、陈皮 30 g、槟榔 30 g、枳壳 30 g、茴香 60 g、萝卜子(炒)120 g，水煎，加大蒜头 120 g，捣细，调匀灌服(《中兽医治疗学》)。

(2)脾胃虚弱。选用：①健脾散、香砂六君子汤(《时方歌抚》)。加减，药用党参、茯苓、白术各 45 g，木香、砂仁、陈皮、莱菔子、甘草各 30 g，水煎，候温灌服。②健胃散：山楂、神曲、麦芽各 30 g，莱菔子 40 g，枳壳 45 g，槟榔 60 g，大黄 120 g，甘草 21 g，共为细末，开水冲调，候温加豆油 500 mL 灌服。

(3)水湿困脾。选用大黄 60～120 g，芒硝 250～500 g，三棱、莪术、枳实、厚朴各 30 g，大戟、芫花、甘遂各 15～18 g，生甘草 24 g，共为细末，植物油 500～1 000 mL 为引，开水冲调，候温 1 次灌服(《新编中兽医学》)。

2. 针治

(1)针肷俞，重急证候，放气急救或电针关元俞；针刺山根、百会、脾俞。

(2)将舌拉出口外，然后用草束在左右腹上下推按，并用力抓捏腰椎皮肤或用脚踩蹬腹部，促进排气。还可用一小木棒涂擦松馏油(臭椿树也可)，横衔于口中，两端用绳固定于角的后方，将牛牵到斜坡上，头向上，然后用草束在腹部，自前向后，从上向下，从后向前做圆周按摩，每次持续 5～10 min。

(3)顺气穴插枝治疗。

宿草不转

宿草不转又称胃食滞、瘤胃积食。瘤胃运化无力，食物在胃内长时间停留和积滞过多，使瘤胃容积增大，胃壁过度膨张的一种瘤胃运动机能紊乱性疾病。多发于饲养不良，老弱体瘦及舍饲牛，尤在冬季更易发生。

【病因病理】长期劳役过重，营养不良，畜体瘦弱，久喂粗硬的、易于膨胀的饲料，如干红薯藤、豆饼、块根等；或突然更换饲料，贪食大量干料后饮水不足，胃内宿积的草料超过其生理功能，使胃壁扩张，麻痹，瘤胃内环境以及 pH 均发生了变化，导致胃不能腐熟，脾不能运化，蠕动降低。长期运动不足，也可使脾胃功能降低，宿食停滞。此外，前胃弛缓、百叶干、创伤性网胃炎、真胃炎等也能继发本病。

【辨证】根据机体及证型表现分形证俱实型和形虚证实型。

形证俱实型：证见体质壮实，病程短，左肷部膨大，坚实如板。拱背努责，站立不安，回头顾腹，踢腹，磨牙，食欲反刍减少或停止。鼻镜无汗或少汗，有时气粗喘促，或有呕吐，口赤津少，常作排便状，粪呈黑色，表面覆盖黏液或带血，脉象沉实。

形虚证实型：形体瘦弱，精神不振，站立痴呆，四肢战抖，卧地呻吟，瘤胃蠕动微弱或停止，按压坚实而留压痕。口黏津少，口色淡白，脉沉细。

【治法】形证俱实型，宜攻积导滞，泻下通肠；形虚证实型，宜健脾开胃，消积化滞。

1. 方药

（1）形证俱实型。选用：①行气散（《牛经》）加减。药用大戟、甘遂各 30 g，牵牛子、枳实、厚朴、黄芩各 45 g，大黄、黄芪、滑石各 60 g，神曲 120 g，芒硝 250 g，猪脂 25 g。水煎，候温灌服。②椿皮散：椿皮 60～90 g、常山 20～25 g、柴胡 20～25 g、莱菔子 60～90 g、枳实或枳壳 30 g、甘草 15 g，水煎或研末灌服（《全国中兽医经验选编》）。

（2）形虚证实型。选用：①消积导滞散。神曲 60 g、麦冬 60 g、山楂 60 g、大黄 90～120 g、芒硝 250 g、枳实 60 g、厚朴 60 g、槟榔 30 g，共为细末，开水冲调，候温灌服（《新编中兽医学》）。②和胃消食汤。刘寄奴 30 g、厚朴 60 g、木通 18 g、神曲 18 g、枳壳 30 g、木香 15 g、槟榔 30 g、茯苓 30 g、青皮 18 g、山楂 30 g、甘草 30 g，水煎，候温灌服（《牛经备要》）。③保和丸。山楂 180 g，神曲 60 g，半夏、茯苓各 90 g，陈皮、连翘、莱菔子各 30 g。研末，每次 150 g，开水冲调，候温灌服（《丹溪心法》）。

2. 针治

针山根、百会、脾俞、滴明（《中兽医治疗学》）。

脾虚不磨

脾虚不磨又称脾虚慢草。它是饲养管理不当，久病失治，或年老体弱致使脾胃虚弱，运化失常，草料停滞于胃腑而不思饮食为主要特征的病症。一年四季皆可发生，尤其年老体弱更为多见。现代兽医学的前胃弛缓属此范畴。

【病因病理】多为饲养管理不良，劳役过重，饥饱不均，或长期饲喂单一的不易消化的粗纤维，如麦秸、豆秸或发酵、腐败、变质的草料；饲喂过热或冰冻饲料而伤及脾胃。长途车船运输，内伤阴冷均可影响胃的受纳和脾的传输，致使机体得不到足够的精微物质营养全身，而羸瘦、虚弱，气血不足，进而导致脾胃升降和腐熟功能降低。其他疾病，如百叶干、异物伤胃、肚胀、宿草不转等均可改变瘤胃的内在环境而影响脾胃的正常生理功能，导致本病的发生。

【辨证】精神委顿，头低耳垂，食欲减少或废绝，反刍缓慢或停止，鼻镜津液有时无或干燥，磨牙，触及瘤胃柔软。蠕动无力，次数减少，病久逐渐消瘦，被毛粗乱，四肢无力，卧多立少。根据其病性的不同分为4型。

(1)脾胃虚弱。精神短少，多卧少立，食欲减退，体瘦毛焦，倦怠乏力，粪便稀薄，草料不化，口色淡白，脉迟细无力。

(2)脾虚湿困。倦怠喜卧，行走无力，不吃不饮，或渴不欲饮，口内黏滑或口涎外流，腹部胀满，大便溏泻，小便短少，舌苔白腻，脉细缓。

(3)湿热内蕴。口内酸臭，口黏津少，口色红赤，苔黄腻，口干不欲饮，粪便黏腻不爽，小便黄而少，脉濡数。

(4)脾胃虚寒。患畜被毛逆立，皮温偏低，耳鼻欠温，四肢发凉，鼻汗不成珠，口流清涎，粪便稀薄，小便清长，脉沉迟微弱。

【治法】脾胃虚弱者，宜补中益气，健脾和胃；脾虚湿困者，宜健脾，祛湿，养胃消食；湿热内蕴者，宜清热利湿，开胃消食；脾胃虚寒者，宜温中散寒，消食醒脾。

1. 方药

(1)脾胃虚弱。用方：①扶脾散。白术(土炒)15 g、党参15 g、黄芪15 g、茯苓30 g、泽泻18 g、青皮12 g、木香12 g、厚朴12 g、甘草9 g、苍术(炒)15 g。共研细末，温水冲调，灌服，连服数剂(《中兽医治疗学》)。②参苓白术散。党参、白术、茯苓、甘草、山药各45 g，白扁豆60 g，莲子肉30 g，薏苡仁、缩砂仁、桔梗各30 g。共为末，开水冲调，候温灌服。或煎汤灌服(《和剂局方》)。③补中益气汤。炙黄芪90 g，党参、白术、陈皮各60 g，炙甘草45 g，升麻30 g，柴胡30 g。水煎，候温灌服(《脾胃论》)。

(2)脾虚湿困。用方：①胃苓汤。苍术、厚朴、陈皮、茯苓、白术各45 g，甘草18 g，肉桂15 g，泽泻、猪苓各30 g，加姜、枣。水煎，候温灌服(《丹缓心法》)。②平胃散。苍术60 g、厚朴45 g、陈皮45 g、甘草20 g、生姜20 g、大枣90 g，加党参、白术、黄芪、茯苓。共为末，开水冲调，候温灌服(《元亨疗马集》)。

(3)湿热内蕴。用方：①黄芩滑石汤。黄芩、滑石、猪苓、茯苓各45 g，大腹皮、白蔻仁、通草各15 g。水煎，候温灌服(《温病条辨》)。②三仁汤。杏仁30 g，薏苡仁、滑石各45 g，通草、白蔻仁、竹叶、厚朴各15 g，半夏30 g(《温病条辨》)，加白术、茯苓、神曲、麦芽，水煎，候温灌服。

(4)脾胃虚寒。用理中汤(《伤寒论》)合保和丸(《丹溪心法》)去连翘。药用党参45 g，干姜45 g，炙甘草、白术、山楂、神曲、茯苓、莱菔子各30 g，半夏25 g。水煎，候温灌服。

2. 针治

针脾俞、百会、肚角、关元俞、顺气。电针关元俞、脾俞、百会。

百叶干

百叶干又称瓣胃阻塞、重瓣胃秘结。多为劳伤过甚，饲养失宜，致使食物不能运转而停留于百叶内，发生干涸的一种慢性疾病。本病多发于冬春季节，老弱体瘦的役用牛尤为多见。

【病因病理】长期饲喂粗糙干硬、富含粗纤维的饲料，如红薯藤、豆秸、麦秸；长期饲喂粉碎过细及混有大量泥沙的饲料；长期劳役过重，喂饮不调等诸因素均可导致气血不足，脾胃虚弱，脾气不升，胃失和降，后送无力，食物停滞于胃，胃津耗竭，干涸成疾。此外，热病伤津，汗出伤阴，真胃阻塞，以及宿草不转等疾患也可继发本病。

【主证】初期精神不振，鼻镜干燥，被毛粗乱，干枯乏光，食欲减退，反刍减少，口津缺乏，粪干色黑，病情继续发展，出现反刍完全停止，鼻镜干裂，空嚼磨牙。触诊瓣胃有疼痛反应，听诊瓣胃蠕动音极弱或完全消失，排粪减少，粪干黑如栗状，表面附有白色黏液或少量血液，有时伴发瘤胃弛缓或慢性臌气。更有甚者，神疲发呆，目无神色，口干舌燥，舌有芒刺，头颈伸直贴地，呻吟磨牙，气粗喘促，脉若有若无，预后不良。

【治法】润燥通便，消积导滞。

1. 方药

(1)猪膏散。①滑石 30 g、牵牛 25 g、甘草 18 g、大黄 30 g、肉桂 20 g、甘遂 10 g、大戟 10 g、白芷 10 g、续随子 15 g、地榆 25 g。共为末，每服 45 g，水 2000 mL，猪油 250 g，蜂蜜 60 g。同煎灌之(《牛经》《养耕集》)。②粉丹皮 30 g、秦艽 35 g、当归 30 g、地骨皮 25 g、生地 25 g、黄柏 25 g、牛膝 30 g、陈皮 25 g、赤芍 25 g、甘草 10 g、知母 15 g、麦冬 10 g、天门冬 25 g，引用熟猪脂、白蜜(《牛医金鉴》)。

(2)升水滋肠散。商陆 25 g、青皮 20 g、当归 30 g、川芎 15 g、苦参 18 g、麦冬 20 g、玄参 20 g、高良姜 15 g、柴胡 20 g、白芷 15 g、防风 18 g、枳壳 20 g、木通 15 g、炒柏叶 15 g。用水煎滚，加菜油 120 mL，生酒半壶，灌药后，如鼻有汗即好(《养耕集》)。

2. 针治

针舌底、耳尖、脾俞、后丹田等穴。

真胃炎

真胃炎是真胃的表层黏膜发生炎症而损伤胃气、水谷腐熟运化和气血运行障碍的一种胃肠疾病。本病以老年牛、犊牛和体质衰弱的成年牛多发。

【病因病理】因饲养管理不当，饲喂粗硬不易消化的霉烂、质量欠佳的饲料和过多稀粥状的、营养不足的饲料。时饥时饱，饲喂无定时，或者某些有毒物质的刺激等，都可引起真胃的生理功能障碍。胃内物质酵解又产生大量有机酸类及有害产物，这些有害物质又加速真胃黏膜炎症的发生，导致真胃功能失常。某些传染病、寄生虫病、消化道疾病也能促使真胃炎的发生和发展。

【辨证】临床上的证型主要有积热型和虚寒型两种。

(1)积热型。精神不振，鼻镜干燥，结膜潮红或黄染，口涎黏稠，口色赤，有难闻的臭气。有的口腔糜烂，食欲减退或废止，触诊真胃区病牛敏感疼痛，粪便干，呈球状，表面有黏液或伪膜。

(2)虚寒型。精神沉郁，被毛粗乱，口色苍白，反刍停止，长期呈消化不良，口内较湿润，全身衰弱，消瘦，耳鼻发凉，粪稀软。腹痛异嗜。

【治法】积热型宜清热疏导为主；虚寒型宜补脾温阳为主。

(1)积热型。①清中汤：黄连 30 g、栀子 50 g、半夏 30 g、草豆蔻 45 g、陈皮 35 g、白茯苓 35 g、甘草 30 g。水煎候温灌服(《症因脉治》)。②二陈汤：半夏、橘红各 60 g，白茯苓 50 g，炙甘草 45 g(《和剂局方》)，加黄连 35 g、枳实 45 g。水煎候温灌服。

(2)虚寒型。①黄芪建中汤：黄芪 60 g、桂枝 45 g、炙甘草 60 g、大枣 20 枚、芍药 60 g、生姜 45 g。水煎去渣加饴糖 100 g，候温灌服。②四君子汤：党参 60 g、白术 45 g、茯苓 45 g、炙甘草 75 g(《和剂局方》)，加干姜 30 g、肉豆蔻 30 g、木香 25 g。水煎候温灌服。

便秘

便秘又称大便秘结、大便难。它是粪便干燥、坚硬所致的以大便排出困难或间隔时间长为主要特征的疾病。多发于阳气盛及老弱之牛。

【病因病理】长期饲喂难以消化的粗硬干燥饲料，又缺乏运动，以及夏日过度劳役，长途运输，久渴失饮，使机体胃肠积热，气血亏虚，可使脾肺气虚，脾虚则精微运化、津液输布均不足，致使真阴亏损，肠道干枯；肺与大肠相表里，肺气虚则大肠传送无力，排便困难；阳气不足，则津液不行，以致肠道干涩，难以传送，致粪便秘结。

【辨证】分热秘、虚秘和冷秘。

热秘：大便秘结，粪便干燥，或有腹胀，口干喜饮，小便短赤，口色微红，舌苔燥黄，脉数。

虚秘：草料迟细，神疲乏力，多卧少立，大便排出困难，口色淡白，口津少，脉细无力。

冷秘：形寒怕冷，耳鼻俱冷，四肢欠温，排粪艰涩，小便清长，腹痛，口润色淡，舌苔薄白，脉沉迟。

【治法】热秘宜清热通便；虚秘宜益气养血润肠；冷秘当温通开秘治之。

1. 方药

(1)热秘。①大承气汤加味：大黄 60～90 g(后下)、厚朴 30 g、枳实 30 g、芒硝 150～300 g(冲)。肚胀满者加槟榔、牵牛子、青皮；粪干者加食用油、火麻仁、郁李仁；津液已伤者加鲜生地、石斛等(《中兽医学》)。②增液承气汤(《温病条辨》)合麻仁丸(《伤寒论》)。药用玄参 45 g、麦冬、生地黄各 30 g、大黄 60 g、芒硝 150 g(冲)，麻仁 30 g、芍药 30 g、枳实 30 g、厚朴 30 g、杏仁 30 g。水煎，候温灌服。

(2)虚秘。①黄芪汤(黄芪 60 g、陈皮 30 g、麻仁 60 g、白蜜 250 g,《金匮翼》)加党参 30 g、炙甘草 30 g、山药 45 g、当归 40 g。水煎候温灌服。②当归苁蓉汤：当归 200 g、肉苁蓉 100 g、番泻叶 60 g、木香 15 g、厚朴 30 g、炒枳壳 30 g、醋香附 30 g、瞿麦 15 g、通草 10 g、神曲 60 g。倦怠无力者加党参、黄芪，粪球干小者加玄参、麦冬。水煎取汁，加麻油 250～500 mL，同调灌服(《中兽医学》)。

(3)冷秘。①温脾汤(大黄 60 g、附子 30 g、干姜 30 g、党参 30 g、甘草 30 g,《千金方》)加肉苁蓉 40 g、当归 40 g、胡桃肉 60 g，水煎，候温灌服。②温脾通结散：干姜 60 g、肉桂 30 g、吴茱萸 30 g、乌药 30 g、厚朴 30 g、陈皮 30 g、槟榔 15 g、木香 25 g、苍术 30 g、草豆蔻 30 g、牵牛子 60 g、续随子 30 g、大黄 30 g(《中兽医学》)。

2. 针治

热秘针关元俞、后海等穴；虚秘针脾俞、后三里、关元俞、后海等穴；冷秘火针脾俞、后海等穴。

泄泻

泄泻俗称拉稀。它是脾胃运化和肠道功能失调所致的以粪便稀薄，排便次数增多为特征的病证。四季皆可发生。

【病因病理】泄泻成因主要有二：一是湿胜，即水湿超过了体液代谢功能，使胃肠运化、吸收功能发生障碍。二是脾胃阳虚，脾主运化，胃主受纳。脾胃受病则对草料的运化失调致使清浊不分，水粪混杂而走大肠，致成泄泻。

（1）过多饮食冷水、冰草，寒湿内侵，湿困脾胃，寒损脾阳，运化失职，水湿内停，或寒湿之邪直中胃肠，清浊不分乃生泄泻。

（2）夏暑炎热，湿邪侵入机体与热邪相合，郁而化热，脾阳受损，运化失职，精微不能输布，流溢于胃肠而下注成泻。

（3）采食过多粗硬的或污浊不清的草料，致宿食停滞，损伤脾胃，使运化功能失常，水谷不能化生精微，停于胃肠，遂成其泻。

（4）饲养管理不当，草料品质低劣，饥饱无常，劳役过重，致使脾胃虚弱，水谷不能腐熟，精微不能输布，津液糟粕混杂而入大肠。若久泻无度，使肾阳不足，命门火衰，使腹泻顽固难愈。

【辨证】

（1）寒湿泄泻。发病较急，泻粪清稀，清冷澄澈，臭味不显，肠鸣如雷，腹痛轻微，耳鼻俱冷，被毛逆立，口色白、脉沉迟。

（2）湿热泄泻。排粪不爽，泻粪稀薄，黏腻，气味恶臭难闻，精神不振，腹痛不安，鼻镜干燥，口渴，喜饮，但饮不多。口色红赤，舌苔黄腻，脉沉数。

（3）伤食泄泻。粪便溏稀，味酸臭并有未消化的草料，食欲反刍停止，肚腹胀满，腹痛轻微，口色红，苔黄厚，脉沉数。

（4）脾虚泄泻。泄泻时间长，反复发作，食欲反刍减少，水草迟细，日渐消瘦，毛焦肷吊，泻粪稀薄，完谷不化，神疲倦怠，多卧少立或有水肿，口色淡白，脉沉细无力。

（5）肾虚泄泻，除具有脾虚泄泻的证候外，泻粪夜间为重，久泻不愈，耳鼻俱冷，四肢欠温，怕冷，甚则肛门松弛，滑脱失禁，口色淡白，脉沉细。

【治法】寒湿泄泻宜温中散寒，燥湿止泻；湿热泄泻宜清热燥湿，利水止泻；伤食泄泻宜消食导滞，健脾止泻；脾虚泄泻宜补脾益气，利水止泻；肾虚泄泻则以温补脾肾，涩肠固脱为宜。

1.方药

（1）寒湿泄泻。①胃苓汤（猪苓 30 g、泽泻 45 g、白术 30 g、茯苓 30 g、苍术 30 g、肉桂 25 g、厚朴 30 g、甘草 20 g、陈皮 30 g，《丹溪心法》）加木香、砂仁、姜、枣，水煎，候温灌服。②青皮散：青皮 21 g、厚朴 24 g、白术 30 g、当归 12 g、肉桂 10 g、川芎 18 g、猪苓 18 g、泽泻 21 g、枳壳 24 g、滑石 30 g、山楂炭 30 g、木通 15 g、甘草 12 g。共研细末，米泔水煎沸冲服（《抱犊集》）。

（2）湿热泄泻。①葛根芩连汤（葛根 60 g、炙甘草 20 g、黄芩 30 g、黄连 30 g，《伤寒论》）加滑石、薏仁、苍术、茯苓、厚朴。水煎，候温灌服。②枳壳 24 g、防风 24 g、花粉 24 g、苦参 24 g、黄柏 24 g、黄连 24 g、黄芩 24 g、厚朴 24 g、栀子 24 g、连翘 24 g、赤芍 24 g、茵陈 24 g、苍术 24 g、甘草 24 g、淡竹叶 24 g，贯众 30 g、木通 30 g、猪苓 30 g、泽泻 30 g、草果仁 15 g、蔓荆子 15 g。共为细末，开水冲调，候温灌服（《养耕集》）。

（3）伤食泄泻。①保和丸：山楂 60 g、神曲 60 g、半夏 30 g、茯苓 30 g、陈皮 30 g、连翘 30 g、莱菔子 30 g（《丹溪心法》）。食滞重加大黄、枳实、槟榔；水泻重加猪苓、泽泻；热盛则加黄芩、黄连。②木香导滞丸：木香 20 g、槟榔 20 g、枳实 45 g、大黄 60 g、神曲 45 g、茯苓 30 g、黄芩 20 g、黄连 15 g、白术 20 g、泽泻 15 g，共为末，开水冲调，候温灌服（《松崖医经》）。

（4）脾虚泄泻。①参苓白术散：党参 45 g、白术 45 g、茯苓 45 g、炙甘草 45 g、山药 45 g、扁豆 60 g、莲肉 30 g、桔梗 30 g、薏苡仁 30 g、砂仁 30 g。水煎，候温灌服（《和剂局方》）。②香砂六君子汤：党参 60 g、炒白术 60 g、茯苓 60 g、炙甘草 20 g、陈皮 20 g、半夏 30 g、木香 60 g、砂仁

20 g。水煎,候温灌服(《时方歌括》)。

(5)肾虚泄泻。①四神丸(肉豆蔻 30 g、补骨脂 45 g、五味子 30 g、吴茱萸 20 g,《证治准绳》)加赤脂、肉桂。水煎,候温灌服。②安肾丸:炒桃仁 45 g、肉桂 20 g、炒白蒺藜 30 g、巴戟天 30 g、肉苁蓉 30 g、山药 30 g、补骨脂 30 g、石斛 30 g、萆薢 30 g、白术 30 g、制川乌 20 g。水煎,候温灌服(《世医得效方》)。

2. 针治

寒湿泄泻火针脾俞、丹田、后海;湿热泄泻针带脉、知甘、山根;伤食泄泻针带脉、知甘、血印;脾虚泄泻针脾俞、后海、百会、后三里;肾虚泄泻火针脾俞、百会、后海、后丹田。

感冒

感冒又称伤风。它是风寒侵袭畜体所致的以恶寒发热,咳嗽流涕为特征的病证。是四时不正之气所伤,故一年四季皆可发生。现代医学的上呼吸道感染属本病范畴。

【病因病理】饲养管理不当,劳役过度,牛体虚弱,雨淋夜露,气候骤变,腠理疏松,卫外不固。风、寒或热等相挟,侵犯牛体。肺为娇脏,风邪侵袭先犯肺,肺主气,外合皮毛,卫气则不宣达,故有恶寒发热,肺气不畅等生理功能失常的证候。

【辨证】根据致病因素,临床上以风寒感冒与风热感冒为多见。

(1)风寒感冒。恶寒发热,寒多热少,被毛逆立,寒战拱背,耳鼻俱冷,鼻流清涕或有咳嗽,体表冷热不均,精神不振,食欲反刍减少,口津较多,苔薄白,脉浮紧。

(2)风热感冒。热多寒少,微恶风寒,耳鼻俱热,体温升高,鼻镜无汗,口渴喜饮,口色赤,苔微黄,脉浮数。

【治法】风寒感冒宜辛温解表,宣肺散寒;风热感冒宜辛凉解表,清宣肺热。

1. 方药

(1)风寒感冒。①荆防败毒散:荆芥 30 g、防风 30 g、羌活 25 g、独活 25 g、柴胡 25 g、前胡 25 g、桔梗 30 g、枳壳 25 g、茯苓 45 g、甘草 15 g、川芎 25 g。水煎,候温灌服(《摄生众妙方》)。②麻黄汤:麻黄 30 g、桂枝 45 g、杏仁 60 g、炙甘草 20 g。水煎,候温灌服(《伤寒论》)。

(2)风热感冒。可选银翘散(银花 30 g、连翘 30 g、淡豆豉 25 g、桔梗 25 g、荆芥穗 25 g、竹叶 30 g、薄荷 15 g、牛蒡子 25 g、芦根 60 g、甘草 10 g,《温病条辨》)加柴胡、黄芩。水煎,候温灌服。

2. 针治

针刺知甘、山根、太阳、耳尖、角根、千金等穴。

咳嗽

咳嗽是外感或内伤所引起的肺经疾病的一个证候。一年四季皆可发病,尤其以冬春季节为多见。

【病因病理】咳嗽主要是由于肺气不宣所引起。风、寒、热、燥之邪,从口鼻或皮毛侵入体内,均可使肺气壅遏,宣肃失常而产生咳嗽;饥、饱、劳、役,内伤于肺,也可使肺生理功能失常,发生咳嗽。临床上多有肺阴不足,津液亏耗,肃降失常而上逆,或脾虚不运,水湿积聚为痰,上渍于肺,阻塞气道,或肾虚阳衰,无力蒸腾,则水湿泛滥为痰等,均可引起咳嗽。

【辨证】咳嗽分外感和内伤。外感咳嗽为肺经直接受病，多为新发的急性病，常伴有外感症状，内伤咳嗽多为脏病累及于肺而发生，病情发展缓慢，多属虚证，且伴有其他脏腑功能失常的证候。

(1)风寒咳嗽。咳嗽，喷嚏，咳声重浊，鼻流清涕，怕风恶寒，被毛逆立，战抖，食欲缺乏，反刍减少，鼻汗不成珠。苔薄白，脉浮紧。

(2)风热咳嗽。咳嗽不爽，声音洪亮，鼻液黏稠，鼻镜干燥，口干津少，或有发热，呼吸粗重，咽喉敏感，食欲、反刍减少，粪便干燥，口色红，舌苔黄，脉浮数。

(3)内伤咳嗽(劳伤咳嗽、肺虚咳嗽)。发病缓慢，咳声低微无力，或日轻夜重，食欲、反刍减少，形体消瘦，肺虚干咳，痰少黏稠，舌红津少，脉细数。

【治法】风寒咳嗽宜疏风散寒，宣肺化痰；风热咳嗽宜疏风清热，清肺止咳；肺虚咳嗽应养阴益气，化痰止咳。

1. 方药

(1)风寒咳嗽。可选用：①杏苏散。杏仁 30 g、紫苏 24 g、法半夏 18 g、茯苓 30 g、甘草 15 g、前胡 24 g、桔梗 24 g、枳壳 24 g、橘皮 18 g、生姜 15 g、大枣 12 枚。共为细末，开水冲调，候温灌服(《温病条辨》)。②止咳散加味。荆芥 30 g、桔梗 30 g、紫菀 30 g、百部 30 g、白前 30 g、陈皮 25 g、甘草 15 g、防风 30 g、苏叶 25 g、款冬花 30 g。共为末，开水冲调，候温灌服。

(2)风热咳嗽。可选用：①银翘散。药用银花 30 g、连翘 30 g、淡豆豉 25 g、桔梗 25 g、荆芥穗 25 g、竹叶 30 g、薄荷 15 g、牛蒡子 25 g、芦根 60 g、甘草 10 g。共为末，开水冲调，候温灌服(《温病条辨》)。②麻杏石甘汤加味。麻黄 30 g，杏仁 45 g，炙甘草 30 g，石膏 150 g，黄芩、瓜蒌、桑白皮各 30 g。共煎，候温灌服。

(3)内伤咳嗽。可选用：①沙参麦冬汤加减。沙参 60 g、麦冬 50 g、玉竹 50 g、桑叶 45 g、生甘草 30 g、天花粉 45 g、白扁豆 60 g、贝母 30 g、杏仁 30 g。水煎，候温灌服。内伤咳嗽日久不愈而累及于肾，则见肾虚咳嗽，病情加重，可加熟地、五味子等补肾纳气。②百合固金汤。生地黄 40 g，熟地黄 60 g，麦冬 30 g，百合、芍药(炒)、当归、贝母、生甘草各 20 g，玄参、桔梗各 15 g。水煎去渣，候温灌服(《医方集解》)。

2. 针治

风寒咳嗽，针风池、肺俞、百会；风热咳嗽针血堂、通关。

气喘

气喘是各种原因所致的以呼吸急促，肷肋煽动，鼻张引息为特征的一种疾病。现代兽医学的肺气肿属本病的范畴。内因外因都可引起，一年四季皆可发生，以秋冬季节多发。

【病因病理】风寒伤肺，致肺气壅塞，宣降失常而成喘，或风寒未解，郁而化热，或外感风热，肺失清肃也可成喘。此外，饲养管理不善，脾失健运，痰浊内生，上贮于肺，肺气不利，或痰湿郁而化热，肺失肃降而上逆，或脾失健运，中气虚弱，致肺失充养，气无所主而喘促；后天不足，真元亏损，肾虚失纳，气逆而上，也可成喘。

【辨证】分虚实二证。

1. 实证

(1)风寒型。咳嗽喘息，怕冷寒战，被毛逆立，鼻流清涕，耳鼻欠温，口流涎沫，苔薄白，脉浮紧。

(2)肺热型。气粗喘促,鼻翼翕动,咳声洪亮,鼻涕黄稠,口干喜饮,耳、鼻、角均热,苔微黄,脉滑数。

2. 虚证

(1)肺脾两虚。喘促气短,咳声低弱,精神短少,多卧少立,口津清稀,食欲缺乏,大便溏稀,口色淡,脉濡细。

(2)肺肾两虚。病程较长,发展缓慢,咳嗽连声低弱,日轻夜重,喘促气短,呼多吸少,动则更甚,形寒肢冷,食欲减少,精神不振,体瘦毛焦,脉细弱。

【治法】风寒型宜温肺寒定喘;肺热型宜清肺泄热,化痰定喘;脾肺两虚,宜健脾补肺,益气定喘;肺肾两虚则宜滋肾养肺,止咳定喘。

1. 方药

(1)风寒型。可选用小青龙汤(麻黄 30 g、桂枝 30 g、细辛 21 g、五味子 30 g、白芍 45 g、半夏 24 g、炙甘草 15 g,《伤寒论》)加苏子、前胡、厚朴等。水煎,候温灌服。

(2)肺热型。可选用:①麻杏石甘汤(麻黄 30 g、杏仁 45 g、石膏 120 g、炙甘草 20 g,《伤寒论》)加桑白皮、全瓜蒌、葶苈子、黄芩等。②清肺散(板蓝根 90 g、葶苈子 60 g、贝母 30 g、桔梗 20 g、甘草 25 g,《元亨疗马集》)加桑白皮、知母、黄芩、牛蒡子、杏仁等。

(3)肺脾两虚型。可选用生脉散(《内外伤辨惑论》)合六君子汤《和剂局方》。药用党参 50 g、麦冬 60 g、五味子 30 g、白术 30 g、茯苓 30 g、陈皮 25 g、半夏 25 g、生姜 20 g、大枣 20 枚。水煎,候温灌服。

(4)肺肾两虚型。可选用六味地黄汤(《小儿药证直诀》)加味。药用熟地 60 g、山萸肉、淮山药各 10 g,泽泻、丹皮、茯苓各 25 g,沙参 30 g,麦冬 30 g,五味子 40 g。水煎,候温灌服。若偏于肾阳虚者,证见形寒怕冷,动则喘更甚,可用金匮肾气丸(《金匮要略》)加味。药用熟地黄 30 g、山药 30 g、山茱萸 30 g、泽泻 25 g、茯苓 25 g、丹皮 25 g、肉桂 30 g、附子 30 g、党参 30 g、五味子 30 g、补骨脂 30 g。水煎,候温灌服。

2. 针治

风寒型,针肺俞、脾俞;肺热型,针玉堂、大脉血。

肺痈

肺痈是肺组织局部发生炎性化脓性的疾病,以咳嗽、胸痛、发热、流腥臭鼻液为特征。现代兽医学中的化脓性肺炎、肺脓疡和肺坏疽等均属此范畴,发病不多,但死亡率高。

【病因病理】多因饲养管理不善,使役不当,畜体羸弱,卫外不固,风热毒邪侵袭,或外感风寒未解,郁而化热,内外合邪,熏蒸于肺,肺受热灼而失清肃,热壅气滞,脉络瘀阻,蕴结乃至腐败而成痈。

【辨证】起病骤急,高热、寒战、胸痛、咳嗽。根据病情发展,一般分为三期。

(1)初期。病邪主要在肺卫,故多呈现发热,恶寒,咳嗽,口燥咽干,喜饮,呼吸加快,鼻液浓稠、量少,口色红,苔薄而黄,脉浮滑而数。

(2)中期。热毒壅滞而成痈,患畜表现高热、寒战、咳嗽、气急。叩诊胸部有疼痛,听诊有湿性啰音,两鼻流出多量腥臭脓液,口津少而黏,精神沉郁,食欲反刍减少,消瘦,口色红,苔黄腻,脉滑数。

(3)后期。痈肿破溃,患畜精神极度沉郁,呼吸喘促,鼻翼翕动,两鼻流出多量腥臭难闻脓液或脓血相间的鼻液,食欲、反刍废绝,走路蹒跚,病情趋于恶化,预后不良。若随着大量脓液排出,而身热渐降,症状减轻,则病情有好转的可能。

【治法】初期解表散邪,清肺解毒;中期清热解毒,化瘀消痈;后期排脓解毒,清热生津。

1. 方药

(1)初期可选用银翘散(银花 30 g、连翘 30 g、豆豉 24 g、牛蒡子 30 g、薄荷 12 g、荆芥 18 g、桔梗 18 g、甘草 12 g、竹叶 12 g,《温病条辨》)去荆芥、豆豉,加蒲公英、鱼腥草。咳甚加浙贝母、瓜蒌、冬瓜仁;热甚加黄芩、石膏。

(2)中期可选用千金苇茎汤(苇茎 250 g、桃仁 120 g、冬瓜仁 90 g、薏苡仁 120 g,《千金方》)加双花、鱼腥草、蒲公英、紫花地丁等。

(3)后期可选用济生桔梗汤(桔梗 30 g、贝母 30 g、当归 24 g、栝蒌仁 30 g、枳壳 24 g、薏苡仁 30 g、桑白皮 30 g、防己 24 g、甘草 15 g、杏仁 24 g、百合 24 g、黄芪 24 g,《济生方》)加鱼腥草、白及、葶苈子等。

2. 针治

初期可放大脉血,中期针肺俞、脾俞。

舌疮

舌疮是心经积热而引起以舌体肿胀、疼痛、溃疡为主要特征的疾病。夏秋季节多发。现代兽医学的舌炎属本病的范畴。

【病因病理】心开窍于舌,暑热盛夏,使役过度,久渴失饮,心经积热,心火上炎而致舌肿生疮;心与小肠相表里,暑热之邪积于膀胱,膀胱移热于小肠,湿热不去,又必上蒸,使口舌糜烂;饲喂粗硬草料或饲料不洁,芒刺、铁片杂物等刺伤,化学药物灼伤,均可导致舌伤而成疮。

【主证】精神不振,口痛流涎,小心采食,咀嚼困难,甚则水草难咽,口内灼热。口色红赤,舌体肿胀,有大小不等红色口疮或溃烂出血,小便短赤,脉洪数。

【治法】清心火,解热毒,外伤者需除去异物。

1. 方药

(1)外治。①青黛散:青黛、黄柏、薄荷、黄连、桔梗、儿茶各等份。共研细末,每次适量,装纱布袋内口噙,或吹撒于患处(《元亨疗马集》)。②冰青散:冰片 12 g、青黛 9 g、皮硝 30 g、薄荷冰 6 g、滑石 60 g。共研细末,调蜂蜜涂舌上,每天 2 次(《中兽医治疗学》)。③冰硼散:冰片 50 g、硼砂 500 g、元明粉 500 g、朱砂 60 g。共为细末,装瓶备用。每次取药少许,用竹管或纸管吹入患部(《外科正宗》)。

(2)内治。①泻心散:黄连 30 g、大黄 45 g、石膏 200 g、黄芩 45 g、赤芍 45 g、竹茹 15 g、灯芯草 10 g、车前 16 g。共为末,开水冲调,候凉灌服(《活兽慈舟》)。②黄连解毒汤:黄连 45 g、黄柏 30 g、黄芩 30 g、栀子 40 g。水煎候温灌服(《外台秘录》)。③凉膈散:桔梗、连翘、金银花各 60 g,麦冬、玄参、天花粉、丹皮、栀子、知母、白药子各 30 g,黄药子 24 g,甘草 24 g。共为细末,蜂蜜 120 g 为引。分 2 次温开水调灌(《中兽医治疗学》)。④洗心散:天花粉、黄芩、黄柏、连翘、栀子各 30 g,黄连 20 g、木通 20 g、桔梗 25 g、白芷 15 g、牛蒡子 45 g、茯神 25 g。为末,开水冲调，候温灌服。

2. 针治

针胸堂、知甘、承浆等穴。

蹄病

蹄病指蹄部的各种病症，如蹄伤、毛边漏及漏蹄引起蹄部疼痛，而发生跛行的病证。

【病因病理】蹄伤多因劳役不当，跌扑损伤，或蹄冠、蹄叉被尖锐物如刀、铁钉、骨片、玻璃等刺伤所致。毛边漏常因暑月炎天，使役过度，久走伤蹄，或因蹄冠外伤，或厩舍潮湿不洁，以致温热外邪侵注蹄部，气血凝滞蹄冠而发生肿胀、化脓、溃烂。漏蹄多因营养不良，装蹄不当，蹄久失削，厩舍不洁，粪尿浸渍，久行泥路，以及钉伤、蹈创等，均可诱发本病。

【辨证】蹄伤：蹄部受伤后，突然发生疼痛、跛行，并有出血和损伤迹，患蹄不敢负重。毛边漏：蹄冠部化脓、溃烂，并流出黄褐色脓性分泌物；气味腥臭，运步跛行。漏蹄：患部疼痛，站立时避免负重，运步则虚行下地，呈现跛行，特别在软地或石块路上行走时，跛行症状加剧。本病有干漏和湿漏两种，干漏多是蹄甲焦枯变形，铲削蹄甲可见到白色粉状腐朽物充塞于漏洞中，如系湿漏，削蹄后蹄底有腐烂空洞，从内流出灰褐色恶臭液体；用检蹄器敲打蹄底或钳夹患蹄两侧，则感疼痛。

【治法】修蹄、防腐、生肌。蹄伤，应先除去致伤物，患部洗涤消毒，用方(1)涂患处；毛边漏，患部洗净、消毒后，外敷方(2)，内服方(3)；漏蹄，矫正削蹄，挖去腐烂角质，用白酒洗涤患部，撒布方(4)，用黄蜡封闭创口，内服方(3)。

(1)桃花散。陈石灰 500 g、大黄 45 g。先将大黄纳入锅内，加水 1 碗，煮十余沸，再加石灰搅拌炒干。将大黄除去，研为极细末，过筛，装瓶备用(《中兽医学》)。

(2)生肌散。煅石膏 50 g、轻粉 50 g、赤石脂 50 g、黄丹 10 g、龙骨 15 g、血竭 15 g、乳香 15 g、冰片 15 g。共为细末，装瓶备用，取适量外敷患部(《中兽医方剂学》)。

(3)加减消疮饮。金银花 18 g、花粉 18 g、连翘 15 g、白药子 15 g、乳香 15 g、白芷 15 g、赤芍 18 g、浙贝 15 g、防风 15 g、没药 15 g、当归 24 g、甘草 12 g、陈皮 15 g。共为细末，开水冲调，候温灌服(《新编中兽医学》)。

(4)防腐生肌散。枯矾 16 g、陈石灰 16 g、煅石膏 25 g、血竭 16 g、乳香 16 g、没药 16 g、樟丹 16 g、冰片 3 g、轻粉 3 g。共研细末，装瓶备用，取适量填入创内，用黄蜡封闭创口(《中兽医学》)。

胎衣不下

胎衣不下又名胞衣不下，胎盘滞留。多因妊娠使役过度，营养不良，畜体虚弱，导致产后胎衣在 12 h 内不能自行脱落的一种病证。各种家畜均可发生，尤以奶牛为多见。

【病因病理】产后劳役过度，营养不良，畜体羸弱，气血不足，使子宫功能减弱；或产程过长，畜体倦乏，胞宫收缩无力；或胎儿过大，羊水过多，长期压迫致宫壁松弛；或临产时受风寒侵袭，寒凝血滞，使子宫颈过早收缩关闭，均可导致胎衣不下。此外，胞宫壁和胎盘病理粘连，以及早产、流产、子宫病症等，也可继发本病。

【主证】患畜站立不安，回头顾腹，不时拱腰努责。胎衣的一部分或全部滞留于子宫内，部分或大部分垂露阴门之外，如滞留过久，腐败溃烂，从阴道流出褐红色，并伴有胎衣碎片的浊液，味极腥臭，此时患畜精神萎靡，食欲、反刍减少，奶量大减，口色淡白，脉象沉迟。

【治法】补气养血，祛寒行瘀。

1. 方药

（1）加味生化汤：当归 60 g、川芎 21 g、桃仁 18 g、炮姜 15 g、炙甘草 15 g、党参 30 g、益母草 30 g。共为细末，引用黄酒 120 mL，开水冲调，候温灌服（《新编中兽医学》）。

（2）参灵汤：党参 60 g、五灵脂 30 g、生蒲黄 30 g、当归 60 g、川芎 30 g、益母草 30 g。共为细末，同调灌服（《中兽医学》）。

2. 手术剥离

将患牛站立保定，用消毒药液将外阴周围洗净，然后术者将手指甲剪短磨光，洗净涂油。术者左手握住垂露于阴户外的胎衣，右手顺阴道伸进子宫后方的胎衣与子宫黏膜之间找到胎盘，用拇指、食指、中指配合把胎儿胎盘由后向前逐个从母体胎盘上剥离下来。剥至前面不便操作时，左手可将外露的胎衣稍加牵动，使子宫角的胎盘后移，直至把全部胎盘剥离，胎衣即可完整地取出。最后，可将金霉素或土霉素胶囊 2～4 g 或磺胺类药物送入子宫。

阴道及子宫脱

阴道及子宫脱多为劳伤过甚，饲养失宜，气血亏损，中气下陷，致使阴道部分或全部脱出于阴门外，称阴道脱。子宫的一部分脱出于阴道内，或子宫的全部连同阴道一起垂露于阴门之外，称子宫脱。本病常见于年老体弱的产后母牛。

【病因病理】多因母畜在妊娠期间，饲养失调，营养不良，使役过重，以致气血双亏，中气下陷，不能固摄胞体所致。或因胎儿过大，羊水过多及多胎，使子宫过度扩张，或助产时强行拉出胎儿，剥离胎衣时牵拉过猛，或因吃得过饱，卧地过久，分娩时过于努责等，使腹内压增高，均可导致本病发生。

【主证】阴道脱出多发于产前，患畜卧下时部分阴道脱出于阴门之外，呈半球状，站立时仍能缩回，进而阴道呈球形全部脱出，可见到充塞着子宫黏液栓的子宫颈口。脱出的阴道壁富有弹性，若为产后脱出，阴道壁多厚而硬。

子宫脱出多在分娩后不久发生，患畜不安，频频努责，继而子宫露于阴门之外，部分脱出多呈半球状，全部脱出多呈全球状或筒状，或与阴道一起脱垂于阴门之外，子宫壁布满海绵状子叶。初脱出的阴道和子宫，其色紫红并有血液，表面光滑柔软，时久则充血、水肿，色变暗红或紫黑色，质地坚硬肿大，继之脱出部分腐烂或坏死。患畜精神沉郁，食欲、反刍减少或废绝，拱背弯腰，不时努责，似排尿状，小便频数，大便稀薄，疼痛不安。口色淡白，脉象沉细。

【治法】以手术整复为主，结合内服补气养血、升阳固脱的方药。

1. 方药

（1）补中益气汤加味。炙黄芪 60 g、党参 45 g、炙甘草 18 g、当归 30 g、陈皮 15 g、升麻 15 g、柴胡 15 g、炒白术 30 g、益母草 30 g。共为细末，开水冲调，候温灌服（《新编中兽医学》）。

（2）补气散。当归 60 g、党参 45 g、黄芪 60 g、陈皮 25 g、白术 22 g、升麻 30 g、茯神 25 g、枳壳 10 g、阿胶 30 g。共为细末，黄酒 120 mL 为引，开水冲调，候温灌服（《中兽医治疗学》）。

2. 手术整复

将患畜前低后高站立保定，用 3% 的明矾水冲洗外脱的阴道、子宫及阴门周围，去除黏附其上的污物及坏死组织，再用明矾或冰片适量，共研细末，涂抹其上，以使阴道、子宫尽量收缩。若已发生水肿，用小棱针乱刺肿胀黏膜，挤出血水。整复时，术者用拳抵住脱出的阴道、子宫角的末端，在母畜努责间隙，把外脱的部分推进产道，纳入宫腔，并把阴道子宫的皱襞予以舒展，使其完全复位，并进行适量按摩，方可缓缓抽出术手。整复后，为防止再度脱出，根据患畜外阴大小，在阴唇两侧垫上2根适当长度的橡皮管，缝线通过橡皮管壁及阴唇基部穿过对侧；或在阴唇两外侧各垫上2个或3个纽扣，纽扣的正面向外，线通过纽扣孔进行缝合，然后打结固定，缝线松紧要适当。

3. 针治

电针阴脱、后海。

产后厌食

母牛产后少食或不食的病证。

【病因病理】多因怀孕期间使役过度，饮喂失调，营养不良，产后气血双亏，致使脾胃运化失常，水草不能腐熟，或因风寒外袭，久卧湿地，以致寒湿之邪由表入里，传之于脾，停而不散，滞而不行，水谷不化致成其病。

【辨证】气血双亏型：精神沉郁，胃呆不纳，形体消瘦，四肢无力，严重者卧地不起。口色淡白，脉象细弱。脾胃虚寒型：精神委顿，食欲减少，耳耷头低，被毛松乱，耳、鼻、角及四肢发凉，口津滑利。口色淡，粪稀、尿清，脉象沉迟。

【治法】气血双亏型，治宜补益气血，用方(1)；脾胃虚寒型，治宜温中健脾，用方(2)。

(1)十全大补汤。当归18 g、川芎15 g、白芍18 g、熟地15 g、党参24 g、白术24 g、茯苓15 g、炙甘草12 g、炙黄芪24 g、肉桂12 g。共为细末，开水冲调，候温灌服(《新编中兽医学》)。

(2)理中汤加减。党参、黄芪各30 g，白芍、白术、干姜各24 g，炙甘草18 g，大枣10枚。共为细末，开水冲调，候温灌服。腹胀者加砂仁、枳壳各24 g；吐涎者加半夏、茯苓、益智仁各20 g(《家畜常见病中兽医诊疗》)。

缺乳

缺乳为母畜营养不良，气血亏虚，产后无乳或乳汁很少的病证。常见于初产或体质虚弱的母牛。根据病因病性，可分为气虚血亏型和气滞血瘀型。

【病因病理】多因产前使役过度，营养不良，体质瘦弱，气血不足，血虚则乳汁无以化生，气虚则乳汁难以运行，故乳汁稀薄而短少；或因产前喂养过盛，运动不足，以致气血壅滞，经络不畅；或产后外感风寒，气滞血瘀，均可引起。

【主证】气虚血亏型：患畜精神不振，食欲、反刍减少，畜体瘦弱，被毛枯燥。舌滑无苔，脉象迟细无力。乳房不胀，乳汁很少或全无。气滞血瘀型：患畜精神沉郁，食欲反刍减少，体形肥胖，乳房胀痛或硬肿，乳汁涩少。口色偏红，脉多弦滑。

【治法】气虚血亏型，宜补血益气，佐以通乳，用方(1)治之；气滞血瘀型，行气通络，用方(2)治之。

(1)通乳散。黄芪30 g、党参30 g、当归60 g、通草30 g、川芎30 g、白术30 g、续断30 g、阿胶30 g、木通25 g、杜仲25 g、王不留行60 g、穿山甲30 g、炙甘草25 g。共为细末，黄酒60 mL为引，开水冲调，候温灌服(《中兽医治疗学》)。

(2)下乳通泉汤。当归 24 g、白芍 24 g、生地 45 g、川芎 15 g、木通 24 g、穿山甲 24 g、王不留行 36 g、漏芦 15 g、花粉 24 g、甘草 15 g、青皮 15 g、牛膝 30 g、柴胡 12 g。共为细末，开水冲调，候温灌服(《新编中兽医学》)。

乳痈

乳痈又名奶黄。多为瘀血邪毒凝结于乳房而发生红、肿、热、痛的病证。现代兽医学称为乳房炎。多见于哺乳母牛。

【病因病理】多因饲养管理失宜，久卧湿地，外感风寒热邪，湿热浊气蕴结，乳络不畅，气血凝滞；或因乳头损伤，邪毒乘隙内侵；或因乳汁分泌过盛，幼畜吸吮不完，以及产后幼畜死亡，乳汁停滞不通等，均可引起本病。

【主证】病初患侧乳房肿胀变硬，色红灼热，触之疼痛，拒绝幼畜吮奶，乳汁分泌不畅，站立时两后肢开张，行走缓慢，不愿卧地。肿胀疼痛严重者，精神不振，食欲、反刍减少，体温升高，奶量不减，乳呈淡棕色或黄褐色，甚至出现凝乳块或血丝。严重者，乳房肿胀继续增大，红肿疼痛加剧，进而化脓，日久则破溃流脓，症状逐渐消失而痊愈，但也有长期不愈而变为慢性的。口色红燥，舌苔黄，脉象洪数。

【治法】根据病势发展过程，可分初期、成脓期和破溃期。初期宜清热解毒，散瘀消肿，可用方(1)或方(2)内服，方(3)调涂肿胀处；成脓期应在波动最明显的中央切开排脓，内服药以托里排脓为主，可用方(4)内服；溃破期宜补正排脓，内服方(5)。

(1)瓜蒌回味散。全瓜蒌 1～2 个、当归 15 g、生草 9 g、乳香 9 g、没药 9 g、贝母 30 g、地丁草 60 g、花粉 9 g、金银花 60 g、木香 9 g、蒲公英 60 g。共为细末，黄酒 120 mL 为引，开水冲调，候温灌服(《中兽医诊疗》)。

(2)牛蒡瓜蒌汤。瓜蒌 60 g、牛蒡子 30 g、花粉 30 g、黄芩 24 g、陈皮 30 g、栀子 24 g、连翘 30 g、金银花 30 g、青皮 15 g、柴胡 12 g、甘草 30 g、蒲公英 30 g。共为细末，开水冲调，候温灌服(《中兽医学》)。

(3)雄黄散。雄黄 30 g、白及 30 g、白蔹 30 g、龙骨 30 g、大黄 30 g。为细末，用醋或水调敷患部(《痊骥通玄论》)。

(4)透脓散加味。当归 30 g、川芎 15 g、黄芪 30 g、炒山甲 18 g、皂角刺 15 g、党参 30 g、白术 18 g、升麻 9 g、瓜蒌 30 g。共为细末，开水冲调，候温灌服(《新编中兽医学》)。

(5)托里消毒散加减。黄芪 30 g、党参 30 g、白术 24 g、茯苓 24 g、川芎 15 g、当归 24 g、白芍 18 g、熟地 24 g、甘草 15 g、银花 30 g。共为细末，开水冲调，候温灌服(《中兽医诊疗》)。

犊牛腹泻

犊牛腹泻又名犊牛拉稀。多为幼犊食了母畜热乳，或感受风寒，内伤阴冷引起腹泻的一种病证。本病一年四季均可发生，根据其病因病性，可分为热泻和寒泻。

【病因病理】热泻，多因母畜产后瘀血未尽或外感热邪，以致热毒注入血脉，传之于乳，或母畜患乳痈等症，致使乳汁不洁，犊牛食后，热毒积于胃肠而发病。寒泻，多因饲养管理不善，犊牛外感风寒，内伤阴冷，致脾胃运化失常所致。

【主证】热泻，病初精神倦怠，有时起卧，回头顾腹，泻粪呈稀糊状，色黄白或灰白，且混有泡沫及黏液，腥臭难闻，口色赤红；病重时，四肢软弱无力，卧多立少，呼吸稍喘，鼻镜干燥。寒泻，精神萎靡，毛焦肷吊，口色淡白，舌苔薄白或薄黄，耳鼻俱凉，肠鸣腹泻，粪稀色白，或有酸臭味，脉象沉细。

【治法】热泻，宜清热解毒，涩肠止泻，选用方(1)；寒泻，宜补脾养胃，和中止泻，选用方(2)。

(1)乌梅散。乌梅(去核)15 g、干柿 25 g、黄连 6 g、郁金 6 g、诃子肉 6 g。煎汤取汁，候温灌服(《蕃牧纂验方》)。

(2)补中益气汤。黄芪 12 g，党参 9 g，白术 9 g，炙甘草 3 g，当归 6 g，陈皮、升麻、柴胡各 3 g。煎汤取汁，候温灌服(《脾胃论》)。

便血

便血是指粪便带血或单纯下血。

【病因病理】多因饲养管理不善，暑月炎天，久渴失饮，或喂料过多，或喂霉烂饲料，致使热毒郁结于胃肠，热盛迫血妄行，脉络受损，血溢胃肠，随粪便而下，遂成便血。此外，长期饲养不良，损伤脾胃，脾气虚弱，中气下陷，脾不统血，也能发生本病。

【辨证】排粪时以粪中带有血液，或单纯便血为主证。患畜舌有黄苔，口色赤红，脉象滑数，尿液短赤，耳鼻俱热，口渴喜饮，为大肠湿热，属实热证。若患畜精神倦怠，食欲缺乏，口色淡白，舌津滑利，大便溏泄，四肢无力，脉象迟细或细弱，为脾不统血，属脾虚证。

【治法】实热便血，宜清热凉血，止血，用方(1)；脾虚便血，应健脾养血，引血归脾，用方(2)。

(1)金银花、玄参、黑槐花、生地黄、黑地榆、黄芩各 10 g，藕节 15 g，蒲黄、白芍各 8 g，苦参、甘草各 5 g。水煎，候温灌服(《全国中兽医经验选编》)。

(2)健脾散。当归、白术、甘草、菖蒲、砂仁、泽泻、厚朴、官桂、青皮、陈皮、干姜、茯苓、五味子各 10 g。共研细末，开水冲调，候温灌服。或水煎服(《元亨疗马集》)。

任务三十九　常见羊病防治

乳痈

乳痈又名乳房炎。多为瘀血毒气凝结于乳房而发生红、肿、热、痛的一种疾病。奶山羊发病较多，绵羊和山羊少见。

【病因病理】多因母羊在妊娠期间或临产之前，久卧湿地，产后湿毒内陷，瘀血停滞于乳房；或因羔羊吸乳时，损伤乳头，护理不当，感受暑热，毒气趁机侵入；或因乳孔闭塞，乳汁不能流出而蓄积，引起乳房胀满，阻碍血脉运行；或因羔羊死亡，致使乳汁停滞等，均可导致本病。

【主证】乳房部分发生硬结、红肿，发热疼痛，泌乳减少，不让羔羊吃乳。严重时乳房全部肿硬，站立时后肢开张，牵行扬头不敢走动，精神沉郁，体温升高，食欲、反刍减少，乳汁稀薄，奶量大减，乳呈淡黄色，有的带血丝，最后乳房化脓，日久则破溃流脓，症状逐渐消失而痊愈。但也有长期不愈而变为慢性的。

【治法】清热解毒，消肿散瘀。内服方(1)，外敷方(2)。

(1)蒲公英汤。蒲公英 15 g、全瓜蒌 15 g、金银花 12 g、连翘 12 g、牛蒡子 12 g、青皮 10 g、当归 10 g、川芎 10 g、茯苓 9 g、通草 6 g、荆芥 6 g、甘草 9 g。共为细末，开水冲调，候温灌服，隔日 1 剂，连服 2～3 剂(《实用中兽医诊疗学》)。

(2)荆防艾叶汤。荆芥 30 g、防风 30 g、陈艾叶 60 g、花椒 15 g、金银花 60 g、黄柏 30 g、蒲公英 60 g、大葱 120 g。共煎水去渣,待温趁热洗患部,1～3 次(《实用中兽医诊疗学》)。

胎衣不下

胎衣不下又称胞衣不下或胎盘滞留。多为母羊营养不良,畜体虚弱,元气不足,分娩后胎衣不能在正常时间(绵羊为 2～6 h,山羊为 1～5 h)内排出的一种疾病。本病在山羊和绵羊都可发生。

【病因病理】多因母羊在妊娠期间营养不良,运动不足,以致畜体虚弱,元气不足;或怀多胎、羊水过多、胎儿过大以及持续排出胎儿而使子宫过度伸张,胞宫收缩无力;或因感受寒邪,寒凝血滞,使子宫颈过早收缩关闭,胎衣滞留于子宫内不能排出。此外,子宫疾患等因素,也可引起本病。

【主证】产后胎衣的一部分或全部滞留于子宫内,或部分留于子宫,部分垂露于阴门之外,病羊背部拱起,时常努责。经 1 d 之后仍未排出时,则胎衣腐烂,阴道排出污红色恶臭液体,这时,病羊精神沉郁,体温升高,食欲及反刍减少或停止,口色发红,脉象洪数。

【治法】用手术剥离和药物治疗。

(1)手术剥离先用消毒药水洗净病羊外阴部及术者手臂,并给手臂涂上油类。向子宫内灌入 10%温盐水 100～200 mL,以免胎衣黏在手上妨碍操作。一只手拉住外露的胎衣,另一只手伸入子宫,在子宫内膜与绒毛膜之间找到未分离的胎盘。先用拇指和中指捏挤子叶的蒂,然后剥离盖在其上的胎衣。剥离应由近及远,螺旋前进,并且先剥一个子宫角,再剥另一个子宫角。术后,给子宫内放置或灌注抗菌药物,以防感染。

(2)方药。当归 15 g、党参 10 g、川芎 8 g、红花 8 g、桃仁 12 g、连翘 12 g、枳壳 8 g、牛膝 8 g、益母草 15 g。水煎,候温灌服(《全国中兽医经验选编》)。

口疮

口疮又称口舌糜烂。多为心经积热或胃火熏蒸以及异物刺伤舌体,致使舌体与口膜发生红肿、水疱、溃烂、流涎为特征的一种病证。现代兽医学称为口膜炎。

【病因病理】多因热邪侵入心经,心经积热,热毒上攻,引起口舌生疮,或因饮喂失调,热邪停滞胃肠,上冲口舌而生疮。饲料粗糙或混有木片、玻璃、铁钉、铁丝等刺伤口舌,或吃了有毒霉败的草料、过热物质或高浓度的有刺激性的药品等,也可发生本病。此外,某些传染病,如口蹄疫等可继发本病。

【辨证】心经积热或胃肠热盛:患羊精神倦怠,耳、鼻、体表发热,采食感痛,咀嚼困难,口内流涎,水草难咽。初期口膜、舌体微肿,并有红色疙瘩。中期口膜、舌面或舌底肿胀糜烂。后期舌体与口膜溃烂成疮,口涎带血,恶臭难闻。口色赤红,小便短赤,舌质硬肿,大便干燥。异物刺伤:多表现口舌局部微肿,破溃出血,有时可找到异物或其他刺激因素,无全身症状。如霉败草料和有毒药品所致,多感觉迟钝,呆立无神,或惊恐狂躁,兴奋不安。传染病(如口蹄疫)继发,精神沉郁,体温升高,口流涎沫带血,口腔恶臭,同群羊只多发病。

【治法】根据病因,内外兼治。外治:每天以 2%～5%食盐水冲洗口腔,用方(1)。内治:心经积热,宜清心火,解热毒,可用方(2)。胃肠热盛,治宜清胃解热,用方(3)。异物损伤,除去异物,外治为主。传染病继发,先治原发病。

1. 方药

(1)青黛散。青黛、黄连、黄柏、薄荷、桔梗、儿茶各等份。共为细末,取适量吹撒于患处(《元亨疗马集》)。

(2)龙胆草 6 g,大黄 6 g,芒硝 10 g,知母、黄芩、黄柏、黄连、栀子、郁金、连翘各 5 g。煎汤,去渣灌服(《中兽医诊疗》)。

(3)柴胡 4 g、泽泻 5 g、枳实 5 g、陈皮 5 g、旋覆花 5 g、黄芩 6 g、生地 6 g、升麻 3 g、芒硝 6 g。煎汤,去渣灌服(《新编中兽医学》)。

2. 针治

针通关、玉堂等穴。

吐草

本病多为脾胃虚弱,胃不受纳而引起吐草的一种疾病。多见于老弱羊只。

【病因病理】多因饲养管理失调,外感风寒、内伤阴冷所致。如夜露风霜,久卧湿地,阴雨浇淋,过饮冷水或误食冰冻草料,伤于脾胃,脾胃虚弱,受纳、运化功能失常,草料入咽,胃不容纳,致成翻胃吐草症。

【主证】食后不久吐出,或朝食暮吐,或咽下随即吐出。精神不振,食欲减少,鼻寒耳凉,被毛粗乱,四肢无力,病羊逐渐消瘦。病重者,四肢疼痛,口涎黏滑,伸头拱背,粪便粗稀,有时鼻浮面肿。口色淡白带黄,脉象沉迟。

【治法】温中健脾,补养气血。

1. 方药

暖胃温脾散:砂仁 6 g、益智仁 10 g、豆蔻 8 g、炒白术 10 g、陈皮 10 g、厚朴 5 g、当归 5 g、良姜 5 g、炮姜 8 g、法半夏 8 g、丁香 5 g、食盐 20 g。共为细末,加枣 5 枚,开水冲调,候温灌服(《中兽医学》)。

2. 针治

针脾俞、丹田、命门、承浆。

胃食滞

胃食滞又称瘤胃积食、宿草不转。多为草料宿积于瘤胃不能运化的一种病证。多发于年老母山羊。

【病因病理】多因畜体消瘦,脾胃虚弱,化导草料功能减退,或因饲养管理不良,饲喂大量精料、粗硬干草,或突然变换饲料,或饮水不足,以致草料难以腐熟化导,停滞于胃中,致成此患。

【主证】病羊精神委顿,食欲、反刍减少或停止,四肢紧靠腹部,拱背低头,眼无神,回头观腹,间有腹痛症状,粪干黑难下,口色赤红而燥,脉象沉涩。听诊瘤胃音减少或消失。触诊瘤胃胀满,或软或硬,有时如面团,用指一压即呈凹陷,因有痛感,故常躲闪。严重者,由于胀满的瘤胃压迫膈,引起呼吸喘急,口色青紫,心跳加快,脉搏增数。后期,痛苦呻吟,呼吸带哼,步态蹒跚或卧地不起。

【治法】健脾开胃,消食导滞。

(1)健胃散。陈皮 9 g、枳实 9 g、枳壳 6 g、神曲 9 g、厚朴 6 g、山楂 9 g、莱菔子 9 g。煎汤,去渣灌服(《羊病防治》)。

(2)消积导滞散。神曲 12 g、麦芽 12 g、山楂 12 g、大黄 18～24 g、芒硝 50～100 g、枳实 12 g、厚朴 12 g、槟榔 6 g。煎汤,去渣灌服(《新编中兽医学》)。

肚胀

羊肚胀又称水谷胀肚或瘤胃臌气。多为过食大量易于发酵或误食霉败草料,在瘤胃中发酵产气,使瘤胃体积增大的一种病证。本病多发于春季,绵羊易发。

【病因病理】多因过食易于发酵产气的饲料,如初春嫩草、露水草、带霜冰的青绿饲料、开花前的苜蓿、菜叶,以及已经发酵或霉败变质的马铃薯、胡萝卜、甘薯藤等。此外,过食大量不易消化的、易于膨胀的油渣、豌豆,以及误食有毒植物(如万年青、夹竹桃)也可引起。这些饲料在胃内迅速发酵产气,引起瘤胃急剧胀大,肚腹胀满。

【主证】在采食中或采食后突然发病。病初食欲、反刍、嗳气停止,站立不动,背拱起,头弯向腹部。继则肚腹急剧胀大,左边更为明显,皮肤紧张,拍打瘤胃,声如鼓响。呼吸喘急,张口伸舌,口色、结膜青紫。严重者,站立不稳,神志呆痴,最后卧地不起,窒息、痉挛死亡。

【治法】破气通肠,消积化滞。

1. 方药

(1)食醋 200～400 mL、清油 100～200 mL。混合一次灌服(《新编中兽医学》)。

(2)消食理气汤。干姜 6 g、陈皮 9 g、香附 9 g、肉豆蔻 3 g、砂仁 3 g、木香 3 g、神曲 6 g、萝卜子 3 g、麦芽 6 g、山楂 6 g。水煎,去渣灌服(《羊病防治》)。

(3)木香 6 g、陈皮 6 g、槟榔 6 g、枳壳 6 g、茴香 12 g、炒莱菔子 24 g。水煎,去渣灌服(《新编中兽医学》)。

2. 针治

(1)针刺肷俞穴,放舌底血。

(2)病情严重时,立即用套管针或大号针头自左肷部穿刺放气。

脾虚不磨

脾虚不磨又名前胃弛缓。多为内伤外感引起脾胃功能降低,运化失常的一种病症。本病常发于山羊,绵羊少见。

【病因病理】多因饲养管理失宜,如时饥时饱,饮水不足,突然更换草料,或长期喂以品质不好难以消化的草料,致使脾胃虚弱,水谷运化失常。此外,久病失治或误治,以及牙齿不好,外感风寒,久卧湿地,使脾胃运化功能日渐衰弱而致病。

【主证】食欲、反刍减少或停止,瘤胃蠕动次数少而弱。病羊常有便秘,粪球干小呈黑色。经常出现间歇性的瘤胃臌气,有时瘤胃内充满半液体状内容物,触诊不很坚硬。站立时,四肢紧靠腹部,低头伸颈,拱背曲腰,常磨牙,眼球下陷。病到后期,卧地不起,体温升高,脉搏快而弱,瘤胃臌胀,呼吸困难,多因衰竭而死亡。

【治法】健脾消食,理气和胃。

(1)扶脾散。茯苓 15 g、泽泻 9 g、白术 8 g、党参 8 g、黄芪 8 g、苍术 8 g、青皮 7 g、木香 7 g、厚朴 7 g、甘草 6 g。共为细末,开水冲调,候温灌服(《兽医中草药临症应用》)。

(2)党参 10 g、白术 15 g、茯苓 10 g、炙甘草 7 g、当归 10 g、白芍 10 g、陈皮 6 g、苍术 10 g、厚朴 10 g。水煎，候温灌服(《全国中兽医经验选编》)。

百叶干

百叶干又称瓣胃阻塞。多因饲养失宜，胃中津液过度耗损，食物在瓣胃中不能运转而引起的一种疾病。本病多发于冬春季节。

【病因病理】多因长期饲喂过多的粗糙干硬饲料，如糠麸、高粱、豆类等，或久喂含泥沙的草料，且又饮水不足，以致胃中津液耗损，瓣胃干枯，食物在瓣胃内停滞不化，日久津液耗损过甚而致本病。此外，饲料不足，营养缺乏，日久气血双亏及一些急热证、重寒症也可继发本病。

【主证】病初，精神倦怠，食欲、反刍减少，眼窝下陷，日渐消瘦，毛焦无光，卧多立少，行走无力，排粪减少，粪球干硬色黑，小便短黄。病情进一步发展，食欲、反刍停止，粪球干而小，有时粪球上附有黏液或血液，继则排粪停止，叩打瓣胃部位，患羊疼痛不安。病至末期，患羊卧地，头靠腹部，小便短赤，磨牙呻吟，若继发肚腹胀满，气促喘粗，口干舌燥，脉象细弱，预后不良。

【治法】滋阴降火，润燥通便。

(1)猪脂散。火麻仁 60 g、当归 36 g、桃仁 6 g、瓜蒌仁 18 g、神曲 6 g、麦芽 6 g、山楂 6 g、黄柏 6 g、知母 6 g、莱菔子 18 g、茵陈 24 g、炒食盐 24 g。共研细末，用猪油 100 g 切碎，榆树皮 200 g，熬水冲油调和药末，候温灌服，隔日 1 剂，连服 2 剂(《实用中兽医诊疗学》)。

(2)蜂蜜 100 g、麻油 100 mL、鸡蛋 20 个，混合灌服，连服 3 d(《畜禽疾病防治验方选》)。

泄泻

泄泻是指排粪次数增多，粪便稀薄，甚至泻出水样大便的一种病证。

【病因病理】多因饲养管理不善，久渴失饮，空肠过饮冷水，或饮污浊水、泥浆水；或过食冰冻饲料、发霉腐败变质饲草饲料以及饮喂不均，过食草料，损伤脾胃的运化及腐熟功能，水谷不化，清浊不分，随大便排出而作泻。

【辨证】寒泻：饮食减少，耳鼻俱凉，肠鸣腹痛，泻粪如水，或粪中带水，小便清短，脉象沉迟。热泻：精神委顿，食欲、反刍减少或停止，口渴喜饮，有时腹痛，粪如粥样恶臭，小便短黄，体表发热，口色赤红，脉象洪数。脾虚泻：精神不振，体瘦毛焦，不时作泻。粪稀渣粗，或完谷不化，食欲、反刍逐渐减少。口色淡白，脉象沉细无力。伤食泻：食欲、反刍减少或废绝，泻粪稀薄，有时粪内夹有未消化的料渣，嗳气酸臭，腹部微胀，口色红燥，舌苔黄腻，有时有轻度腹痛。

【治法】寒泻：温中散寒，利水止泻，用方(1)；热泻：清热解毒，止泻健脾，用方(2)；脾虚泻：补气健脾，和胃渗湿，用方(3)；伤食泻：消积导滞，清热利湿，用方(4)。

(1)加减猪苓散。肉桂、炮姜、猪苓、泽泻各 12 g，天仙子 6 g。水煎服(《中兽医诊疗》)。

(2)加味白头翁汤。黄连 3 g、白头翁 9 g、黄柏 6 g、秦皮 6 g、车前子 6 g、瞿麦 6 g、萹蓄 9 g、白术 6 g、茯苓 6 g。煎汤去渣，大羊分 2 次内服(《中兽医诊疗》)。

(3)参苓白术散加减。党参、白术、茯苓、陈皮、白扁豆、山药、薏苡仁、莲子肉、砂仁、桔梗、煨姜各 12 g，炙甘草 6 g，大枣 15 枚。水煎服(《中兽医学初编》)。

(4)枳实导滞散。枳实 10 g、大黄 20 g、黄芩 10 g、黄连 10 g、白术 15 g、神曲 15 g、茯苓 10 g、泽泻 8 g。水煎服(《新编中兽医学》)。

羔羊真胃积食

羔羊真胃积食又称奶结。乳食不节，复感风寒，致使脾胃虚弱，乳积真胃而致其病。本病多见于先天发育不良的羔羊。

【病因病理】新生羔羊是稚阳之体，气血未全，经脉未充，肌腠不密，脾胃功能尚不健全，若羔羊先天发育不良，生后护理不当，外感风寒，内伤乳食，运动不足，以致乳汁难以腐熟化导，停滞于胃，不能运转而致成本病。

【主证】病初精神不安，食饮欲废绝；有时哞叫，继则精神委顿，喜卧少立，耳鼻俱凉，可视黏膜发紫，拱腰缩颈。后期卧地不起，头弯于一侧，触诊腹部可摸到真胃内积聚的凝乳块，大小如红枣或鸡蛋大小，数量一至数个不等。若不及时治疗和加强护理，常会很快死亡。

【治法】消积导滞，健脾理气。方用健胃散：陈皮 9 g、枳实 9 g、枳壳 6 g、神曲 9 g、厚朴 6 g、山楂 9 g、萝卜子 9 g。水煎，去渣灌服（《羊病防治》）。

肺痈

肺痈是肺叶化脓生痈，出现鼻流脓血，腥臭难闻的一种疾病。本病与现代兽医学中的化脓性肺炎、肺坏疽相似。

【病因病理】多因羊只饱后驱赶太急，蹩损肺经；或风热毒气，外侵皮毛，内袭肺部，气滞血瘀，时久肺组织肉腐血败而化脓成痈。此外，异物误入肺中，也可发生此病。

【主证】初期，外邪伤肺，恶寒发热，痛咳喘粗；鼻液黏少，精神不振，食欲减少，口色偏红，苔薄黄，脉象浮数。中期，气滞血瘀，高热不退，频频痛咳，呼吸困难，鼻流黄脓，间带血液，气味腥臭，口渴喜饮，大便干燥，小便赤黄，口色赤红，舌苔薄黄，脉象浮数。后期，咳声低微、声哑，两鼻流脓带血，形体消瘦，毛焦肷吊，口色暗红，脉象细数。

【治法】初期，辛凉解表，清热化痰，选用方（1）；中期，清热解毒，化瘀排脓，选用方（2）；后期，扶正养阴祛邪，选用方（3）。

（1）银翘散加味。金银花、连翘、菊花、薄荷、桔梗、杏仁、生地、甘草各 10 g，鲜芦根 40 g，煎汤，去渣灌服（《中兽医学初编》）。

（2）苇茎汤。苇茎 50 g、薏苡仁 24 g、桃仁 6 g、冬瓜仁 18 g。煎汤候温灌服。如热重，酌加黄芩、栀子、知母、石膏；咳嗽重，加杏仁、百部；痰多，加桑白皮、贝母；大便干燥，加瓜蒌、蜂蜜（《中兽医学》）。

（3）麦冬散加减。麦冬、桔梗、地骨皮各 15 g，北沙参、黄芪、党参、白及、冬瓜子、银花、连翘、甘草各 10 g。水煎服（《家畜常见病中兽医诊疗》）。

羔羊痢疾

羔羊痢疾，多为湿热疫毒引起羔羊以剧烈腹泻为特征的一种急性病证。现代兽医学认为其病原为 B 型魏氏梭菌。主要发生于 7 日龄以内的羔羊，以 2～3 日龄发病率最高。呈地方性流行。

【病因病理】多因母羊怀孕期营养不良，体质虚弱，初生羔羊体质瘦小，脾胃娇弱，食乳不洁，饥饱不匀，乳食所伤。或气候骤变，湿热疫毒乘虚侵入，致使脾胃功能失调，大肠传导失常所致。

【主证】病初精神不振，垂头拱背，不吃奶。随即发生腹痛、腹泻，粪便恶臭，状如粥样，或稀薄如水，色呈黄绿、黄白或灰白，小便短赤。后期肛门失禁，粪中带血，眼窝下陷，很快衰竭死亡。有些患病羔羊，病初呼吸急促，可视黏膜发绀，口吐白沫，角弓反张，四肢厥冷，多数腹胀而不拉稀，少数排带血样的稀粪，最后昏迷而死。

【治法】清热解毒，凉血止痢，内服方(1)或方(2)。

(1)白头翁汤。白头翁 20 g、黄连 10 g、黄柏 15 g、秦皮 20 g。煎汤去渣，候温分 2 次灌服(《伤寒论》)。

(2)郁金散。郁金 10 g、诃子 5 g、黄芩 10 g、大黄 8 g、黄连 8 g、黄柏 10 g、栀子 10 g、白芍 8 g。煎汤去渣，候温分 2 次灌服(《元亨疗马集》)。

羊痘

羊痘又称“痘疮”或“羊天花”，多为感受疫疠之气，致使皮肤和黏膜出现痘状丘疹和疱疹为特征的一种急性热性病证。现代兽医学认为其病原为痘病毒。春秋两季多发。

【病因病理】多因饲养管理不善，厩舍潮湿，拥挤，垫草污秽不洁，湿热熏蒸，痘毒经口鼻或肌表传入畜体而发病。痘毒先侵犯肺卫，出现发热、流涕、咳嗽等证候。如痘毒犯肺，热毒内攻，则表现肺热咳喘或下痢等证候。

【主证】精神不振，食欲减退，体温升高(41～42 ℃)，呼吸、心跳加快，眼胞红肿，流泪多眵，鼻多黏涕，常有轻微咳嗽。1～2 d 后，眼睛周围、嘴唇、颊部、鼻端、乳房、阴囊、包皮、肛门和四肢内侧等无毛或少毛处，出现圆形红斑，很快形成豌豆大、突出于皮肤表面的圆形丘疹，2 d 后变为水疱，继则化脓成为脓疱，最后形成褐色痂皮，痂皮脱落而康复。严重者，腹泻下痢，肺热喘促，成为脓毒败血症，死亡率增高。

【治法】解表透邪，清热解毒。病初皮肤出现红斑和丘疹时，选用方(1)内服；痘瘢已成或破溃，可内服方(2)；痘疱趋愈形成痂皮，但畜体虚弱，阴液亏损，可内服方(3)。患部可用忍冬藤、野菊花煎汤或用淡盐水洗涤。

(1)麻葛双花汤。升麻 3 g、金银花 6 g、葛根 6 g、连翘 6 g、土茯苓 3 g、生甘草 3 g。水煎，候温 1 次灌服(《中兽医诊疗》)。

(2)金银花 15 g、连翘 12 g、黄柏 45 g、黄连 3 g、黄芩 6 g、栀子 6 g，水煎，候温 1 次灌服(《中兽医治疗学》)。

(3)沙参麦冬汤。沙参 6 g、麦冬 6 g、桑叶 3 g、扁豆 6 g、花粉 3 g、玉竹 6 g、甘草 3 g。水煎，候温 1 次灌服(《新编中兽医学》)。

任务四十　常见犬病防治

呕吐

呕吐是由于胃失和降，气逆于上而引起食物由胃吐出的病证，是犬的常见病之一。

【病因病理】本证可分虚实两种。感受风寒暑湿之邪，以及秽浊之气，侵犯胃腑，使胃失和降，水谷随气逆而以致发生呕吐；或采食过多的生冷油腻之物停滞不化，以致胃气不能下行，上逆而呕吐，或由于病后脾胃虚弱，阳气不振，寒凝胃腑，不能承受水谷，每于食后即吐。

【辨证】呕吐常见的有胃热呕吐、伤食呕吐和虚寒呕吐 3 种。

胃热呕吐：身热，不食或食而呕吐，反复发作。喜阴凉、冷饮，口色红、少津、舌苔黄腻、脉数。

伤食呕吐：因过食引起，呕吐酸臭，吐后病减。患犬不食，肚腹饱满口色稍红，脉沉而有力。

虚寒呕吐：体瘦、少食，大便溏稀，耳鼻俱凉，有时寒战，常在食后呕吐，吐出物气味不明显，吐后口内多涎。口色淡白，口津滑利，脉象沉迟或弦而无力。

【治法】

1. 方药

胃热呕吐治宜清热止呕，方用白虎汤加味：知母 9 g、石膏 30 g、炙甘草 3 g、粳米 9 g，酌加半夏、陈皮、茯苓适量，水煎服(《中兽医学》)。伤食呕吐治宜消积止呕，方用保和丸：山楂 180 g，神曲 60 g，半夏 90 g，茯苓 90 g，陈皮、连翘、萝卜子各 30 g，丸剂，每服 6～9 g，温开水或麦芽汤送下(《丹溪心法》)。虚寒呕吐治宜温中止呕，方用理中丸：党参、干姜、炙甘草、白术各 90 g，丸剂，每服 6～12 g，凉开水送下(《伤寒论》)。

2. 针治

胃热及伤食呕吐针脾俞、后三里、耳尖、尾尖。虚寒呕吐针脾俞、后三里、中脘。

泄泻

泄泻是排粪次数增多、粪便稀薄，甚至泻粪如水的病症。

【病因病理】多因食物变质，如喂给霉烂变质的食物或食物中混进异物以及刺激性药物等；饲喂不当，如食物过冷过热，未定时定量，暴饮暴食，异嗜或突然改换食物；饲养管理不当，如感受寒冷或暑热，生活条件突然改变，军犬及警犬劳逸不均等；继发于其他疾病，如老年动物齿损、肠道寄生虫病或某些传染病。上述致病因素，均可伤害脾胃，使脾胃运化无能，升清降浊功能失常，清浊不分，混杂而下，遂成本病。

【辨证】根据病因病机及临床表现，常见的有热泻和伤食泻两种类型。热泻：病犬精神沉郁，对周围事物淡漠，少食或不食，喜冷饮，耳鼻发热，鼻盘干燥，呼吸促迫，体温升高，尿短赤，有时腹痛，肠音增强或减弱。泻粪稀薄或黏腻，气味恶臭。口色赤红，口臭，苔黄腻，脉数。伤食泻：食欲废绝，口臭，常伴有呕吐。触诊肚腹膨胀，有痛感。粪便稀软酸臭或恶臭，常混有未消化的食物。时有腹痛，泻后痛减。口色红，苔腻，脉数。

【治法】热泻宜清热止泻，方用葛根芩连汤：葛根 150 g、炙甘草 60 g、黄连 90 g、黄芩 90 g。先煎葛根，后入诸药，再煎，去渣浓缩，分两次服(《伤寒论》)。伤食泻宜消积导滞，方用保和丸：麦芽、山楂、莱菔子、厚朴、香附各 10 g，连翘、甘草各 5 g，陈皮 8 g。水煎温服(《医学醒悟》)。

便秘

便秘是多量的内容物停滞于肠道的某部，逐渐变干变硬，致使肠道不通的病证。多发生于中年犬。

【病因病理】多因外感六淫，化热入里；热病之后，余热留恋，导致肠道燥热，津液不足，不能下润大肠，于是大便干结，排便困难；或因年老瘦弱，病后产后，长期营养不良，造成气血双亏，气虚则大肠传送无力，血虚津枯则不能滋润大肠，致粪便干涩而发本病。

【辨证】肠道燥热型：拱腰努责，排粪困难，粪便干硬、色暗，或完全不能排粪而兼有腹胀。

尿少色黄，耳鼻温热，肠音减弱或消失。舌红、口干、苔黄、脉数。气血双亏型：不时拱腰努责，但气虚无力，排粪困难。患犬精神沉郁，小便短少，肢体无力，舌淡脉弱。

【治法】

1. 方药

热结肠道者，治宜清热通便，方用大承气汤：大黄 12 g、厚朴 15 g、枳实 15 g、芒硝 9 g（后下），水煎服（《伤寒论》）。肚腹胀满者，加槟榔、牵牛子、青皮；粪干硬者，加食用油、郁李仁、火麻仁；津液已伤者，可加鲜生地、石斛之类。气血双亏者，治宜益气润肠通便，方用济川煎：当归 9～15 g、牛膝 6 g、肉苁蓉 6～9 g、泽泻 4 g、升麻 1.5～3 g、枳壳 3 g，水煎服（《景岳全书》）。倦怠无力者，加黄芪、党参；粪球干硬者，加玄参、麦冬。

2. 针治

针关元俞、后海。

痢疾

痢疾是以大便次数增多、腹痛、里急后重、下痢赤白脓血为主要症状的病证。多发生于春夏季节。

【病因病理】本病的成因，一为外感暑湿、疫毒之邪；二为食物不洁或过食生冷，损及脾胃及肠道。但二者往往相互影响，故临床多内外交感而发病。暑湿疫毒之邪，侵及胃肠，湿热郁蒸气血阻滞，气血与暑湿、疫毒相搏结，化为脓血，而形成湿热痢或疫毒痢。一般认为，伤于气分则为白痢，伤于血分则为赤痢，气血俱伤则为赤白痢。饲喂不节，素蕴内热，或误食不洁之物，湿热交织，阻于肠间，损伤肠络，气血凝滞，多从热化，化为脓血下痢。痢疾的病位，主要在肠。邪毒积滞肠胃，气机壅阻，凝滞津液，蒸腐气血，是本病病机的关键所在。但若痢久不愈，不但损伤脾胃，也可及肾，导致脾肾亏虚，虚寒下痢。

【辨证】常见的有湿热痢、疫毒痢。

湿热痢：精神沉郁，食欲废绝。下痢赤白相夹，腹痛，发热，里急后重，部分病例伴有呕吐。小便短黄，口色红黄，苔黄腻，脉滑数。

疫毒痢：发热急暴，神昏气粗。痢下鲜紫脓血，腥臭。里急后重与腹痛等症状较湿热痢为重。常伴有呕吐，口色红绛，脉细数。

【治法】

1. 方药

湿热痢治宜清热解毒，调气行血，方用芍药汤：芍药 50 g，当归、黄芩、黄连各 25 g，大黄 15 g，肉桂 12 g，槟榔 3 g，木香、炙甘草各 10 g。水煎服（《素问病机气宜保命集》）。疫毒痢治宜清热、凉血、解毒，方用白头翁汤：白头翁 100 g，黄柏、黄连、秦皮各 150 g，水煎，分 2 次服（《伤寒论》）。为加强药力，可酌加银花、黄芩、赤芍、丹皮、马齿苋。如神昏者加菖蒲；腹胀、脓血多者加枳壳、地榆、大黄；若热甚动风抽搐者加生石决明、全蝎、钩藤。虚寒痢治宜温补脾肾、收涩固脱，方用四神丸：补骨脂 20 g、煨肉豆蔻 10 g、五味子 10 g、吴茱萸 5 g、生姜 20 g、大枣 10 个。水煎服（《校注妇人良方》）。寒盛者加肉桂；腹痛者加木香；久泻不止者加诃子；粪中带血者加血余炭、地榆。

2. 针治

湿热痢、疫毒痢针带脉、后三里、后海，虚寒痢火针脾俞、后海。

犬细小病毒病

犬细小病毒病是由犬细小病毒引起的犬的一种急性传染病。其特征是呈现出血性肠炎或非化脓性心肌炎症状。断奶前后的仔犬最易感。在自然条件下多呈散发性，而于养犬比较集中的单位则常呈地方流行性或暴发。

【病因病理】感染犬的粪便、尿液、呕吐物及唾液中均含有多量病毒，并不断向外排毒。在幼犬正气不足时，与病犬直接接触或吞食被污染的饲料，病毒便可乘虚而入，伤害脾胃及心脏，并郁而化热，浸淫营血，迫血妄行，扰乱心神，而致本病的发生。

【主证】本病的临床表现有 2 种主要类型，即出血性肠炎型和急性心肌炎型。大多单独发生。

出血性肠炎型：各种年龄的犬均可发生，但以 3～4 月龄的断乳犬更为多发。病犬常突然发病，表现呕吐、精神沉郁、食欲废绝，体况迅速衰弱。不久，发生腹泻，里急后重，粪便先呈黄色或灰黄色，附有多量黏液及伪膜，而后粪便呈番茄汁样，带有血液，发出特殊、难闻的腥臭味。病犬很快脱水，眼窝凹陷。皮肤弹力明显减退，小便短黄。体温升高至 40～41 ℃，但也有始终体温不高的。最后因阴液耗尽，急性衰竭而死。

急性心肌炎型：此型多见于 4～6 周的幼犬。病犬脉数而弱，呼吸困难（个别病例有呕吐），常离群呆立，可视黏膜苍白。常因急性心力衰竭而突然死亡。

【治法】目前，主要采取中西兽医结合的对症和支持疗法。中药可试用解毒、燥湿、止血的四黄郁金散：黄连、黄芩、黄柏、大黄、栀子、郁金、白头翁、地榆、猪苓、泽泻、白芍各 30 g，诃子 20 g。水煎分 2 次灌服。呕吐加半夏、生姜；里热炽盛加双花、连翘；热盛伤阴加玄参、生地、鲜石斛；下脓血较重，重用地榆、白头翁；气血双亏减去黄芩、黄柏、栀子、大黄等，加党参、黄芪、白术等（《中兽医学》）。西药主要应用止泻、止血、止呕之剂，并及时大量补液。为提高疗效在输液的同时，加入红霉素或四环素，并配合内服链霉素，肌内注射维生素 K 及氯丙嗪等。

犬瘟热

犬瘟热是由犬瘟热病毒引起的肉食动物中犬科（尤其是幼犬）的一种传染性极强的急性传染病。以发热，严重的脾、肺功能障碍为特征。凡是养犬的地方均有本病的发生，特别是城市或犬类比较集聚的地方。冬季（12 月份至翌年 2 月份）多发。

【病因病理】主要由于健犬与病犬直接接触，病毒经呼吸道和口腔侵入体内，只要健犬正气虚弱便可感染发病，一旦发病，正气更加衰弱，进一步引起继发性细菌感染。先引起肺、脾功能障碍，进而导致毒血症而危及全身。

【主证】经过 3～6 d 的潜伏期以后，鼻流水样分泌物，打喷嚏。内股部皮肤见有发疹。发热（40 ℃以上）。体温一旦降到常温后 2～3 d，再次见有发热并持续数周。鼻镜干燥和龟裂。眼结膜有多量黏液脓性分泌物黏合眼睑。食欲减退，呕吐，并见有肺炎，排黏液血样下痢便，消瘦等症状。恢复的病犬，食欲好转；但未恢复的，通常以死亡转归，或病毒侵入脑内增殖，引起痉挛。多在感染后 4～6 周导致脑炎。在病的末期可见到眼球透明部分变为蓝绿色。一旦呈现脑部症状，则预后甚为不良，即或存活，痉挛多持续终生。

【治法】目前，主要采取中西兽医结合疗法，以控制并发症和继发感染。中药疗法，多应用清热解毒、理肺健脾的二母丹地散：知母、贝母、丹皮、生地、桔梗、半夏、白术各30 g，龙胆草、茵陈、陈皮、白芍、当归、甘草各20 g。水煎，分2次灌服(《中兽医学》)。西药疗法，应根据症状发展情况，用循环兴奋剂、退热剂、止痛剂、收敛剂、镇静剂、维生素以及足量的抗菌药物等。

黄疸

黄疸是因肝胆疾病引起以胆红素代谢紊乱为主证的疾患。犬多见于黄疸型肝炎。

【病因病理】多因湿热内蕴和饲喂不节所致。感受疫毒湿浊之邪，湿热自外而入，交蒸于肝胆，使肝脏罹病不能疏泄，以致肝失疏泄，肝汁外溢，浸入肌肤，下流膀胱；饲喂无节，损伤脾胃。运化失常，湿浊内生，郁而化热，熏蒸肝胆，胆汁不循常道而溢于肌肤，均可导致本病。

【主证】病犬精神沉郁，少食纳呆，全身无力，体温常升高，时发呕吐，触压肝区疼痛明显。粪便时干时稀，臭味大，粪色淡，呈灰白绿色，尿色发暗。眼结膜及其他可视黏膜显著黄染。口色红黄、苔腻，脉弦数。病至后期可出现腹水。

【治法】清热利湿退黄。方用茵陈蒿汤：茵陈300 g、栀子14枚、大黄(去皮)100 g。先以水煎茵陈，后纳余药再煎，去渣，分3次服(《伤寒论》)。酌加车前子、茯苓、猪苓、郁金，可加强退黄作用。如有逆呕者，可加竹茹、黄连；右肋触痛较甚者，加延胡索、柴胡；热甚苔黄厚者，加黄柏、黄芩；若见发热、口干、衄血等，应考虑到湿热入于血分，可酌加赤芍、丹皮、茅根等。

风湿

风湿是反复发作的急性或慢性非化脓性炎症。以肌肉、关节的游走性肿痛、屈伸不利，甚至麻木、关节肿大为特征。

【病因病理】病因尚不完全清楚。一般认为风湿是一种变态反应性疾病，与溶血性链球菌感染有关。在风湿发病前，常存在咽炎、扁桃体炎等病。如及时用抗生素治疗这些疾病，可减少本病发病率。此外，潮湿、阴冷、雨淋和过劳，常成为风湿的诱因。风湿属于中兽医学的痹症范畴，病机主要在于风寒湿邪侵袭，阻塞经络，凝滞气血，导致肌肉关节肿胀、疼痛、机能障碍。分为风寒湿痹和风湿热痹两种类型论治。

【辨证】风寒湿痹：肌肉关节肿痛，肌肤紧硬，患部发凉，四肢跛行，屈伸不利。跛行随运动而加重。重则关节肿大，肌肉萎缩，甚至卧地不起。风湿热痹：发病急，患部肌肉或关节肿胀，温热，疼痛，出汗，口干，脉数。

【治法】

1. 方药

(1)风寒湿痹治宜祛风散寒，除湿通络，方用薏苡仁汤加减：薏苡仁、独活、豨莶草、苍术、威灵仙各10 g，当归、川芎、羌活、桂枝各15 g，川乌2 g。水煎服。头颈部风湿加白芷、藁本；前肢风湿加杏仁、桔梗、紫菀；后肢及腰部风湿加杜仲、小茴香、巴戟天(《猪犬疾病辨证施治》)。

(2)风湿热痹治宜清热止痛，疏风利湿，方用白虎加桂枝汤加减：生石膏40 g(先煎)知母、桑枝、忍冬藤、薏苡仁、黄柏各15 g，桂枝、防己、苍术、甘草各10 g。水煎服(《猪犬疾病辨证施治》)。

2. 针治

针刺命门、肾俞、百会、尾本、肩井、抢风、膝上、涌泉、滴水等穴，或用TDP照射患部穴区。

任务四十一 其他动物常见病防治

猫呕吐

猫呕吐多为脾胃虚弱，痰浊内阻引起胃气上逆、反胃吐食的一种病证。反复发作，则能引起脱水甚至危及生命。

【病因病理】多因内伤脾胃、中焦虚寒、久病体虚、胃失和降、复感外邪，致使痰浊交阻，反胃呕吐，或因某些疾病，如猫瘟热、肠便秘、中毒、咽肿、咽喉部被异物刺入、急性腹膜炎、脑病及尿毒症等，均可伴发呕吐。“凡猫吐食者，多因食虫毒禽兽毛腥遭草木所致”(《活兽慈舟》)。

【主证】病初出现呕吐动作，流涎，低头伸颈，拱背、头触地，收缩腹部而呕吐，连续呕吐将胃内容物排出。若反复呕吐，其吐出物主要为黏液，不见食糜，如不及时治疗，往往因脱水而死亡。

【治法】温中散寒，和胃止呕，补脾降逆，化湿宽中。

(1)旋覆代赭汤。旋覆花 7 g、党参 15 g、代赭石 15 g、半夏 3 g、甘草 3 g、生姜 3 片，煎汤灌服(《伤寒论》)。

(2)丁香柿蒂汤。丁香 10 g、柿蒂 20 g、党参 15 g、生姜 3 片，煎汤灌服(《中医方剂学》)。

(3)吴茱萸、广木香、胡椒。煎浓，合饭喂之(《活兽慈舟》)。

(4)甘草、砂仁、乌药为末与食。

猫热痢肠黄

猫热痢肠黄为热毒积于脏腑，引起以荡泻腥臭稀粪为主证的一种热性疾病，类似现代兽医学中的肠胃炎。多见于夏秋季节，幼猫易发。

【病因病理】多因饲养管理不当，长期过食油腻食品；或食入变质食物；暑热炎天，长途运输，环境突变，蓄热内蒸，引起胃肠运化机能紊乱，传送失常而成此病。食滞中阻传送不利，郁而化热，日久也成其患。另外，食入含有沙门杆菌、大肠杆菌、变形杆菌和弧菌等病原微生物的食物、毒饵及刺激性药物或异物，皆可引起本病。还有一些病毒性疾病(如犬瘟热)、寄生虫疾病(如钩端螺旋体病和弓形虫病)或某些重金属中毒也可引起。

【主证】本病主要症状是下痢和呕吐，频频排粪，粪便稀薄，混有黏液、血丝和泡沫等。具有恶臭味。呕吐，烦渴思饮，迅速消瘦，精神沉郁，目呆神疲，行走乏力，摇摆，甚至卧地不起。腹痛不安，体温升高可达 41 ℃，可视黏膜充血，脉搏增数，肠音增强，里急后重，尿量减少。严重时全身抽搐，最后常因中毒性脱水而死亡。

【治法】清热解毒，散瘀止痛。

(1)白头翁汤。白头翁 15 g、秦皮 10 g、黄连 10 g、黄柏 12 g，煎汤灌服(《伤寒论》)。

(2)苍术香连散。黄连 10 g、木香 8 g、苍术 15 g，煎汤灌服(《中华人民共和国兽药典·二部》)。

(3)用加热的豆油(轻泻剂)2～3 匙内服，1 次/d(《家庭养猫》)。

猫便秘

猫便秘即大便秘结，是肠管运动障碍和分泌紊乱，糟粕在肠内停滞过久，津液被吸收过多，变干、变硬，以致粪便停滞或阻塞，引起急性腹疼的一种病症。一般多发于猫的结肠和直肠，特别是幼猫、老年猫和长毛猫多发。

【病因病理】饲养管理不良，饲料单一，饮水不足，长期患慢性消化不良，或笼箱内饲养，运动不足，都是原发性便秘的常见病因。另外，环境突然改变，打乱原有的排粪习惯，也可引起本病。继发者，多见于肠内形成结石或粪石，肠道位置改变（如肠扭转、肠套叠、肠缠结、会阴疝），肠内积聚大量异物（如毛、骨骼、果核、橡皮、塑料和弹性玩具），大量圆虫和绦虫寄生，腰荐结合部脊髓受损伤和椎骨、骨盆发生了骨折。直肠憩室或结肠有肿瘤物形成。增大的前列腺、腹腔或盆腔内的新生物压迫等，致使粪便不能传送而滞留，日久肠津亏耗，粪便干结而难以排出；结粪阻塞，胃肠气机不通，"不通则痛"，引起腹痛。

【主证】患猫常努责举尾做排粪姿势，但无粪便排出，或仅排出少量带血丝的干粪球；结肠梗阻有时可发生积粪性腹泻，排出褐色水样粪液。时有腹痛，表现不安，蹲腰、贴腹，不停发生愁苦的呜呜叫，有时卧地滚转。口鼻干燥，眼结膜充血，精神不振，被毛竖立，拒食。偶然可见发生呕吐。用手触诊腹部，可触到肠管内有算盘珠样硬块，并有压痛。肛门指检敏感，在直肠内有干燥、秘结的粪便。继发性肠便秘，尚有原发性疾病的特有症状。

【治法】消积导滞，润肠通便。

（1）芒硝、大黄各 5～15 g。共为末，蜂蜜调和内服（《犬猫疾病防治》）。

（2）用加热过的凉豆油 3～5 mL，1 次内服，2～3 次/d（《家庭养猫》）。

（3）液状石蜡或甘油 20～30 mL，吸入注射器内接上人用 14 号导尿管插入直肠内灌肠；也可用温肥皂水反复多次灌肠。温水灌肠也有效。可试用蓖麻油 10～15 mL 灌肠；也可使用市售开塞露（《猫的饲养与疾病防治》）。

（4）液状石蜡 10～15 mL，1 次灌服（《家庭养猫与猫病防治》）。

（5）皮下注射 30%安乃近 3 mL，待 10～15 min 后按摩阻塞部位，再向直肠内灌温水冲洗（《家庭养猫与猫病防治》）。

猫瘟热

猫瘟热又称猫泛白细胞减少症、猫传染性肠炎、猫霍乱，是由传染力非常强的猫白细胞减少病毒引起的一种高度接触性传染病。各种年龄均可感染，其特征是体温升高、白细胞减少、呕吐、腹泻。

【病因病理】病原属细小病毒（FPV），病毒主要存在于病猫的呕吐物、鼻涕、唾液、粪尿和所有含血的内脏器官中，也可存在于已免疫的猫体内，且能在宿主和感染体中存在数月。跳蚤、昆虫是传播本病的媒介。传播方式以污染食具、食物、用具以及周围环境而直接或间接接触传染。

【主证】潜伏期为 4～8 d。突然发病，体温高达 41 ℃，持续 24 h 左右后降至常温，经 2～3 d 后再次上升。食欲减退或废绝，精神沉郁，喜卧暗处。前肢屈曲，后肢伸直，腹部紧贴地面。喜饮水，流涕、流泪，剧烈呕吐，开始的呕吐物多为未完全消化的食物，随后呕吐出带白沫的液体，最后吐出物为淡黄色、黄绿色或粉红色黏液。腹泻，排出带血的水样稀便，甚至排出脱落的肠黏膜，粪便具有特殊的恶臭；或为红色黏液。病程一般 1～3 d，有的可达 7～10 d。如为妊娠母猫，则可发生流产。血液检查，白细胞总数明显减少，一般降至 4 000 个/mm^3 以下，甚至低到 1 000 个/mm^3 以下。病猫日渐脱水消瘦，病到后期，呼吸缓慢，体温下降而死亡。急性病例，未发现明显症状，就突然死亡。但病愈后的猫具有永久性免疫力。

【治法】及早发现，对症治疗，防止继发感染。

药用党参、黄芪、酒知母、酒黄柏、郁金、甘草各 2 g，黑二花 5 g，荆芥 4 g，半夏 1 g。水煎，早晚各 1 次，每次 2 匙。呕吐不止者，加姜朴 2 g、竹茹 2 g；体温降到常温以下者，加肉桂 2 g、附子 2 g、干姜 2 g；口腔有炎症者，加牛蒡子 2 g、射干 2 g、山豆根 2 g。口渴喜饮者，加麦冬 2 g、五味子 1 g、生地 2 g。硫酸链霉素 20 万 U，氯霉素 1 mL，注射用生理盐水 1 支，交替注射 5 d。止呕用爱茂尔 1 mL 或甲氧氯普胺 1 mL。中西药物连用 5 d 为 1 疗程。

兔泄泻

兔泄泻是因肠道功能失调引起的一种以排粪次数增多，粪便稀软或粪稀如水但无脓血黏液为主要临床表现的常见胃肠道疾病。一年四季均可发生，梅雨潮湿季节或饲养不良更易发病，幼兔最易发生。

【病因病理】多因饲养管理不当，如草料的突然变换，饲喂不定时、定量，贪食过多，断奶过早或刚断奶后的贪食，兔舍寒冷潮湿等；饲料、饮水品质不良，如给予腐败、霉变、不清洁的饲料，采食有露水的草或冰冻的饲料，饲料含水分、糖分过多，如夏季喂嫩甜菜叶等，使脾胃运动功能失常，水草不能腐熟，精微不能运化，致使清浊不分，并走大肠，混杂而下，致成其泻。

【辨证】精神倦怠，常蹲于一隅，不愿采食，甚至食欲废绝。粪便变软，稀薄，以至成稀糊状或水样。寒湿泄泻者，粪便清稀，无大臭味，兼有畏寒喜暖；伤食泄泻者，粪内多夹杂未消化的草谷，味酸臭或恶臭。脾虚泄泻、肾虚泄泻在兔较少见。

【治法】寒湿泄泻宜温中散寒，利水止泻；伤食泄泻应清热利湿，消积导滞。

1. 方药

(1)五苓散。猪苓 10 g、泽泻 10 g、肉桂 12 g、茯苓 10 g、白术 12 g。煎汤灌服(《中华人民共和国兽药典·二部》)。

(2)理中散。党参 10 g、干姜 10 g、甘草 8 g、白术 10 g。煎汤(《中华人民共和国兽药典·二部》)。

(3)将大蒜捣碎拌入饲料内混食(《养兔》)，或内服大蒜汁(《兔病》)。

(4)枳实导滞丸。大黄 6 g、枳实 10 g、神曲 10 g、茯苓 5 g、黄芩 3 g、黄连 3 g、白术 5 g、泽泻 6 g。煎汤灌服(《伤寒论》)。

(5)将高粱炒焦或木炭末拌入饲料让其采食(《兔病》)。

(6)药用炭或枣树皮灰，加入饲料中，任其采食(《兔病》)。

(7)仙鹤草 10 g、凤尾草 10 g、枫树叶皮 10 g、地榆 12 g。加水煎服(《养兔》)。

2. 针治

针刺以交巢、后三里为主穴，配脾俞、三焦俞、尾尖等穴。

兔痢疾

兔痢疾是由疫毒(沙门杆菌)直接侵入胃肠而引起的一种病证。具有传染性，以下痢为主要特征。四季皆发而多见于春季，死亡率较高，可达75%以上。

【病因病理】多因食入被疫毒污染的饲料或饮水而发病。仔兔断奶后突然改变饲喂粗糙不易消化的饲料，致使胃肠机能受到强烈的机械刺激；或栏舍狭小，密度过大，拥挤或堆叠卧而使胃肠受伤最易引起本病；或气候多变，笼舍潮湿，致使胃肠机能衰退，抗病能力降低，病邪乘虚侵袭胃肠发生本病。

【主证】病兔腹泻，粪不成形，表面附有黏液，或血液，粪便恶臭。病兔迅速消瘦，衰弱、脱水、体重下降，极易死亡。

【治法】清热解毒，利湿止痢。

(1)白头翁、黄连、银花、槐花各1.5 g。水煎服，日服2次(《兔病》)。

(2)穿心莲叶6 g、银花6 g、香附6 g。水煎服(《兔病》)。

(3)内服大蒜汁(《兔病》)。

(4)将500 g大蒜捣成泥状，放入1 L白酒中，密封浸泡半个月即成酒蒜液。取1份酒蒜液兑3份水，给病兔灌服，2次/d，每次2～3汤匙(幼兔减半)。连用5～7 d即可(《实用兽医经验汇编》)。

(5)大蒜浸汁。大蒜250 g捣碎，浸于500 mL白酒中，半个月后，取汁液，用1份大蒜浸汁加4倍水，2次/d，每次1汤匙，或将大蒜用火烧后喂兔疗效较好(《养兔》)。

(6)内服小檗碱1片，1次/d。

兔疥癣病

兔疥癣病又称螨病、兔癞，是由螨虫寄生于皮肤内引起的一种慢性侵袭性外寄生虫病。其特征是剧烈瘙痒、脱毛和高度接触性传染。秋冬季节易发生，特别是在阴雨天气、阴凉潮湿、密集饲养时最易感染，幼兔多见。

【病因病理】因疥癣虫侵害所致。健兔接触患有疥癣的病兔，以及接触疥癣虫污染的用具、饲料后，虫体爬到健兔身上侵蚀皮肤而发病。兔疥癣病分耳疥癣和体疥癣2种。耳疥癣是由一种叫痒螨(吸吮疥癣虫)的疥癣虫所致；体疥癣是由一种叫疥螨(穿孔疥癣虫)的疥癣虫和耳螨所致。

【主证】

(1)耳疥癣。主要在耳朵内的上表皮发生病变。病初皮肤红肿、脱皮、破损、渗出白灰色或黄褐色渗出物，继而由渗出液凝固结成白灰色或黄褐色痂皮，逐渐增厚，变硬，干裂，布满整个耳朵，发生难闻的腥臭味，并常有血液渗出。病兔瘙痒不安，摇头甩耳，常用脚爪搔头部及耳。食欲减退，逐渐消瘦，治疗不及时也可引起死亡。

(2)体疥癣。病初在头部的鼻端开始，以后蔓延至眼睑、颜面、耳根、四肢和全身。患部皮肤发红、轻度肿胀，皮肤逐渐变厚、脱毛。病兔常用足爪搔抓或用嘴巴啃咬止痒，或在兔笼的边缘处蹭摩止痒。皮肤被抓伤或擦破后则流出红黄色混有血液的渗出物，与毛黏着在一起，逐渐干涸结痂。脚掌充血，肿胀发痒，患处出现小结节，破溃后成为癣斑。病兔由于瘙痒而不安，食欲缺乏，很快消瘦，如不治疗，最终死亡。

【治法】杀灭虫体为主。

(1)棉籽油炸辣椒，把辣椒炸为黑色取出，用油涂患处，2次/d(《养兔》)。

(2)灭疥油。硫黄30 g、大枫子10 g、蛇床子12 g、木鳖子10 g、花椒子25 g、五倍子15 g。

共为细末，调和麻油 120～200 mL，调匀后直接涂擦患部(《养兔》)。

(3)狼毒 500 g、硫黄 100 g(煅)、白胡椒 30 g(炒)。共为末，取药 30 g，加烧开的植物油 750 g 即成。涂药于患部周围(《养兔》)。

(4)用土烟丝(小兰花烟)浸于米醋 7 d 后去渣留汁擦洗患处。或用 1 份土烟丝加 10 倍水煎汁趁热擦患处(《养兔》)。

(5)百部酊擦敷患部。制法：鲜百部 60～100 g 切碎，加 75%的酒精或烧酒 60 mL，浸泡 7 d，过滤去渣即成(《养兔》)。

(6)苦楝树根皮烧成灰，研末拌獾油或凡士林擦患部(《养兔》)。

(7)松馏油擦剂：用松馏油 1 份、升华硫 1 份、软肥皂 2 份，加 96%酒精 2 份，按顺序混合后涂擦患处(《兔病》)。

(8)用烟叶浸水(烟叶 3 g，水 60 mL)在患部涂擦；或烟叶 1.5 g，加醋 60 mL，煎后涂于患处(《兔病》)。

(9)大枫子 50 g、硫黄 50 g、锅底灰 100 g。研末混合，加入菜油或花生油调成糊状，涂擦患处(《兔病》)。

(10)硫黄 20 g、石灰 10 g、水 100 mL。混合后煮沸 15 min，等凉后，涂擦患部，2～3 次/d (《养兔 200 问》)。

(11)山苍子油直接涂于患处，1 次即可治愈。若用山苍子核油宜补涂 1 次(《兔的养殖新技术及疾病防治》)。

兔球虫病

兔球虫病是由艾美耳属的多种球虫寄生于兔小肠(个别寄生于胆管)上皮细胞内，引起的危害兔最严重的寄生虫病。常呈地方性流行。在多雨、空气潮湿的梅雨季节发病率最高，不同年龄的兔均可感染，但 1.5～4 月龄幼兔最易感染，发病率和死亡率很高，成年兔虽带虫却多不发病。

【病因病理】本病的病原是球虫。其卵囊随病兔的粪便排出体外，在适宜的温度和湿度下，迅速发育成熟，变成具有感染性的卵囊，健康的家兔采食了被感染卵囊污染的饲料或饮水而发病。

【主证】病兔食欲减退，精神沉郁，行动迟缓，体温略高；结膜、口色苍白，眼鼻有大量分泌物；被毛粗乱，消瘦，生长停滞；腹泻，或腹泻与便秘交替发生，肛门周围常有粪便沾污，排尿次数增多；经常俯卧，两眼无神；腹部膨胀，肝脏肿大，肝区切诊有疼痛表现，有时出现黄疸，或神经症状(痉挛或麻痹)，尤其幼兔多见。

【治法】杀虫为主，结合调理脾胃。

(1)九味散。白僵蚕 30 g、生绵纹 15 g、桃仁泥 1.5 g、地鳖虫 15 g、生白术 10 g、川桂枝 10 g、白茯苓 10 g、泽泻 10 g、猪苓 10 g。共研末，2 次/d，每次 3 g(《养兔》)。

(2)四黄散。黄连 4 g、黄柏 6 g、黄芩 15 g、大黄 5 g、甘草 8 g。共为末，2 次/d，每次 2 g，连服 3 d(《养兔》)。

(3)白头翁 5 g、黄柏 5 g、黄芩 20 g、秦皮 5 g、大黄 5 g。煎汁后拌入饲料喂服(《养兔》)。

(4)黄连 6 g、贯众 10 g、苦楝皮 6 g。水煎，分 2 次服，2 次/d(《兔病》)。

(5)10%～20%的大蒜、洋葱汁灌肠，2 次/d，每次 2 匙，可连续灌肠 5～7 d，停 1～2 d 再灌

1次(《兔的养殖新技术及兔病防治》)。

(6)雷公藤注射液。每千克体重静脉注射1 mL(极限量6～8 mL),3 d后重复注射1次。此药效果较好,但毒性大,仔兔和临产母兔慎用。

兔密螺旋体病

兔密螺旋体病是由兔密螺旋体引起的生殖器官感染的慢性传染性疾病,又称兔梅毒、兔性螺旋体病。

【病因病理】病原是兔密螺旋体。主要存在于病兔的外生殖器官病灶中。一般是通过病兔和健康兔交配接触而传染。病兔用过的垫草、饲料、用具等是传染的媒介。

【主证】潜伏期5～30 d,有的可达3个月之久。初期,公兔的龟头、包皮和阴囊,母兔的阴唇、阴道黏膜、肛门周围的黏膜发炎潮红水肿,流出黏液性和脓性分泌物。以后发炎部位形成粟粒大小的结节,阴部肿大,红润,出现颗粒状红疹。肿胀的结节破溃,形成紫色的痂皮,痂皮剥下则露出溃疡面,易出血,其周围形成水肿浸润。症状可扩大至鼻、眼睑、唇、耳以及其他部位,出现丘疹和疣状物。患部常有疼痛感觉。体重减轻。公、母兔性欲降低,有的不愿交配。母兔受胎率下降或失去生殖能力。母兔患病也可以使仔兔感染。有的病兔还发生麻痹现象。本病主要慢性经过,病程可拖延几个月甚至几年。

【治法】杀灭病原体,散瘀消肿。药用金银花、连翘、黄芩各3～6 g。水煎服(《养兔》)。

知识拓展

试论中西兽医对疾病认识的统一性

(马爱团,孟立跟,王安忠)

中兽医学已有数千年的悠久历史,是我国劳动人民长期同畜禽疾病作斗争的经验总结,是我国民族文化遗产的重要组成部分,对我国畜牧业的健康发展起着重要的保障作用。西兽医学于20世纪初传入我国,随之在我国迅速传播,成为兽医临床上的主要诊疗手段。传统的中兽医与现代的西兽医是在不同的历史条件下发展起来的,形成了不同的疾病诊断和治疗方法。中兽医学诊断疾病,常从整体角度出发,运用望闻问切对畜禽疾病进行辨证施治,而西兽医从病原学和解剖学角度考虑。虽然中兽医和西兽医对疾病认识的出发点和着眼点不同,但它们所针对的对象是一致的,因此必然有一定的关联性。以下对中西兽医对疾病的认识及其相关性作一粗浅探讨。

1.中兽医的疾病观

中兽医认为,疾病是体内阴阳动态平衡失调的结果,而疾病的发作取决于邪气和正气之间的斗争。阴阳学说是中兽医学的重要组成部分,它认为家畜机体是一个完整的阴阳平衡的有机体,“阴平阳秘,精神乃治”,但阴和阳处于不断“阴消阳长”或“阳消阴长”的运动变化中,一旦“消”的太过或“长”的太过,超出一定的限度,就会破坏阴阳的动态平衡,出现“阴盛则阳病,阳盛则阴病”或“阳虚生外寒,阴虚生内热”,导致疾病的发生。另外,疾病的发生发展和变化,还关系到致病因素(邪气)和机体的抗病能力(正气)两方面。“正气存内,邪不可干”或“邪之所凑,其气必虚”。在正常情况下,正能胜邪而不病,只有当机体的正气相对不足或邪气过盛,超过了机体的抗病能力,邪气才乘虚侵入机体而发病。其中正气不足是发病的内在原因,致病邪气是发病的重要条件。由上可知,中兽医在认识疾病时,始终把动物机体看成一个整体,即强调整体观念,这是中兽医的基本特点之一。

2. 西兽医的疾病观

西兽医认识疾病往往是通过局部入手,强调局部的解剖和组织形态学的变化。如把动物机体分为消化系统、呼吸系统、中枢神经系统、心血管系统等,在系统观察的基础上,根据疾病特点和研究目的,选用实验室检验技术对其血液、尿液等做化验分析,从检测结果可以直接反映某些形态结构的改变,从而了解疾病的发生、发展过程。

3. 中西兽医对疾病认识的统一

中西兽医基于不同的理论体系来认识疾病,在疾病的发生发展和变化上有不同见解,产生两大派别,但二者所针对的对象是一致的,因此必有其相同之处。

(1)中西兽医在病因上的统一。一切疾病都有它发生的原因,任何症候都是在某种因素的影响和作用下对家畜机体产生的一种病态反应。中兽医的病因主要分为外感六淫、疫疠、内伤、饥饱劳役、七情及其他中毒、寄生虫、外伤等致病因素。西兽医的病因主要包括病原微生物、体内代谢异常及其他中毒、外伤等致病因素。由此可见,中西兽医都强调环境因素对机体的影响,如中兽医的六淫为病,即春多风病、夏多暑病、长夏多湿病、秋多燥病、冬多寒病,这与现代医学春秋多呼吸道疾病、夏季多日射病和热射病等是一致的。再如中兽医对疫疠的认识,“五疫之至,皆相染易,无问大小,病状相似”。即认为疫疠不同于六淫,是一种具有强烈传染性的致病因素,虽然由于历史条件所限,前人不可能用微观方法和实验手段揭示不同致病因素的具体形态和微细结构,但它的“欲病之不相染,勿令与不病者相近”的预防措施与现代医学的隔离是相通的。另外,疫疠流行,有的没有季节性,如炭疽、破伤风等;有的则有明显的季节性,称“时疫”,如家畜的流感和猪的乙型脑炎。这些认识中西兽医基本一致。

(2)中西兽医在病理上的统一。中兽医强调病机,即疾病发生、发展和变化的机理,当邪气侵袭引起正邪相争,破坏了自体的阴阳平衡,或脏腑的气机失常、气血功能紊乱,从而产生一系列病理变化。而西兽医病理强调患病动物机体形态和机能代谢的变化。其实二者在对疾病的认识上同样是相通的。如清代完善起来的温病学说,用卫气营血来标志和识别温病传变的规律。中医学所谓的温病,实际上主要指现代医学所说的多种急性传染病。邪在卫分,出现恶寒、怕风、发热、咳嗽等证,相当于急性传染病的前驱期及症状明显之早期,此期以上呼吸道炎症、体表神经血管反应为主;邪在气分,出现高热、汗出、口渴喜饮、舌苔黄、脉洪大等证,此期相当于急性传染病的症状明显期,以毒血症引起的症状及由高热引起的体液与电解质代谢紊乱为主,实质器官显示浑浊肿胀及功能紊乱,此期还可见传染病的各种特异性病变;邪入营分,出现高热、舌绛、神昏、斑疹隐隐与口鼻出血等证,相当于传染病的极盛期,此期除各种病变进一步深化外,中枢神经系统的变性与坏死较为突出,凝血系统变化及毛细血管壁的中毒性损害进一步发展;邪入血分,其症状较营分更为严重,呈现舌色深绛、或出血、或发斑、或惊厥,脉象细数,此相当于衰竭期,这时多种重要脏器如中枢神经系统、心肝肾肺等损害更为严重,机体反应性及抵抗力下降。由此可见,中医对温病的认识与西医对传染病的认识是一致的。

(3)中西药物在疾病治疗上的统一。中西药物在疾病治疗上也是有共同之处的,因为药物对机体都是一种异物,无论中药还是西药,都是以化学物质的形式进入机体参与体内的代谢过程，纠正病理状态，这是一致的。传统中药以药物的四气五味、归经等解释药效，通过炮制配伍发挥作用。但中药的理论抽象，用量偏大，操作费时费力，这些大大阻碍了中药的发展。近年来对中药的现代研究有了长足的进步。通过对中药有效成分的分析、通过分离提取的研究、通过剂型的改进，研制出了一批质高效好的新型中药，此中药和西药在形式上已完全一致。目前中西结合治疗畜禽疾病成为临床上常用的治疗手段，如在治疗感染性疾病，常常将抗菌药或抗病毒药与中药结合使用。另外，人们发现用补益类中药对动物机体的免疫功能有影响，有人对增强免疫功能的中药的有效成分进行了提取，加入生物制品灭活苗内作为佐剂，以提高疫苗特异性免疫能力，并可延长抗体在体内存在的时间。

总之，中西兽医在疾病认识上各有特点，但也有一定的相通之处，我们希望通过研究二者的相同点和不同点，取其精华，去其糟粕，采用现代科学知识和技术深入研究畜体和环境的关系、疾病防治及其他有关生命科学的问题，在研究的过程中，使这两种方法有机地结合起来，以便将来形成一个新型的兽医学体系。

案例分析

一例奶牛子宫脱出并发乳房浮肿的诊治

（李令启，张海鸣，喻昌盛，吐尼亚孜）

一、案例简介

2013 年 1 月 16 日，武威黄羊七里村王某饲养的一头奶牛，因发热不食，自购药品注射治疗，造成药物性流产。在与邻居一起拉取胎儿时，子宫随胎儿一同脱出，畜主急来我院，请求前去治疗。经手术并中西药物结合治疗，取得较为满意效果，报道如下。

1. 症状

患牛卧于圈中，膘情中下，头低耳耷，颈部长伸，呼吸深短，不时呻吟，呈“吭吭”声，无努责。子宫全部脱出，上覆胎衣，子宫充血红肿并呈轻度水肿。检查：皮温不整，可视黏膜淡白，呼吸频率 30 次/min，脉搏 79 次/min。

2. 治疗

（1）手术治疗。急用纱布兜裹整个子宫，以免被尖硬物刺破，用 0.1%高锰酸钾温水清洗，剥离胎衣，将脱出子宫整复，子宫内放入抗菌消炎药品后，阴门行水平纽扣状缝合，一次混合肌内注射青霉素、链霉素各 400 IU，手术结束，整个手术未用任何麻醉药品。术后近 3 h 未见患牛有想站起动作。术后第 2 天傍晚站起，一直不食，喝少许红糖水，第 4 天时腹部和乳房肿胀，给草不食，喝水多，饮 4 桶红糖水，未见排尿。检查见：患牛步幅缩短而强拘，腰拱懒动，两后肢叉开，口色淡白，腹围增大无胀感。乳房肿大，基部明显呈现两后肢压迹，用手触压乳房留有压痕。体温 38.3 ℃，呼吸 26 次/min，脉搏 68 次/min。嘱其将原 2 次/d 混合肌内注射青霉素、链霉素各 400 万 IU 减半用之。

（2）中药调理。方用：黄芪 100 g、党参 100 g、当归 50 g、陈皮 40 g、升麻 30 g、柴胡 30 g、白术 100 g、猪苓 100 g、茯苓 100 g、泽泻 100 g、桂枝 50 g、炙甘草 50 g。1 日 1 剂，煎后温服，连用 6 剂，药渣入草料食之，10 d 后痊愈。

二、案例分析

本方由补中益气散加五苓散二方合成，旨在用于调补脾胃，补气升阳，健脾渗湿，温化膀胱，通利水道，以达到治疗脾胃气虚之不食，中气下陷所致子宫脱；水湿内停，饮多口仍渴之腹满；水蓄下焦，既不能上输津液，又不能从下面排出，使尿不利以致浮肿之目的。方中党参辅黄芪提升补气，白术、甘草健脾和中，加强参芪的补性；当归和血补血通脉，也属补养之品，再以陈皮理气助消化，从而加强补养作用；升麻、柴胡协助参、芪升提阳气，二苓渗湿利水，泽泻入肾加强利水作用；茯苓配白术，实脾利水，桂枝温暖膀胱而通水道(化气而行水)。

《脾胃论》云："人以胃气为本，大肠小肠五脏，皆属于胃，胃虚则俱病。"治疗上强调补中(调补脾胃)，用补中益气散升阳补气。东垣讲胃气，是指元气，他认为元气靠滋养而充沛，强调胃气也就是强调元气。所谓脾胃气虚，实即元气不足。因此，脾胃气虚不仅表现为胃肠功能衰弱，而更重要的是表现为一系列由元气不足，体质变弱，抵抗力下降而引起的衰弱症候群，诸如：疲乏倦怠、腰拱强拘、四肢无力、气短恶寒、慢草不食、气虚发热等证。此外，脾主肌肉，脾气下陷则有子宫脱垂及脱肛。由于脾统血，脾虚不能摄血则有便血，产后恶露不绝等。此各类证候均由脾胃气虚，元气不足引起。

《内经》曰："诸湿肿满，皆属于脾。诸气膹郁，皆属于肺。"《医学传心录》云："盖虚肿之由，皆脾虚不运，肺郁不通，以致水渍三焦，而为浮肿，以手按之成窝，举手渐平也。"又云"腰以上肿者宜发汗，腰以下肿者宜利小便，兼以顺气和脾，斯为良法"。

本例患牛所以为病，因其主人以前未曾饲养过牲畜，管理不善，加之长期饲喂稻草、麦草，每天只给少量麸皮，待牛怀孕 7 个月后才将麸皮每日加到 1 kg。牛怀胎儿，母子均需营养，饲草饲料单一，以致营养不良，患牛虚弱，一月份天气，地冷天寒，圈不保暖，所吸收营养用于御寒，又得不到补充，致牛进一步虚弱。不懂医术盲目购药用药，不识药物作用，滥用致牛流产，在胎位不正的情况下，强拉硬拽，造成子宫全部脱出，使牛更加虚弱。诸虚综合，元气大伤，治宜补中益气，正对东垣之理。营养不良，身体瘦弱，气血不足，胎衣同子宫脱出，牛卧不起，后肢压乳，使循环受阻，致乳房浮肿，治当以健脾渗湿，化气行水治之，正应五苓散之证。故二方合并用之，一举而成效。

技能训练

技能训练一　辨证施治(一)

【技能目标】

(1)掌握动物食欲不振(慢草)、宿草不转、气胀等任一病证辨证施治的基本技能。

(2)进一步理解辨证的基本理论及治疗的基本方法。

【材料用具】

典型病例若干头，保定栏及绳具相应配套，听诊器、体温计、消毒药及洗涤用具每组各 1 份，病例表每人 1 份，笔记本人手 1 本，技能单人手 1 份。

【内容方法】

(一)内容

由指导教师根据实际情况，选择典型病例若干例，参照辨证施治的有关内容进行实训。

（二）方法

根据典型病例将学生分成若干个小组，每组选一名主诊人，两名记录员，按四诊的要求，轮流检查所有典型病例。

(1)在认真听取主诉之后，有重点有目的地提出询问，边询问边分析，从问诊中抓住有诊断价值的临诊资料。

(2)各组的主诊人，对患病动物进行望诊、闻诊和切诊的全面检查。检查务必细致、准确，努力收集有诊断价值的症状和体征，从而培养学生严谨的工作作风。为了避免疏漏，应允许其他组员对主诊人进行适当的提示，但要注意保持现场安静。

(3)记录员对主诊人的检查所获，要及时而准确地填写在病例表上，文字力求精简。其余组员也应笔记重要内容，做到动手动脑。

(4)临诊症状收集完毕，小组进行讨论，确认主要症状，分析病因病机，归纳证候，做出初步诊断。

(5)指导教师小结。

【观察结果】

各组观察辨证治疗后的情况，并分组讨论。

【注意事项】

(1)认真选好病例，主证要明显，证候要单纯，切忌要求过高，否则学生不易接受。

(2)分组检查时，教师应巡回指导，并给予适当提示。小组讨论中，则给予适当引导，不可包办代替，妨碍学生进行独立思考，也不应该放任自流，导致多数人做出错误判断而失去自信。

(3)严明实习纪律，注意安全，防止事故发生。

【作业】

(1)详细填写病历，并做出诊断结论。

(2)写出实训报告，并讨论所辨证候的病因及诊断要点，并说出你对中兽医辨证论治的认识。

技能训练二 辨证施治(二)

【技能目标】

(1)初步学会对动物泄泻、痢疾、结症、便秘等任一病证辨证施治的基本技能。

(2)进一步掌握辨证施治的技能。

【材料用具】

见技能训练一。

【内容方法】

见技能训练一。

【观察结果】

见技能训练一。

【注意事项】

见技能训练一。

【作业】

书写一个完整病案。

技能训练三　辨证施治(三)

【技能目标】

(1)掌握动物感冒、咳嗽、气喘等任一病证辨证施治的基本技能。

(2)初步会用中兽医理、法、方、药的辨证论治方法防治动物疾病。

【材料用具】

见技能训练一。

【内容方法】

见技能训练一。

【观察结果】

见技能训练一。

【注意事项】

见技能训练一。

【作业】

书写一个完整的病案。

技能训练四　辨证施治(四)

【技能目标】

(1)掌握鸡大肠杆菌病、鸡新城疫等任一病证辨证施治的基本技能。

(2)掌握猪大肠杆菌病、猪副伤寒、猪传染性胃肠炎等任一病证辨证施治的基本技能。

(3)初步会用中兽医理、法、方、药的辨证论治方法防治群发动物疾病。

【材料用具】

见技能训练一。

【内容方法】

见技能训练一。

【观察结果】

见技能训练一。

【注意事项】

见技能训练一。

【作业】

书写一个完整的病案。

思政关联·名医轶事

葛洪炼丹著医书

葛洪(283—343年),字稚川,别号抱朴子,丹阳郡句容(今江苏省句容县)人,我国古代杰出的道教学者、炼丹家、医药学家。

葛洪是三国方士葛玄之侄孙，世称“小仙翁”。他一生涉猎学科众多，甚是渊博，涉炼丹术、医学、生物学、天文学、地理学以至史学、文学、文字学等诸多方面，且皆有所著述。葛洪对炼丹术尤其痴迷，曾求学于当时精于医术和丹术的南海太守鲍玄，并将炼丹秘术授予其弟子郑隐。葛洪在长期反复实践的基础上，总结先前的炼丹成果，创造性地发展了炼丹术。他集炼丹术之大成，最终撰就中国古代炼丹术的重要著作——《抱朴子》，对后世炼丹术的发展具有重要的意义。到了迟暮之年，葛洪周游于我国南部地区，积累了不少治疗疾病的重要经验，后隐居广东罗浮山，专心著成《肘后备急方》一书。《肘后备急方》（初名《肘后救卒方》，今本系经梁代陶弘景修订）是葛洪收集各地单方、验方，结合自身治疗体会编写而成的。该书具简、便、廉、验的特点，内容简要，药物易得，在穷乡僻壤、有病无医之地尤可作为应急的便利方书。

当时的社会条件比较落后，《肘后备急方》对保障人民健康发挥了重要的作用，对贫苦民众解决疾病痛苦有很大的帮助。

（摘自《葛洪评传》，卢央．南京：南京大学出版社，2006．）

考核评价

【考核项目】

辨证施治。

【考核要点】

能正确运用辨证方法辨别疾病的表、里、寒、热、虚、实及所在脏腑，并能恰当地立法、选方、用药。

【考核方法】

在动物医院或实训场地选择典型病例，学生独立完成诊断、辨证分析、确定治则、开具处方，教师做出评判。

【评分标准】

能正确完成全部考核内容者评 100 分或优秀；能正确完成 2/3 考核内容者评 85 分或良好；能正确完成 1/2 考核内容者评 60 分或及格；正确完成不足 1/2 考核内容者评不及格。

执业兽医资格考试真题精选

1．中兽医辨证犬黄疸属于阳黄的主要特点是（　　）（2010 年真题 123）

A．不能转化为阴黄　　B．病程长，常有发热

C．病程短，虚象明显　　D．可视黏膜发黄，黄色鲜明

E．可视黏膜发黄，黄色晦暗

2．马患热喘证的典型证候为（　　）（2010 年真题 128）

A．咳嗽气喘，鼻流清涕　　B．呼吸喘促，呼出气热

C．形寒肢冷，动则喘甚　　D．精神倦怠，呼多吸少

E．喘声低微，日轻夜重

（3～4 题共用题干）（2010 年真题 180～181）

一牛发病，证见精神沉郁，食欲减少，口渴多饮，泻粪黏腻腥臭，尿短赤，轻微腹痛，口色红，

舌苔黄厚，脉象沉数。

3. 该病证可辨证为（　　）

A. 热泻　B. 寒泻　C. 伤食泻　D. 脾虚泻　E. 肾虚泻

4. 该病证的治法为（　　）

A. 温中止泻　B. 清热止泻　C. 消食止泻　D. 健脾止泻　E. 补肾止泻

（5～7题共用题干）（2010年真题195～197）

春季，一3月龄幼犬，突然出现咳嗽，证见发热，咳嗽声高，鼻流黏涕，呼出气热，舌苔薄黄，口红津少，脉浮数。

5. 该犬的咳嗽可辨证为（　　）

A. 风寒咳嗽　B. 风热咳嗽　C. 气虚咳嗽　D. 肺热咳嗽　E. 阴虚咳嗽

6. 引起该犬咳嗽的病因是（　　）

A. 运动过度　B. 饥饱不均　C. 痰浊内生　D. 虚火伤肺　E. 外感风热

7. 治疗该病应选用（　　）

A. 麻黄汤　B. 银翘散　C. 清肺散　D. 四君子汤　E. 百合固金汤

（8～10题共用题干）（2011年真题98～100）

马，尿少色浓、频频干咳，昼轻夜重，痰少津干，低热不退，舌红少苔，脉细数。

8. 该病是（　　）

A. 肺气虚　B. 肺阴虚　C. 痰饮阻肺　D. 风寒束肺　E. 风热犯肺

9. 该病可能的治疗原则是（　　）

A. 补肺益气，止咳定喘　B. 清心润肺，养胃生津

C. 疏风散热，宣肺通气　D. 宣肺散寒，祛痰止咳

E. 清肺化痰，止咳平喘

10. 该病症最适宜的方剂是（　　）

A. 百合固金汤　B. 二陈汤　C. 麻黄汤　D. 麻杏石甘汤　E. 银翘散

（11～12题共用题干）（2011年真题193～194）

牛，腹泻，证见消瘦，鼻寒耳冷，毛焦肷吊，四肢浮肿，粪中带水，粪渣粗大，舌面无苔，脉象迟缓。

11. 该病症可辨证为（　　）

A. 寒泻　B. 热泻　C. 伤食泻　D. 脾虚泻　E. 肾虚泻

12. 该病症的治疗为（　　）

A. 温中止泻　B. 解热止泻　C. 消食止泻　D. 健脾止泻　E. 补肾止泻

（13～15题共用题干）（2011年真题195～197）

公犬，5岁，突然出现排尿困难，尿滴沥，疼痛拱腰，尿中带血，尿色浑浊。

13. 该病症可辨证为（　　）

A. 热淋　B. 血淋　C. 砂淋　D. 膏淋　E. 尿淋

14. 该病症的治法为（　　）

A. 清热利湿，降火通淋　B. 清热利湿，分清化浊

C. 清热利湿，消石通淋　D. 清热利湿，凉血止血

E. 清热利湿，利尿通淋

15. 该病症适宜的方剂是(　　)

A. 八正散　B. 五苓散　C. 小蓟饮子　D. 参苓白术散　E. 郁金散

(16～18 题共用题干)(2011 年真题 198～200)

北京犬,2 岁,体表发热,咳声不爽,声音洪大,鼻流黏涕,呼出气热,口渴喜饮,舌苔薄黄,口色短津,脉象浮数。

16. 根据中兽医辨证论治,该病属于(　　)

A. 风寒咳嗽　B. 风热咳嗽　C. 肺火咳嗽　D. 肺阴虚咳嗽　E. 肺阳虚咳嗽

17. 根据中兽医辨证论治,该病可采用的治疗方法是(　　)

A. 祛风散寒,止咳平嗽　B. 清肺止咳

C. 疏风散热,止咳平嗽　D. 润肺止咳

E. 健脾化痰止咳

18. 根据中兽医辨证论治,该病首选方剂是(　　)

A. 银翘散　B. 荆防败毒散

C. 清肺散　D. 止嗽散

E. 清燥救肺散

(19～20 题共用题干)(2012 年真题 193～194)

牛,突然发病,证见高热,气喘,呼吸喘粗,呼出热气,食欲废绝,口渴喜饮,粪便干燥,尿短赤,鼻液黄稠,口色鲜红,舌苔黄燥,脉象洪数。

19. 该病可辨证为(　　)

A. 痰喘　B. 寒喘　C. 热喘　D. 肺虚喘　E. 肾虚喘

20. 治疗该病证首选的方剂为(　　)

A. 二陈汤　B. 麻杏石甘汤　C. 止咳散

D. 补肺汤　E. 蛤蚧散

(21～23 题共用题干)(2012 年真题 195～197)

骡,精神沉郁,食欲减少,可视黏膜发黄,黄色晦暗,耳鼻末梢发凉,舌苔白腻,脉沉细无力。

21. 该病可辨证为(　　)

A. 阴黄　B. 阳黄　C. 胃寒　D. 肝阴虚　E. 肾阳虚

22. 治疗该病证的方剂为(　　)

A. 消黄散　B. 桂心散　C. 肾气丸　D. 四逆汤　E. 茵陈术附汤

23. 针灸治疗该病证可选的穴位为(　　)

A. 颈脉、胸堂　B. 肝俞、脾俞　C. 阴俞、肾堂

D. 命门、百会　E. 穿黄、黄水

(24～26 题共用题干)(2012 年真题 198～200)

犬,3 岁,排尿困难且疼痛不安,尿色鲜红,口色红,苔黄,脉数。

24. 该病可辨证为(　　)

A. 热淋　B. 血淋　C. 膏淋　D. 尿浊　E. 尿闭

25.该病证的治法为(　　)

A.清热利湿,凉血止血　　B.清热利湿,化石通淋

C.清热利湿,分清化浊　　D.清热降火,利湿通淋

E.益气升阳,化石通淋

26.治疗该病证宜选用的基础方剂为(　　)

A.红花散　　B.槐花散　　C.四物汤　　D.小蓟饮子　　E.六味地黄汤

(27～29题共用题干)(2013年真题198～200)

京巴犬,3岁,患病6月余,体瘦毛焦,食少,久泻不止,粪便溏稀,舌淡苔白,脉细。

27.该病可辨证为(　　)

A.冷肠泄泻　　B.脾虚泄泻　　C.温热泄泻　　D.温热痢疾　　E.虚寒痢疾

28.该病证的治法为(　　)

A.消食止泻　　B.温中散寒　　C.补脾益气　　D.行气活血　　E.清热燥湿

29.治疗该病症宜选用的基础方剂为(　　)

A.橘皮散　　B.保和丸　　C.郁金散　　D.猪苓散　　E.补中益气汤

(30～32题共用题干)(2014年真题198～200)

马,突然发病,卷尾刨蹄,欲卧不卧,频频蹲腰努责,作排尿姿势,尿淋沥不畅,口干,舌红苔黄,脉象滑数。

30.该病可辨证为(　　)

A.阴寒痛　　B.湿热痛　　C.食滞痛　　D.气胀痛　　E.尿结痛

31.治疗该病症的基础方剂为(　　)

A.八正散　　B.桂心散　　C.郁金散　　D.消胀汤　　E.醋香附汤

32.针灸治疗该病证可选的穴位为(　　)

A.带脉　　B.莲花　　C.尾本　　D.肷俞　　E.大椎

33.马,突然发病,证见发热,呼吸喘促,鼻流黄涕,食欲废绝,口渴喜饮,粪便干燥,尿短赤,口色红,苔薄黄,脉洪数。治疗该证宜选用的方剂是(　　)(2015年真题85)

A.麻黄汤　　B.桂枝汤　　C.麻杏石甘汤　　D.清燥救肺汤　　E.百合固金汤

(34～35题共用题干)(2015年真题164～165)

牛,突然发病,证见发热,不食,腹胀腹痛,排粪减少,粪便干硬,尿短赤,口津干燥,口色深红,舌苔黄厚,脉沉实有力。

34.该病可辨证为(　　)

A.热结肠道　　B.邪热入肺　　C.热伤营阴　　D.热入心包　　E.热动肝风

35.该病证的治法为(　　)

A.清心开窍　　B.清肺化痰,上气平喘

C.清营解毒,透热养阴　　D.攻下通便,滋阴清热

E.清热平肝息风

(36～37 题共用题干)(2015 年真题 174～175)

幼犬,证见食少,消瘦,被毛粗乱,乏力肯卧,粪便稀软,粪中常有未完全消化的食物,口色淡黄,舌苔薄白,脉虚无力。

36.本病可辨证为(　　)

A.寒湿困脾　B.胃阴虚　C.脾虚不运　D.食积大肠　E.胃热不食

37.本病的治则是(　　)

A.温中化湿　B.通便攻下　C.滋阴养胃　D.清热泻火　E.益气健脾

(38～40 题共用题干)(2015 年真题 198～200)

病马,证见粪便不通,肚腹胀满,回头观腹,不时起卧,食欲废绝,嗳气酸臭,口色赤红,舌苔黄厚,脉沉有力。

38.该病可辨证为(　　)

A.大肠湿热　B.大肠冷痛　C.肝脾不和　D.食积大肠　E.脾虚不运

39.该病的治则是(　　)

A.清热利湿,行气止痛　B.通便攻下,行气止痛

C.疏肝健脾,行气止痛　D.温中散寒,行气止痛

E.益气健脾,行气止痛

40.本病可选用的基础方剂是(　　)

A.大承气汤　B.白头翁汤　C.曲蘖散　D.四君子汤　E.桂心散

(41～44 题共用题干)(2016 年真题 197～200)

马,证见精神沉郁,头低耳耷,毛焦肷吊,腰胯无力,卧多立少,鼻寒耳冷,四肢厥逆,久泻不愈,夜间泻重,腹下及后肢浮肿,口色如绵,脉象徐缓。

41.该病可辨证为(　　)

A.寒泻　B.热泻　C.伤食泻　D.脾虚泻　E.肾虚泻

42.该病的治则是(　　)

A.温中散寒,利湿止泻　B.清热解毒,燥湿止泻

C.补肾壮阳,健脾固涩　D.补脾益气,健脾运湿

E.消积导滞,调和脾胃

43.治疗该病适宜的方剂是(　　)

A.猪苓散　B.郁金散　C.保和丸　D.参苓白术散　E.四神丸

44.针灸治疗该病适合的穴位是(　　)

A.分水　B.后三里　C.尾根　D.前三里　E.命门

(45～47 题共用题干)(2018 年真题 86～88)

冬季,6 月龄幼犬突然发病,证见恶寒,耳鼻俱凉,鼻流清涕,湿咳声低,不喜饮水,舌苔薄白,脉象浮紧。

45.引起该病的原因是(　　)

A.风热　B.风寒　C.风湿　D.燥热　E.气虚

46. 治疗宜采取的治法是(　　)

A. 疏风散寒，宣肺止咳　　B. 疏风清热，化痰止咳

C. 清肺降火，化痰止咳　　D. 益气补肺，化痰止咳

E. 滋阴清热，润肺止咳

47. 针灸治疗可选用的穴位是(　　)

A. 心俞　　B. 脾俞　　C. 肝俞　　D. 肺俞　　E. 肾俞

(48～50 题共用题干)(2018 年真题 144～146)

夏季，天气湿热，奶牛在运动场运动后突然精神沉郁，张口呼吸，倒地，鼻孔流出粉红色、带小泡鼻液。听诊心音亢进，心率 120 次/min，体温 42.5 ℃。触诊皮温明显增高。

48. 血液学检查最可能出现的是(　　)

A. 血小板减少　　B. 血液 pH 升高

C. 白细胞数减少　　D. 红细胞数减少

E. 红细胞比容升高

49. 中兽医治疗可选用(　　)

A. 青蒿鳖甲汤　　B. 茵陈四物汤　　C. 清暑香薷汤

D. 茵陈术附汤　　E. 桂枝汤

50. 能缓解病情的措施是(　　)

A. 适度输血　　B. 增加光照　　C. 适度泻血　　D. 增加运动　　E. 限制饮水

项目五真题参考答案

知识链接

1. 蔡良清，宋大鲁. 中兽医临证备要. 安徽科学技术出版社，1986.

2. 张秀美. 禽病防治完全手册. 中国农业出版社，2005.

3. 彭锦，闪增郁. 中医证候研究的反思. 中国中医基础医学杂志，2004.

参考文献

[1] 刘钟杰，许剑琴. 中兽医学. 4版. 北京：中国农业出版社，2014.
[2] 杨致礼. 中兽医学. 北京：天则出版社，1990.
[3] 于船，王自然. 现代中兽医大全. 桂林：广西科学技术出版社，2000.
[4] 陈玉库，刘根新. 中兽医学. 4版. 北京：中国农业出版社，2022.
[5] 汪德刚，陈玉库. 中兽医防治技术. 2版. 北京：中国农业出版社，2012.
[6] 胡元亮. 中兽医学. 北京：中国农业出版社，2006.
[7] 中国兽药典委员会. 中华人民共和国兽药典(2020年版). 北京：中国农业出版社，2021.
[8] 王书林. 药用植物栽培技术. 北京：中国中医药出版社，2006.
[9] 于生兰. 中药鉴定技术. 北京：中国农业出版社，2007.
[10] 陈溥言. 兽医传染病学. 6版. 北京：中国农业出版社，2015.
[11] 黄定一. 中兽医学. 2版. 北京：中国农业出版社，2001.
[12] 戴永海，王自然. 中兽医基础. 北京：高等教育出版社，2002.
[13] 左中丕. 中药鉴别炮制应用手册. 北京：军事医学科学出版社，2003.
[14] 钟飞."肾主纳气"的现代实质与肾脏生化功能的关系. 中医药学报，2001.
[15] 李贵兴. 中兽医学暨名著精选. 石家庄：河北科学技术出版社，2010.
[16] 付森，张丁华，加春生. 中兽医学. 武汉：华中科技大学出版社，2022.